"十三五"职业教育国家规划教材

国家卫生健康委员会"十三五"规划教材

全国中医药高职高专教育教材

全国优秀教材二等奖

供中药学、中药制药技术、中药生产与加工等专业用

药用植物学

第 4 版

主　编　郑小吉　金　虹

副主编　钱　枫　刘宝密　张建海　傅　红

编　委　（按姓氏笔画排序）

王　悦（黑龙江护理高等专科学校）　　　　林伟波（广东逸丰生态实业有限公司）

王化东（四川中医药高等专科学校）　　　　罗卫梅（益阳医学高等专科学校）

王克荣（北京卫生职业学院）　　　　　　　金　虹（四川中医药高等专科学校）

王新峰（济南护理职业学院）　　　　　　　郑小吉（广东江门中医药职业学院）

兰　英（乐山职业技术学院）　　　　　　　饶　军（东华理工大学）

刘宝密（黑龙江中医药大学佳木斯　　　　　钱　枫（安徽中医药高等专科学校）
　　　　学院）　　　　　　　　　　　　　郭伟娜（亳州职业技术学院）

吴春德（广东金山百草集团）　　　　　　　黄文华（江西抚州市卫生和计划生育

张建海（重庆三峡医药高等专科学校）　　　　　　　委员会）

陈红波（云南保山中医药高等专科　　　　　黄永昌（广东江门中医药职业学院）
　　　　学校）　　　　　　　　　　　　　傅　红（天津生物工程职业技术学院）

人民卫生出版社

图书在版编目（CIP）数据

药用植物学 / 郑小吉，金虹主编 . —4 版 . —北京：人民卫生
出版社，2018

ISBN 978-7-117-26254-5

Ⅰ. ①药… Ⅱ. ①郑…②金… Ⅲ. ①药用植物学 – 高等职业
教育 – 教材 Ⅳ.①Q949.95

中国版本图书馆 CIP 数据核字（2018）第 097307 号

人卫智网	www.ipmph.com	医学教育、学术、考试、健康， 购书智慧智能综合服务平台
人卫官网	www.pmph.com	人卫官方资讯发布平台

药用植物学
第 4 版

主 编：郑小吉 金 虹
出版发行：人民卫生出版社（中继线 010-59780011）
地 址：北京市朝阳区潘家园南里 19 号
邮 编：100021
E - mail：pmph @ pmph.com
购书热线：010-59787592 010-59787584 010-65264830
印 刷：三河市君旺印务有限公司
经 销：新华书店
开 本：787×1092 1/16 印张：19 插页：16
字 数：438 千字
版 次：2005 年 6 月第 1 版 2018 年 7 月第 4 版
2022 年 10 月 第 4 版第11次印刷（总第27次印刷）
标准书号：ISBN 978-7-117-26254-5
定 价：62.00 元
打击盗版举报电话：010-59787491 E-mail：WQ @ pmph.com
（凡属印装质量问题请与本社市场营销中心联系退换）

《药用植物学》数字增值服务编委会

主　编　郑小吉　金　虹

副主编　钱　枫　刘宝密　张建海　傅　红

编　委　(按姓氏笔画排序)

王　悦（黑龙江护理高等专科学校）

王化东（四川中医药高等专科学校）

王克荣（北京卫生职业学院）

王新峰（济南护理职业学院）

兰　英（乐山职业技术学院）

刘宝密（黑龙江中医药大学佳木斯学院）

吴春德（广东金山百草集团）

张建海（重庆三峡医药高等专科学校）

陈红波（云南保山中医药高等专科学校）

林伟波（广东逸丰生态实业有限公司）

罗卫梅（益阳医学高等专科学校）

金　虹（四川中医药高等专科学校）

郑小吉（广东江门中医药职业学院）

饶　军（东华理工大学）

钱　枫（安徽中医药高等专科学校）

郭伟娜（亳州职业技术学院）

黄文华（江西抚州市卫生和计划生育委员会）

黄永昌（广东江门中医药职业学院）

傅　红（天津生物工程职业技术学院）

修订说明

为了更好地推进中医药职业教育教材建设，适应当前我国中医药职业教育教学改革发展的形势与中医药健康服务技术技能人才的要求，贯彻落实《国家中长期教育改革和发展规划纲要(2010—2020年)》《医药卫生中长期人才发展规划(2011—2020年)》《中医药发展战略规划纲要(2016—2030年)》精神，做好新一轮中医药职业教育教材建设工作，人民卫生出版社在教育部、国家卫生健康委员会、国家中医药管理局的领导下，组织和规划了第四轮全国中医药高职高专教育、国家卫生健康委员会"十三五"规划教材的编写和修订工作。

本轮教材修订之时，正值《中华人民共和国中医药法》正式实施之际，中医药职业教育迎来发展大好的际遇。为做好新一轮教材出版工作，我们成立了第四届中医药高职高专教育教材建设指导委员会和各专业教材评审委员会，以指导和组织教材的编写和评审工作；按照公开、公平、公正的原则，在全国1400余位专家和学者申报的基础上，经中医药高职高专教育教材建设指导委员会审定批准，聘任了教材主编、副主编和编委；启动了全国中医药高职高专教育第四轮规划第一批教材，中医学、中药学、针灸推拿、护理4个专业63门教材，确立了本轮教材的指导思想和编写要求。

第四轮全国中医药高职高专教育教材具有以下特色：

1. **定位准确，目标明确** 教材的深度和广度符合各专业培养目标的要求和特定学制、特定对象、特定层次的培养目标，力求体现"专科特色、技能特点、时代特征"，既体现职业性，又体现其高等教育性，注意与本科教材、中专教材的区别，适应中医药职业人才培养要求和市场需求。

2. **谨守大纲，注重三基** 人卫版中医药高职高专教材始终坚持"以教学计划为基本依据"的原则，强调各教材编写大纲一定要符合高职高专相关专业的培养目标与要求，以培养目标为导向、职业岗位能力需求为前提、综合职业能力培养为根本，同时注重基本理论、基本知识和基本技能的培养和全面素质的提高。

3. **重点考点，突出体现** 教材紧扣中医药职业教育教学活动和知识结构，以解决目前各高职高专院校教材使用中的突出问题为出发点和落脚点，体现职业教育对人才的要求，突出教学重点和执业考点。

4. **规划科学，详略得当** 全套教材严格界定职业教育教材与本科教材、毕业后教育教材的知识范畴，严格把握教材内容的深度、广度和侧重点，突出应用型、技能型教育内容。基础课教材内容服务于专业课教材，以"必须、够用"为度，强调基本技能的培养；专业课教材紧密围绕专业培养目标的需要进行选材。

5. 体例设计，服务学生 本套教材的结构设置、编写风格等坚持创新，体现以学生为中心的编写理念，以实现和满足学生的发展为需求。根据上一版教材体例设计在教学中的反馈意见，将"学习要点""知识链接""复习思考题"作为必设模块，"知识拓展""病案分析（案例分析）""课堂讨论""操作要点"作为选设模块，以明确学生学习的目的性和主动性，增强教材的可读性，提高学生分析问题、解决问题的能力。

6. 强调实用，避免脱节 贯彻现代职业教育理念。体现"以就业为导向，以能力为本位，以发展技能为核心"的职业教育理念。突出技能培养，提倡"做中学、学中做"的"理实一体化"思想，突出应用型、技能型教育内容。避免理论与实际脱节、教育与实践脱节、人才培养与社会需求脱节的倾向。

7. 针对岗位，学考结合 本套教材编写按照职业教育培养目标，将国家职业技能的相关标准和要求融入教材中。充分考虑学生考取相关职业资格证书、岗位证书的需要，与职业岗位证书相关的教材，其内容和实训项目的选取涵盖相关的考试内容，做到学考结合，体现了职业教育的特点。

8. 纸数融合，坚持创新 新版教材最大的亮点就是建设纸质教材和数字增值服务融合的教材服务体系。书中设有自主学习二维码，通过扫码，学生可对本套教材的数字增值服务内容进行自主学习，实现与教学要求匹配、与岗位需求对接、与执业考试接轨，打造优质、生动、立体的学习内容。教材编写充分体现与时代融合、与现代科技融合、与现代医学融合的特色和理念，适度增加新进展、新技术、新方法，充分培养学生的探索精神、创新精神；同时，将移动互联、网络增值、慕课、翻转课堂等新的教学理念和教学技术、学习方式融入教材建设之中，开发多媒体教材、数字教材等新媒体形式教材。

人民卫生出版社医药卫生规划教材经过长时间的实践与积累，其中的优良传统在本轮修订中得到了很好的传承。在中医药高职高专教育教材建设指导委员会和各专业教材评审委员会指导下，经过调研会议、论证会议、主编人会议、各专业编写会议、审定稿会议，确保了教材的科学性、先进性和实用性。参编本套教材的800余位专家，来自全国40余所院校，从事高职高专教育工作多年，业务精纯，见解独到。谨此，向有关单位和个人表示衷心的感谢！希望各院校在教材使用中，在改革的进程中，及时提出宝贵意见或建议，以便不断修订和完善，为下一轮教材的修订工作奠定坚实的基础。

人民卫生出版社有限公司

2018 年 4 月

全国中医药高职高专院校第四轮第一批规划教材书目

教材序号	教材名称	主编	适用专业
1	大学语文(第4版)	孙 洁	中医学、针灸推拿、中医骨伤、护理等专业
2	中医诊断学(第4版)	马维平	中医学、针灸推拿、中医骨伤、中医美容等专业
3	中医基础理论(第4版)*	陈 刚 徐宜兵	中医学、针灸推拿、中医骨伤、护理等专业
4	生理学(第4版)*	郭争鸣 唐晓伟	中医学、中医骨伤、针灸推拿、护理等专业
5	病理学(第4版)	苑光军 张宏泉	中医学、护理、针灸推拿、康复治疗技术等专业
6	人体解剖学(第4版)	陈晓杰 孟繁伟	中医学、针灸推拿、中医骨伤、护理等专业
7	免疫学与病原生物学(第4版)	刘文辉 田维珍	中医学、针灸推拿、中医骨伤、护理等专业
8	诊断学基础(第4版)	李广元 周艳丽	中医学、针灸推拿、中医骨伤、护理等专业
9	药理学(第4版)	侯 晞	中医学、针灸推拿、中医骨伤、护理等专业
10	中医内科学(第4版)*	陈建章	中医学、针灸推拿、中医骨伤、护理等专业
11	中医外科学(第4版)*	尹跃兵	中医学、针灸推拿、中医骨伤、护理等专业
12	中医妇科学(第4版)	盛 红	中医学、针灸推拿、中医骨伤、护理等专业
13	中医儿科学(第4版)*	聂绍通	中医学、针灸推拿、中医骨伤、护理等专业
14	中医伤科学(第4版)	方家选	中医学、针灸推拿、中医骨伤、护理、康复治疗技术专业
15	中药学(第4版)	杨德全	中医学、中药学、针灸推拿、中医骨伤、康复治疗技术等专业
16	方剂学(第4版)*	王义祁	中医学、针灸推拿、中医骨伤、康复治疗技术、护理等专业

教材序号	教材名称	主编	适用专业
17	针灸学（第4版）	汪安宁　易志龙	中医学、针灸推拿、中医骨伤、康复治疗技术等专业
18	推拿学（第4版）	郭翔	中医学、针灸推拿、中医骨伤、护理等专业
19	医学心理学（第4版）	孙萍　朱玲	中医学、针灸推拿、中医骨伤、护理等专业
20	西医内科学（第4版）*	许幼晖	中医学、针灸推拿、中医骨伤、护理等专业
21	西医外科学（第4版）	朱云根　陈京来	中医学、针灸推拿、中医骨伤、护理等专业
22	西医妇产科学（第4版）	冯玲　黄会霞	中医学、针灸推拿、中医骨伤、护理等专业
23	西医儿科学（第4版）	王龙梅	中医学、针灸推拿、中医骨伤、护理等专业
24	传染病学（第3版）	陈艳成	中医学、针灸推拿、中医骨伤、护理等专业
25	预防医学（第2版）	吴娟　张立祥	中医学、针灸推拿、中医骨伤、护理等专业
1	中医学基础概要（第4版）	范俊德　徐迎涛	中药学、中药制药技术、医学美容技术、康复治疗技术、中医养生保健等专业
2	中药药理与应用（第4版）	冯彬彬	中药学、中药制药技术等专业
3	中药药剂学（第4版）	胡志方　易生富	中药学、中药制药技术等专业
4	中药炮制技术（第4版）	刘波	中药学、中药制药技术等专业
5	中药鉴定技术（第4版）	张钦德	中药学、中药制药技术、中药生产与加工、药学等专业
6	中药化学技术（第4版）	吕华瑛　王英	中药学、中药制药技术等专业
7	中药方剂学（第4版）	马波　黄敬文	中药学、中药制药技术等专业
8	有机化学（第4版）*	王志江　陈东林	中药学、中药制药技术、药学等专业
9	药用植物栽培技术（第3版）*	宋丽艳　汪荣斌	中药学、中药制药技术、中药生产与加工等专业
10	药用植物学（第4版）*	郑小吉　金虹	中药学、中药制药技术、中药生产与加工等专业
11	药事管理与法规（第3版）	周铁文	中药学、中药制药技术、药学等专业
12	无机化学（第4版）	冯务群	中药学、中药制药技术、药学等专业
13	人体解剖生理学（第4版）	刘斌	中药学、中药制药技术、药学等专业
14	分析化学（第4版）	陈哲洪　鲍羽	中药学、中药制药技术、药学等专业
15	中药储存与养护技术（第2版）	沈力	中药学、中药制药技术等专业

续表

教材序号	教材名称	主编	适用专业
1	中医护理(第3版)*	王 文	护理专业
2	内科护理(第3版)	刘 杰 吕云玲	护理专业
3	外科护理(第3版)	江跃华	护理、助产类专业
4	妇产科护理(第3版)	林 萍	护理、助产类专业
5	儿科护理(第3版)	艾学云	护理、助产类专业
6	社区护理(第3版)	张先庚	护理专业
7	急救护理(第3版)	李延玲	护理专业
8	老年护理(第3版)	唐凤平 郝 刚	护理专业
9	精神科护理(第3版)	井霖源	护理、助产专业
10	健康评估(第3版)	刘惠莲 滕艺萍	护理、助产专业
11	眼耳鼻咽喉口腔科护理(第3版)	范 真	护理专业
12	基础护理技术(第3版)	张少羽	护理、助产专业
13	护士人文修养(第3版)	胡爱明	护理专业
14	护理药理学(第3版)*	姜国贤	护理专业
15	护理学导论(第3版)	陈香娟 曾晓英	护理、助产专业
16	传染病护理(第3版)	王美芝	护理专业
17	康复护理(第2版)	黄学英	护理专业
1	针灸治疗(第4版)	刘宝林	针灸推拿专业
2	针法灸法(第4版)*	刘 茜	针灸推拿专业
3	小儿推拿(第4版)	刘世红	针灸推拿专业
4	推拿治疗(第4版)	梅利民	针灸推拿专业
5	推拿手法(第4版)	那继文	针灸推拿专业
6	经络与腧穴(第4版)*	王德敬	针灸推拿专业

* 为"十二五"职业教育国家规划教材

前　言

　　《药用植物学》(第 4 版)是根据 2017 年 5 月"全国中医药高职高专规划教材(国家卫生健康委员会"十三五"规划教材)编写会议"精神,在第 3 版基础上修订而成,主要供全国高职高专三年制中药学及中药相关专业使用。第 3 版自 2014 年 5 月出版以来,作为全国高职高专院校的规划教材,为许多院校所采用,获得广大使用者的一致好评,被确定为"'十二五'职业教育国家级规划教材"。

　　本版教材根据第 3 版教材使用过程中收集到的意见并结合本学科的最新进展,作了一定的增删与修改,第 4 版教材大胆创新,将整体编写成为纸质加数字教学资源融合的教材,纸质教材中加二维码形式将数字内容转为扫一扫增值服务。扫一扫内容有课件、知重点、测一测、复习思考题答题要点、知识拓展、微课、动漫、实训视频、模拟试卷、MP4、看图认药,还有 3000 多张药用植物彩照贯穿整个教材,使学习过程更加生动、活泼。书后附有 180 余幅药用植物的彩色照片,以增强药用植物形态的直观性。本教材突出了思想性、科学性、先进性、适用性及实践性,充分体现高等职业教育注重知识结构和能力要求的培养目标,以适应 21 世纪医药卫生事业发展和社会对高素质应用型人才的需要。

　　本书编写过程中,参阅了许多专家、学者的研究成果和论著,并得到广东逸丰生态实业有限公司、广东金山百草集团提供的标本材料,江西抚州一中张云珍老师、广东江门中医药职业学院梁伟林老师精心绘制了插图,在此一并致谢!

　　由于编者水平有限,不妥之处在所难免,恳请读者和各院校师生在使用过程中提出宝贵意见和建议,以便进一步修订和完善。

《药用植物学》教材编委会

2018 年 1 月

目 录

绪　论

课件
绪论PPT

扫一扫
知重点

 学习要点

1. 药用植物、药用植物学概念。
2. 药用植物学任务。
3. 药用植物学学习方法。

一、药用植物学性质、地位和任务

地球上大约有 50 万种植物,植物的多样性构成了绚丽多彩的大千世界,植物为我们提供了天然食物、天然保健食品、天然色素、天然甜味剂、天然药物等,我们日常生活和医疗保健等各方面与植物密切相连。《中国植物志》记载我国 301 科 3408 属 31 142 种植物,2015 版《中华人民共和国药典》收载的 618 种中药中,有 545 种为植物药,涉及药用植物 625 种。凡具有预防、治疗疾病和对人体有保健功能的植物统称为药用植物。药用植物学是利用植物学知识和方法来研究药用植物的形态、构造、分类以及生长发育规律的一门学科,是中药专业和中药相关类专业一门必修的专业基础课,其主要任务是:

（一）鉴定中药的原植物种类,确保临床用药安全有效

中药来源十分复杂,加上历史沿革等原因,导致各地用药习惯差异以及药材名称不尽相同,因此,在临床用药过程中,多品种、多来源、同物异名、异物同名的现象比较普遍。如中药贯众,在全国同名为"贯众"的植物有 9 科 17 属 49 种及变种,均为蕨类植物,当作中药贯众使用的有 5 科 25 种。川木通来源于毛茛科植物小木通 *Clematis armandii* Franch. 或绣球藤 *C. montana* Buch.Ham. 的藤茎,关木通来源于马兜铃科植物东北马兜铃 *Aristolochia manshuriensis* Kom. 的藤茎,它们功效类同,但在临床上,关木通禁止长期或大量服用,肾功能不全者禁止使用。大黄属中的掌叶大黄 *Rheum palmatum* L.、唐古特大黄 *R. tanguticum* Maxim. et Balf. 和药用大黄 *R. officinale* Baill. 均具有泻热通便功效,而河套大黄 *R. hotaoense* C.Y.Cheng et C.T.kao 则泻热作用极差,不能作大黄药用。中药细辛,来源于马兜铃科的细辛属,而该属绝大多数的种类在不同地区均有使用,但其中深绿细辛 *Asarum porphyronotum* C.Y.Cheng. et C.S.Yang var. *atrovirens* C.Y.Cheng et C.S Yang 和紫背细辛 *A. porphyronotum* C.Y.Cheng. et C.S Yang 均

含有致癌成分黄樟醚(Safrole),不能用于临床。柴胡属多种植物,可做中药柴胡用,但大叶柴胡 *Bupleurum longiradiatum* Turcz. 含有毒性成分,不可代替柴胡药用。在临床、科研以及中药采集、种植、购销等工作中,运用植物分类学知识和先进的科技手段确定中药原植物的种类,同时研究其外部形态、内部构造和地理分布,从而解决中药材存在的名实混淆问题,对保证中药材生产、科研和临床用药的安全,以及资源开发均具有重要意义。

课堂互动

说出 10 种粮食作物、10 种蔬菜植物、10 种瓜果植物、10 种绿化植物。

(二)调查研究药用植物资源,合理利用及开发药物

我国幅员辽阔,地跨寒、温、热三带,地形错综复杂,气候多种多样,药用植物种类繁多,据全国中药资源普查统计,有药用记载的植物、动物、矿物合计 12 694 种,其中植物为 11 020 种,为总数的 87%,2005 年出版的《药用植物词典》记载中外药用植物 22 000 余种。其中有植物体构造比较简单的藻、菌、地衣类植物,如海带、灵芝、松萝等;也有苔藓和蕨类植物、裸子植物,如地钱、卷柏、银杏等。分布最为广泛,资源最为丰富的是被子植物,它是中药的主要来源,许多名贵中药都取自这些植物的野生品或栽培品。我国东北地区,气候寒冷,主要分布有人参、五味子、细辛,内蒙古气候干燥分布有防风、黄芪、甘草等,河南的地黄、山药、牛膝、菊花质量为全国之冠,被称为"四大怀药",四川不仅药用植物种类多,而且产量大,如黄连、川贝母、川芎等,我国广东、广西、海南、中国台湾省、云南南部属热带、亚热带地区,气候温暖、雨量充沛,有利于植物生长繁殖。云南植物种类最多,素有"植物王国"之称,著名的药用植物有三七、木香、云南马钱等,广东有花植物就有千种,许多重要药用植物都分布在这一地区,如广藿香、阳春砂、槟榔等。另外,浙江的浙贝母、安徽的芍药、福建的泽泻、甘肃的当归、山西的党参、宁夏的枸杞、青海的大黄、西藏的冬虫夏草、山东的珊瑚菜、江西的酸橙、贵州的杜仲、江苏的薄荷等,都是全国著名的药用植物。

本草、民间药和民族药是我国珍贵的医药遗产,医药工作者几十年来,从本草记载的多品种来源中药,如黄芩、贝母、细辛、柴胡等中发现同属多种,具有相同疗效的药用植物。从本草记载治疗疟疾的黄花蒿 *Artemisia annua* L. 中分离到高效抗疟成分青蒿素。运用系统学方法通过资源普查,20 世纪 50 年代找到了降压药萝芙木 *Rauvolfia verticillata* (Lour.) Baill.,取代了进口蛇根木 *R. serpentina* Benth. 生产降压灵。近年来,在广西、云南找到了可供生产血竭的剑叶龙血树 *Dracaena cochinchinensis* (Lour.) S.C.Chen,解决了国内生产血竭的资源空白问题。从红豆杉科红豆杉属多种植物的茎皮、根皮及枝叶中得到紫杉醇,发现具有很好的抗肿瘤作用等。在当今社会经济飞速发展时期,世界各地都在利用植物资源开发研制新药、保健品和食品。自然界现有 50 余万种的植物资源,许多没有得到开发利用。如何运用现代科学技术,发挥中医药优势,更好地合理利用我国特有植物资源,发现新的药源、新的活性成分,进而研制出高效新药,满足人民医疗、保健需要,促进经济发展已成为中医药工作者的突出任务。

二、药用植物学发展简史和发展趋势

我国药用植物学的发展有着悠久的历史,早在3000多年前的《诗经》和《尔雅》中就分别记载了200种和300种植物,其中约1/3为药用植物。我国历代本草类著作有400多部,记载了大量药用植物和药物知识,可以说药用植物学的发展与本草学的发展紧密相连。我国现存的第一部记载药物的专著《神农本草经》,收载药物365种,其中植物药237种。南北朝·梁代陶弘景的《本草经集注》载药730种,多数为植物药。唐代苏敬等编写的《新修本草》(又称《唐本草》),是以政府名义编修并颁布的,被认为是我国第一部国家药典,该书载药844种,并附有药物图谱,是第一本具有图文对照的本草著作,其中不少是外来药用植物,如郁金、诃子、胡椒等。宋代唐慎微编著的《经史证类备急本草》收载的药物1746种,为我国现存最早的一部完整本草。明代李时珍经过30多年努力于1578年完成了《本草纲目》的编纂,全书载药1892种,其中植物药1100多种。《本草纲目》有严密的系统性、科学性,首先试用生态学分类,它是本草史上的一部巨著,被翻译成多种文字,曾被外国人称为中国植物志。清代吴其濬著《植物名实图考》及《植物名实图考长编》共记载植物2552种,是一部论述植物的专著。该书记述翔实,插图精美,是研究和鉴定药用植物的重要文献。

新中国成立以后,十分重视中医药的发展,在各地陆续成立了多所中医药大学、中药和药用植物研究机构,培养了大量药用植物研究人才。几十年来,在药用植物工作者与相关科学技术人才共同努力下,做了大量卓有成效的工作,开发了许多新药,出版了一大批重要著作。如:《全国中草药汇编》收载植物药2074种,《中药大辞典》收载药物5767种,其中植物药4773种;《中国中药资源志要》《新华本草纲要》《中华本草》《中国植物志》《中华人民共和国药典》等,这些专著是我国中药和药用植物研究成果的代表。除以上著作外,还创办了大量学术期刊,如《中国中药杂志》《中草药》《中药材》《中国天然药物》等。药用植物学与其他学科如医学、药学、化学、生物学等学科密切联系、相互渗透,又分化出中药鉴定学、中药化学、药用植物栽培学、植物化学分类学、中药资源学、植物超微结构分类学等学科,使药用植物学增加了新的内容,从而不仅在学科上,而且在结合医药实际方面促进了药用植物学的发展。

政策法规

1987年10月30日,国务院发布了《野生药材资源保护管理条例》,1997年1月1日,国务院发布了《中华人民共和国野生植物保护条例》,目前,全国已建立了14个野生动植物救护繁殖中心和400多处珍稀植物种质种源基地,2002年4月17日,原国家食品药品监督管理局发布了《中药材生产质量管理规范》。

岭南中草药
(一)

岭南中草药
(二)

三、药用植物学主要相关学科和学习方法

药用植物学是中药、药学及相关学科的专业基础课,由于中药来源主要为植物,药用植物的种类是决定中药质量的重要因素之一,因此,涉及中药植物种类来源及品质的学科,如中药鉴定学、中药化学、中药学、生药学、药用植物栽培学等与药用植物

有密切关系,所以必须学好这门功课。药用植物学是一门实践性很强的学科,学习时必须理论联系实际,多登山、多参观植物园,虚心向民间医生、老药工、种植者等学习,走进大自然,花草树木、农作物等许多植物都是药用植物,通过系统的观察,增强对药用植物形态结构和生活习性的全面认识,结合理论知识,能加深对药用植物的理解。社会的发展,计算机、数码相机、智能手机、数码显微镜等已得到普及,必须学会借助这新技术,上网浏览各大专院校、科研机构等植物数字标本馆,如中国植物图像库、中国数字植物标本馆、中国在线植物志、中国植物志电子版等网站,学会植物照片拍摄技能,制作自己的药用植物电子相册,制作自己的电子药用植物图谱,把制作自己的电子药用植物图谱作为自己一生学习药用植物的开始和兴趣爱好。学习过程要抓住重点、难点,带动一般,如科的主要特征,可以通过观察代表植物来掌握。野外采集标本是学习的重要过程,野外观察必须注意保护资源、保护环境,注意安全。

最后,要综合运用所学的知识,结合实际,训练解决实际问题的能力,学好药用植物学,为今后相关专业课程的学习、人生爱好兴趣和工作奠定坚实的基础。

(郑小吉)

复习思考题

1. 名词解释:药用植物、药用植物学。

2. 简述药用植物学主要任务有哪些。

3. 如何有效学习药用植物学?

4. 借助计算机、数码相机、智能手机新技术,如何制作自己的药用植物电子相册,制作自己的电子药用植物图谱?

第一章

- - - - -

植物的细胞

 学习要点

1. 细胞的一般构造及超微结构。
2. 细胞壁的特点和鉴别方法。
3. 细胞各种后含物的类型及特征。
4. 细胞的分裂。

　　植物细胞是构成植物体的形态结构和生命活动的基本单位。某些由单细胞构成的低等植物,如衣藻、小球藻以及菌类的生长、发育和繁殖等生命活动,都是在一个细胞内完成的。高等植物的个体,在形成初期也只有一个细胞,在经过细胞的分裂、生长和分化后,形成了许多形态与功能不同的细胞,这些细胞在植物体中相互联系,彼此协作,共同完成植物体的生长发育等复杂的生命活动。

　　植物细胞的形状多样化,常随着植物种类以及在植物体中的部位和功能的不同而有较大差异。单独或排列疏松的细胞多呈球形、类圆形或椭圆形;排列紧密的细胞多呈多角形或其他形状;执行输导功能的细胞(例如输送水分和养料的导管和筛管分子)多为长管状;执行机械支持功能的细胞(如纤维)多为类圆形、纺锤形等,且细胞壁常明显增厚。

　　植物细胞的大小差异较大,直径一般在 $10{\sim}100\mu m$ 之间,无法用肉眼观察到。单细胞植物的细胞较小,常只有几微米;少数植物细胞较大,肉眼能够观察到,如番茄、西瓜的果肉细胞贮藏了大量水分和营养物质,直径可达 1mm,棉花种子上的单细胞毛可长达 65mm 左右,苎麻纤维细胞甚至长达 $200{\sim}550mm$,有乳汁植物的无节乳汁管,如橡胶树的乳汁管是长达数米至数十米的分支细胞,但这些细胞在横向直径上仍是很小的。一个细胞的体积大小主要受细胞核所能控制的范围制约和细胞相对表面积大而有利于物质的交换和转运这两个因素的影响,同时在同一植株的不同部位细胞体积的大小差异与细胞代谢活动及功能相关,此外细胞的大小还受水肥供应、光照强弱、温度高低和化学试剂等外界条件的影响。

　　在研究植物细胞的形状、大小及构造时,常需借助于显微镜才能观察清楚。在光学显微镜下观察到的细胞构造,称为植物的显微结构,其计量单位为微米(μm);由于光学显微镜的分辨率大于 $0.2\mu m$,有效放大倍数一般小于 1600 倍,要观察细胞更细微的构造,须应用电子显微镜(分辨率为0.25nm),其放大倍数已超过100万倍。在电子显微镜下观察到的细胞结构,称为超微结构或亚显微结构,其计量单位为埃Å(1μm=10 000Å)。

第一节　植物细胞的基本构造

各种植物细胞的形态构造各异,即使是同一个细胞,在不同的发育阶段,其形态构造也有变化,不同细胞的不同形态结构正是中药品种鉴定的重要依据之一。为了便于教学和研究在一个细胞里观察细胞全部构造,人为地将各种植物细胞中的主要构造及形态特征集中在一个细胞里加以说明,这个细胞称为典型植物细胞或模式植物细胞。

一个典型的植物细胞在光学显微镜下能观察到的可分为三个部分:外面包围着一层较坚韧的细胞壁;细胞壁内有生命的物质,总称为原生质体,主要包括细胞质、细胞核、质体、线粒体等;此外细胞壁内还含有多种非生命物质,包括被称为后含物的原生质体的代谢产物和一些生理活性物质(图1-1)。

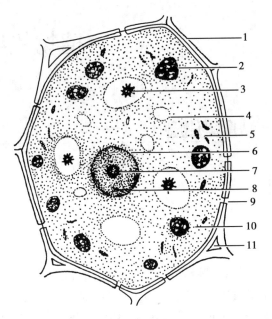

图1-1　典型植物细胞的构造
1.细胞壁　2.叶绿体　3.结晶　4.液泡　5.线粒体　6.细胞核　7.核仁　8.核质　9.纹孔　10.细胞质　11.细胞间隙

知识链接

细胞的发现

1665年,英国的Robert Hooke利用自制的显微镜,观察软木薄片(木栓),发现很多像蜂房样的小室,他把这种小室命名为细胞(cell)。

一、原生质体

原生质体是细胞内有生命物质的总称,构成原生质体的主要物质基础是原生质。原生质是生命物质的基础,由于不断进行代谢活动,其组分也在不断变化,最主要的组成成分是以蛋白质和核酸为主的复合物,其中核酸有两类,一类是脱氧核糖核酸(DNA),另一类是核糖核酸(RNA)。DNA是遗传物质,决定生物体的遗传和变异;RNA则是把遗传信息传送到细胞质中的中间体,在细胞质中直接影响着蛋白质的产生。此外,原生质中还有水、脂类、有机物、无机盐等其他物质。

原生质体是细胞的主要成分,细胞的一切生命活动都是由原生质体来完成的。原生质体不断进行代谢活动并进一步分化形成多种复杂的结构,包括细胞质、细胞核、质体、线粒体、高尔基体、核糖核蛋白体(简称为核糖体)、溶酶体等。

　　(一) 细胞质

　　细胞质是充满在细胞壁和细胞核之间的半透明、半流动、无固定结构的基质,是原生质体的最基本组成部分,主要由蛋白质和类脂组成。在细胞质内还分散着细胞核、质体、线粒体和后含物。

　　在幼年的植物细胞中,细胞质充满整个细胞,随着细胞的不断生长发育,形成了贮藏代谢产物的液泡,并且液泡不断扩大,将细胞质挤向细胞的四周,其外面包围着细胞质膜(质膜),与细胞壁紧贴。质膜在光学显微镜下难以看到,在采用高渗溶液处理细胞发生“质壁分离”后才可观察到。电子显微镜下,质膜显示出暗—明—暗的三层结构,中央明带的主要成分是类脂,两侧暗带的主要成分是蛋白质,这三层结构组成一个单位膜。

　　质膜使细胞内部与外界环境分隔开来,保证了细胞内具有一个相对稳定的微环境以进行正常的生命活动,它具有“选择透性”的半渗透现象,是控制细胞内外物质运输交换的关键所在,质膜上具有大量的酶,是进行生化反应的重要场所以及调节细胞的生命活动。此外,质膜还能抵御病菌的侵害、接受和传递外界的信号、参与细胞间的相互识别。

　　细胞质有自主流动的能力是一种生命现象,它带动其中的细胞器在细胞中做有规则的持续的流动,这种运动称为胞质运动,能促进细胞内营养物质的流动,有利于新陈代谢的进行,对于细胞的生长发育、通气和创伤的恢复都有一定的促进作用。胞质运动很容易受环境的影响,如温度、光线和化学物质等都可以影响细胞质的运动;邻近细胞受损伤时也容易刺激细胞质运动。

　　(二) 细胞器

　　细胞器是细胞质内具有一定形态结构、成分和特定功能的微器官,也称拟器官。植物的细胞器一般包括细胞核、质体、液泡、线粒体、内质网、核糖体、微管、高尔基体、圆球体、溶酶体、微体等。前四者可以在光学显微镜下观察到,其余则只有在电子显微镜下才能看到。

　　1. 细胞核　蓝藻、细菌属于原核生物,无真正的细胞核或没有固定形态的细胞核。此外,其他所有植物中的生活细胞均属于真核细胞,都有细胞核。在高等植物细胞中,通常一个细胞只具有一个细胞核,但在一些低等植物细胞中,如藻类具有双核或多核的,在乳汁管等一些特殊的细胞中也有具双核或多核的。

　　细胞核在细胞中所占的大小比例及其位置、形状随细胞的生长而变化,一般呈圆球形、椭圆形、卵圆形等。在幼小的细胞中,细胞核位于细胞中央,随着细胞的长大和中央液泡的形成,细胞核也随之被中央液泡挤压到细胞的一侧,形状呈扁圆形。在有的成熟细胞中,细胞核也可借助于几条线状的细胞质四面牵引而保持在细胞的中央,细胞核不能脱离细胞质而孤立地生存。

　　细胞核的主要功能是控制细胞的遗传和生长发育,也是遗传信息的载体 DNA 贮藏、复制和转录的场所,并且决定蛋白质的合成,控制质体、线粒体中主要酶的形成,控制和调节细胞其他生理活动。细胞失去细胞核将不能正常生长和分裂繁殖,一切生命活动将停止,从而导致细胞死亡。

在光学显微镜下观察活细胞,因细胞核具有较高的折光率而易看到。细胞核具有复杂的内部结构,由核膜、核液、核仁、染色质(染色体)四部分构成。

(1) 核膜:是细胞核表面的薄膜,分隔细胞质与细胞核的界膜。膜上具有许多可以开启和关闭的小孔,叫核孔,起着控制核与细胞质之间物质交换和调节细胞的代谢的作用。在光学显微镜下观察只有一层膜,但在电子显微镜下观察到的核膜具有双层,由外膜和内膜组成。

(2) 核液:是细胞核内呈液体状态、没有明显结构的物质,主要成分是蛋白质、RNA 和多种酶,这些物质保证了 DNA 的复制和 RNA 的转录。

(3) 核仁:是细胞核中折光率更强的小球体,通常有一个或几个,主要由蛋白质和 RNA 组成,也有少量的类脂和 DNA,其大小随细胞生理状态不同而变化。核仁是核内 RNA 和蛋白质合成的主要场所,与核糖体的形成密切相关。

(4) 染色质(染色体):染色质呈粒状、丝状或结成网状散布在核液中,是细胞核内易被碱性染料着色的物质,主要由 DNA 和蛋白质所组成,还含有 RNA。在分裂间期的核中,染色质是不明显的,或可成为染色深的染色质网。当细胞核将分裂时,染色质成为一些螺旋状的染色质丝,进而形成棒状的染色体。所以,染色质和染色体是细胞内同一物质在不同时期的两种表现形式。染色体是贮存、复制和传递遗传信息的主要物质基础,与植物的遗传有着重要的关系。各种植物染色体的数目、形状和大小是各不相同的,但对某一种植物来说则是相对稳定的,可作为植物分类鉴定的重要依据之一。

细胞失去细胞核将不能正常生长和分裂繁殖,一切生命活动将停止,从而导致细胞死亡。同样,细胞核也不能脱离细胞质而孤立地生存。

2. 质体　具有一定形态结构、成分和功能,为植物细胞所特有的细胞器,与碳水化合物的合成和贮藏有密切关系。质体在细胞中数目不一,基本组成为蛋白质和类脂,分为含色素和不含色素两种类型。根据质体所含色素和功能的不同,可将质体分为叶绿体、有色体和白色体(图 1-2)。

(1) 叶绿体:主要由蛋白质、类脂、RNA 和色素组成。叶绿体是植物进行光合作用和合成淀粉的场所,是绿色植物制造有机养料的工厂。常存在于植物体内能透光的部分,如叶、幼茎、幼果的接近表皮的基本组织中,以叶肉细胞中最多。在显微镜下高

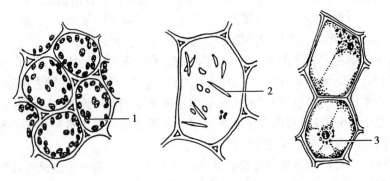

图 1-2　质体的种类

1. 叶绿体(天竺葵叶)　2. 有色体(胡萝卜根)　3. 白色体(马铃薯)

等植物的叶绿体多呈扁球形颗粒状，直径 4~10μm，厚 1~3μm，在一个细胞中可以有十几个至数十个不等，还可以观察到叶绿体的运动，这是细胞质流动的结果。叶绿体含有的色素主要有 4 种，即叶绿素甲、叶绿素乙、胡萝卜素和叶黄素，其中以叶绿素的含量最多，所以呈绿色。叶绿素是主要的光合色素，能吸收和利用光能直接参与光合作用，其他两类色素不能直接参与光合作用，但可起辅助作用。

（2）有色体：常呈杆状、针状、圆形、多角形或不规则形，常存在于花、果实和根中。其所含色素主要是胡萝卜素和叶黄素等，由于两者在植物体中比例不同，故使植物呈现黄色、橙色或橙红色。如在胡萝卜的根、蒲公英的花瓣、番茄的果肉细胞中均可看到有色体。

（3）白色体：是最小的一类质体，不含色素，呈无色圆形、椭圆形或纺锤形颗粒状。在植物的分生组织、种子的幼胚以及所有器官的无色部分均可发现，大多围绕细胞核而存在。白色体与积累贮藏物质有关，它包括合成贮藏淀粉的造粉体，合成贮藏蛋白质的蛋白质体和合成脂肪及脂肪油的造油体。

叶绿体、有色体和白色体在起源上均由幼小细胞中的前质体分化而来，它们之间在一定条件下可互相转化。例如发育中的番茄，最初子房壁细胞含有白色体，子房发育成幼果，暴露在日光后白色体转化为叶绿体，使幼果呈绿色，在果实成熟时，叶绿体逐渐转变成有色体，番茄由绿变红。反之，有色体也能转化成其他质体，如胡萝卜根暴露在地面的部分，经光照而变成绿色，这是有色体转化成叶绿体的缘故。

3. 线粒体　细胞内进行呼吸作用的场所，具有 100 多种酶，主要与细胞内的能量转换有关。常为球状、棒状或细丝状颗粒，电子显微镜下，可分为外膜、内膜、嵴和基质。线粒体呼吸作用释放的能量，透过膜转运到细胞的其他部分，提供细胞各种代谢的需要，被比喻为细胞的"动力工厂"或"能量转换器"。

4. 液泡　是植物细胞特有的结构，也是植物细胞与动物细胞在结构上的明显区别之一。在幼小的细胞中液泡不明显、体积小且数量多而分散，随着细胞生长，液泡逐渐增大，彼此合并成几个大液泡或形成一个中央大液泡，并将细胞质、细胞核等挤向细胞的周边，细胞质与液泡相接触处的、包围细胞液的膜称液泡膜，在质膜和液泡膜之间的部分称作中质（基质、胞基质）。具有一个大的中央液泡是成熟的植物生活细胞的显著特征（图 1-3）。

液泡膜将膜内的细胞液与细胞质隔开，具有特殊的选择通透性，控制膜内外的物质交换，具有维持细胞的渗透压和膨胀压，提高细胞的抗旱和抗寒能力。液泡内的细胞液中主要成分除水分外，还有新陈代谢过程中产生的各种代谢物，如糖

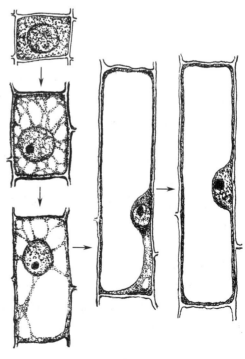

图 1-3　液泡的发育

类、盐类、生物碱、苷类、单宁、有机酸、挥发油、色素、树脂、结晶等,其中许多成分是中草药的有效成分,具有重要的药用价值。

其余在电子显微镜下观察到的植物细胞的细胞器有:内质网、核糖体、高尔基体、圆球体、溶酶体和微体。内质网与细胞内蛋白质、类脂和多糖的合成、运输及贮藏有关,可分为粗面内质网和滑面内质网;核糖体主要成分是 RNA 和蛋白质,被认为是蛋白质合成的场所(执行合成蛋白质的功能时形成多聚核蛋白体);高尔基体主要与多糖合成与运输有关,是细胞分泌物的最后加工和包装场所;圆球体为一种储藏细胞器,是脂肪积累和分解的场所;溶酶体和微体,含有各种不同的酶,能分解生物大分子,对细胞内贮藏物质的利用起重要作用。这些细胞器都有一定的形态和功能,是细胞生活和物质代谢不可缺少的。

表皮制片技术

二、细胞后含物及生理活性物质

植物细胞的新陈代谢过程中可产生多种非生命物质,它们可以在细胞生活的不同时期产生和消失,其中一类是后含物,另一类是生理活性物质。

(一) 后含物

植物细胞在新陈代谢活动中产生的所有非生命物质统称为后含物。后含物的种类很多,有些是具有营养价值的贮藏物,可以作为人类食物的主要来源,以淀粉、蛋白质、脂肪和脂肪油最为普遍;有些是细胞的废弃物质,如草酸钙结晶等。后含物以液体、晶体和非结晶固体形态存在于细胞质或液泡中,其种类、形态和性质往往随植物种类不同而异,因而后含物的特征是中药显微鉴定和理化鉴定的重要依据之一。植物细胞后含物主要有淀粉、菊糖、蛋白质、脂肪或脂肪油、晶体等。

1. 淀粉　是葡萄糖分子以 α-1,4 糖苷键聚合而成的长链化合物。一般绿色植物经光合作用所产生的葡萄糖,暂时在叶绿体内转变成同化淀粉,然后被水解为葡萄糖转运至贮藏器官中,再在造粉体内重新形成贮藏淀粉。贮藏淀粉是以淀粉粒的形式贮藏在植物根、茎和种子等器官的薄壁细胞中。淀粉积累时,先从一处开始,形成淀粉粒的核心称为脐点,然后环绕脐点由内向外,直链淀粉与支链淀粉相互交替地分层沉积,由于两者在水中的膨胀度不一,从而显出了折光上的差异,在显微镜下可观察到围绕脐点有许多亮暗相间的层纹(轮纹)。如果用乙醇处理,使淀粉脱水,这种层纹即随之消失。

淀粉粒多呈圆球形、卵圆球形或多面体等;脐点的形状有颗粒状、裂隙状、分叉状、星状等,有的在中心,有的偏于一端。淀粉粒有单粒、复粒、半复粒三种类型:只有一个脐点的淀粉粒称为单粒淀粉;具有两个或以上脐点,每个脐点有各自层纹的称为复粒淀粉;具有两个或以上脐点,每个脐点除有本身的层纹环绕外,在外面另被有共同层纹的称为半复粒淀粉。淀粉粒的类型、形状、大小、层纹和脐点常随植物种类不同而异,因此淀粉粒的有无和形态特征可作为鉴定中药材的依据之一(图 1-4)。

淀粉粒不溶于水,在热水中膨胀而糊化,与酸或碱共煮则分解为葡萄糖。一般植物的淀粉粒同时含有两种淀粉,遇稀碘液显蓝紫色(直链淀粉显蓝色,支链淀粉则显紫红色)。用甘油醋酸试液装片,置偏光显微镜下观察,淀粉粒常显偏光现象,已糊化的淀粉粒无偏光现象。

2. 菊糖　由果糖分子聚合而成。多见于菊科、桔梗科和龙胆科等部分植物根的

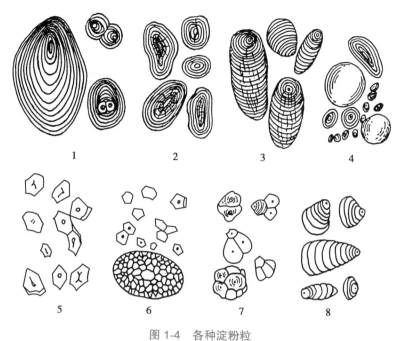

图 1-4　各种淀粉粒

1. 马铃薯　2. 豌豆　3. 藕　4. 小麦　5. 玉米　6. 大米　7. 半夏　8. 姜

薄壁细胞中。菊糖溶于水,不溶于乙醇,所以新鲜的植物细胞中看不到菊糖。可将含有菊糖的植物材料浸于 70% 乙醇中,一周后作成切片在显微镜下观察,在细胞内可见球状、半球状、扇状的菊糖结晶析出。菊糖遇 25% 的 α-萘酚乙醇溶液再加浓硫酸,将显紫红色并很快溶解。

　　3. 蛋白质　植物细胞中的贮藏蛋白质与构成原生质体的活性蛋白质完全不同,它是化学性质稳定的无生命物质,常呈固态;以结晶体或无定形的小颗粒存在于细胞质、液泡、细胞核和质体中。结晶的蛋白质因具有晶体和胶体的二重性,称为拟晶体,以与真正的晶体相区别,拟晶体有不同的形状,但常呈方形(如马铃薯块茎近外围的薄壁细胞中)。无定形的蛋白质常被一层膜包裹成圆球状的颗粒,称为糊粉粒,糊粉粒较多地分布于种子的胚乳或子叶细胞中,有时它们集中分布在某些特殊的细胞层,例如小麦等谷类种子的胚乳最外面的一层或几层细胞,含有大量淀粉粒,特称为糊粉层。糊粉粒和淀粉粒常在同一细胞中互相混杂。另外,在许多豆类种子(如大豆、落花生等)子叶的薄壁细胞中,普遍具有糊粉粒,这种糊粉粒以无定形蛋白质为基础,还包含一个或几个拟晶体,成为复杂的形式;蓖麻胚乳细胞中的糊粉粒,其外有一层蛋白质膜,内部无定形的蛋白质基质中除有蛋白质拟晶体外,还含有环己六醇磷酯的钙或镁盐的球形体结晶。蛋白质遇碘显棕色或黄棕色;蛋白质溶液加硝酸汞液显砖红色;蛋白质加硫酸铜和氢氧化钠水溶液显紫红色。

　　4. 脂肪和脂肪油　是由脂肪酸和甘油结合而成的脂,常温下呈固态或半固态者称为脂肪,如乌桕脂、可可脂;呈液态者则称为脂肪油,如大豆油、芝麻油等。两者的区别主要在于物理性质,而非化学性质。脂肪和脂肪油常呈小滴状分散在细胞质中,存在于植物各器官,特别是有些植物的种子中含量极其丰富,如蓖麻、油菜等,有的种子所含脂肪油可达 45%~60%(图 1-5)。脂肪和脂肪油均不溶于水,易溶于有机溶剂;

遇碱则皂化;遇苏丹Ⅲ溶液显橙红色、红色或紫红色,遇四氧化锇显黑色。

脂肪是贮藏营养物质中最为经济的形式,是含能量最高而体积最小的贮藏物质,在氧化时能放出较多的能量。有些树干的薄壁细胞中贮藏的淀粉,往往在冬季转化为脂肪,以贮藏更多能量,而在次年春天再将脂肪转化为淀粉。有的脂肪油可供药用,如蓖麻油常用作泻下剂,大风子油用于治疗麻风病,月见草油治疗高脂血症等。

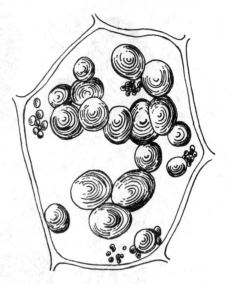

图 1-5　脂肪油(椰子胚乳细胞)

5. 晶体　是植物细胞生理代谢过程中产生的废物沉积而成。晶体有多种形式,大多数是钙盐结晶,主要积存在液泡中,常见有草酸钙结晶和碳酸钙结晶两种类型。

(1) 草酸钙结晶:是细胞中最常见的晶体,通常为无色透明或暗灰色的结晶,它的形成可以避免过量的草酸对植物细胞的毒害作用,随着组织衰老,草酸钙结晶也逐渐增多。草酸钙晶体不溶于醋酸,但遇 10%~20% 硫酸时溶解,并形成硫酸钙针状晶体析出。草酸钙结晶的形状主要有以下几种(图 1-6):

1) 单晶:又称方晶或块晶,通常单独存在于细胞内,呈正方形、斜方形、菱形、长方形等,如甘草、黄柏中。有的单晶交叉而形成双晶,如莨菪叶中。

2) 针晶:晶体为两端尖锐的针状,在细胞中多成束存在,称针晶束,常存在于黏液细胞中,如半夏、黄精。有的针晶不规则地分散在细胞中,如苍术根茎中。

3) 簇晶:由许多单晶联合成的复式结构,呈球形,每个单晶的尖端都突出于球的

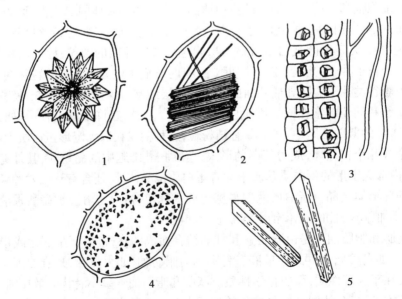

图 1-6　各种草酸钙结晶
1. 簇晶　2. 针晶束　3. 方晶　4. 砂晶　5. 柱晶

表面,如大黄、人参等中。

4) 砂晶:呈细小的三角形、箭头状或不规则形,分布在细胞里,如颠茄、牛膝、地骨皮等中。

5) 柱晶:呈长柱形,长度为直径的 4 倍以上,如射干、淫羊藿等中。

草酸钙晶体的形状、大小和存在位置,随植物种类的不同而差异较大,一般一种植物中只具有一种晶体形状,但少数也有两种或多种形状的,如曼陀罗叶中含有簇晶、方晶和砂晶。因此,晶体形状和大小的区别可作为鉴别中药的依据之一。

(2) 碳酸钙结晶:又称钟乳体,其一端与细胞壁连接聚集大量的碳酸钙或少量的硅酸钙而形成,形状如一串悬垂的葡萄(图 1-7)。碳酸钙结晶多存在于爵床科、桑科、荨麻科等植物中,如穿心莲、无花果、大麻等植物叶的表皮细胞中均含有。碳酸钙结晶加醋酸或稀盐酸则溶解,并产生二氧化碳气泡,据此可与草酸钙结晶区别。

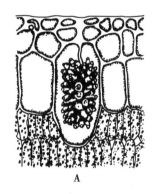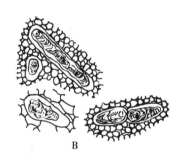

图 1-7 碳酸钙结晶
A.切面观 B.表面观

除草酸钙结晶和碳酸钙结晶外,某些植物体内还存在其他类型的结晶,如柽柳叶中含有硫酸钙结晶;菘蓝叶中含靛蓝结晶;槐花中含芸香苷结晶等。

（二）生理活性物质

生理活性物质是对细胞内的生化反应和生理活动起调节作用的一类活性成分的总称。包括酶、维生素、植物激素、抗生素和植物杀菌素等。虽然它们在植物体内含量甚微,但对植物体的生长、发育、代谢等生命活动都具有重要作用。

知识链接

植物激素

植物激素是植物细胞原生质体产生的一类复杂的调节代谢的有机物质,对植物生理过程产生显著作用,它虽然不能决定细胞的生长和发育,但能促进生长或影响生长速度,植物体产生的激素主要有赤霉素、激动素和脱落酸。目前已能人工合成某些类似植物激素物质,如2,4-D(2,4-二氯苯氧乙酸),可促进植物产生不定根,促进果实早熟及形成无子果实,防止落花、落果,广泛用于园艺和现代农业。

三、细胞壁

细胞壁是植物细胞特有的结构,与液泡和质体一起构成了植物细胞与动物细胞相区别的三大结构特征。细胞壁是一层由原生质体分泌的非生活物质纤维素、半纤维素、果胶质组成的,包围在原生质体外面,具有一定硬度和弹性,使细胞保持一定的形状,并起到保护细胞的作用。它随着细胞内原生质体生长而在大小和形状上不断变化。现已证明,在细胞壁(主要是初生壁)中亦含有少量具有生理活性的蛋白质,它们可能参与细胞壁的生长、物质的吸收、细胞间的相互识别以及细胞分化时壁的分解过程,有的还对抵御病原菌的入侵起重要作用。

在中药显微鉴定中,细胞壁具有极为重要的作用,在已经失去绝大部分原生质体的死亡细胞中,能在显微镜下看到最多的就是不同类型的细胞壁,如木栓细胞、石细胞、导管,甚至一些薄壁细胞也只剩下一个主要由纤维素构成的细胞外壁。

(一) 细胞壁的分层

由于植物的种类、细胞的年龄和执行功能的不同,细胞壁的成分和结构有着很大差异。根据细胞壁形成先后和构成化学成分的不同,相邻两细胞所共有的细胞壁可分为胞间层、初生壁和次生壁三层(图1-8)。

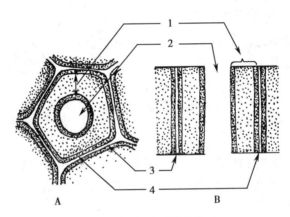

图 1-8　细胞壁的结构
A. 横切面　B. 纵切面
1. 三层的次生壁　2. 细胞腔　3. 胞间层　4. 初生壁

1. **胞间层**　是相邻的两个细胞所共有的薄层,亦称中层,是细胞分裂最初期形成的,它由亲水性的果胶类物质组成,多细胞植物依靠它使相邻的细胞彼此粘连在一起。果胶很容易被酸碱或果胶酶溶解,从而导致细胞的相互分离而形成细胞间隙,如水果桃、梨在成熟后逐级变软就是由于果肉细胞的胞间层被果胶酶溶解所致。

2. **初生壁**　初生壁是在细胞停止生长前原生质体分泌的纤维素、半纤维素和少量的果胶类物质在胞间层内侧增加形成的。初生壁一般较薄(约 1~3μm)而有弹性,能随细胞的生长而延伸,壁的延伸又使一些新的原生质体分泌物填充于初生壁中,称为填充生长;原生质体分泌物也可同时增加在已形成的初生壁内侧,称为附加生长。许多植物细胞终生只具有初生壁,初生壁和胞间层紧连在一起。在光学显微镜下很难区别。

3. 次生壁　次生壁是细胞停止生长后,原生质体的分泌物纤维素、半纤维素和少量木质素等在初生壁的内侧继续积累使细胞壁加厚而形成。次生壁一般较厚(5~10μm)而坚韧,有些较厚的次生壁还可分为折光不同的内、中、外三层,因此,一个典型的具有次生壁的厚壁细胞(如纤维或石细胞),细胞壁有胞间层、初生壁和三层次生壁结构。有些次生壁的形成是随着细胞壁特化同时进行的,并非所有的细胞都具有次生壁,大部分具次生壁的细胞,在成熟时原生质体死亡,残留的细胞壁起支持和保护植物体的功能。

(二) 纹孔和胞间连丝

1. 纹孔　细胞壁的次生壁在形成过程中,在初生壁上并非均匀地增厚,很多地方留下没有增厚的部分呈凹陷孔状的结构,称为纹孔。纹孔通常呈小窝或细管状,相邻的细胞壁其纹孔常在相同部位成对地相互衔接,称为纹孔对。纹孔对之间的薄膜,称为纹孔膜,由质膜、初生壁、胞间层构成。纹孔膜两侧纹孔围成的空腔,称为纹孔腔。由纹孔腔通往细胞壁的开口,称为纹孔口。纹孔的形成有利于细胞间的物质交换,有利于水和其他物质的运输。

纹孔有三种类型,即单纹孔、具缘纹孔和半缘纹孔(图1-9)。

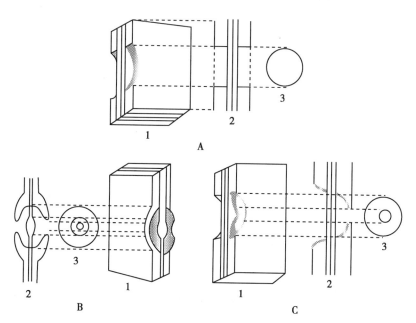

图 1-9　纹孔的类型
A.单纹孔　B.具缘纹孔　C.半缘纹孔
1.立体观　2.切面观　3.表面观

(1) 单纹孔:次生壁上未加厚的部分,呈圆孔形或扁圆形,纹孔对的中间有纹孔膜。单纹孔多存在于薄壁细胞、韧皮纤维和石细胞中。

(2) 具缘纹孔:又称重纹孔。纹孔四周的次生壁向细胞腔内呈架拱状隆起,形成一个圆形的纹孔腔,纹孔腔有一圆形或扁圆形的纹孔口。在松柏类裸子植物的管胞中,其纹孔膜中央常增厚形成纹孔塞。因此,这些具缘纹孔在显微镜下从正面看起来是三个同心圆,外圈是纹孔腔的边缘,中间一圈是纹孔塞的边缘,内圈是纹孔口的边缘。纹孔塞在具缘纹孔上起活塞的作用,能调节胞间液流。具缘纹孔常分布于纤维管胞、孔纹导管和管胞中。

(3) 半缘纹孔:常形成于管胞或导管与薄壁细胞之间。即纹孔对的一边有架拱状隆起的纹孔缘,而另一边形似单纹孔,没有纹孔塞,正面观具两个同心圆。显微观察粉末时,半缘纹孔和不具纹孔塞的具缘纹孔难以区别。

2. 胞间连丝　细胞间穿过细胞壁初生壁上的微细孔眼,联系相邻细胞的纤细的原生质丝称为胞间连丝。胞间连丝是细胞间的细微通道,水分子和小分子物质均可从此通过,使植物体内的细胞间保持生理上的有机联系;利于细胞与环境及细胞之间的物质交流,使多细胞植物在结构和生理活动上成为一个统一的有机体。

在电子显微镜下可观察到胞间连丝中有内质网连接相邻细胞的内质网系统,使相邻细胞的内质网系统彼此相连。胞间连丝一般不明显,有的细胞由于壁较厚,胞间连丝较明显,可经染色处理后在

图 1-10　胞间连丝

光学显微镜下观察到,如柿、黑枣、马钱子等种子内的胚乳细胞(图 1-10)。

(三) 细胞壁的特化

细胞壁主要由纤维素构成,它具有韧性和弹性,由于受植物生长环境的影响和为适应不同生理功能的需求,原生质体常常还分泌各种不同的化学物质与纤维素密切结合,使细胞壁的结构、组成和理化性质发生各种变化。常见的有木质化、木栓化、角质化、黏液质化和矿质化等。

1. 木质化　细胞壁内增加了亲水性的木质素而变得坚硬牢固,增强了植物细胞的机械强度。导管、木纤维、石细胞等的细胞壁即是木质化的细胞壁。木质化的细胞壁遇间苯三酚溶液和浓盐酸,显红色或紫红色。

2. 木栓化　细胞壁内增加了脂肪性的木栓质,木栓化的细胞壁不透水也不透气,使细胞内原生质体与周围环境隔绝而死亡,成为死细胞,但对植物体的内部组织具有保护作用,如树干的褐色外皮就是由木栓化细胞和其他死细胞组成的混合体(木栓组织)。栓皮栎的木栓组织特别发达,可作瓶塞用。木栓化细胞壁遇苏丹Ⅲ试剂可被染成红色或橘红色。

3. 角质化　某些植物细胞原生质体产生的脂肪性化合物,除填充细胞壁本身使之角质化外,还常在其外侧形成一层无色透明的角质层,如茎、叶或果实的表皮细胞。角质化细胞壁或角质层可防止水分过度蒸发,以及某些虫类和微生物对内部组织的侵害。角质化细胞壁或角质层遇苏丹Ⅲ试剂可被染成红色或橘红色。

4. 黏液质化　细胞壁中的纤维素和果胶质等成分可发生黏液质的变化。黏液在细胞的表面常呈固体状态,吸水膨胀后则呈黏滞状态。如车前、亚麻的种子表皮细胞中具有黏液化细胞。黏液质化的细胞壁遇玫红酸钠乙醇溶液可被染成玫瑰红色;遇钌红试剂可被染成红色。

5. 矿质化 有的植物细胞壁中含有硅化物或碳酸钙等矿物质,增强了细胞壁的硬度,增加了植物的机械支持能力,其中以含硅质的最为常见。如禾本科植物的茎、叶和木贼的茎中,细胞壁均含有大量的硅质(二氧化硅或硅酸盐)。硅质化细胞壁能溶于氟化氢,但不溶于醋酸或浓硫酸(可区别碳酸钙和草酸钙)。

第二节　植物细胞的分裂

植物生长和繁衍是通过细胞数量的增加、体积的增大以及功能的分化来实现的。细胞的繁殖是以细胞分裂的方式进行。

植物细胞的分裂

植物细胞的分裂主要有两个方面的作用:一是增加体细胞的数量,保证植物体的生长、分化和发育;二是形成生殖细胞,以繁衍后代。单细胞植物生长到一定阶段,细胞分裂为两个,实现繁殖。种子植物从受精卵发育成胚,由胚形成幼苗,再由幼苗生长成为具有根、茎、叶并能开花结果的成熟植物体的过程,都必须以细胞分裂为前提。

植物细胞的分裂通常有三种方式:有丝分裂、无丝分裂、减数分裂。

一、有丝分裂

有丝分裂又称间接分裂,是细胞分裂中最普遍的一种方式。有丝分裂是一个连续而复杂的过程,包括细胞核分裂和细胞质分裂两个部分,细胞核分裂过程中出现了染色体的复制和分裂,并有纺锤丝形成,故称有丝分裂。有丝分裂发生的部位主要是在植物生长特别旺盛的部位,如根尖和茎尖的分生区、根和茎的形成层细胞都可见这种分裂。

有丝分裂的结果是由一个细胞分裂成为两个细胞,由于染色体的复制使每条染色体分开形成两条子染色体,并平均分配给两个子细胞,每个子细胞具有与原来母细胞相同数量和类型的染色体,从而保证子细胞与母细胞具有相同的遗传因子,保持了遗传的稳定性。

持续分裂的细胞,从结束一次分裂开始,到下一次分裂完成为止的整个过程,称为细胞周期,即分裂周期。根据细胞有丝分裂特点,分裂周期可分为分裂间期和分裂期(前、中、后、末期),其中分裂间期细胞形态上无明显变化,是分裂前的准备阶段,核内主要是 DNA 的复制和能量的积累。

二、无丝分裂

无丝分裂又称直接分裂,其分裂过程简单,分裂时细胞核内不出现染色体、纺锤丝等变化。无丝分裂有多种形式,最常见的是横缢式分裂,细胞核先延长,然后在中部内陷、变细成哑铃状,最后缢缩成两个子核,在子核间又产生出新的细胞壁,形成两个新细胞(图 1-11)。此外还有芽生分裂、碎裂、变形虫式分裂等多种形式,而且在同一组织中可以出现不同形式的分裂。无丝分裂速度较快,耗能较少,但产生的两个子核具有质的区别,不能保证遗传物质均匀分配到两个子细胞中,影响遗传的稳定性。

无丝分裂最早发现在低等植物中普遍存在,现在发现在高等植物中也较为常见,尤其是生长迅速的部位,如薄壁组织、表皮、叶柄、不定根等。

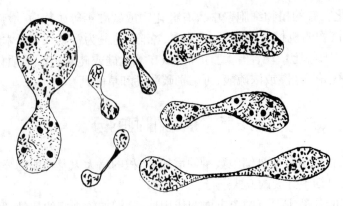

图 1-11 无丝分裂(棉花胚乳细胞)

三、减数分裂

减数分裂又称成熟分裂,是形成生殖细胞的一种分裂方式,仅发生在植物进行有性生殖产生配子的过程中。在减数分裂过程中,细胞连续分裂两次,而染色体只复制一次,结果使同一母细胞分裂成的 4 个子细胞的染色体数只有母细胞的一半,成为单倍染色体,故称减数分裂。

减数分裂时,细胞核也要经历染色体的复制、运动和分裂等复杂的变化,细胞质中也出现纺锤丝,实际上是两次连续的有丝分裂过程,但中间的分裂间期短暂,与有丝分裂主要不同点有:

1. 第一次分裂 母细胞中每对同源染色体进行配对,同时每个染色体复制为两个子染色体;两两配对的染色体进行有丝分裂,产生两个子细胞,每个子细胞染色体数目比母细胞减少一半。

2. 第二次分裂 子细胞中的两个子染色体开始分离,进行与有丝分裂相似的过程,最后每个子细胞又分裂成两个子细胞,每个子细胞染色体数目成为单倍数。

减数分裂与受精作用在植物的生活周期中交替进行,产生了新类型的单倍体细胞,使植物一方面能接受双方亲本的遗传物质而扩大变异,增强适应性;另一方面有性生殖中通过配子的结合,合子的染色体重新恢复到亲代的数目,能维持细胞中的染色体数目恒定,保证物种遗传的稳定性。

四、细胞分裂的方向

细胞可能向一切方向发生分裂,但通常有三个主要的分裂方向。

1. 切向分裂 细胞分裂后所生成的新细胞壁在横切面上与植物体或植物器官的半径线垂直的分裂称切向分裂,由于细胞经切向分裂后生成的新细胞壁和植物体或植物器官的外表面是平行的,又称平周分裂,其结果是植物体或植物器官的增粗。

2. 径向分裂 细胞分裂后所生成的新细胞壁在横切面上与植物体或植物器官的半径线平行的分裂称径向分裂,其结果是增加了植物体或植物器官的圆周长。

3. 横分裂 细胞分裂后所生成的新细胞壁横切面上与植物体或植物器官纵轴垂直的分裂称横分裂,其结果是增加了植物体或植物器官的长度。

径向分裂或横分裂又称为垂周分裂,这是因为细胞经横分裂或径向分裂后所生成的新细胞壁和植物体或植物器官的外表面是垂直的。

知识链接

植物单细胞培养

单细胞培养是指从植物器官组织或愈伤组织中游离出的单个细胞的无菌培养。单细胞培养的后代基因是一致的,对于植物优良品种的培育和改良具有重大意义。近年来,药用植物细胞培养取得突破性进展,利用红豆杉细胞培养生产的新一代抗癌药物紫杉醇已用于临床,紫杉醇含量较原植物已提高了 100 多倍。

（金　虹）

 复习思考题

1. 试述典型植物细胞的构造。植物细胞与动物细胞结构特征的区别有哪些?

2. 质体有哪几种类型? 各种质体的功能是什么? 试举 1 例说明其相互转化的原理。

3. 植物细胞后含物包括哪些? 如何鉴别? 试述后含物在植物体中存在的部位和化学性质。

4. 细胞壁的结构如何? 其特化形式有哪几种? 如何鉴别?

5. 植物细胞分裂方式有哪几种? 每种分裂方式的特点和意义?

扫一扫
测一测

第二章

植物的组织

学习要点

1. 植物组织的概念、类型及结构特征。
2. 纤维与石细胞的区别、导管的类型与区别。
3. 腺毛与非腺毛的区别。
4. 维管束的类型与区别。

植物组织是由许多来源相同、形态结构相似和生理功能相同,而又彼此紧密联系的细胞所组成的细胞群。植物在生长发育过程中,其细胞经过分裂、分化后形成各种组织,植物的根、茎、叶、花、果实、种子等各种器官都是由多种组织构成的。不同的组织由于生理功能不同,细胞的形态结构也不相同,如起支持和巩固作用的组织,细胞具有厚而坚硬的细胞壁;具有输送水分和养料功能的组织,细胞呈长管状等。

同一种组织在不同植物体常有不同的显微特征,因此在中药材鉴定上,常采用显微镜观察中药材的组织构造、细胞形状及后含物的特征,特别对那些在直观性状鉴定中有困难易混乱的品种,或对某些中成药及粉末状的药材,必要时再配合理化鉴定的方法。

第一节　植物的组织类型

植物的组织种类很多,按其发育程度、形态结构和生理功能不同,可分为以下六类:分生组织、薄壁组织、保护组织、机械组织、输导组织和分泌组织。除分生组织外,后五种组织是由分生组织衍生的细胞发育而成,又称为成熟组织,它们具有一定的稳定性,故又称为永久组织。

一、分生组织

分生组织是由一群具有分生能力的细胞组成的细胞群,能不断进行细胞分裂、分化,增加细胞的数目,使植物苗壮生长。其特征是细胞小,排列紧密,无细胞间隙,细胞壁薄,细胞核大,细胞质浓,无明显的液泡。由于分生组织的不断生长,一部分细胞保持分生能力,另一部分细胞则分化成为具有一定形态特征和生理功能的细胞,形成其他各种组织。

（一）根据分生组织的性质和来源分类

1. 原生分生组织　是直接由种子的胚遗留下来的，位于根、茎的最先端，由一群原始细胞所组成，细胞核相对较大，细胞质浓，细胞器丰富，能长期保持分裂功能，特别在生长季节分裂能力更为旺盛，是产生其他组织的最初来源。

2. 初生分生组织　位于原生分生组织之后，由原生分生组织细胞分裂出来的细胞组成，细胞仍保持分裂的能力，并已开始分化，向着成熟的方向发展。初生分生组织的结果，形成根、茎的初生构造。在茎的初生构造中可分化为三种不同的组织：①原表皮层，将来发育成表皮；②基本分生组织，将来发育成皮层和髓；③原形成层，将来发育成维管束的初生部分。

3. 次生分生组织　次生分生组织是由已经成熟的薄壁组织（如表皮、皮层、髓射线等）经过生理上和结构上的变化，又重新具有分裂能力的组织。这些组织在转变过程中，细胞的原生质变浓，液泡缩小，最后恢复分裂功能，成为次生分生组织，包括木栓形成层和维管形成层（尤其是束间形成层），主要分布于根茎器官的内侧。次生分生组织的结果是产生次生构造，使根、茎不断加粗生长。

（二）根据分生组织所处的位置分类

1. 顶端分生组织　位于植物根、茎最顶端的部位，即生长锥，其细胞能较长期地保持旺盛的分生能力。由于顶端分生组织细胞的分裂、分化，使根、茎不断伸长或长高。若植物根、茎的顶端被折断后，根、茎一般都不能再伸长或长高。

2. 侧生分生组织　主要存在于裸子植物及双子叶植物根、茎中，包括木栓形成层和维管形成层，木栓形成层位于外侧，维管形成层位于内侧。木栓形成层细胞分裂、分化使根、茎的表面受损害细胞得到补充；维管形成层细胞分裂、分化使根、茎不断地加粗。大多数单子叶植物没有增粗生长，就是没有侧生分生组织。

3. 居间分生组织　是顶端分生组织细胞遗留下来的或者是由已经分化的薄壁组织重新恢复细胞分裂和生长能力而形成的分生组织。居间分生组织位于茎、叶、子房柄、花梗、花序轴等器官节段的基部或其成熟组织之间，其细胞的分裂仅局限于一定时空，便转变为成熟组织。居间分生组织的细胞核大，细胞质浓，有一定程度的液泡化，主要进行横向分裂，使器官纵向伸长。如禾本科植物小麦、水稻的拔节和竹笋节间的伸长，葱、韭菜、蒜等植物叶子的上部被割后下部能继续生长等，都是居间分生组织细胞分裂的结果。

综合上述两种划分方法，一般认为顶端分生组织属于原生分生组织，但原生分生组织和初生分生组织之间并无明显分界，所以，顶端分生组织也包括初生分生组织。侧生分生组织则相当于次生分生组织。居间分生组织则相当于初生分生组织。

 课堂互动

同学们，请问我们吃的韭菜和葱等植物在收割后为什么还能生长出新的茎叶？

二、薄壁组织

薄壁组织皆由薄壁细胞所组成,故称薄壁组织。在植物体内分布很广,占有最大的体积,是植物体的最重要的基本组成部分,故又称为基本组织。在植物体内具有同化、贮藏、吸收、通气等营养功能,故又称营养组织。其共同特征是:细胞壁薄,液泡较大,细胞排列疏松,常有间隙,是生活细胞。细胞形状呈球形、椭圆形、圆柱形、多面体等。薄壁组织分化程度较低,具有潜在的分裂能力,在一定条件下可转变为分生组织或进一步分化为其他组织。

根据薄壁组织的细胞结构和生理功能不同,可分为下列五种类型:

1. 基本薄壁组织　为最基本的薄壁组织,普遍存在植物体的各处。细胞通常呈球形、圆柱形、多面体形等。细胞质较稀薄,液泡较大,细胞排列疏松,有细胞间隙。如在根、茎的皮层和髓部,主要起填充和联系其他组织的作用,在一定的条件下转化为次生分生组织(侧生分生组织)。

2. 同化薄壁组织　位于植物的绿色部位,又称为绿色薄壁组织。主要存在于植物体的叶肉细胞、绿色的萼片和幼茎及幼果等器官表面易受光照的部分。主要特征为细胞内含有叶绿体,能进行光合作用,是制造有机营养物质的场所。

3. 贮藏薄壁组织　具有积聚营养物质的薄壁细胞群称贮藏薄壁组织。多存在于植物的根、根状茎、果实和种子中。细胞内含有大量淀粉、蛋白质、脂肪和糖类等营养物质。如马铃薯的块茎中薄壁组织贮藏有大量的淀粉粒;蓖麻种子的胚乳中贮藏有大量的蛋白质和脂肪油类等。

4. 吸收薄壁组织　主要存在于植物根尖的根毛区,细胞壁薄,部分表皮细胞外壁向外突起,形成根毛。主要功能是吸收土壤中水分和营养物质,并将吸收物质运输到输导组织中。

5. 通气薄壁组织　多存在于水生植物和沼泽植物体内,其特征是细胞间隙特别发达,常在植物体内形成大的气腔和四通八达的管道,具有贮藏空气的功能,并对植物起着漂浮和支持的作用。如水稻的根、灯心草的茎髓、菱和莲的根状茎等有发达的通气薄壁组织。

三、保护组织

保护组织是覆盖在植物体表面起保护作用的组织。由一层或数层细胞构成,保护着植物的内部组织,能控制和进行气体交换,防止水分过度散失、机械损伤及病虫的侵害等。根据来源和形态结构的不同,保护组织可分为初生保护组织(表皮)和次生保护组织(周皮)两类。

(一) 表皮

表皮分布于幼嫩的根、茎、叶、花、果实和种子的表面。是由初生分生组织的原表皮分化而形成,通常由一层扁平的长方形、多角形或波状不规则形,彼此嵌合,细胞排列紧密,无细胞间隙的生活细胞组成;细胞质稀薄,液泡大,一般不含叶绿体,常有白色体和有色体存在,并贮有淀粉粒、晶体、鞣质和花青素等。根的表皮又是一种吸收组织,其细胞外壁薄,部分细胞向外突出延伸形成根毛,扩大了表面积,从而有利于水分和无机盐的吸收。茎的表皮细胞外壁增厚,常角质化或壁的表面沉积一层明显的角质层。有些植物在角质层外还具有蜡被，可防止水分散失和病虫害的侵入，如甘蔗和蓖麻茎、樟树叶、葡萄和冬瓜果皮等均具有明显的白粉状蜡被。有的植物表皮细胞壁矿质化，如木贼和禾本科植物的硅质化细胞壁等，使器官外表粗糙坚实。是保护植株免于风、雨、病原微生物和虫害等伤害的初生保护组织。表皮以表皮细胞为主，另有保卫细胞、副卫细胞及外生物等，有的表皮细胞可分化形成气孔或向外突出形成毛茸，是鉴别药材的重要依据之一(图 2-1)。

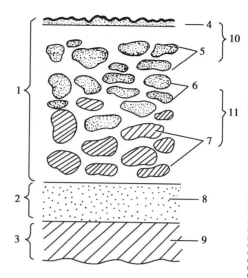

图 2-1　角质层与蜡被

1.角质膜　2.胞间层　3.初生壁　4.表面蜡质　5.角质　6.角质内蜡质　7.纤维素
8.果胶质　9.纤维素加果胶质　10.角质层
11.角化层

　　1. 气孔　主要分布在叶片、嫩茎、花、果实的表面。植物体的表面不是全部被表皮细胞所密封的，在表皮上(特别是叶的下表皮)还有许多气孔，是植物体进行气体交换的通道。气孔是由两个表皮细胞分化呈半月形(肾形)或哑铃形(电话筒式)的保卫细胞对合而成，中间的孔隙为气孔。人们常把气孔和两个保卫细胞合称为气孔器，双子叶植物的保卫细胞常为半月形(肾形)；单子叶植物的保卫细胞常为哑铃形(电话筒式)。气孔的作用是控制气体交换和调节水分蒸腾(图 2-2)。

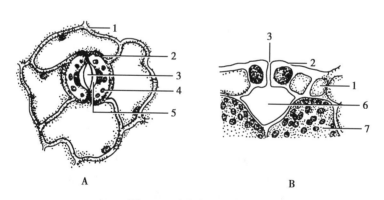

A

B

图 2-2　叶的表皮与气孔
A.表面观　B.横切面观
1.表皮细胞　2.保卫细胞　3.气孔　4.叶绿体　5.加厚的细胞壁
6.气孔下腔　7.栅栏组织细胞

　　保卫细胞通常比周围的表皮细胞较小，是生活细胞，有明显的细胞核，并含有叶绿体。保卫细胞不仅在形状上与表皮细胞不同，而且细胞增厚的情况也很特殊。一般保卫细胞与表皮细胞相邻的细胞壁较薄，紧靠气孔处的细胞壁比较厚。因此，当保卫细胞充水膨胀或失水收缩时，保卫细胞形状会发生改变，能引起气孔的开放或关闭，所以气孔有控制气体交换和调节水分蒸腾的作用。另外，气孔的开闭直接受外界环境条件的影响,如光线、温度、湿度和二氧化碳浓度等多种因素。

气孔的数量和大小,常随器官的不同和所处的环境条件的不同而异。如叶片中的气孔在下表皮中较多,而上表皮中较少;嫩茎表皮的气孔较少,而根的表皮上几乎没有。有些植物的气孔,在保卫细胞周围还有两个或多个与表皮细胞形状不同的细胞,称为副卫细胞。副卫细胞常有一定的排列次序,随植物的种类而定。构成气孔的保卫细胞和副卫细胞的排列关系,称为气孔轴式或气孔类型。双子叶植物叶中常见的气孔轴式有五种类型(图 2-3)。

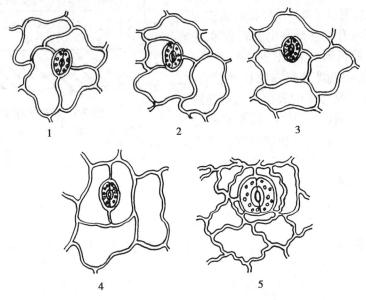

图 2-3　双子叶植物气孔的轴式类型
1. 不定式　2. 不等式　3. 直轴式　4. 平轴式　5. 环式

(1) 不定式(不规则型):气孔周围的副卫细胞数目不定,其大小基本相同,而形状与表皮细胞相似。如桑叶、毛茛叶、地黄叶、玄参叶、枇杷叶、艾叶等。

(2) 不等式(不等细胞型):气孔周围的副卫细胞为 3~4 个,大小不等,其中一个明显较小。常见于十字花科(如菘蓝叶、薄荷叶),茄科(曼陀罗叶)等植物的叶。

(3) 直轴式(横列式):气孔周围通常有两个副卫细胞,其长轴与保卫细胞的长轴垂直。常见有石竹科、爵床科、唇形科(如薄荷叶、紫苏叶)等植物科的叶。

(4) 平轴式(平列式):气孔周围通常有两个副卫细胞,其长轴与保卫细胞的长轴平行。如番泻叶、茜草、马齿苋、补骨脂、常山等植物的叶。

(5) 环式(辐射型):气孔周围的副卫细胞数目不定,其形状比其他表皮细胞狭小,围绕气孔排列成环状。如茶叶、桉叶等。

各种植物叶片具有不同类型的气孔轴式,而在同一植物的同一器官上也常有两种或两种以上的类型,根据气孔轴式的不同类型,可作为药材鉴定的依据。

单子叶植物气孔的类型也很多,如禾本科和莎草科植物,气孔由两个狭长的保卫细胞组成,保卫细胞两端膨大呈小球形,好像并排的一对哑铃,中间狭窄的部分细胞壁特别厚,两端球形部分的细胞壁比较薄。当保卫细胞充水膨大时,两端膨胀呈球形,气孔缝隙开启。当水分减少时,气孔缝隙即缩小或关闭。

2. 毛茸　是由表皮细胞向外分化形成的突起附属物,具有保护、分泌物质、减少水分蒸发等作用。根据毛茸的结构和功效可分为腺毛和非腺毛两种类型。

(1)腺毛:有分泌作用的毛茸称腺毛,有腺头、腺柄之分。腺头通常为圆球形,位于顶端,由一个或几个分泌细胞组成,具有分泌挥发油、树脂、黏液等物质的能力;腺柄由一个或多个细胞组成。由于组成头、柄细胞的多少不同而有多种不同类型的腺毛。此外,在薄荷等唇形科植物叶片上,还有一种无柄或短柄的腺毛,其头部常由8个(或6、7个)细胞组成,略呈扁球形,排列在同一平面上,称为腺鳞。有的植物的腺毛存在于薄壁组织内部的细胞间隙中,称为间隙腺毛。如广藿香茎、叶和绵马贯众叶柄及根茎中的腺毛(图2-4)。

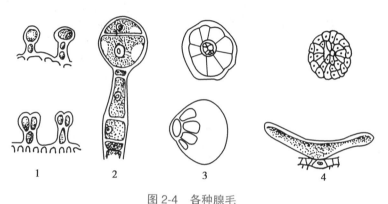

图2-4　各种腺毛

1.洋地黄叶的腺毛　2.南瓜幼茎的腺毛　3.薄荷叶的腺鳞　4.葎草属盾状腺毛

(2)非腺毛:无分泌作用的毛茸称非腺毛。由单细胞或多细胞组成,无头、柄之分,顶端通常狭尖,单纯起保护作用。由于组成非腺毛的细胞数目、形状以及分枝状况不同而有多种类型,常见的类型有下列几种(图2-5)。

1)线状毛:毛茸呈线状,一般由单细胞组成,如忍冬叶和番泻叶的毛茸;也有多细胞组成单列的,如洋地黄叶上的毛茸;还有多细胞组成多列的,如旋覆花的毛茸;有时毛茸表面可见到角质螺纹,如金银花;有的壁上有疣状突起,如白曼陀罗花。

2)鳞毛:毛茸的突出部分呈鳞片状或圆形平顶状,如胡颓子叶的毛。

3)丁字毛:毛茸呈丁字形,如艾叶、菊花叶的毛。

4)分枝毛:毛茸呈分枝状,如毛蕊花、裸花紫珠叶的毛。

5)星状毛:毛茸分枝呈星形放射状,如石韦叶和芙蓉叶的毛。

除以上常见的五种类型外,还有棘毛一类型,它的细胞壁一般厚而坚牢、木质化、细胞内有结晶体,如大麻叶。不同植物具有不同形态的毛茸,毛茸的类型和特点可以作为药材鉴定的依据之一。此外,毛茸还有保护植物免受动物啃食和帮助种子散布的作用。

(二)周皮

周皮是由木栓层、木栓形成层、栓内层三种不同组织构成的复合体。主要存在于裸子植物和双子叶植物的老根、老茎的外表。大多数草本植物的器官表面终生具有

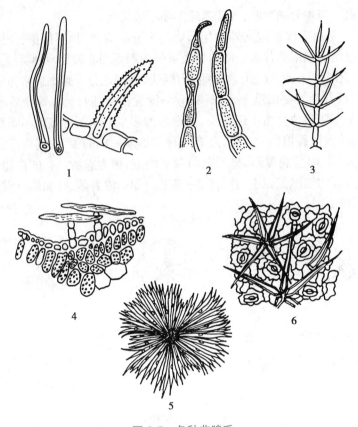

图 2-5　各种非腺毛

1. 单细胞非腺毛　2. 多细胞非腺毛　3. 分枝状毛　4. 丁字形毛
5. 鳞毛　6. 星状毛

表皮,木本植物只是叶始终有表皮,而根和茎的表皮仅见于幼嫩时期,在根、茎不断的加粗生长过程中表皮被破坏,此时植物形成次生保护组织——周皮,周皮是一种复合组织,表皮受到破坏,周皮则代替表皮行使保护作用。

　　木栓层是由木栓形成层细胞向外作切向分裂所形成的细胞组成,从横切面观木栓层细胞扁平,排列紧密整齐,无细胞间隙,细胞壁常较厚,是死细胞。木栓形成层在根中通常是由中柱鞘细胞恢复分生能力形成,而在茎中则由表皮、皮层、韧皮部细胞恢复分生能力转变而成。木栓形成层细胞活动时,向外分裂形成木栓层,向内分裂产生栓内层。栓内层细胞是生活的薄壁细胞,排列疏松,茎中栓内层细胞常含有叶绿体,所以又称为绿皮层(图 2-6)。

　　皮孔是植物茎枝上一些颜色较浅而凸出或凹下直的、横的或点状物。当周皮形成时,木栓形成层细胞向外分裂分生出许多细胞呈圆形或椭圆形,排列疏松,细胞间隙较发达的填充细胞。由于填充细胞的数目不断增多,结果将表皮突破形成皮孔。皮孔是植物体进行气体交换和水分蒸腾的通道。皮孔形状、颜色和分布的密度可作为皮类药材的鉴别特征。

四、机械组织

　　机械组织是对植物体起着支持和巩固作用的组织,细胞通常为细长形、类圆形或

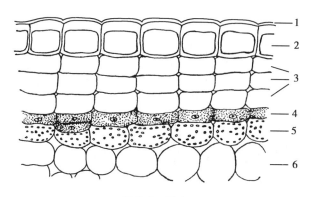

图 2-6　周皮

1. 角质层　2. 表皮　3. 木栓层　4. 木栓形成层　5. 栓内层

6. 皮层

多角形,主要特征是细胞壁均匀或不均匀增厚。根据细胞的形态和细胞壁增厚的部位、程度不同,机械组织可分为厚角组织和厚壁组织两类。

（一）厚角组织

　　厚角组织的细胞是生活细胞,常含有叶绿体,可进行光合作用。在横切面上,细胞常呈多角形,细胞结构特点是细胞壁不均匀的增厚,一般在角隅处加厚,故称为厚角组织。但也有的在切向壁或靠胞间隙处加厚。细胞壁主要成分是由纤维素和果胶质组成,不含木质素。厚角组织较柔韧,具有一定的坚韧性,又有一定的可塑性和延展性,既可以支持器官直立,也可以适应器官的迅速生长。

　　厚角组织常存在于草本植物的茎、叶柄、花柄、叶片主脉上下两侧部分的表皮内,呈束状或环状分布,如薄荷、芹菜、益母草、南瓜等植物茎的棱角处就有厚角组织。在根内很少产生厚角组织,但暴露在空气中的根则常可发生(图 2-7)。

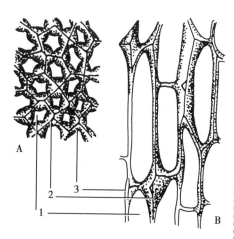

图 2-7　厚角组织

A. 横切面　B. 纵切面

1. 细胞腔　2. 胞间层　3. 增厚的细胞壁

（二）厚壁组织

　　厚壁组织的细胞均具有全面增厚的次生壁,常有层纹和纹孔,多木质化,胞腔小,壁较厚,成熟后均为死细胞。根据细胞的形态结构不同,可分为纤维和石细胞两类。

　　1. 纤维　纤维一般为两端尖细的长梭形细胞,细胞壁增厚,胞腔小甚至没有,细胞质和细胞核消失,多为死细胞(图 2-8)。纤维通常成束状,纤维细胞的末端彼此嵌插,因此增强了植物器官的支持和巩固作用。由于植物种类不同,所含的纤维类型也不同,通常根据纤维在植物体内所存在部位不同,可分为韧皮纤维和木纤维。

　　（1）韧皮纤维:主要分布在韧皮部的纤维称为韧皮纤维。韧皮纤维常聚合成束,细胞呈长梭形,较长,两端尖,细胞壁厚,细胞腔呈缝隙状。在横切面观细胞多呈圆形、多角形等,常呈现出同心环纹层。细胞壁增厚的成分主要是纤维素,因此,韧性大,拉

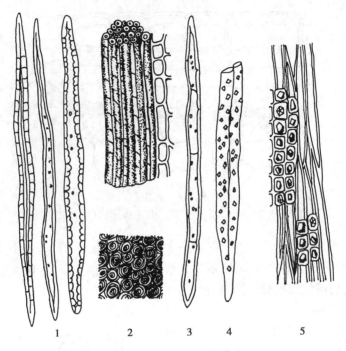

图 2-8　纤维与晶纤维

1.单纤维　2.纤维束　3.分隔纤维　4.嵌晶显微　5.晶纤维

力强。如亚麻、苎麻等植物的韧皮纤维不木质化,故较柔韧,可做优质的纺织原料。

(2) 木纤维:主要分布在木质部的纤维称为木纤维。木纤维为长梭形细胞,比韧皮纤维短,细胞壁均木质化,细胞腔小,因此,比较坚硬,支持力强,可做填充料。木纤维细胞壁增厚的程度随植物种类和生长时期不同而异。细胞壁的厚薄与木材的坚实、疏松有关,如栗树、栎树的木纤维细胞壁增厚,材质坚实;而白杨、枫杨木纤维的细胞壁较薄,材质较松。就生长季节来说,春季生长的木纤维细胞壁较薄,而秋季生长的木纤维细胞壁较厚。

木纤维细胞壁厚而坚硬,增加了植物体的支持和巩固作用,但木纤维细胞的韧性、弹性较差,易折断。木纤维仅存在于被子植物的木质部中,而裸子植物的木质部中无木纤维,主要由管胞组成。但管胞具有输导和机械作用,也是裸子植物比被子植物原始的特征之一。

此外,在药材鉴定中,还有晶鞘纤维(晶纤维)、分隔纤维、嵌晶纤维、分枝纤维等。

晶鞘纤维(晶纤维):纤维束周围的薄壁细胞内含有晶体所组成的复合体(图 2-8)。如甘草、黄柏、葛根等植物的薄壁细胞中含有方晶,而石竹、瞿麦等含有簇晶。

分隔纤维:细胞腔中有菲薄的横隔膜的纤维,如姜等。

嵌晶纤维:纤维外层密嵌有一些细小的草酸钙方晶,如南五味子的根中的纤维嵌有方晶,草麻黄茎的纤维嵌有细小的砂晶。

分枝纤维:纤维长梭形顶端具有明显的分枝,如东北铁线莲的根。

2. 石细胞　是植物体内特别硬化的厚壁细胞,其细胞壁强烈增厚,均木质化,大多数细胞腔极小,成熟后原生质体通常消失,成为具坚硬细胞壁的死细胞,有较强的支持作用。石细胞形状不一,多为等径石细胞,通常有类圆形、椭圆形、分枝状、柱状、星状、毛状等。

石细胞多见于根皮、茎皮、叶柄、果实、果皮和种子、种皮中,成单个散在或多个成群存在于薄壁组织中,有的也连成环状分布,如梨的果肉中普遍存在圆形或类圆形石细胞;川乌根中的长方形、多角形的石细胞;乌梅种皮中壳状、盔状石细胞;栀子果皮石细胞腔内含有草酸钙方晶,种皮石细胞腔内有草酸钙簇晶;也存在于茎的皮中或维管束中,如黄柏、厚朴中的不规则状石细胞。此外,还有一些类型比较特殊的石细胞,如山桃种皮中非腺毛状的石细胞;山茶叶柄中的长分枝状石细胞;虎杖根及根茎中有一种石细胞腔内产生薄的横隔膜,称分隔石细胞。还有一种石细胞,次生壁外层嵌有非常细小的草酸钙方晶,并稍突出于表面,称为嵌晶石细胞,如南五味子根皮等。石细胞的形态特征有时也可作为药材鉴定的重要依据之一(图2-9)。

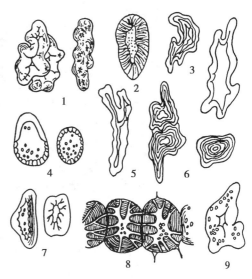

图2-9 石细胞与嵌晶石细胞

1~8为石细胞 1.川楝子 2.五味子 3.厚朴 4.苦杏仁 5.茶叶 6.黄柏 7.土茯苓 8.梨果肉 9.嵌晶石细胞(南五味子根)

五、输导组织

输导组织是植物体内输送水分和养料的组织。细胞一般呈管状,上下连接,贯穿于整个植物体内。根据输导组织的内部构造和运输物质的不同,输导组织可分为两类:一类是木质部中的导管和管胞,主要是由下而上输送水分和无机盐,导管存在于被子植物中,管胞存在于裸子植物中。另一类是韧皮部中的筛管、伴胞和筛胞,主要是由上而下输送有机物质。

(一) 导管和管胞

导管和管胞存在于植物体的木质部中,具有较厚的次生壁,形成各式各样的纹理,常木质化,成熟后的细胞其原生质体解体,成为只有细胞壁的死细胞。

1. 导管 是被子植物中最主要的输导组织,是由许多长管状或筒状的导管分子纵向连接而成的,横壁在发育过程中溶解消失形成穿孔,穿孔的形成使导管的横壁打通,上下导管分子成为贯通的管道,因而具有较强的输导能力。

导管在形成过程中,其木质化的次生壁非均匀增厚,根据导管增厚时所形成的纹理不同,可分为五种类型(即环纹、螺纹、梯纹、网纹、孔纹导管)(图2-10)。

(1) 环纹导管:导管壁上增厚部分成环状的,导管直径较小,存在于植物幼嫩器官中,如玉蜀黍和凤仙花的幼茎中。

(2) 螺纹导管:导管壁上增厚部分成螺旋状的,导管直径一般较小,存在于植物幼嫩器官中,如"藕断丝连"就是一种常见的螺纹导管。

(3) 梯纹导管:在导管壁上增厚部分与未增厚的部分间隔排列呈梯状,多存在于植物器官的成长部位。

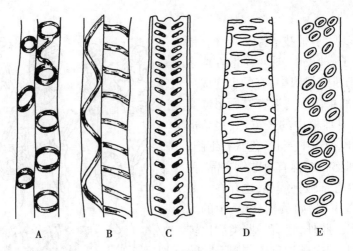

图 2-10 导管分子的类型
A.环纹　B.螺纹　C.梯纹　D.网纹　E.孔纹

(4) 网纹导管:导管壁上增厚部分密集交织形成网状,网孔是未增厚的细胞壁,导管直径较大,多存于植物器官的成熟部位,如大黄的根及根茎等。

(5) 孔纹导管:导管壁几乎全面增厚,未增厚的部分为具缘纹孔或单纹孔。导管直径较大,多存在于植物器官的成熟部位,如甘草的根及根茎、蓖麻等。

以上所述仅是几种典型的导管类型,但在实际观察中,常有一些过渡类型和中间形式,如同一导管分子可以同时有环纹与螺纹、螺纹与梯纹、梯纹与网纹、网纹与具缘纹孔导管。在药材鉴定中应注意类型、形状、长度、直径、木质化程度等。

从导管形成的先后,壁增厚的多少和输送水分的速度和效能等方面分析,环纹导管与螺纹导管是初生类型,在植物器官的形成过程中出现较早,多存在于植物体的幼嫩部分,能随植物器官的生长而伸长,上述两种导管直径一般较小,输导能力较差。而网纹导管与孔纹导管是次生类型,在植物器官中出现较晚,多存在于植物体的成熟部分,壁增厚的面积大,管壁比较坚硬,能抵抗周围组织的压力,保持输导作用。

2. 管胞　管胞是绝大多数蕨类植物和裸子植物中主要的输导组织,同时具有支持作用。管胞与导管分子在形态上有明显的不同,每个管胞是一个细胞,呈长管状,细胞口径小,两端斜尖,两端壁上均不形成穿孔。相邻管胞彼此间不能靠端部连接进行输导,而是通过相邻的管胞侧壁上纹孔运输水分,所以其运输功能比导管低,是一类原始的输导组织。管胞与导管一样,由于细胞壁次生增厚,并木质化,使细胞内原生体消失而成为死细胞。

管胞的次生壁增厚也常形成环纹、螺纹、梯纹和孔纹等类型,以梯纹和孔纹较多见。所以导管和管胞在药材粉末的显微鉴别中很难分辨,常采用解离方法将细胞分开,再观察管胞分子形态(图 2-11)。

(二) 筛管、伴胞和筛胞

筛管、伴胞和筛胞存在于植物体韧皮部中,是输送光合作用制造的有机营养物质到植物其他部分的管状生活细胞。

1. 筛管　是存在于被子植物的韧皮部中,由筛管分子(活细胞)纵向连接而成的。筛管分子上下两端壁特化而形成筛板,在筛板上有许多小孔,称为筛孔。筛板两边相邻细胞中的原生质,通过筛孔由胞间连丝连系起来,形成上下相通的通道。有些植物的筛管分子侧壁上也有筛孔,使相邻的筛管彼此得以联系,筛孔集中分布的区域称为筛域。

筛管分子一般只能生活1~2年,老的筛管被挤压破碎成颓废组织,失去输导功能,而被新产生的筛管所代替(图2-12)。

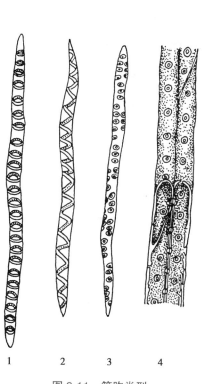

图2-11　管胞类型
1.环纹　2.螺纹　3.梯纹　4.孔纹

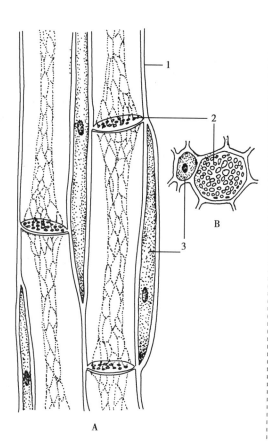

图2-12　筛管与伴胞
A.纵切面　B.横切面
1.筛管　2.筛板　3.伴胞

2. 伴胞　伴胞是被子植物筛管分子的旁边,常有一个或多个细长的小型薄壁细胞,与筛管相伴,称为伴胞。伴胞和筛管细胞是由同一母细胞分裂而成的,其细胞质浓,细胞核大,含有多种酶类物质,生理上很活跃,呼吸作用旺盛。据研究,筛管的输导功能与伴胞的生理活动密切相关,筛管死亡后,其伴胞将随着失去生理功能。

3. 筛胞　筛胞是蕨类植物和裸子植物运输有机物质的组织。筛胞是单个的狭长细胞,直径较小,两端壁倾斜,没有特化成筛板,但在侧壁上仍有筛域。筛胞不具伴胞相伴,所以输导功能较弱。

六、分泌组织

植物体内有些细胞能分泌特殊物质,如挥发油、蜜汁、黏液、乳汁、树脂等,这种细胞称为分泌细胞。由分泌细胞所构成的组织称为分泌组织,其作用是能够防止植物组织腐烂,促进创伤愈合,免受动物侵害,排出或贮积在体内废物等;有的还可以引诱昆虫,以利传粉等。有很多分泌物可作药用,如乳香、没药、松香、松节油、樟脑、蜜汁以及各种芳香油等。

　　根据分泌组织在植物体所排出的分泌物是积累在体内还是体外,将分泌组织分为外部分泌组织和内分泌组织两大类(图2-13)。

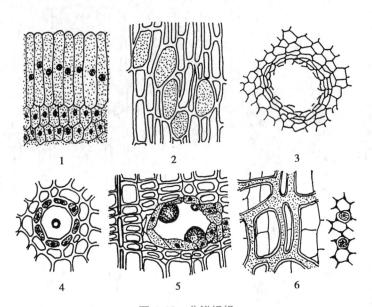

图 2-13　分泌组织
1.蜜腺　2.分泌细胞　3.溶生性分泌腔　4.离生性分泌腔　5.树脂道
6.乳汁管

(一) 外部分泌组织
　　分布在植物体的体表部分,其分泌物排出体外。如腺毛、蜜腺等。

　　1. 腺毛　是具有分泌作用的毛茸,由表皮细胞特化而来。腺毛有腺头、腺柄之分,其头部的细胞覆盖着角质层,而分泌物积聚在细胞壁与角质层之间。分泌物可由角质层渗出或角质层破裂而排出。腺毛多见于植物的茎、叶、芽鳞、子房、花萼、花冠等部位。

　　2. 蜜腺　是能分泌蜜汁的腺体,由一层表皮细胞或其下面数层细胞特化而成。腺体细胞的细胞壁较薄,细胞质浓厚。细胞质产生蜜汁,蜜汁通过角质层的破裂向外扩散,或经腺体上表皮的气孔排出体外。蜜腺一般位于虫媒花植物的花萼、花冠、子房或花柱的基部,具蜜腺的花均为虫媒花,如油菜花、槐花、荞麦花等。蜜腺除存在于花部外,还存在于植物的茎、叶、托叶、花柄等处,如蚕豆托叶的紫黑色腺点及桃叶的基部均有蜜腺等。

(二) 内部分泌组织
　　分布在植物体内,其分泌物贮藏在细胞内或细胞间隙中。根据内部分泌组织的形态结构和分泌物的不同,可分为分泌细胞、分泌腔、分泌道和乳汁管四种。

　　1. 分泌细胞　是分布在植物体内部的具有分泌能力的细胞,通常比周围细胞大,一般以单个或多个细胞存在于各个组织中。分泌细胞多呈圆球形、椭圆形、囊状或分枝状,其分泌物贮存在细胞内,当分泌物充满整个细胞时,即成为死亡的贮存细胞。由于贮藏的分泌物不同,可分为油细胞(含挥发油)和黏液细胞(含黏液质)。贮有挥发油称油细胞,如姜、厚朴、桂皮等;贮有黏液称黏液细胞,如半夏、天南星、山药等。

2. 分泌腔 又称为分泌囊或油室。是由一群分泌细胞所形成的腔室,分泌物大多数为挥发油,并储存在腔室内,故又称油室。柑橘类植物的叶、果皮等均具有分泌腔。根据形成过程和结构可分为两类:

(1) 溶生式分泌腔:分泌细胞分泌物积累增多,使细胞壁破裂溶解,在体内形成一个含有分泌物的腔室,腔室周围的细胞常破碎不完整,如陈皮、橘叶等。

(2) 裂生式分泌腔:分泌细胞彼此分离,胞间隙扩大而形成的腔室,分泌细胞完整地包围着腔室,分泌物充满于腔室中,如当归的根等。

3. 分泌道 分泌道主要分布在裸子植物松柏类和一些双子叶木本植物或草本植物中。是由分泌细胞彼此分离形成的一个长形胞间隙的腔道,腔道周围分泌细胞称为上皮细胞,上皮细胞产生的分泌物贮存在腔道中。树脂的产生,增强了木材的耐腐性。漆树中有裂生的分泌道称为漆汁道,其中贮有漆汁。树脂和漆汁都是重要的工业原料,经济价值很高。分泌道也分为裂生和溶生两种,其中裂生最为常见,如松柏类植物的茎叶和一些木本双子叶植物均有裂生分泌道。根据分泌物的不同,可分为树脂道、油管和黏液道。

(1) 树脂道:上皮细胞向腔道中分泌树脂,如松茎。鸡血藤茎中韧皮部有很多分泌道,分泌管内充满了棕红色分泌物,一旦切断就出"血"了。

(2) 油管:分泌道内分泌物是挥发油,如伞形科植物小茴香果实等。

(3) 黏液道或黏液管:分泌和贮藏黏液,如美人蕉、椴树、锦葵科等植物。

4. 乳汁管 乳汁管是一种能分泌乳汁的长管状细胞,常具分枝。构成乳汁管的细胞是生活细胞,液泡里含有大量的乳汁,具有贮藏和运输营养物质的功能。乳汁具黏滞性,多呈乳白色、黄色或橙色。乳汁的成分十分复杂,主要有糖类、蛋白质、脂肪、生物碱、苷类、树脂、橡胶、酶等物质。根据乳汁管的发育过程可分为下列两种类型:

(1) 无节乳汁管:由一个细胞构成的,细胞分枝,长度常达数米,管壁上无节。如桑科、夹竹桃科、萝藦科等植物的乳汁管。

(2) 有节乳汁管:由许多管状细胞连接而成的,其连接处细胞壁融化消失,成为多核巨大的分枝或不分枝的管道系统,乳汁可以互相流动。如菊科、桔梗科、旋花科、罂粟科等植物的乳汁管。

第二节 维管束及其类型

一、维管束的组成

从蕨类植物开始到种子植物(裸子植物和被子植物)均有维管束。它是一种束状结构,贯穿在植物体的各种器官内起着输导和支持作用的组织称为维管束。维管束主要由韧皮部和木质部组成。韧皮部主要由筛管、伴胞、筛胞、韧皮薄壁细胞与韧皮纤维组成,其质地较柔韧,故称韧皮部;木质部主要由导管、管胞、木薄壁细胞与木纤

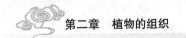
维组成,其质地较坚硬,故称木质部。

裸子植物和双子叶植物根和茎的维管束,在韧皮部与木质部之间有形成层存在,能不断增粗生长,所以称无限维管束或开放性维管束。蕨类植物和单子叶植物根和茎的维管束,在韧皮部与木质部之间无形成层,不能增粗生长,所以称有限维管束或闭锁性维管束。

二、维管束的类型

根据维管束中皮部与木质部排列方式的不同,以及形成层的有无,将维管束分为以下几种类型(图2-14):

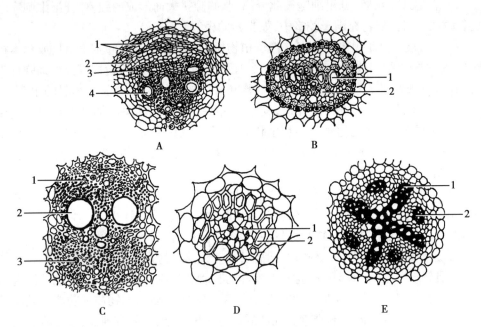

图 2-14 维管束类型详图

A. 外韧维管束　1. 压扁的韧皮部　2. 韧皮部　3. 形成层　4. 木质部
B. 周韧维管束　1. 木质部　2. 韧皮部
C. 双韧维管束　1、3. 韧皮部　2. 木质部
D. 周木维管束　1. 韧皮部　2. 木质部
E. 辐射维管束　1. 木质部　2. 韧皮部

(一) 无限外韧维管束

韧皮部位于外侧,木质部位于内侧,中间有形成层,维管束可逐年增粗,为双子叶植物和裸子植物茎中最为常见的维管束类型。

(二) 有限外韧维管束

韧皮部位于外侧,木质部位于内侧,中间无形成层,维管束增粗有限。如单子叶植物茎的维管束。

(三) 双韧维管束

木质部的内外两侧都有韧皮部。常见于茄科、旋花科、葫芦科、夹竹桃科、萝藦科等植物茎中的维管束。

（四）周韧维管束

木质部位于中间，韧皮部围绕在木质部的周围。常见于禾本科、百合科、棕榈科、蓼科及蕨类的某些植物的维管束。

（五）周木维管束

韧皮部位于中间，木质部围绕在韧皮部的周围。常见于石菖蒲、百合科、天南星科、鸢尾科等少数单子叶植物的根状茎中。

（六）辐射维管束

韧皮部与木质部相间排列呈辐射状，并形成一圈。常见于单子叶植物根的构造及双子叶植物根的初生构造中。

 知识链接

植物组织培养

19 世纪 30 年代，德国植物学家施莱登（Schleiden）和德国动物学家施旺（Schwann）创立了细胞是生物有机体的基本结构单位细胞学学说。1902 年，德国植物学家哈伯兰特（G.Haber-landt）进行了植物组织培养，是植物细胞培养的奠基人。1958 年，美国植物学家斯蒂瓦特（Steward）等人，用胡萝卜韧皮部的细胞进行培养，终于得到了完整植株，现我国已研究建立了人参、三七、长春花、三尖杉、丹参等数十种药用植物的液体培养系统。

（黄文华）

 复习思考题

1. 名词解释：植物组织、周皮、油细胞。
2. 导管分为哪几类？各有什么特点？
3. 如何区分纤维与石细胞？
4. 腺毛与非腺毛的区别是什么？
5. 何谓维管束？常见的维管束有哪几种？

扫一扫
测一测

第三章

根

学习要点

1. 器官的概念及分类。
2. 根、根系、变态根的形态及类型。
3. 根的初生构造、次生构造、异常构造的来源及特点。

自然界的植物种类繁多,其中能够开花结果产生种子,并以种子进行繁殖的一类植物称为种子植物。种子植物包括裸子植物和被子植物。

植物体中具有一定的外部形态和内部结构、由多种组织构成、并执行一定生理功能的组成部分称为器官。被子植物的器官一般可分为根、茎、叶、花、果实和种子六个部分。依其生理功能可将器官分为两大类:一类称营养器官,包括根、茎和叶,它们共同起着吸收、制造和供给植物体所需营养物质的作用,使植物体得以生长、发育;另一类称繁殖器官,包括花、果实和种子,主要功能是繁殖后代、延续种族。

根通常是植物体生长在土壤中的营养器官,具有向地性、向湿性和背光性。根具有吸收、输导、固着、支持、贮藏和繁殖等作用。植物体生长所需要的水分和无机盐,都是依靠根从土壤中吸收来的。近年的研究发现,根还具有合成氨基酸、生物碱、生物激素及橡胶的能力。许多植物的根可供药用,如人参、乌头、大黄、当归、甘草、丹参等。

第一节　根的形态和类型

根通常呈圆柱形,越向下越细,向四周分枝,形成复杂的根系。根无节和节间,不生叶和花,一般也不生芽。细胞中不含叶绿体。

一、根的类型

1. 定根　种子萌发时,胚根突破种皮,向下生长形成根的主轴,称为主根或初生根;在主根的侧面生长的分枝,称为侧根;在主根或侧根上还可生出细小分枝,称为纤维根。侧根和纤维根又称次生根。主根、侧根和纤维根都是直接或间接由胚根发育形成的,具有固定的生长部位,所以称为定根。

2. 不定根　有些植物的茎、叶或其他部位也可以长出根来,这种根无固定的生长部位,故称为不定根。如玉蜀黍近地面的茎节上长出的根,杨、柳的枝条和落地生根的叶插入土中所生出的根,都是不定根。栽培上常利用此特性来进行营养繁殖,如扦插、压条等。

二、根系的类型

一株植物地下所有的根,总称为根系。根据根系形状的不同,可分为直根系和须根系。

1. 直根系　主根发达,粗而长,一般垂直向下生长,侧根与主根形成一定的角度向四周伸展,主根与侧根的界限非常明显,这种根系称为直根系。一般双子叶植物的根系是直根系。如人参、桔梗、蒲公英的根系。

2. 须根系　主根不发达,或早期枯萎,而从茎的基部节上生出许多长短、粗细相仿的不定根,密集呈胡须状,没有主根与侧根区别,这种根系称为须根系。一般单子叶植物的根系是须根系,如葱、稻、麦冬等的根系。但也有少数双子叶植物的根系是须根系,如龙胆、徐长卿、白薇等的根系(图3-1)。

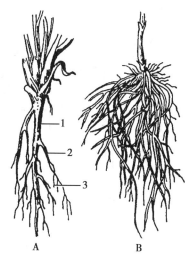

图3-1　根系
A. 主根系　B. 须根系
1. 主根　2. 支根　3. 须根

第二节　根的变态

课堂互动

马铃薯(土豆)与红薯(地瓜)分别是植物的哪类器官,它们有何不同?

有些植物的根,由于长期适应生活环境的变化,其形态、构造和生理功能发生了许多变异,称为根的变态。常见的根的变态有下列几种:

1. 贮藏根　由于贮藏大量的营养物质而使根的一部分或全部变得肥大肉质,这种根称贮藏根。根据其形态的不同又可分为:

(1) 肉质直根:由主根发育而成,一株植物上只有一个肉质直根,其上部具有胚轴和节间很短的茎。其肥大部分可以是木质部,如萝卜,也可以是韧皮部,如胡萝卜。有的肉质直根肥大呈圆锥状,如胡萝卜、桔梗的根;有的肥大呈圆柱形,如甘草、黄芪、菘蓝、丹参的根;有的肥大呈球形,如芜菁的根。

(2) 块根:由侧根或不定根肥大而成,因此,在一株植物上可形成多个块根,它的组成中没有胚轴和茎的部分。不同植物块根的形状不一,多呈块状或纺锤状,如麦冬、百部、何首乌、郁金、甘薯等(图3-2)。

2. 支持根　有些植物自茎基部产生一些不定根伸入土中,以增强支撑茎干的力量,这种根称为支持根。如玉蜀黍、薏苡、甘蔗等。

3. 攀缘根　攀缘植物在茎上生出的不定根,能攀缘树干、墙垣、石壁或其他物体而使植物体向上生长,这种根称为攀缘根。如常春藤、络石藤、薜荔等。

攀缘根

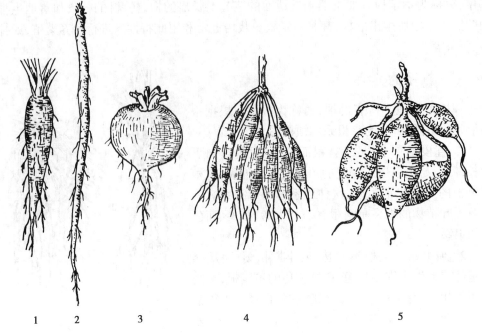

1　　　　2　　　　3　　　　　4　　　　　　5

图 3-2　变态根的类型（一）

1.圆锥根　2.圆柱根　3.圆球根　4.纺锤根　5.块根

气生根

寄生根

水生根

呼吸根

4. 气生根　从茎上产生的不伸入土壤里，暴露在空气中的不定根，能吸收和贮藏空气中的水分，这种根称为气生根。如吊兰、石斛、榕树等。

5. 寄生根　寄生植物的根插入寄主体内，吸取寄主体内的水分和营养物质，以维持自身的生活，这种根称为寄生根。寄生植物有两种类型：一种是植物体内不含叶绿素，自身不能制造养料，完全依靠吸收寄主体内的养分维持生活，称全寄生植物，如菟丝子、列当等；另一种是植物体不仅由寄生根吸收寄主体内的养分，同时自身含有叶绿素，能制造一部分养料，称半寄生植物，如槲寄生、桑寄生等。

6. 水生根　水生植物的根漂浮在水中呈须状，称水生根。如浮萍等（图 3-3）。

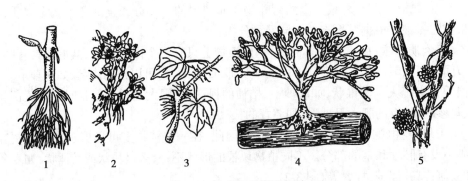

图 3-3　变态根的类型（二）

1.支持根（玉蜀黍）　2.生气根（石斛）　3.攀缘根（常春藤）　4.寄生根（槲寄生）　5.寄生根（菟丝子）

第三节　根的内部构造

一、根尖及其发展

从根的最先端到有根毛的部分称为根尖,长约 4~6mm,是根的生命活动最活跃的部分。根的伸长、水分和养料的吸收,以及一切成熟组织的分化都在此进行。因此,根尖损伤后会影响根的生长及发育。根据根尖细胞生长和分化程度的不同,可将根尖分为根冠、分生区、伸长区和成熟区四个部分(图 3-4)。

1. 根冠　位于根的最顶端,像帽子一样罩在生长锥的前端,由数列排列疏松的薄壁细胞组成,起保护作用。根冠的外层细胞能分泌黏液,可以减少它在土壤中伸展时与土壤摩擦造成的损伤。同时,位于根冠内侧的分生区的细胞不断分裂产生新细胞,以补充脱落和死亡的根冠细胞,保持根冠一定的形状和厚度。同时,根冠外层细胞磨损后产生的黏液,也有助于根向前延伸发展。

2. 分生区　位于根冠的内方,长约 1~2mm,呈圆锥状,又称生长锥或生长点,为顶端分生组织所在的部位。分生区的细胞体积小,排列紧密;细胞核大,细胞壁薄,原生质浓稠;细胞具有强烈的分生能力,能不断进行细胞分裂,增加细胞的数量。分裂产生的细胞,经过生长和分化,逐步形成根的各种组织。

3. 伸长区　位于分生区上方到出现根毛的地方,长约 2~5mm,多数细胞已逐渐停止分裂,细胞中液泡大量出现,从生长锥分裂出来的细胞在此迅速伸长,沿根的长轴显著生长,使根不断延伸,并逐步分化为形态不同的组织。

4. 成熟区(根毛区)　位于伸长区的上方,细胞停止伸长,组织已分化成熟,形成各种成熟的初生组织,因此称为成熟区。本区的主要特征是表皮细胞向外突出形成细长众多的根毛,又称根毛区。根毛的生活期较短,但生长速度较快,老的根毛不断死亡,新的根毛不断产生。根毛虽细小,但数量很多,大大增加了根的吸收面积。水生植物一般无根毛。

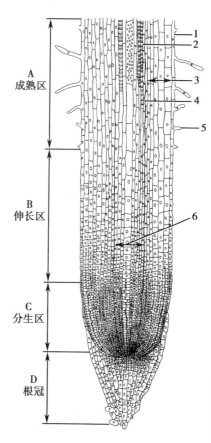

图 3-4　根尖纵切面(大麦)
1. 表皮　2. 导管　3. 皮层　4. 中柱鞘
5. 根毛　6. 顶端分生组织

二、根的初生构造

由初生分生组织分化形成的组织,称为初生组织,由其形成的构造称为初生构造。通过根尖的成熟区做一横切片,可以观察到根的初生构造,从外向内依次为表皮、

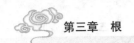

皮层和维管柱三部分(图3-5)。

　　由生长锥的原分生组织分裂出来的细胞分化为原表皮层、基本分生组织和原形成层等初生分生组织,最外层的原表皮细胞进行垂周分裂,增加表面积,进一步分化为根的表皮,基本分生组织在中间,进行垂周分裂和平周分裂,增大体积,进而分化为根的皮层,原形成层在最内方,分化为根的维管柱。

　　1. 表皮　位于幼根的最外围,一般由单层细胞组成,细胞排列整齐、紧密,无细胞间隙,细胞壁薄,不角质化,富有通透性,没有气孔。大多数表皮细胞壁向外突出形成根毛,故有吸收表皮之称。

　　2. 皮层　位于表皮内方,由多层薄壁细胞组成,占幼根的大部分。由外向内依次分为外皮层、皮层薄壁组织(中皮层)和内皮层三部分。

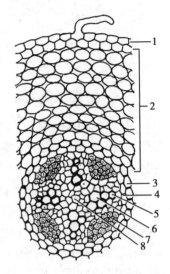

图3-5　双子叶植物根的初生构造
1. 表皮　2. 皮层　3. 内皮层
4. 中柱鞘　5. 原生木质部
6. 后生木质部　7. 初生韧皮部　8. 尚未成熟的后生木质部

　　(1) 外皮层:为皮层最外方紧接表皮的一层细胞,排列整齐、紧密,无细胞间隙。当表皮被破坏时,外皮层细胞的细胞壁多增厚并木栓化,代替表皮起保护作用。

　　(2) 皮层薄壁组织(中皮层):是外皮层内方的多层排列疏松的薄壁细胞,多呈类圆形,细胞间隙大,占皮层的绝大部分,具有吸收、运输和贮藏的作用。可将根毛吸收的水分和无机盐输送到根的维管柱,又可将维管柱内的养料转送出来。

　　(3) 内皮层:为皮层最内方的一层细胞,排列整齐紧密、无细胞间隙,包围在维管柱的外方。内皮层的细胞壁增厚情况特殊,一种是细胞的径向壁(侧壁)和上下壁(横壁)局部增厚,增厚部分呈带状,称凯氏带,从横切面观察,凯氏带增厚部分呈点状,称其为凯氏点;另一种是多数单子叶植物和少数双子叶植物的幼根的内皮层进一步发育,其径向壁、上下壁和内切向壁显著增厚,只有外切向壁比较薄,从横切面观察,细胞壁增厚部分呈"U"字形;也有的内皮层细胞全部木栓化加厚;内皮层中只有位于木质部束顶端的少数细胞未增厚,称为通道细胞,有利于水分和养料的横向运输(图3-6)。

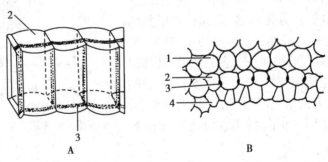

图3-6　内皮层细胞(示凯氏带)
A. 内皮层细胞立体观,示凯氏带　B. 内皮层细胞横切,示凯氏点
1. 皮层细胞　2. 内皮层　3. 凯氏带(点)　4. 中柱鞘

3. 维管柱　根的内皮层以内的所有组织构造统称为维管柱。在根的横切面上占有较小的面积，包括中柱鞘、初生木质部和初生韧皮部三部分。

（1）中柱鞘：又称维管柱鞘，位于维管柱最外方，紧靠内皮层，通常由一层排列整齐的薄壁细胞组成，也有少数为二至多层的，如桃、桑、柳以及裸子植物等；也有的中柱鞘为厚壁组织，如竹类、菝葜等。中柱鞘细胞具有潜在的分生能力，在一定时期能产生侧根、不定根、不定芽和乳汁管及参与形成层和木栓形成层的形成等。

（2）初生木质部和初生韧皮部：位于根的最内方，是根的输导系统。因其由原形成层分化形成，故称为初生木质部和初生韧皮部。初生木质部和初生韧皮部相间排列，木质部呈放射状的几束（木质部束），韧皮部位于相邻木质部束之间，形成辐射型维管束。初生木质部由外向内逐渐成熟，这种成熟方式称为外始式。外方先成熟的初生木质部称为原生木质部，内方后分化成熟的木质部，称为后生木质部。初生木质部的放射棱数（木质部束数）因植物种类而异，如十字花科、伞形科的一些植物的根中只有 2 束初生木质部，称二原型；毛茛科的唐松草属有 3 束，称三原型；葫芦科、杨柳科的一些植物有 4 束，称四原型；木质部束数多的称为多原型。被子植物的初生木质部由导管、管胞、木薄壁细胞和木纤维组成；初生韧皮部由筛管、伴胞、韧皮薄壁细胞组成。一般双子叶植物的根，初生木质部一直分化到维管柱的中心，因此没有髓部。少数植物如乌头、龙胆等，其初生木质部不分化到维管柱的中心，因而具有髓部。单子叶植物的根，初生木质部一般不分化到中心，中央仍保留未经分化的薄壁细胞，因而具有发达的髓部，如百部的块根；也有些单子叶植物的根，其髓部细胞增厚木化而成为厚壁组织，如鸢尾。在初生木质部和初生韧皮部之间有一至多层薄壁细胞，这些细胞具有潜在的分生能力，可转化为形成层的一部分。

知识链接

凯氏带

凯氏带最早由德国植物学家凯斯伯里（Robert Caspary）在 1865 年发现。植物根毛吸收的水分和溶解于其中的无机盐在经皮层向木质部运输的过程中，由于内皮层结构致密的凯氏带的存在，阻止水分通过细胞壁进入维管柱，只能通过内皮层细胞的原生质体或通道细胞传递，从而对水分和无机盐的吸收和运输起调节作用。

三、根的次生构造

由次生分生组织细胞分裂、分化产生的新的组织，称次生组织，由次生组织形成的构造称为次生构造。绝大多数蕨类植物和单子叶植物的根，在整个生活史中，一直保持着初生构造，而一般双子叶植物和裸子植物的根，能产生次生分生组织，即形成层和木栓形成层，形成次生构造（图 3-7）。

1. 形成层的产生及其活动　当根进行次生生长时，位于初生韧皮部内方的薄壁细胞首先恢复分生能力转变为形成层，并逐渐向初生木质部外方的中柱鞘部位发展，使相邻的中柱鞘细胞也开始分化成为形成层的一部分，使片段的形成层连成一个凹凸相间的形成层环。形成层细胞不断进行平周分裂，向内产生次生木质部，加于初生

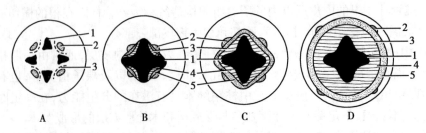

图 3-7　根的次生生长图解

A.形成层尚未出现　B.形成层已形成　C.次生木质部与次生韧皮部的形成
D.形成层已成一圆环(本图解未表示周皮形成)
1.初生木质部　2.初生韧皮部　3.形成层　4.次生木质部　5.次生韧皮部

木质部的外方;向外产生次生韧皮部,加在初生韧皮部的内方。次生木质部和次生韧皮部合称为次生维管组织。由于形成层向内分生速度快,次生木质部细胞数目大量增加,使形成层的位置向外推移,因而使凹凸相间的形成层环逐渐转变为圆形,木质部和韧皮部已由初生构造的间隔排列转变为内外排列。此时,根的维管束类型由辐射型转变为外韧型。在韧皮部与木质部之间始终保留着一层具有分生能力的形成层细胞,使根能够持续地进行次生生长。同时,由于新生的次生维管组织总是添加在初生韧皮部的内方,初生韧皮部遭受挤压而被破坏,成为没有细胞形态的颓废组织。形成层产生的次生木质部的数量较多,因此,粗大的树根主要是木质部。

　　形成层细胞活动时,在一定部位也分生一些薄壁细胞,这些薄壁细胞沿径向延长,呈放射状排列,贯穿在次生维管组织中,称次生射线(维管射线)。其中位于韧皮部的称韧皮射线,位于木质部的称木射线。次生射线具有横向运输水分和营养物质的功能。

　　次生木质部包括导管、管胞、木薄壁细胞和木纤维;次生韧皮部包括筛管、伴胞、韧皮薄壁细胞和韧皮纤维。此外,有些植物在次生韧皮部中常有分泌组织存在,如蒲公英有乳汁管,当归有油室,人参有树脂道;薄壁细胞内常含有淀粉、生物碱、激素、晶体等各种后含物。

　　2. 木栓形成层的产生及其活动　由于形成层的活动,使根不断加粗,表皮和部分皮层因为不能相应加粗而被破坏,此时,由中柱鞘细胞恢复分生能力,形成木栓形成层(也可由表皮或初生皮层中的一部分薄壁细胞分化形成)。木栓形成层向外分生木栓层,向内分生栓内层。木栓层细胞多呈扁平状,排列整齐紧密,常多层相叠,细胞壁木栓化,褐色。栓内层为数层薄壁细胞,排列较疏松,不含叶绿体,有的植物根的栓内层较发达,有类似于皮层的作用,称为次生皮层。木栓层、木栓形成层和栓内层三者合称为周皮。周皮形成后,木栓层外方的皮层和表皮被胀破并因得不到水分和营养物质而逐渐枯死脱落。因此,根的次生构造没有表皮和皮层,而为周皮所代替。

　　最初的木栓形成层产生后,随着根的进一步增粗,老周皮中的木栓形成层逐渐终止活动,其内方的部分薄壁细胞又能恢复分生能力,产生新的木栓形成层,进而形成新的周皮。

　　单子叶植物的根没有形成层,不能加粗,没有木栓形成层,不能形成周皮,而由表皮或外皮层行使保护功能。也有一些单子叶植物的根,如石斛、百部、麦冬等,在表皮形成时,常进行切向分裂形成多列细胞,其细胞壁木栓化,成为一种无生命的死亡组织,起保护作用,这种组织称为根被。

植物学上的根皮是指周皮,而中药材的根皮是指形成层以外的部分,包括韧皮部和周皮,如地骨皮、牡丹皮和桑白皮等。

四、根的异常构造

某些双子叶植物的根,除正常的次生构造外,还可产生一些额外的维管束、附加维管柱、木间木栓等,形成根的异常构造,也称三生构造。常见的异常构造有以下几种类型(图 3-8):

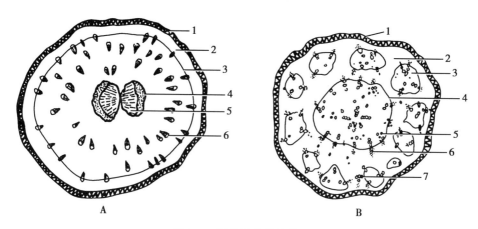

图 3-8 根的异常结构简图

A. 牛膝(1. 木栓层 2. 皮层 3. 形成层 4. 韧皮部 5. 木质部 6. 异常维管束) B. 何首乌(1. 木栓层 2. 皮层 3. 复合的异型维管束 4. 形成层 5. 木质部 6. 韧皮部 7. 单独的异型维管束)

1. 同心环状排列的异常维管组织 在根的正常维管束形成不久,形成层往往失去分生能力,而相当于中柱鞘部位的薄壁细胞转化成新的形成层,由于此形成层的活动,产生一圈小型的异型维管束。在它的外方,还可以继续产生新的形成层环,再分化成新的异型维管束,如此反复多次,形成同心环状的多环维管束。如苋科的牛膝、商陆科的商陆等。

2. 附加维管柱 有些双子叶植物的根,在正常维管束外围的薄壁组织中能产生新的附加维管柱,形成异常构造。如何首乌正常维管束形成后,皮层(或韧皮部)中部分薄壁细胞可产生多个新的形成层环,而产生多个大小不等的单独的和复合的异型维管束,所以在何首乌块根的横切面上可看到一些大小不一的圆圈状花纹,药材鉴别上称其为"云锦花纹"。

3. 木间木栓 有些双子叶植物的根,在次生木质部内也形成木栓带,称为木间木栓(或内涵周皮),其通常由次生木质部的薄壁组织细胞分化形成。如黄芩老根中央常见木栓环,新疆紫草根中央也有木栓环带,甘松根中的木间木栓环包围部分木质部和韧皮部而把维管柱分隔成 2~5 个束。

(刘宝密)

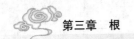

 复习思考题

1. 根有哪些类型？各有何特点？

2. 简述根的变态类型及其特点。

3. 根尖分为哪几个区？各有何特点？

4. 简述根的初生构造特点，并绘制其构造简图。

5. 名词解释：根系、凯氏带、中柱鞘、维管射线、通道细胞。

第四章

茎

学习要点

1. 茎的外部形态特征,茎的类型,茎变态的类型。

2. 双子叶植物茎的初生构造、双子叶植物木质茎的次生构造、双子叶植物草质茎的次生构造、双子叶植物根状茎的构造、单子叶植物茎的构造、单子叶植物根状茎的构造。

茎是植物地上部分的躯干,是种子植物重要的营养器官,由胚芽发育而来。当种子萌发时,胚芽发育形成主茎,主茎顶端具顶芽,能使茎不断增长生长;节上有腋芽,腋芽萌发形成枝条,枝条上又可产生顶芽和腋芽,它们可使枝条伸长生长并再形成枝条,如此发展下去就形成了植物茎的整个地上部分。茎通常生长在地上,但有些植物的茎生长在地下,称地下茎,如黄精、白茅、半夏等。

茎具有输导、支持、贮藏和繁殖等生理功能。叶光合作用制造的有机物和根吸收来的水分与无机盐,都是通过茎输送到植物体的各器官,以供生长所需,故茎具有输导功能;植物的叶、花、果实都是生长在茎上,依靠茎给予支持,因此茎又具有支持作用;有些植物的茎具有贮藏营养物质和水分的作用,如甘蔗的茎能贮存蔗糖、山药的块茎能贮存淀粉、仙人掌的茎能贮存大量水分;还有些植物的茎能产生不定根和不定芽,具有繁殖能力,如桑、忍冬、甘薯、马铃薯等,常可用来进行无性繁殖。

药用的植物地上茎(或茎皮)有沉香、苏木、鸡血藤、忍冬藤、杜仲、肉桂、黄柏等,药用的植物地下茎有生姜、黄精、半夏、白茅根、重楼等。

第一节　茎的形态和类型

一、芽

芽是尚未发育的枝条、花或花序。发育成枝条的芽的中心有一个短轴,称为芽轴,顶端有一个生长锥,其周围形成一些突起,称叶原基;叶原基逐渐发育成幼叶,幼叶的叶腋又发生一些小突起,将来发育成腋芽,称腋芽原基。根据芽的生长位置、发育性质、有无鳞片包被以及活动能力等情况分类如下:

定芽

不定芽

（一）按芽的生长位置分

1. 定芽 是指在茎上有确定生长位置的芽，又分为三类：

（1）顶芽：着生于茎枝顶端的芽。

（2）腋芽：着生于叶腋的芽，或叫侧芽。有的植物腋芽生长位置较低，被覆盖在叶柄的基部内，直到叶脱落后才显露出来，称柄下芽，如刺槐、法国梧桐、黄檗等。

（3）副芽：一些植物在顶芽或腋芽旁边又生出一、二个较小的芽称副芽，如桃、葡萄等。在顶芽或腋芽受伤后可代替它们而发育。

2. 不定芽 是指无确定生长位置的芽。其生长在茎的节间、根、叶等部位，不是从叶腋或枝顶发出。

（二）按芽的性质分

1. 叶芽 发育成枝与叶的芽，又称枝芽。

2. 花芽 发育成花或花序的芽。

3. 混合芽 能同时发育成枝叶和花或花序的芽。

（三）按芽鳞的有无分

1. 鳞芽 芽的外面有鳞片包被，芽萌发生长后，鳞片脱落，如樟、杨、柳等。

2. 裸芽 芽的外面无鳞片包被，多见于草本植物，如薄荷、茄等；及有的木本植物如桉、枫杨、吴茱萸等。

（四）按芽的活动能力分

1. 活动芽 正常发育的芽，当年形成，当年即可萌发或第二年春萌发的芽。

2. 休眠芽（潜伏芽） 长期保持休眠状态而不萌发的芽，但休眠期是相对的，在一定条件下可以萌发，如树木砍伐后，树桩上往往由休眠芽萌发出许多新的枝条（图4-1）。

图 4-1 芽的类型
A. 定芽（1. 顶芽 2. 腋芽） B. 不定芽 C. 鳞芽 D. 裸芽

二、茎的外部形态

茎的外部形态

植物茎一般为圆柱形；但有的植物茎呈四棱柱形，如唇形科植物薄荷、益母草、紫苏的茎；也有的呈三棱柱形，如莎草科植物香附、莎草、荆三棱的茎；还有的呈扁平形，如仙人掌的茎。茎通常是实心的，但也有些植物的茎是空心的，如小茴香、芹菜、南瓜等。还有薏苡、竹、稻、麦等禾本科植物的茎，具有明显的节和节间，且其节间是中空的，而节部却是实心的，故特称它为秆。

植物茎的顶端有顶芽,叶腋(为叶柄和茎之间的夹角处)有腋芽。茎上着生叶和腋芽的部位称节,节与节之间称节间,节和节间是茎的主要形态特征;节上还生有叶、花、果实,而根无节和节间之分,且根上不生叶,这是根和茎在外形上的主要区别。

木本植物的茎枝上还分布有叶痕、托叶痕、芽鳞痕、维管束痕和皮孔等特征。叶痕是叶从茎上脱落后留在茎上的疤痕,有心形、半月形、三角形等形状,根据各节上叶痕的数目和排列方式,可以判断叶在茎枝上的着生情况;托叶痕是托叶脱落后留下的疤痕;芽鳞痕是包被鳞芽的鳞片脱落后留下的疤痕;维管束痕是叶痕中的点状小突起;皮孔是茎枝表面突起的小裂隙,通常呈圆形或椭圆形,常呈浅褐色,是植物体与外界进行气体交换的又一通道。这些痕迹因每种植物都各自有一定的特征,故常可作为鉴别药材的依据(图4-2)。

一般植物的茎节仅在叶着生的部位稍微膨大,而有些植物的茎节特别明显,成膨大的环,如高粱、牛膝等;也有些植物茎节处特别细缩,如藕。各种植物节间的长短也很不一致,长的可达几十厘米,如竹、南瓜等;短的还不到一毫米,叶由茎生出呈莲座状,如蒲公英、车前、紫花地丁等。

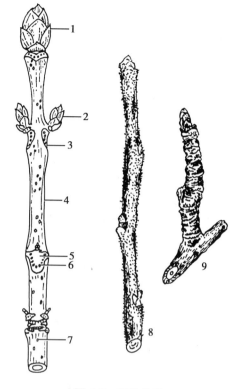

图 4-2　茎的外形

1. 顶芽　2. 腋芽　3. 节　4. 节间　5. 束痕
6. 叶痕　7. 皮孔　8. 长枝　9. 短枝

着生有叶和芽的茎称为枝条,有些植物具有两种枝条,一种节间比较长,称长枝,另一种节间很短,称短枝。一般短枝着生在长枝上,能开花结果。所以又称果枝,如苹果、梨和银杏等。

三、茎的类型

(一) 按茎的质地分

1. **木质茎**　质地坚硬,木质部发达的植物茎称木质茎。具有木质茎的植物称木本植物。常分为乔木、灌木和木质藤本。

(1) 乔木:高度常在5米以上,具有明显的主干,下部少分枝,如厚朴、合欢、杜仲等。

(2) 灌木:高度常在5米以下,无明显主干,在近基部处生出数个丛生的枝干,如紫荆、木芙蓉、夹竹桃等。在灌木中高度在一米以下的,称小灌木,如六月雪。若介于木本和草本之间,茎基部木质化而上部草质的称亚灌木或半灌木,如牡丹、草麻黄、草珊瑚等。

(3) 木质藤本:茎细长,木质坚硬,常缠绕或攀附它物向上生长,如鸡血藤、葡萄、川木通等。

木质茎

草质茎

肉质茎

直立茎

缠绕茎

木本植物全为多年生植物。其叶在冬季或旱季脱落的,分别称为落叶乔木、落叶灌木、落叶藤本;反之在冬季或旱季不落叶的分别称为常绿乔木、常绿灌木、常绿藤本。

2. 草质茎　质地柔软,木质部不发达的植物茎称草质茎。具草质茎的植物称草本植物。常分为一年生草本、二年生草本、多年生草本及草质藤本。

(1) 一年生草本:植物从种子萌发到枯萎死亡是在一年内完成的称一年生草本,如紫苏、红花、马齿苋等。

(2) 二年生草本:植物种子在第一年萌发,到第二年收获种子,植株枯死,生长发育过程在二年内完成的称二年生草本,如菘蓝、益母草、萝卜等。

(3) 多年生草本:植物生长发育过程超过两年的称多年生草本。其中地上部分每年都枯萎死亡,而地下部分仍保持生命力,能再长新苗的称宿根草本,如人参、黄连、七叶一枝花、天南星等;而植物地上部分多年不枯死保持常绿的称常绿草本,如麦冬、万年青等。

(4) 草质藤本:茎细长,草质柔弱,常缠绕或攀附他物而生长,如丝瓜、党参、牵牛等。

3. 肉质茎　质地柔软、多汁、肉质肥厚的称肉质茎,如仙人掌、芦荟、垂盆草等。

(二) 按茎的生长习性分

1. 直立茎　不依附它物,直立生长于地面的茎,如厚朴、杜仲、女贞、紫苏等。

2. 缠绕茎　细长,自身不能直立,常缠绕他物作螺旋状生长的茎,如五味子、忍冬

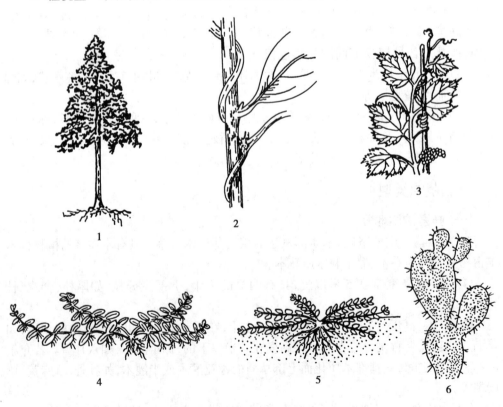

图 4-3　茎的类型
1. 直立茎　2. 缠绕茎　3. 攀缘茎　4. 匍匐茎　5. 平卧茎　6. 肉质茎

等呈顺时针方向缠绕;牵牛、马兜铃、扁豆等呈逆时针方向缠绕;而何首乌、猕猴桃等则无一定缠绕方向。

3. 攀缘茎　细长,自身不能直立,而依靠攀缘结构攀附他物生长的茎,如丝瓜、栝楼、葡萄的攀缘结构是茎卷须;豌豆的攀缘结构是叶卷须;爬山虎的攀缘结构是吸盘;茜草、葎草的攀缘结构是刺;络石、薜荔的攀缘结构是不定根。

4. 匍匐茎　细长柔弱,平铺于地面蔓延生长,节上生有不定根的茎,如积雪草、连钱草、草莓等。

5. 平卧茎　细长柔弱,平铺于地面蔓延生长,节上没有不定根的茎,如蒺藜、马齿苋、地锦等(图4-3)。

第二节　茎 的 变 态

茎的变态可分为地上茎变态和地下茎变态两大类。

一、地上茎变态

1. 叶状茎　也称叶状枝,是植物的茎或枝变为绿色扁平的叶状或针形叶状,具有叶的功能,易被误认为叶,如竹节蓼、仙人掌、天门冬等。

2. 刺状茎　又称枝刺或棘刺,是植物的枝条变为刺状,常粗短坚硬不分枝,如酸橙、山楂、木瓜等,但皂荚的刺常分枝。刺状茎生于叶腋,可与叶刺相区别。而金樱子、月季、玫瑰茎上的刺为皮刺,是由表皮细胞突起形成的,散生于植物茎上,无固定的生长位置,并容易脱落,有别于刺状茎。

3. 茎卷须　常见于攀缘生长的藤本植物,其枝条变成卷须,柔软卷曲,多生于叶腋,如栝楼、冬瓜、南瓜等。但葡萄的茎卷须是由顶芽变成的,而后腋芽代替顶芽继续发育,使茎成为合轴式生长,而茎卷须被挤到叶柄对侧。

4. 钩状茎　由茎的侧轴变态而成,位于叶腋,呈钩状,坚硬,短而粗,不分枝,如钩藤。

5. 小块茎及小鳞茎　有些植物的腋芽常形成小块茎,形态与块茎相似,如山药、黄独的珠芽(习称零余子)。也有的植物叶柄上的不定芽也形成小块茎,如半夏。有些植物在叶腋或花序处由腋芽或花芽形成小鳞茎,如卷丹腋芽形成小鳞茎,洋葱、大蒜花序中花芽形成小鳞茎。小块茎和小鳞茎均有繁殖作用。

6. 假鳞茎　附生的兰科植物茎,其基部肉质膨大,呈块状或球状的部分,称假鳞茎,如石豆兰、石仙桃、羊耳蒜等(图4-4)。

二、地下茎的变态

地下茎和根类似,但仍具有茎的特征,其上有节和节间,退化的鳞叶及顶芽、侧芽等,可与根相区分。常见的类型有:

1. 根状茎(根茎)　常横卧地下,节和节间明显,节上生有不定根和退化的鳞叶,具顶芽和侧芽。但有的植物根状茎短而直立,如人参、桔梗、三七等。根状茎的形态及节间的长短随植物而异,有的细长,如芦苇、白茅、鱼腥草等;有的短粗呈团块状,如白术、姜、川芎等;有的具明显的茎痕,如黄精。

假鳞茎

根状茎(根茎)

块茎

球茎

鳞茎

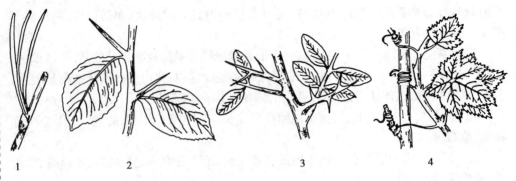

图 4-4 地上茎变态
1.叶状茎(天门冬) 2.不分枝的枝刺(山楂) 3.分枝的枝刺(皂荚) 4.茎卷须(葡萄)

2. 块茎 与块根相似,肉质肥大呈不规则块状,节间很短或不明显,节上有芽,叶退化成鳞片状或早期枯萎脱落。如天南星、半夏、马铃薯等。

3. 球茎 肉质肥大呈球形或扁球形,具明显的节和缩短的节间,节上有较大的膜质鳞叶;顶芽发达,腋芽常生于其上半部;基部具有不定根。如慈菇、荸荠、芋头等。

4. 鳞茎 呈球形或扁球形。茎极度缩短成盘状称鳞茎盘,盘上生有肉质肥厚的鳞叶。鳞茎盘上节很密集,顶端有顶芽,鳞叶腋内有腋芽,基部生有不定根。有的鳞茎鳞叶阔,内层被外层完全覆盖,称有被鳞茎,如洋葱;有的鳞茎鳞叶狭,呈覆瓦状排列,内层不能被外层完全覆盖,称无被鳞茎,如百合、贝母等(图 4-5)。

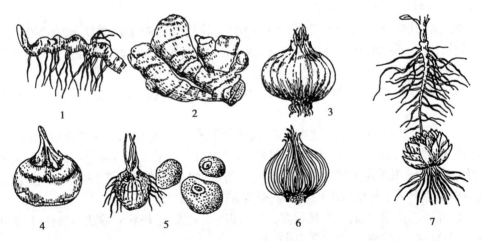

图 4-5 地下茎变态
1.根状茎 2.根状茎 3.鳞茎(外观) 4.球茎 5.块茎 6.鳞茎(纵剖面) 7.鳞茎

第三节　茎的内部构造

种子植物的主茎起源于种子内幼胚的胚芽,主茎上的侧枝则由主茎上的侧芽(腋芽)发育而来。无论主茎或侧枝,一般在其顶端均具有顶芽,能保持顶端生长的能力,使植物体不断长高。

一、茎尖的构造

茎尖是指主茎或枝条的顶端部分,其结构与根尖基本相似,即由分生区(生长锥)、伸长区和成熟区三部分组成。所不同的是首先茎尖顶端没有根冠样的结构,而是由幼小的叶片包围着几个小突起,这些小突起称叶原基或腋芽原基,以后发育成叶或腋芽;其次茎成熟区的表皮不形成根毛,却常有气孔和毛茸等附属物。

由生长锥分裂出来的细胞逐渐分化为原表皮层、基本分生组织和原形成层等初生分生组织,这些分生组织细胞继续分裂分化,所形成的构造即为茎的初生构造(图4-6)。

二、双子叶植物茎的初生构造

通过茎的成熟区作一横切片,可观察到茎的初生构造。从外到内分为:表皮、皮层和维管柱三部分。

(一) 表皮

是由原表皮层细胞发育而来,位于茎的表面,是由一层扁平、排列紧密、无细胞间隙的生活细胞所构成。细胞一般不含叶绿体,少数植物含有花青素,使茎呈紫红色,如甘蔗、蓖麻等。表皮细胞的外壁稍厚,通常角质化形成角质层,常还有气孔和毛茸存在;少数植物还具有蜡被。

(二) 皮层

皮层是由基本分生组织发育而来,位于表皮的内方,是表皮和维管柱之间的部分,由多层生活薄壁细胞构成,通常不如根的皮层发达,横切面观所占比例比较小,细胞常为多面体形、球形或椭圆形,排列疏松,具有细胞间隙;靠近表皮的细胞常含叶绿体,故嫩茎常为绿色;有些植物近表皮部位常具厚角组织,以增强茎的韧性,其中有的呈环状排列,如菊科和葫芦科的一些植物;有的分布在棱角处,如益母草、薄荷、芹菜等;有的植物在皮层的内方有纤维束或石细胞群,如向日葵、黄柏、桑等;有的有分泌组织,如向日葵、棉花等。

茎的内皮层通常不明显,所以皮层与维管区域之间无明显界线。有少数植物茎其皮层最内一层细胞含大量淀粉粒,称淀粉鞘,如蚕豆、蓖麻等。

(三) 维管柱

包括呈环状排列的初生维管束、髓和髓射线等,占茎的比例较大。

以往把这部分结构称中柱,中柱是指种子植物根、茎等轴状器官的初生构造中,皮层以内的部分。通常中柱最外部分组织区域即中柱鞘,在根的初生构造中,具典型的内皮层和中柱鞘,皮层和中柱具有明显的界线;但大多数植物的茎与根的构造不同,无明显的内皮层和中柱鞘,因此皮层和中柱无明显界线,故称维管柱。有些植物的初生维管束之外有环状和帽状的纤维束存在,过去称中柱鞘纤维,为避免混乱,将起源于韧皮部,位于初生韧皮部外侧的纤维束称初生韧皮纤维,如向日葵、麻类;而起源于韧皮部之外,位于皮层内侧,成环状包围初生维管束的纤维束称周维纤维或环管

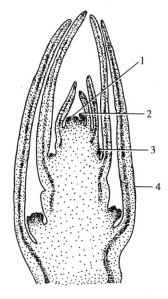

图4-6 忍冬芽的纵切面
1. 生长锥 2. 叶原基 3. 腋芽原基 4. 幼叶

纤维,如马兜铃、南瓜等。

1. 初生维管束　是茎的输导系统,位于皮层的内方,成环状排列,由初生韧皮部、束中形成层和初生木质部组成。木本植物维管束排列紧密,束间区域较窄,维管束连成一圆环状;而藤本植物和大多数草本植物束间距离却比较宽。

初生韧皮部:位于维管束的外方,由筛管、伴胞、韧皮薄壁细胞和初生韧皮纤维组成。分化成熟的方向与根相同,由外向内,为外始式。初生韧皮纤维常成群分布于韧皮部外侧,可增强茎的韧性。

初生木质部:位于维管束的内侧,由导管、管胞、木薄壁细胞和木纤维组成,其分化成熟的方向与根相反,由内向外,为内始式。

束中形成层:位于初生韧皮部和初生木质部之间,由1~2层具分生能力的细胞组成,能分裂产生大量细胞,使茎不断增粗生长。

2. 髓　位于茎的中央,被初生维管束围绕,由基本分生组织产生的一些较大的薄壁细胞组成。草本植物茎的髓部比较大,木本植物茎的髓部比较小,但通脱木、旌节花、接骨木、泡桐等木本植物也有比较大的髓部。有些植物茎的髓部细胞部分消失,形成一系列的髓横隔,如猕猴桃、胡桃等。有些植物茎的髓部在发育过程中逐渐消失而形成中空,如连翘、芹菜、南瓜等。有些植物茎的髓部最外层有一层紧密的、小型的、壁较厚的细胞围绕着大型的薄壁细胞,这层细胞称环髓区或髓鞘,如椴树。

3. 髓射线　也称初生射线,是位于初生维管束之间的薄壁细胞区域,外接皮层,内连髓部,细胞常径向延长,横切面观呈放射状,具有横向运输和贮藏的作用。一般双子叶草本植物茎的髓射线比较宽,而木本植物茎的髓射线很窄。髓射线细胞分化程度较浅,具有潜在的分生能力,在次生生长开始时,与束中形成层相邻的髓射线薄壁细胞能恢复分生能力,转变为形成层的一部分,形成为束间形成层。此外,在一定条件下,髓射线细胞还能分裂产生不定芽和不定根(图4-7)。

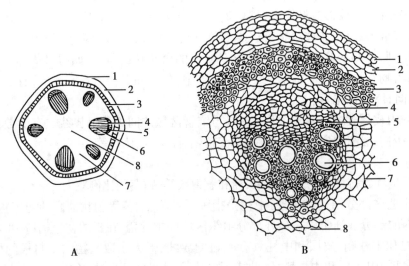

A

B

图4-7　马兜铃茎横切面部分图(示初生结构)

A. 简图　B. 详图

1.表皮(外有角质层)　2.皮层　3.纤维　4.韧皮部　5.形成层　6.木质部

7.髓射线　8.髓

三、双子叶植物茎的次生构造

双子叶植物茎在初生构造形成后,接着产生次生分生组织形成层和木栓形成层,它们进行细胞分裂分化,使茎不断增粗生长,这种生长称为次生生长,由此形成的构造称为次生构造。

(一)双子叶植物木质茎的次生构造

木本双子叶植物茎的次生生长可持续多年,故次生构造特别发达。

1. 形成层及其活动 在植物茎开始次生生长时,靠近束内形成层的髓射线薄壁细胞恢复分生能力,转变为束间形成层,并与束中形成层连接,形成一个形成层圆筒,横切面观,呈一个完整的形成层环。

大部分形成层细胞略呈纺锤形,液泡明显,称纺锤原始细胞;少部分形成层细胞近于等径,称射线原始细胞。当形成层成为一完整环后,纺锤原始细胞即开始进行切向分裂,向内产生次生木质部细胞,向外产生次生韧皮部细胞;射线原始细胞则向内向外分裂产生次生射线细胞。

在次生生长中,束中形成层产生的次生木质部细胞增添于初生木质部的外方;产生的次生韧皮部细胞,增添于初生韧皮部的内方,并将初生韧皮部向外挤;产生的次生射线细胞,存在于次生木质部和次生韧皮部中,形成横向的联系组织,称维管射线。通常产生的次生木质部细胞比次生韧皮部细胞数量多得多,由此,横切面观,次生木质部比次生韧皮部大得多。而束间形成层细胞,一部分形成薄壁细胞,延续髓射线,另一部分则分裂分化产生新的维管组织,所以木本植物茎维管束之间距离会变窄。藤本植物茎次生生长时,束间形成层不分化产生维管组织,故藤本植物的次生构造中维管束之间距离较宽,如木通马兜铃(关木通)。

在形成层细胞进行切向分裂使茎增粗生长的同时,为适应内方木质部的增大,形成层也进行径向和横向分裂,增加细胞,扩大圆周,同时形成层的位置也逐渐向外推移。

(1)次生木质部:占木本植物茎的绝大部分。构成次生木质部的是导管、管胞、木薄壁细胞、木纤维和木射线细胞,其中导管主要是梯纹、网纹及孔纹导管,以孔纹导管最普遍。导管、管胞、木薄壁细胞和木纤维是次生木质部中的纵向系统,是由形成层的纺锤原始细胞分裂所产生的细胞发展而成的。此外,由形成层的射线原始细胞衍生的细胞,径向延长,形成维管射线,位于次生木质部内,称木射线。常由多列薄壁细胞组成,也有一列细胞的,细胞壁常木质化。形成层的分裂活动受一年四季环境气候变化的影响。生长在温带和亚热带的植物,其维管形成层的活动具有周期性。春季,气候温和,雨量充沛,形成层活动旺盛,所形成的次生木质部细胞体积大,细胞壁薄,质地较疏松,色泽较浅,称为早材或春材;到了秋季,气温下降,雨量稀少,形成层活动逐渐减弱,所产生的细胞体积小壁厚,质地紧密,颜色较深,称为晚材或秋材。同一年中早材和晚材是逐渐转变的,没有明显的界限。但是,当年的秋材与次年的春材之间却界限明显,形成一圆环,称为年轮。通常每年1个年轮,因此根据树干基部的年轮数目,可以推断出树木的年龄。但也有些植物一年形成2~3个年轮,这是由于形成层有节律的活动,每年有几个循环的结果,这些年轮称假年轮。假年轮通常成不完整的环状,它的形成有的是由于一年中气候变化特殊,或被害虫吃掉了树叶,生长受影响而引起的。终年气候变化不大的热带树木,通常不形成年轮。

在木质部横切面上,靠近形成层的边缘部分颜色较浅,质地较松软,称边材。边材具有输导能力。而中心部分,颜色较深,质地较坚固,称心材。心材没有输导能力,这是由于心材中的细胞常积累代谢产物,如挥发油、单宁、树胶、色素等,以及有些射线细胞或轴向薄壁细胞,在生长过程中通过导管上的纹孔被挤入导管内,形成侵填体,从而使导管或管胞堵塞,失去输导能力。心材比较坚硬,不易腐烂,且常含有某些化学成分,因此,茎木类药材多为心材,如沉香、檀香、苏木、降香等,均为心材入药(图4-8)。

茎内部各种组织,纵横交错,十分复杂。在鉴定茎木类药材时,应充分理解其立体结构,采用三种切面即横切面、径向切面、切向切面进行比较观察,以便准确鉴定。

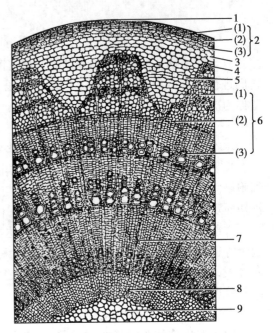

图4-8 双子叶植物茎次生构造

1.表皮 2.周皮[(1)木栓层 (2)木栓形成层 (3)栓内层] 3.皮层 4.韧皮纤维 5.韧皮射线 6.维管束[(1)韧皮部 (2)形成层 (3)木质部] 7.木射线 8.髓射线 9.髓

1) 横切面:是与纵轴垂直所作的切面,从切面上可见年轮呈同心环状,所见射线为纵切面,呈放射状排列,可观察到射线的长度和宽度。两射线间的导管、管胞、木纤维和木薄壁细胞等,都呈大小不一、细胞壁厚薄不等的类圆形或多角形。

2) 径向切面:是通过茎的直径所作的纵切面。可见年轮呈垂直平行的带状,射线则横向分布,与年轮呈直角,可观察到射线的高度和长度。一切纵长细胞如导管、管胞、木纤维等均为纵切面,呈长管状或梭形,其长度和次生壁的增厚纹理都很清楚。

3) 切向切面:是不通过茎的中心而垂直于茎的半径所作的纵切面。可见射线为横切面,细胞群呈纺锤形,作不连续的纵行排列。可观察到射线的宽度和高度以及细胞列数和两端细胞的形状。所见到的导管、管胞和木纤维等细胞的形态、长度及次生壁增厚的纹理等都与其径向切面相似。

在木材的三个切面中,射线的形状最为突出,可作为判断切面类型的重要依据(图4-9)。

(2) 次生韧皮部:是由形成层向外分裂而形

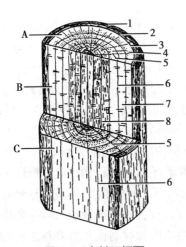

图4-9 木材三切面

A.横切面 B.径向切面 C.切向切面 1.外树皮 2.内树皮(韧皮部) 3.形成层 4.木质部 5.射线 6.年轮 7.边材 8.心材

成的,由于向外分裂产生次生韧皮部细胞的次数远不如向内分裂产生次生木质部细胞的次数多,因此次生韧皮部要比次生木质部小得多。次生韧皮部形成时,初生韧皮部细胞被挤向外方,其中的筛管、伴胞及薄壁细胞被挤压而变形、破裂,成为颓废组织。构成次生韧皮部的是筛管、伴胞、韧皮纤维和韧皮薄壁细胞。有的植物次生韧皮部中有石细胞,如厚朴、肉桂、杜仲等;有的有乳汁管,如夹竹桃。

次生韧皮部中薄壁组织常占主要部分,细胞中含有多种营养物质和生理活性物质,如糖类、油脂、单宁、生物碱、苷类、橡胶、挥发油等,故具有一定的药用价值,如肉桂、厚朴、黄柏等茎皮类药材。韧皮射线是维管射线位于次生韧皮部的部分,与木射线相连,是次生韧皮部内的薄壁组织,细胞壁不木质化,形状也不及木射线那样规则。韧皮射线的长短宽窄因植物种类而异。

2. 木栓形成层及周皮　形成层活动产生大量组织细胞,使茎不断增粗生长,但已分化成熟的表皮细胞一般不能相应增大和增多,从而失去了保护功能。此时,植物茎就由表皮细胞或皮层薄壁组织细胞也可能是韧皮薄壁细胞恢复分生能力(多为皮层薄壁组织细胞),转化为木栓形成层。木栓形成层则向外分裂产生木栓组织细胞、向内分裂产生栓内层薄壁组织细胞,逐渐形成了由木栓层、木栓形成层及栓内层三层结构所构成的周皮。由此,植物茎就由周皮代替表皮行使保护作用。一般木栓形成层的活动只不过数月,在其停止活动后,大部分树木又可依次在其内方产生新的木栓形成层。这样,其位置就会逐渐向内移,可深达次生韧皮部中,形成新的周皮。老周皮内方的组织被新周皮隔离后逐渐枯死,这些周皮以及被它隔离的死亡组织的综合体,因常剥落,故称落皮层。有的落皮层呈鳞片状脱落,如白皮松;有的呈环状脱落,如白桦;有的裂成纵沟,如柳、榆;有的呈大片脱落,如悬铃木。但也有的周皮不脱落,如黄柏、杜仲。落皮层也称外树皮。"树皮"有两种概念,狭义的树皮即落皮层;广义的树皮是指形成层以外的所有组织,包括落皮层和木栓形成层以内的次生韧皮部(内树皮)。如皮类药材肉桂、厚朴、黄柏、杜仲、秦皮、合欢皮等的药用部分均指广义的树皮。

(二)双子叶植物草质茎的次生构造

双子叶植物草质茎因生长期短,次生生长有限,次生构造不发达,木质部细胞量少,质地柔软,与木质茎相比,有如下特点:

1. 最外面仍由表皮起保护作用,常具角质层、蜡被、气孔及毛茸等附属物。少数植物在表皮下方有木栓形成层的分化,向外产生 1~2 层木栓细胞,向内产生少量栓内层,但表皮未被破坏仍然存在。表皮下方的细胞中含叶绿体,因此草质茎常呈绿色,具有光合作用的能力。

2. 多数无限外韧维管束成环状排列。有少量植物为双韧维管束。

3. 有些植物只有束中形成层,没有束间形成层。还有些植物不仅没有束间形成层,束中形成层也不明显。

4. 髓部发达,髓射线较宽,有的髓部中央破裂形成空洞(图4-10)。

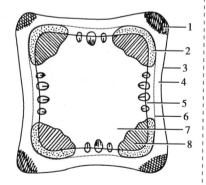

图 4-10　薄荷茎横切面简图

1.厚角组织　2.韧皮部　3.表皮
4.皮层　5.形成层　6.内皮层　7.髓
8.木质部

（三）双子叶植物根状茎的构造

双子叶植物根状茎一般系指草本双子叶植物根状茎,其构造与地上茎相类似,有如下特点:

1. 表面常为木栓组织,有的植物木栓组织中分布有木栓石细胞,如苍术、白术等;少数植物具有表皮或鳞叶。

2. 皮层中常有根迹维管束(即茎中维管束与不定根中维管束相连的维管束)和叶迹维管束(即茎中维管束与叶柄维管束相连的维管束)斜向通过。

3. 维管束为无限外韧型,成环状排列。束间形成层明显的植物,其形成层呈完整的环状;但有的植物束间形成层不明显。

4. 髓射线常较宽,中央有明显的髓部。

5. 薄壁组织发达,细胞中多含有贮藏物质;机械组织多不发达,仅皮层内侧有时具有纤维或石细胞(图4-11)。

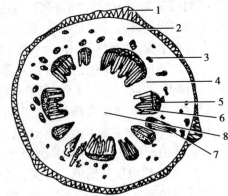

图4-11　黄连根状茎横切面简图
1. 木栓层　2. 皮层　3. 石细胞群　4. 射线
5. 韧皮部　6. 木质部　7. 根迹　8. 髓

（四）双子叶植物茎及根状茎的异常构造

某些双子叶植物茎或根状茎除了能形成正常的维管构造以外,通常有部分薄壁细胞,还能恢复分生能力,转化成非正常形成层。该形成层的活动所产生的维管束即为异型维管束,所形成的构造即为异常构造。常见的异常构造有:

1. 髓部的异常维管束　是指位于双子叶植物茎或根状茎髓部的维管束。如大黄根状茎的横切面上,除正常的维管束外,髓部有许多星点状的异型维管束,其形成层呈环状,外侧是由几个导管组成的木质部,内侧为韧皮部,射线呈星芒状排列,习称星点。又如胡椒科植物海风藤茎的横切面上,除正常排成环状的维管束外,髓部还有6~13个异型维管束散在。此外,在大花红景天根状茎的髓中,苋科倒扣草茎的髓部也有异型维管束存在(图4-12、图4-13)。

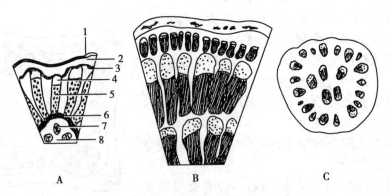

图4-12　茎的异常构造
A.海风藤横切面部分放大简图〔1. 木栓层　2. 皮层　3. 柱鞘纤维(周维纤维)　4. 韧皮部　5. 木质部　6. 纤维束环　7. 异型维管束　8. 髓〕B.常春油麻藤茎横切面简图(示同心环状异型维管束) C.桃儿七茎横切面简图(示散生状异常维管束)

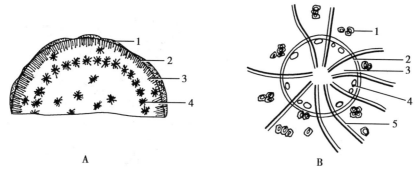

图 4-13 大黄根状茎横切面简图

A. 常叶大黄　1. 韧皮部　2. 形成层　3. 木质部射线　4. 星点

B. 星点简图（放大）　1. 导管　2. 形成层　3. 韧皮部　4. 黏液腔　5. 射线

2. 同心环状排列的异常维管束　在某些双子叶植物茎内,初生生长和早期次生生长都是正常的。当正常的次生生长发育到一定阶段,次生维管柱的外围又形成多轮呈同心环状排列的异常维管组织。如密花豆老茎(鸡血藤)的横切面上,可见韧皮部呈 2~8 个红棕色至暗棕色环带,与木质部相间排列。其最内一圈为圆环,其余为同心半圆环。常春油麻藤茎的横切面上也可见上述异型构造。

3. 木间木栓　某些植物的根状茎薄壁细胞恢复分生能力形成新的木栓形成层,并呈环状包围一部分韧皮部和木质部,把维管柱分隔为数束,如甘松的根状茎。

四、单子叶植物茎和根状茎的构造

(一)单子叶植物茎的构造特点

一般情况下,单子叶植物茎和根状茎只有初生构造而没有次生构造,不能进行次生生长,与双子叶植物茎在组织构造上不同的是:

1. 单子叶植物茎一般没有形成层和木栓形成层,终身只有初生构造,没有次生构造,不能无限增粗。

2. 茎的最外面通常由一列表皮细胞起保护作用,不产生周皮。禾本科植物秆的表皮下方,往往有数层厚壁细胞分布,以增强支持作用。

3. 表皮以内为基本薄壁组织和星散分布于其中的有限外韧型维管束,因此没有皮层和髓及髓射线之分。多数禾本科植物茎的中央部位(相当于髓部)萎缩破坏,形成中空的茎秆。

此外,也有少数单子叶植物茎具形成层,而有次生生长,如龙血树、丝兰和朱蕉等。但这种形成层的起源和活动情况与双子叶植物不同,如龙血树的形成层起源于维管束外的薄壁组织,向内分裂产生维管束和薄壁组织,向外也分裂产生少量薄壁组织(图 4-14)。

(二)单子叶植物根状茎的构造特点

1. 根状茎表面仍为表皮或木栓化的皮层细胞起保护作用。少数植物有周皮,如射干、仙茅等。禾本科植物根状茎表皮较特殊,细胞平行排列,每纵行多为 1 个长细胞和 2 个短细胞纵向相间排列,长细胞为角质化的表皮细胞,短细胞中,一个是木栓化细胞,一个是硅质化细胞,如白茅、芦苇等。

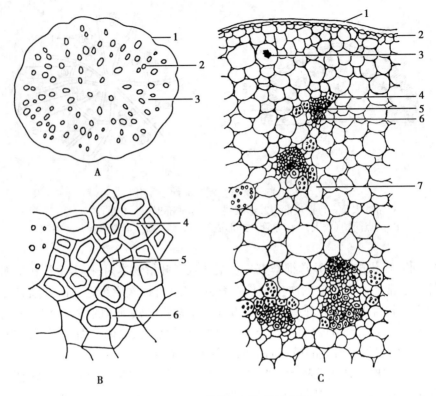

图 4-14　石斛茎横切面简图及详图

A. 石斛茎的简图　1. 表皮　2. 维管束　3. 基本组织（薄壁组织）

B. 石斛茎外韧维管束放大　4. 纤维束　5. 韧皮部　6. 木质部

C. 石斛茎的详图　1. 角质层　2. 表皮　3. 针晶束　4. 纤维束　5. 韧皮部　6. 木质部

7. 薄壁细胞

2. 皮层常占较大体积，其中常有细小的叶迹维管束存在，薄壁细胞内含有大量营养物质。中柱维管束散在，多为有限外韧型，如白茅根、姜黄、高良姜等；少数为周木型，如香附；有的则兼有有限外韧型和周木型两种维管束，如石菖蒲（图4-15）。

3. 内皮层大多明显，具有凯氏带，因而皮层和维管组织区域可明显区分，如姜、石菖蒲等（图4-15）。也有的内皮层不明显，如玉竹、知母、射干等。

4. 有些植物根状茎在皮层靠近表皮部位的细胞形成木栓组织，如生姜；有的皮层细胞转变为木栓化细胞，形成所谓"后生皮层"，以代替表皮行使保护功能，如藜芦。

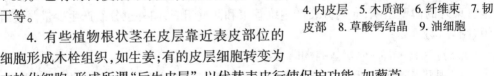

图 4-15　石菖蒲根茎横切面简图

1. 表皮　2. 薄壁组织　3. 叶迹维管束
4. 内皮层　5. 木质部　6. 纤维束　7. 韧皮部　8. 草酸钙结晶　9. 油细胞

五、裸子植物茎的构造特点

裸子植物茎均为木质，因此它的构造与木本双子叶植物茎相似，但有区别点：

1. 次生木质部　主要由管胞、木薄壁细胞和射线细胞所组成,如柏科、杉科;或无木薄壁细胞,如松科;除麻黄科和买麻藤科以外,裸子植物均无导管。

2. 次生韧皮部　是由筛胞、韧皮薄壁细胞组成,无筛管、伴胞和韧皮纤维。

3. 松柏类植物　茎的皮层、韧皮部、木质部及髓部,甚至髓射线中常有树脂道。

知识链接

蕨类植物根茎的构造特点

蕨类植物根茎的最外层,多为厚壁性的表皮及下皮细胞,基本薄壁组织比较发达。中柱的类型,有的是原生中柱,仅由管胞组成的木质部位于中央,韧皮部位于四周,外有中柱鞘及内皮层,如海金沙;有的是双韧管状中柱,木质部呈圆筒状,其内外侧都有韧皮部及内皮层,中心为基本薄壁组织,如狗脊;有的为网状中柱,在横切面可见数个分体中柱断续排列成环状,每一分体中柱为一原生中柱,如骨碎补、石韦等;此外,有的在薄壁细胞间隙中生有单细胞间隙腺毛,内含分泌物,如绵马贯众。

(张建海)

复习思考题

1. 植物茎外形上特征有哪些?

2. 举例说明下列变态茎根茎、块茎、球茎、鳞茎、缠绕茎、攀缘茎、匍匐茎、平卧茎。

3. 简要绘出双子叶植物茎的初生构造简图,标注各部分名称,写出其构造特点。

4. 简要说明双子叶植物木质茎的次生构造。

5. 请分析双子叶植物草质茎的构造特点?

6. 请分析单子叶植物茎和根状茎的构造特点?

扫一扫
测一测

课件
05章PPT

扫一扫
知重点

叶类中药

第五章

叶

学习要点

1. 叶的组成和叶片的形态。
2. 单叶与复叶的区别。
3. 叶序的类型。
4. 双子叶植物叶的构造。

叶着生于茎节上，由茎尖的叶原基分化发育而成，是植物树冠的主要部分；叶含叶绿素，能吸收光能、将二氧化碳和水合成有机物，是光合作用的场所，因此，是植物体的重要营养器官。叶还有气体交换作用、蒸腾作用，少数还有贮藏或繁殖功能；具有向光性。

药用的植物叶称叶类中药，全叶药用的有紫苏叶、荷叶、桑叶、艾叶等，也有的只以叶的某一部位入药，如黄连的叶柄基部入药，称剪口连，全叶柄入药称千子连等。

第一节　叶的组成和形态

一、叶的组成

叶由叶片、叶柄和托叶三部分组成(图5-1)。三者俱全的叶称完全叶，如柳、桃、月季的叶；缺其中之一或二者，称不完全叶，如女贞、甘薯的叶无托叶，莴苣、荠菜的叶无叶柄，中国台湾省相思树的叶既没有叶片，也无托叶，仅有由叶柄扩展成的叶状柄。有些植物的叶具托叶，但早脱落，称托叶早落。

1. 叶片　一般为绿色的扁平体，分上表面(腹面)和下表面(背面)。叶片的形状、叶尖、叶基、叶缘等因植物种类的不同表现出极大的多样性。叶片中的维管束形成叶脉，起输导和支持作用，其中最粗大的叶脉称中脉或主脉，主脉的分枝称侧脉，其余较小的称细脉。

2. 叶柄　叶柄是连接叶片与茎的部分，常圆柱形、半圆柱形或扁圆柱形，常于腹面凹陷形成沟槽。叶柄有支撑叶片，使叶片在最佳的空间接受最多的阳光，输导叶片与茎间水分、无机盐和营养物质等功能。

叶片

植物种类不同,叶柄的长短、粗细、功能和形状也不同,有的叶柄长达一米以上,如荷花;有的叶柄很短,近乎无柄,如金丝桃;有的叶柄粗壮,如白菜;有的叶柄细长,如牵牛;有些水生植物的叶柄有膨胀的气囊,起着浮子的作用,支持叶片浮于水面,如菱、水浮莲等;有的叶柄基部有膨大的关节,称为叶枕,能调节叶片的位置,如含羞草;有的叶柄能围绕各种物体螺旋状地扭曲,有攀缘作用,如旱金莲;有的叶片退化,叶柄变态成叶片状,以代行叶片的功能,如中国台湾省相思树由叶柄扩展成的叶状柄(除幼苗时期外)。

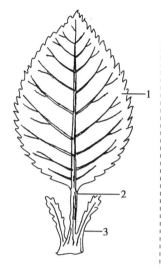

图 5-1　叶的组成
1.叶片　2.叶柄　3.托叶

有些植物的叶柄基部或全部扩大成鞘状,称叶鞘,叶鞘部分或全部包裹着茎秆,以加强茎的支持作用,或保护茎的居间分生组织和腋芽,如前胡、当归、白芷等伞形科植物叶的叶鞘,是由叶柄基部扩大形成;淡竹叶、芦苇、小麦等禾本科植物的叶鞘,是由相当于叶柄的部位扩大形成的。

禾本科植物,除叶鞘外,在叶鞘与叶片相接处的腹面还有一膜质的突起物,称为叶舌。叶舌能使叶片向外伸展,可更多地接受阳光,同时可以防止水分和真菌、昆虫等进入叶鞘内。在叶舌的两旁,另有一对从叶片基部边缘伸出的耳状突出物,称为叶耳。叶耳,叶舌的有无、大小及形状,是识别禾本科植物的重要依据。如水稻有膜质的叶舌和叶耳,而稗草没有,由此可区分(图 5-2)。

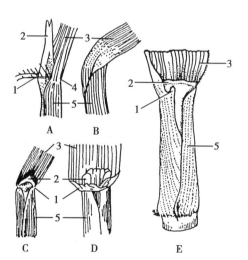

图 5-2　禾本科植物的叶
A.水稻叶　B.稗叶　C.小麦叶　D.大麦叶
E.甘蔗叶
1.叶耳　2.叶舌　3.叶片　4.叶环　5.叶鞘

某些植物的叶不具叶柄,叶片直接着生在茎上,称为无柄叶,如石竹叶。有些无柄叶的叶片基部包围在茎上,称抱茎叶,如苦荬菜叶。如果无柄叶的基部或对生无柄叶的基部彼此愈合并被茎所贯穿,称贯穿叶,如元宝草叶。

3. 托叶　是叶柄基部的附属物,通常成对而生。托叶的形状和作用,也是多种多样的。有的与叶柄愈合成翅状,如玫瑰、蔷薇、月季等;有的托叶小呈线状,如梨、桑等;有的托叶呈卷须状,如菝葜等;有的托叶呈刺状,如刺槐等;有的托叶很大呈叶片状,如豌豆等;有的托叶形状和大小与叶片几乎一样,只是托叶的腋内无腋芽,如茜草等;有些植物叶的两片托叶边缘愈合而成鞘状,包围着茎节的基部,称托叶鞘,如何首乌、大黄、辣蓼等(图 5-3)。

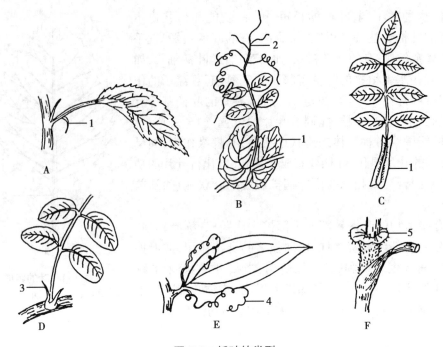

图 5-3　托叶的类型

A.梨　B.豌豆　C.蔷薇　D.刺槐　E.土茯苓　F.荭草
1.托叶　2.叶卷须　3.托叶刺　4.托叶卷须　5.托叶鞘

二、叶片的形态

叶片具有多样的形态,随植物种类不同而异,一般同一种植物叶的形态是比较稳定的,有时也有差异,在分类上常作为鉴别植物的依据。

1. **叶形**　叶片的形状是根据叶片的长度和宽度的比例,以及最宽部位的位置来确定。叶片的长度占绝对优势,为线形、剑形等;若长度与宽度接近,或是略长一些,而最宽部位在叶片中部,为圆形、宽椭圆形或长椭圆形等;若最宽部位偏在叶片顶端,则成倒阔卵形、倒卵形和倒披针形等;若最宽部位偏在叶片的基部,则呈阔卵形、卵形和披针形等。据此,叶形主要有以下几种:针形,如松针叶等;线形,又称带形或条形,如韭菜、麦冬叶等;披针形,如柳、桃叶等;椭圆形,如杜仲、刺槐叶等;卵形,如桑叶等;心形,如紫荆叶、鱼腥草叶等;匙形,如车前草叶等;箭形,如慈菇叶等;盾形,如莲、粉防己叶等(图 5-4)。

2. **叶缘**　即叶片的边缘。当叶片生长时,叶的边缘生长若以均一的速度进行,结果叶缘平整无缺刻锯齿,为全缘叶;如果边缘的生长速度不均,有的部位较强烈,而另一些部位缓慢或很早就停止,使叶缘不平整,则呈各种不同的形态。常见的叶缘有:全缘,如女贞、樟叶等;波状,如茄、槲栎叶、连钱草等;锯齿状,如杏、月季叶等(图 5-5)。

3. **叶尖**　即叶片的顶端。常见的形状有:圆形,如福木、海桐叶等;钝形,如厚朴叶等;急尖,如金樱子、金荞麦、刺蓼叶等;渐尖,如何首乌、响叶杨叶等;倒心形,如酢浆草叶等;尾状,如尾叶香茶叶等;截形,如鹅掌楸等(图 5-6)。

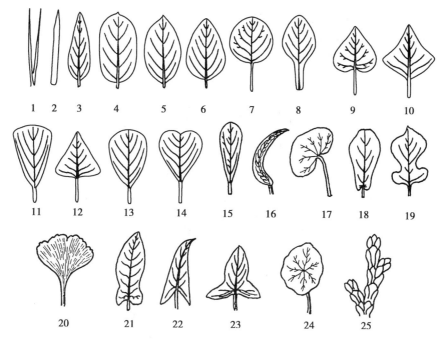

图 5-4　叶片的形状

1. 针形　2. 线形　3. 披针形　4. 矩圆形　5. 椭圆形　6. 卵形　7. 圆形　8. 匙形　9. 心形　10. 菱形　11. 楔形　12. 三角形　13. 倒卵形　14. 倒心形　15. 倒披针形　16. 镰形　17. 肾形　18、19. 提琴形　20. 扇形　21. 耳形　22. 箭形　23. 戟形　24. 盾形　25. 鳞形

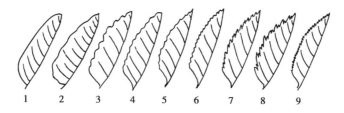

图 5-5　叶缘的形态

1. 全缘　2. 波状缘　3. 皱缩状缘　4. 圆齿状　5. 圆缺　6. 牙齿　7. 锯齿　8. 重锯齿　9. 细锯齿

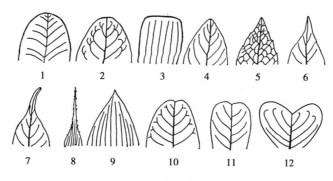

图 5-6　叶尖的形态

1. 圆形　2. 钝形　3. 截形　4. 急尖　5. 渐尖　6. 渐狭　7. 尾状　8. 芒尖　9. 短尖　10. 微凹　11. 微缺　12. 倒心形

叶基

网状脉序

4. **叶基**　即叶片的基部。常见的形状有多种,其中圆形、钝形、急尖、渐尖等与叶尖相似,所不同的只是出现在叶片基部。此外还有:心形,如紫荆叶;楔形,如一叶荻、悬铃木叶等;渐狭,如车前、一枝黄花叶等(图5-7)。

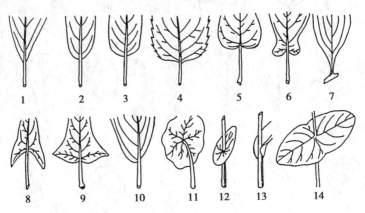

图 5-7　叶基的形态

1. 楔形　2. 钝形　3. 圆形　4. 截形　5. 心形　6. 耳形　7. 渐狭　8. 箭形　9. 戟形　10. 偏斜　11. 盾形　12. 穿茎　13. 抱茎　14. 合生穿茎

5. **脉序**　各级叶脉在叶片上的排列方式称脉序,主要有三种(图5-8):

(1) 网状脉序:主脉明显,侧脉和细脉分枝形成网状,是双子叶植物叶脉的特征。网状脉序又因侧脉分枝的不同,分羽状网脉和掌状网脉。侧脉自主脉分出,似羽毛状,细脉仍呈网状,为羽状网脉,如枇杷叶、夹竹桃叶、桂花等;两条以上的侧脉自主脉基部分出,形如掌状,细脉也连结成网,为掌状网脉,如蓖麻叶、葡萄叶、南瓜等。

(2) 平行脉序:主脉和侧脉自叶片基部发出,大致互相平行,至叶片顶端汇合,平行脉序是大多数单子叶植物叶脉的特征。其中各叶脉自叶片基部以辐射状态分出,称射出平行脉,如棕榈、蒲葵叶等;各叶脉自基部平行直达叶尖的,称直出平行脉,如竹、玉米叶等;叶片较宽而短,各叶脉从基部平行发出,彼此逐渐远离,稍作弧状,最后在叶尖汇合,称弧形脉,如黄精、百部、玉簪叶等;有显著的中央主脉,侧脉垂直于主

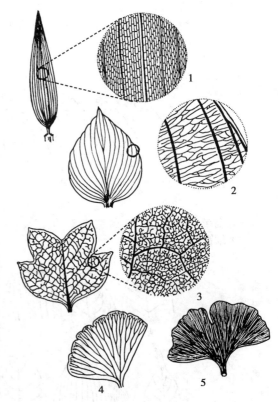

图 5-8　叶脉的类型

1. 平行脉　2. 弧形脉　3. 网状网脉　4、5. 叉状脉

平行脉序

脉,彼此平行,直达叶缘,称侧出平行脉或羽状平行脉,如芭蕉、美人蕉叶等。

少数单子叶植物中,如薯蓣、天南星科植物的叶是网状脉序,但单子叶植物无论是平行脉序或网状脉序,其叶脉末梢绝大多数都是连结在一起的,没有游离的脉梢,这一点与双子叶植物的叶脉是有区别的。

(3)叉状脉序:其特点是每条叶脉为多级二叉分枝,是较原始的脉序,常见于蕨类植物和少数裸子植物,如银杏等。

6. 叶的质地　一般常见的有下列几种:膜质,薄而半透明,如半夏的叶等;干膜质,极薄,干燥而脆,不呈绿色,如麻黄的鳞片叶等;纸质,柔韧而较薄,似纸张样,如大叶糙苏叶等;革质,坚韧而较厚,略似皮革,如广玉兰、大叶黄杨等;肉质,肥厚而有浆汁,如虎耳草、景天、落地生根的叶等;草质,叶片的大部分薄而柔软,如大多数的阔叶乔木、灌木和草本植物的叶,如藿香、狗尾草。

三、叶的分裂

植物的叶片常是完整的或仅叶缘具齿或细小缺刻,但有些植物的叶片叶缘缺刻深而大,形成分裂状态,常见的叶片分裂有羽状分裂、掌状分裂和三出分裂三种。依据叶片裂隙的深浅不同,一般又可分为浅裂、深裂和全裂。裂隙深度不超过或约至整个叶片宽度的四分之一,称浅裂,如南瓜、大黄、曼陀罗叶等。裂隙深度超过整个叶片宽度的四分之一,称深裂,如葎草、蒲公英、唐古特大黄等。裂隙深度几乎达到主脉或叶柄顶部,称全裂,如黄连、荠菜、胡萝卜叶等。有些植物的叶片具有大小深浅不规则的裂片时,称为缺刻状,如菊叶(图5-9)。

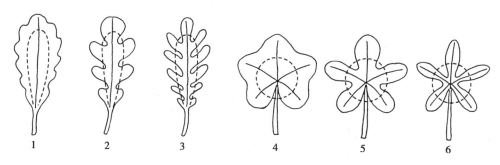

图5-9　叶裂
1.羽状浅裂　2.羽状深裂　3.羽状全裂　4.掌状浅裂　5.掌状深裂　6.掌状全裂

 课堂互动

同学们,观察老师准备的叶,说出叶的组成、形状、叶端、叶基、叶脉、叶裂等的类型。

四、异形叶性

每一种植物一般只有特定形状的叶,但有些植物,在同一植株上的不同部位会形成不同形状的叶,这种现象称为异形叶性。

如树参(又名半枫荷)同一枝上的叶常有三种形态,一种叶不裂似荷树,一种叶具一裂,一种叶具二裂似枫树;又如植株生长时期不同,叶片形态异形,如桉树幼枝上的叶较小,对生,无柄,椭圆状卵形,而在老枝上的叶较长,互生,有柄,披针形或镰刀形。另外由于外界环境的影响,也能引起叶的形态异形,如槐叶萍的漂浮叶为扁平的椭圆形,而沉水叶则细裂呈须根状;慈菇亦有三种叶形,气生叶呈箭形,漂浮叶呈椭圆形,沉水叶为线形(图 5-10)。

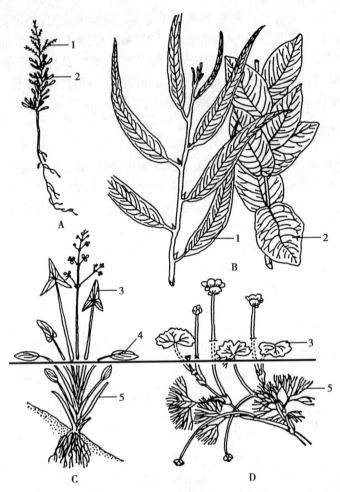

图 5-10　异形叶
A.金钟柏　B.蓝桉　C.慈菇　D.水毛茛
1.次生叶　2.初生叶　3.气生叶　4.漂浮叶　5.沉水叶

第二节　单叶与复叶

根据叶柄上叶片的数量可将叶分为单叶和复叶。

一、单叶

单叶是指一叶柄上只生一枚叶片,如枇杷、连翘、党参、薄荷、油菜等多种植物的叶。

二、复叶

复叶是指一叶柄上生两枚以上叶片。复叶的叶柄称为总叶柄,总叶柄上着生叶片的轴状部分称叶轴,复叶上的每片叶,称小叶,其叶柄称小叶柄。

全裂的单叶与小叶柄不明显的复叶之间有区别,即全裂叶各裂片之间的裂隙底部总是有或多或少的叶片缘。

根据小叶的数目和在叶轴上排列的方式,复叶有以下 4 种类型:

(一) 羽状复叶

多数小叶排列在叶轴的两侧像羽毛状,称为羽状复叶。

1. 奇数羽状复叶　指叶轴顶部只具一片小叶的羽状复叶,小叶总数为奇数,其侧生小叶可互生或对生,如月季、槐、蔷薇的叶等。

2. 偶数羽状复叶　指叶轴顶部具有两片小叶的羽状复叶,小叶总数为偶数,如落花生、皂荚、决明的叶等。

3. 二回羽状复叶　指叶轴作一次羽状分枝,形成许多侧生小叶轴,在每一小叶轴上又形成二级羽状复叶的羽状复叶。二回羽状复叶中的第二级羽状复叶(即小叶轴连同其上的小叶)称羽片,其小叶轴称羽轴。如云实、合欢、栾树的叶等。

4. 三回羽状复叶　指叶轴进行二次羽状分枝的羽状复叶,第二级羽状复叶亦称羽片和羽轴,第三级羽状复叶称小羽片和小羽轴。如南天竹、苦楝的叶等。

(二) 掌状复叶

三片以上的小叶着生在叶轴的顶端,似从叶轴的顶端、呈掌状展开,称为掌状复叶,如五叶木通、刺五加、人参的叶等。

(三) 三出复叶

叶轴上着生三片小叶,称为三出复叶。若顶生小叶具有柄的,称羽状三出复叶,如大豆、胡枝子的叶等。若顶生小叶无柄的,称掌状三出复叶,如酢浆草、半夏的叶等。

(四) 单身复叶

由三出复叶退化形成的一种特殊形态的复叶,即叶轴顶端只有一片发达的小叶,侧生小叶退化,作翼(翅)状附着于叶轴的两侧,使整个外形看起来好像是一单叶,但顶生小叶与叶轴连接处有明显的关节,与真正的单叶是有区别的,故称为单身复叶,如柚、橙、柑橘、代代的叶等。单身复叶是芸香科柑橘属植物所特有。

复叶与生有单叶的小枝条的主要区别在于复叶叶轴的先端没有顶芽,小枝的先端有顶芽;小叶的叶腋内没有侧芽,而小枝每一单叶的叶腋内均有侧芽;小叶与叶轴一般构成一平面,而单叶与小枝常成一定角度(叶镶嵌);落叶时整个复叶由叶轴处脱落,或小叶先脱落,然后叶轴脱落,而小枝一般不脱落(图 5-11)。

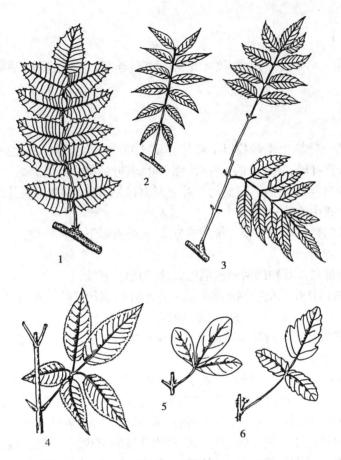

图 5-11　复叶

1.奇数羽状复叶　2.偶数羽状复叶　3.二回羽状复叶　4.掌状复叶　5.掌状三出复叶　6.羽状三出复叶

第三节　叶　序

一、叶序

叶在茎上着生的次序,称叶序。叶序有四种基本类型:互生、对生、轮生和簇生。

1. 互生叶序　指在一茎节上只生一片叶的叶序,各叶交互而生,沿茎枝螺旋状排列,如桃、桑、柳等植物的叶序;复叶互生如甘草、合欢等。

2. 对生叶序　指每一茎节上相对着生二片叶的叶序,如女贞、薄荷、忍冬等植物的叶序。可分为交互对生和二列状对生等。

3. 轮生叶序　指每一茎节上着生三或三片以上叶,并排成轮状的叶序,如夹竹桃、栀子、直立百部等植物的叶序。

4. 簇生叶序　两片或两片以上的叶成簇状着生在节间极为缩短的侧生短枝上所成的叶序。如银杏、枸杞、落叶松等植物的叶序(图5-12)。

有些植物的茎极为短缩,节间不明显,叶生茎基,似从根上生出,称基生叶,如荠菜、毛茛等;基生叶成莲座状的称莲座状叶丛,如蒲公英、车前的叶丛等。

叶序

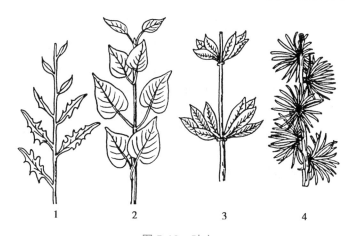

图 5-12　叶序

1.互生叶序　2.对生叶序　3.轮生叶序　4.簇生叶序

同一植物可同时具有一种以上叶序,如栀子、萝卜等。

二、叶镶嵌

所有植物的叶序,相邻两节的叶总是不相遮盖,并成一定角度的夹角,形成镶嵌状态排列,这样所有叶片均能充分有效地接受阳光,有利于光合作用。这种同一枝上叶以镶嵌状态排列的现象,称为叶镶嵌。叶镶嵌也出现于基生叶、莲座状叶丛的种类中,从植株顶面看去,叶镶嵌现象十分明显,如蒲公英、荠菜等。

第四节　叶 的 变 态

叶的变态是指叶由于功能改变引起的形态和结构的变化,所形成的叶称变态叶。叶的变态主要有以下几种类型:

1. 苞片　着生于花或花序下面的变态叶,称苞片。其中围于花序外围或下面一至多层的苞片合称为总苞,总苞中的各个苞片称总苞片;花序中每朵小花的花柄上或花萼下的苞片称小苞片。苞片一般较小,一至多数,排成一轮或数轮,常呈绿色,也有较大而呈其他颜色的,如天南星科植物的肉穗花序外面,常围有一片大型的苞片,称为佛焰苞,如马蹄莲的佛焰苞呈白色或乳白色,展开似花冠状,而菊科植物头状花序的总苞是由多数绿色的总苞片组成。

2. 鳞叶　特化或退化成鳞片状的叶,称为鳞叶。鳞叶有肉质和膜质两类:肉质鳞叶,肥厚,含有丰富的贮藏养料,可供次年发芽、开花用,也可食用或药用,如百合、贝母、洋葱等鳞茎上的肥厚鳞叶;膜质鳞叶,菲薄,干燥而脆,呈褐色,是退化的叶,常生球茎、根茎的节上,如麻黄的叶、洋葱鳞茎外层的包被及慈菇、荸荠球茎上的鳞叶等。

3. 叶刺　叶片或托叶变态成刺状,称叶刺,起保护作用或适应干旱环境,如小檗、仙人球的刺,是叶退化而成;刺槐、酸枣的刺是由托叶变态而成。根据来源及生长位置的不同,可以与刺状茎或皮刺(由茎的表皮向外突起所形成,位置不固定,常易剥落,如月季、玫瑰等)相区别。

4. 叶卷须　由叶片或托叶变态成纤细的卷须,称叶卷须,可借以攀缘它物,如豌

叶卷须

叶状柄

捕虫叶

豆的卷须是由复叶顶端的小叶片变态而成,菝葜的卷须是由托叶变态而成。

5. 叶状柄　叶柄特化成叶片状,称叶状柄,并代行叶片的功能,如中国台湾省相思树(除幼苗时期外)叶片退化,而叶柄扩展成扁平的披针形或镰刀形的叶状柄。

6. 捕虫叶　食虫植物的叶,为捕食昆虫,以满足其对氮的需求,叶片形成囊状、盘状或瓶状等捕虫结构,上有许多能分泌消化液的腺毛或腺体,并有感应性,当昆虫触及时,立即能自动闭合或靠黏液将昆虫捕获,再被消化液所消化。如捕蝇草、茅膏菜、猪笼草等的叶。

7. 花　花的各部分也属于叶的变态(图 5-13)。

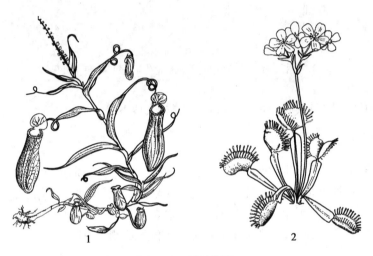

图 5-13　叶的变态
1.猪笼草　2.捕蝇草

知识链接

舞草

舞草又名跳舞草、情人草、多情草、求偶草等,属豆科舞草属多年生小灌木,叶为三出复叶,喜阳光。当气温不低于22℃时,特别在阳光或70分贝声音刺激下,两枚小叶绕中间大叶按椭圆形轨道"自行起舞",故名"舞草",给人以清新和神秘之感。生于丘陵旷野和灌木林中,是一种濒临绝迹的珍稀植物。全株供药用,有舒筋活络、祛瘀之效。

第五节　叶的内部构造

一、双子叶植物叶的一般结构

(一) 叶柄的结构

叶的内部构造

叶通过叶柄与茎相连,叶柄的横切面常呈半月形、圆形、三角形等,构造和茎的构造大致相似,由表皮、皮层和维管组织三部分组成。

叶柄的最外层是表皮,表皮以内为皮层,皮层的外围部分有多层厚角组织,内含叶绿体,有时也有厚壁组织,其内方为薄壁组织。不定数目和不同大小的维管束常成弧形、环形、平列形排列在薄壁组织中。维管束的结构和幼茎的相似,由于是从茎中向外方、侧向地进入叶柄,使木质部位于上方(腹面),韧皮部位于下方(背面)。双子叶植物的叶柄中,木质部与韧皮部之间常有一层形成层,但只有短时期的活动。

植物种类不同,叶柄的构造也往往不同,因此,叶柄有时可作为叶类、全草类药材的鉴别特征之一。

(二)叶片的结构

多数植物叶片的内部构造中,叶肉组织明显地分化为栅栏组织和海绵组织两部分,栅栏组织紧接上表皮下方,海绵组织位于栅栏组织与下表皮之间,这种叶称两面叶或异面叶,如牡丹、杜仲叶等。有些植物的叶两面颜色相近,而叶片两面的内部结构也相似,上下表皮内侧都有栅栏组织称等面叶,如桉叶、番泻叶等。无论是异面叶还是等面叶,外部形态表现多种多样,但内部都有三种基本结构:表皮、叶肉和叶脉(图5-14)。

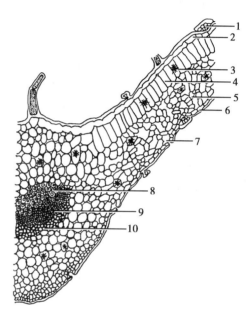

图5-14　双子叶植物叶的结构

1. 腺毛　2. 上表皮　3. 橙皮苷结晶　4. 栅栏组织　5. 海绵组织　6. 下表皮　7. 气孔　8. 木质部　9. 韧皮部　10. 厚角组织

1. 表皮　覆盖在整个叶片的最外层,位于腹面的为上表皮,位于背面的为下表皮。通常由一层生活细胞组成,也有少数植物,是由多层细胞组成,称为复表皮,如夹竹桃叶具有2~3层细胞组成的复表皮,印度橡胶树叶具有3~4层细胞组成的复表皮。表皮细胞中一般不具有叶绿体。叶的表皮细胞表面观一般呈不规则形,侧面(径向壁)凹凸不齐,细胞间彼此紧密嵌合,除气孔外没有间隙。横切面观,表皮细胞呈方形或长方形,外壁较厚,具角质层,有的角质层外,还有一层不同厚度的蜡质层。角质层的存在,起着保护作用,可以控制水分蒸腾,防止病菌侵入,但也有着不同程度的吸收能力。

叶的表皮具有较多的气孔,这是和叶的功能有密切联系的一种结构,它既是与外界进行气体交换的门户,又是水汽蒸腾的通道。气孔是两个保卫细胞间的胞间隙,气孔与两个保卫细胞共同组成气孔器。保卫细胞中含有叶绿体,在近气孔侧细胞壁增厚,细胞吸水膨胀时,因细胞壁的厚度不均,延展性不一,从而使气孔张开,失水则气孔关闭。

各种植物的气孔数目、位置和分布是不同的,这与生态条件也密切相关,也是生药显微鉴定的辅助依据之一。一般植物下表皮较多,如薄荷、洋地黄等叶;也有些植物,气孔只限于下表皮,如小檗、旱金莲、苹果叶等;还有些植物的气孔只限于下表皮的局部区域,如夹竹桃叶的气孔,仅存在凹陷的气孔窝内;浮水植物的气孔只限于上表皮,如莲、睡莲叶等;沉水叶一般没有气孔。

在叶尖或叶缘的表皮上,还有一种类似气孔的结构,但它的保卫细胞分化不完

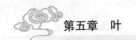

全,没有自动调节开闭的作用,而长期张开着,称水孔。水孔通过通水组织(由一群排列疏松的薄壁小细胞组成)与脉梢的管胞相连接。当夜间或清晨空气湿度高,叶片的蒸腾微弱时,土壤温度又高于气温,植物体内过剩的水分,就从水孔中溢出,于是在叶尖、叶缘上集成水滴,这种现象称为吐水作用。

在有的植物叶片的表面还常常有多样的表皮毛,有单细胞、多细胞、分支、星状和鳞片状等,还有的有分泌功能的腺毛和具有保护作用的螯毛等。表皮毛主要可以减少水分的蒸腾和免受动物的啃食等。表皮毛的有无和类型因植物的种类而异,这在分类及叶类生药显微鉴定时,常常是很有价值的鉴别特征。

2. 叶肉　叶肉是上、下表皮之间的绿色组织的总称,是由含有丰富的叶绿体的薄壁细胞所组成,是植物进行光合作用的主要部分。

在异面叶中,叶肉组织明显地分化为栅栏组织和海绵组织两部分。

栅栏组织位于上表皮之下,细胞呈圆柱形,其长径和上表皮相垂直,排列整齐,细胞间隙比较小,呈栅栏状,细胞内含有较多的叶绿体,而使叶上表面颜色较深。栅栏组织一般多为1列,也有2至多列,如冬青、枇杷。在栅栏组织中,叶绿体的分布因光强而变化,强光下,叶绿体移向细胞侧壁,以减少受光面,避免热害;在弱光下,叶绿体移向细胞外围,以增加受光面,保证光合作用正常进行。

海绵组织位于栅栏组织和下表皮之间,细胞呈不规则形状,排列疏松,细胞间隙发达,呈海绵状,细胞内含有较少的叶绿体,使叶下表面绿色较浅。

等面叶则由于叶片的两面受光的情况基本相似,因而内部叶肉组织的差异不大,即没有明显的栅栏组织和海绵组织的分化,或上、下两面都同样具有栅栏组织。如番泻叶、桉叶等。

上、下表皮气孔的内侧,叶肉组织形成较大的腔隙,称气孔下室,气孔下室与栅栏组织和海绵组织的细胞间隙互相连接,构成了叶片内部的通气系统,并通过气孔与外界相通,使叶肉细胞也能与空气直接接触,且接触面比叶片表皮与外界空气接触面积增大很多倍,扩大了叶肉细胞对二氧化碳的吸收,对于光合作用有着重要意义。

在生长季节,叶肉细胞中叶绿素含量高,类胡萝卜素的颜色被遮盖,叶色浓绿;秋天,植物逐渐进入休眠,叶绿素减少,类胡萝卜素的黄橙色使叶色变黄。另外,由于部分植物叶中花青素在细胞液中受 pH 变化而使叶呈红、紫等色。

3. 叶脉　叶脉是叶内的维管束,与叶柄维管束相连,它的内部结构,随叶脉的发育程度和植物种类的不同而异,主脉和大的侧脉,是由维管束和机械组织所组成,维管束和叶柄中一样,木质部位于腹面,韧皮部位于背面。在木质部和韧皮部之间还常具有形成层,不过活动期很短,只产生少量的次生组织。在维管束的上、下方常有多层机械组织,尤其下方的机械组织更为发达,因此,主脉和大的侧脉在叶片的背面常形成显著的突起。

随叶脉越分越细,结构也愈简化,先是形成层消失,然后机械组织逐渐减少,至完全没有,木质部和韧皮部的组成分子数目也逐渐减少,到达脉梢时,木质部仅有1~2个螺纹管胞,韧皮部仅有短狭的筛管分子和增大的伴胞,甚至由长形的薄壁细胞完成输导作用。

二、单子叶植物叶的构造

单子叶植物的叶,多为等面叶,在外形上是多样的,在内部构造上,也具有表皮、叶肉和叶脉三种基本结构,但有较多变化,并具有一些独特的组成和结构。这里以禾本科植物为例加以说明(图 5-15)。

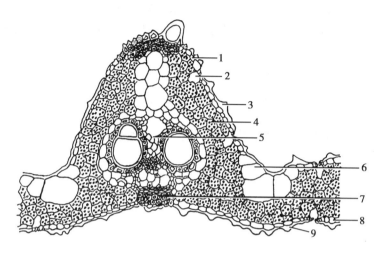

图 5-15　单子叶植物叶的结构

1. 上表皮　2. 气孔　3. 表皮毛　4. 薄壁细胞　5. 大维管束　6. 泡状细胞　7. 厚壁组织　8. 下表皮　9. 角质层

1. 表皮　禾本科植物叶表皮的结构比较复杂,由表皮细胞、泡状细胞和气孔器等有规律地排列组成。表皮细胞有长细胞和短细胞两种类型,长细胞是构成表皮的大部分,其长径与叶的纵长轴相平行,外壁角质化,而且硅质化,形成一些硅质的乳突;短细胞又分为硅质细胞和栓质细胞,硅质细胞向外突出如齿,细胞中常充满着硅质体,栓质细胞则细胞壁木栓化,细胞内常含有有机物质。长细胞与短细胞的形状、数目和相对位置,常因植物种类而异,有时一个长细胞和两个短细胞(一个硅质细胞和一个栓质细胞)交互排列,有时可见五个以上的短细胞聚集在一起等。

泡状细胞是大型细胞,壁较薄,有较大的液泡,不含或少含叶绿体,分布于相邻两个叶脉之间的上表皮,排列成若干纵列。在叶片横切面上,每组泡状细胞常呈扇形,中间的细胞最大,两旁的较小。泡状细胞与叶片的伸展、卷缩有关,又有运动细胞之称。

禾本科植物叶片的上、下表皮上有数目近相等的气孔器,而且成行排列。气孔器的两个保卫细胞呈狭长的哑铃状,细胞两端膨大,呈球形、壁薄,中部狭窄、壁特别厚。两个保卫细胞的外侧各有一个和一般表皮细胞形状完全不同,近似长棱形的副卫细胞,有时其内含物也不同,容易被误认为气孔器的一部分,但实际上副卫细胞是由气孔器侧面的表皮细胞衍生而来。

2. 叶肉　禾本科植物叶为等面叶,没有明显的栅栏组织和海绵组织分化,有时紧接在上、下表皮内侧的叶肉细胞往往比其余的叶肉细胞排列得有规则。叶肉细胞或呈典型的薄壁细胞状,如早熟禾族植物;或细胞壁向内凹陷,成折叠状、分叉状或具臂状等。

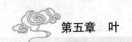

　　3. 叶脉　叶脉内的维管束是有限外韧型维管束,与茎内的结构基本相似。较大维管束的上、下两端与上、下表皮间有厚壁组织,外有一或二层细胞组成的维管束鞘。

(陈红波)

扫一扫
测一测

复习思考题

　　1. 叶由哪几部分组成? 确定叶形的基本原则是什么?

　　2. 如何区分复叶与生有单叶的小枝? 复叶有哪些类型? 单叶全裂与复叶有何不同?

　　3. 简述双子叶植物叶片的构造。

　　4. 举例说明叶序的类型。

　　5. 简述双子叶植物叶片的构造?

　　6. 名词解释:完全叶、等面叶、二回羽状复叶、叶鞘、苞片。

第六章

花

学习要点

1. 花的组成、类型。
2. 花冠、雄蕊、雌蕊的组成和类型。
3. 花序的类型。
4. 花程式的概念、组成及其书写。

课件
06章PPT

扫一扫
知重点

花类中药

花是种子植物的繁殖器官,由花芽发育形成,是适应生殖的一种变态短枝,植物的花通过开花、传粉、受精等过程来完成生殖功能,产生果实与种子,使得种族得以繁衍,通常种子植物又称显花植物或有花植物。

裸子植物花原始而简单,被子植物花则高度进化,结构复杂,常有美丽的形态,鲜艳的颜色和芳香的气味,其形态、大小、颜色、结构等随着植物种类的不同有很大差异。有的比较大,并具有艳丽的颜色,如辛夷、菊花、牡丹花等。花的形态和构造特征相对稳定,变异较小,因此,掌握花的形态和构造特征,对学习和研究植物分类学以及中药的原植物鉴定等均有重要意义。

某些植物的花可供药用,称花类中药,其中有的是已开放的花,如洋金花、槐花、木棉花等;有的是花蕾,如金银花、槐米、辛夷等;有的是花的某部分,如莲须是雄蕊,玉米须是花柱,西红花是柱头,莲房是花托,蒲黄是花粉等;有的是花序,如旋覆花、菊花、款冬花等。

知识链接

最大花和最小花

最大花为产于东南亚的大花草,花的直径可达 70~80cm,甚至 1m 以上;最小的花,为蒿属植物头状花序中的小花,长不过 1~2mm。

第一节　花的组成及形态

花通常由花梗、花托、花萼、花冠、雄蕊群、雌蕊群六个部分组成(图 6-1),花萼和花冠合称为花被。

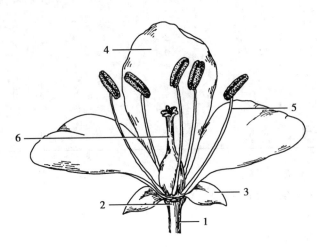

图 6-1　花的组成
1.花柄　2.花托　3.花萼　4.花冠　5.雄蕊　6.雌蕊

下面我们就把花的各部分识别特征作详细介绍:

一、花梗

花梗又称花柄,是连接茎的小枝,位于花的下部,支持花使其位于一定的空间,并具有输导作用。花柄常为绿色柱状,粗细、长短多样,有的很长,如莲等;有的很短或缺,如地肤、车前等。内部构造与茎大体相似,外为表皮,有时被有毛被,常有气孔,表皮以内为皮层,中间的维管束常呈环状排列。

二、花托

花托位于花柄的顶端,稍膨大,有支持花部的作用,花萼、花冠、雄蕊及雌蕊着生其上。花托一般成平坦或稍凸起的圆顶状;有的显著增大、凸起成圆锥状或圆头状,如悬钩子、草莓等;有的特别延长成圆柱状,而花被、雄蕊及雌蕊都螺旋式的排列在柱状花托的周围,如木兰、厚朴等;也有的中央部分下凹成杯状或瓶状,花被及雄蕊着生花托的周缘,雌蕊生底部,如桃、玫瑰等;还有个别植物的花托形态比较特殊,如莲的花托膨大成倒圆锥状;有些植物在花托顶部形成肉质增厚部分,呈平坦垫状、环状或裂瓣状等,称为花盘,如卫矛、芸香等。

三、花被

花被是花萼和花瓣的总称,特别是在花萼和花冠形态相似,不易区分时多称花被,如百合、黄精、厚朴等。

（一）花萼

位于花的最外层,由绿色叶片状的萼片组成,一朵花中萼片的数目、形态随植物科属的不同呈现不同的形态,常见的类型有以下几种。

1. 离生萼 植物花萼的萼片彼此分离,如毛茛、萝卜等的花萼。

2. 合生萼 植物花萼的萼片互相连合,如丹参、地黄等的花萼,合生萼下部的联合部分称萼筒,上部分离的部分称萼齿或萼裂片。有的植物在萼片基部向外凸出形成一细管或囊状物,称为距,如旱金莲、凤仙花等的花萼。

3. 早落萼 一般花凋谢后,花萼也随之枯萎或脱落,有些植物的花萼在花开放之前即脱落的称为早落萼,如虞美人、白屈菜等的花萼。

4. 宿存萼 有的花落以后花萼仍不脱落,并随着果实增大,称为宿存萼,如柿、酸浆等的花萼。

5. 副萼 花萼通常排成一轮,有的在花萼之外还有一层萼状物,如草莓、翻白草、棉花等的花萼。

6. 瓣状萼 不少植物的花萼,大而具色,像花冠,如乌头、铁线莲、飞燕草等的花萼。

7. 冠毛 菊科多种植物的花萼变态成毛状,如蒲公英、旋覆花等的花萼。有些植物的花萼变态成半透明的膜质,如补血草、鸡冠花等的花萼。

（二）花冠

花冠为一朵花中所有花瓣的总称,位于花萼的内侧,并与其交互排列,是花中最显眼的部分,常具有鲜艳的色彩。花冠由一定数目的花瓣组成,以 3、4 或 5 基数多见。有的花瓣彼此分离,称离瓣花冠,其花称离瓣花,如毛茛、玉兰等;有的花瓣互相连合,称合瓣花冠,其花称合瓣花,合瓣花下部较窄细的部分称花冠筒,上部不连合部分称花冠裂片,花冠筒与宽展部分的交界处称喉,如牵牛、桔梗等。

有些植物的花瓣基部也可形成囊状或管状的距,如紫花地丁、延胡索等。还有少数植物在花冠或花被上生有瓣状的附属物,称副花冠或副冠,如水仙等。

植物的花冠常形成特定的形态,常见的有如下几种类型(图 6-2):

1. 十字花冠 离瓣花冠,花瓣 4 片,呈十字形排列,如荠菜、萝卜等十字花科植物。

2. 蝶形花冠 离瓣花冠,花瓣 5 片,排列成蝴蝶形,上面 1 片位于花的最外方且最大称旗瓣,侧面 2 片位于花的两翼较小称翼瓣,最下面的两片最小且顶部常靠合,并向上弯曲似龙骨称龙骨瓣,如甘草、黄芪等豆科植物。

3. 管状花冠 合瓣花冠,花瓣绝大部分合生成管状(筒状),其余部分(花冠裂片)沿花冠管方向伸出,如红花、白术等菊科植物。

4. 舌状花冠 合瓣花冠,花冠基部连合成一短筒,上部裂片连合呈舌状向一侧扩展,如向日葵、菊花等菊科植物。

5. 漏斗状花冠 合瓣花冠,花冠筒长,自下向上逐渐扩大,形似漏斗,如牵牛、田旋花等旋花科和曼陀罗等部分茄科植物的花冠。

6. 高脚碟状花冠 合瓣花冠,花冠下部合生成长管状,上部裂片成水平状扩展,形如高脚碟子,如迎春、水仙等的花冠。

7. 钟状花冠 合瓣花冠,花冠筒稍短而宽,上部扩大成古代铜钟形,如桔梗、党参

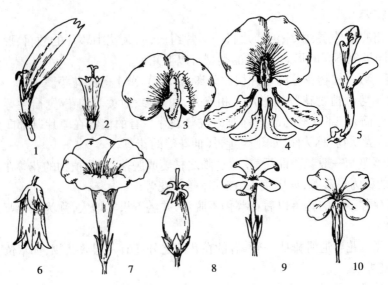

图 6-2　花冠的类型

1. 舌状花冠　2. 管状花冠　3. 蝶形花冠　4. 蝶形花解剖　5. 唇形花冠
6. 钟状花冠　7. 漏斗形花冠　8. 壶形花冠　9. 高脚碟形花冠　10. 十字
形花冠

等桔梗科植物的花冠。

8. 辐状花冠　合瓣花冠,花冠筒短,花冠裂片向四周辐射状扩展,似车轮辐条,故又可称轮状花冠,如枸杞、茄等茄科植物的花冠。

9. 唇形花冠　合瓣花冠,下部筒状,上部呈二唇形,通常上唇二裂,下唇三裂,如益母草、紫苏等唇形科植物的花冠。

10. 辐状或轮状花冠　花冠筒甚短而广展,裂片亦向四周开展,如龙葵、枸杞等。

(三) 花被卷迭式

花被片之间的排列形式及关系,称花被卷叠式。在花蕾即将绽开时较明显,易于分辨。常见的有以下类型(图 6-3):

1. 镊合状　花被各枚的边缘互相接触,但不彼此压覆,如桔梗的花冠。如各枚的边缘稍向内弯,称为内向镊合,如臭椿的花冠。如各枚的边缘稍向外弯,称为外向镊合,如蜀葵的花萼。

2. 旋转状　花被各枚边缘均依次互相压覆,每枚都是一边在内,一边在外,如夹竹桃的花冠。

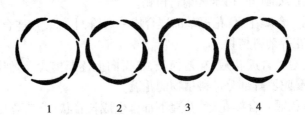

图 6-3　花被的卷叠式

1. 旋卷式　2. 重覆瓦状　3. 覆瓦状　4. 镊合状

3. **覆瓦状** 花被各枚边缘依次互相压覆,但有 1 枚两边完全在内,1 枚两边完全在外的,如三色堇的花冠。

4. **重覆瓦状** 与覆瓦状相似,但有两枚边缘完全覆盖于外,两枚完全被压覆于内的,如桃、杏等的花冠。

花被的卷叠式

四、雄蕊群

雄蕊群是一朵花中全部雄蕊的总称。雄蕊的数目一般与花瓣同数或为其倍数,最少的只有 1 枚雄蕊,如大戟属,有的为花瓣数的两倍以上,多达数十或百枚以上,如桃金娘科植物等。数目在 10 枚以上的称雄蕊多数。

雄蕊群

(一) 雄蕊的组成

雄蕊着生于花被内方的花托上或贴生于花冠上,通常由花丝、花药组成。

雄蕊的组成

1. **花丝** 为雄蕊下部细长的柄状部分,基部生于花托上,上部生花药;有的成扁平状,如草乌;有的上部分叉,如某些桦树;有的被毛或腺体,如樟等;有的特别发达,为花中最显著的部分,如合欢;也有的特别短小而不易分辨,如细辛、半夏等。

2. **花药** 花药生花丝顶端,一般为稍扁的椭圆形或近球形,常黄色。花药通常由四个或两个花粉囊或药室组成,分为左右两半,中间由药隔相连。雄蕊成熟时,花药自行裂开,散发出花粉粒。花粉粒的形状、大小、表面的纹饰以及萌发孔的数目、形态、结构及位置等,常成为植物科、属甚至种的特征。运用扫描电镜观察花粉粒表面特征获得了许多可贵的资料,澄清了一些分类上的问题。了解花粉形态与结构,对于鉴定植物有重要意义,研究孢粉形态形成了孢粉学,并形成医学孢粉学、药物孢粉学、营养孢粉学、化学孢粉学等分支学科。

花药在花丝上着生的方式类型(图 6-4):

(1) 底着药或基着药:花药的底部着生在花丝的顶端,如茄、莲等。

(2) 背着药:花药背部近中间部分着生于花丝上,如马鞭草、杜鹃等。

(3) 丁字着药或横着药:花药横向着生于花丝顶端而与花丝呈丁字状,如卷丹、石蒜等。

(4) 个字着药或叉着药:花药下部叉开,上部与花丝相连而成个字状,如地黄、无梗五加等。

(5) 平着药或广歧着药:花药左右两半完全分离平展,与花丝成垂直状,如一些唇形科植物。

(6) 全着药:花药全部附着于花丝上,如厚朴、紫玉兰。

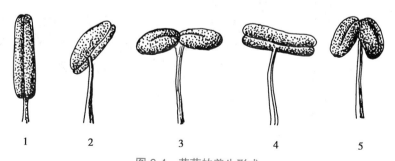

图 6-4 花药的着生形式
1. 底着 2. 背着 3. 平着 4. 丁字着 5. 个字着

神奇的花粉

花粉中含有丰富的蛋白质、人体必需的氨基酸、多种维生素、100多种活性酶、脂类、多种矿物质、微量元素,还有激素、黄酮、有机酸等,对人体有良好的营养保健作用,并对某些疾病有一定的辅助治疗作用。

但有些花粉有毒(花蜜也有毒),如马钱科钩吻、百合科藜芦、毛茛科乌头、罂粟科博落回、卫矛科雷公藤、杜鹃花科闹羊花等。也有的花粉不但有毒,还易引起人体变态反应,产生气喘、枯草热等花粉疾病,如木麻黄科的木麻黄,桑科葎草,苋科野苋菜,楝科苦楝,大戟科蓖麻,菊科黄花蒿、艾蒿、三叶豚草等植物的花粉。

(二) 雄蕊的类型

植物种类不同,花中雄蕊的数目、形态及排列方式等也不同,据此雄蕊常可分为以下类型(图6-5):

1. 单体雄蕊　雄蕊群所有雄蕊的花丝连合在一起,连成筒状,只有花药分离,如棉、蜀葵等。

2. 二体雄蕊　雄蕊群中雄蕊的花丝分别连成2束,花药彼此分离,如大豆、甘草等雄蕊群共有10枚雄蕊,其中9枚连成一体,另外1枚单成一体;如延胡索、紫堇等雄蕊群有6枚雄蕊,每3枚连在一起,成为2束。

3. 多体雄蕊　雄蕊群包括多数雄蕊,花丝分别连合组成多束,如金丝桃等。

4. 聚药雄蕊　雄蕊群中所有雄蕊的花药互相连合,而花丝彼此分离,向日葵、蒲公英等。

5. 二强雄蕊　雄蕊群有4枚雄蕊,其中2枚较长,2枚较短,如薄荷、益母草等。

6. 四强雄蕊　雄蕊群有6枚雄蕊,排成两轮,外轮2枚较短,内轮4枚较长,如萝卜、芥菜等。

少数植物全部雄蕊的花丝变态成瓣状,如花唐松草;有的植物大部雄蕊发生变态,花药退化,没有花丝与花药的区别而呈艳丽颜色的瓣状,如姜、美人蕉等;还有些植物部分雄蕊不具花药,或仅留痕迹,称不育雄蕊或退化雄蕊,如鸭跖草等。

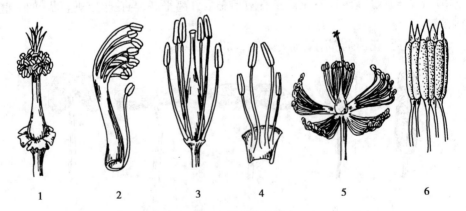

图6-5 雄蕊的类型
1.单体雄蕊　2.二体雄蕊　3.四强雄蕊　4.二强雄蕊　5.多体雄蕊　6.聚药雄蕊

五、雌蕊群

雌蕊群是一朵花中全部雌蕊的总称,数目可由1到多数,多数植物花中只有1枚。也有的2枚,如萝藦科植物等;有的3枚,如毛茛科乌头属、飞燕草属的某些种类等;有的5枚,如景天科某些种类等;有的多数,如毛茛科、木兰科的一些种类等。

（一）雌蕊的组成

雌蕊的组成

雌蕊位于花的中心部分,包括子房、花柱、柱头三部分。子房是雌蕊基部膨大的囊状部分,其底部着生于花托上,有圆球状、椭圆状、卵状、圆锥状、三角锥状等形状,表面平或具棱沟、光滑或被毛。花柱常为柱状体,有的具不同形态的分枝;有的甚至没有明显的花柱;也有的插生于纵向深裂的子房基底,称花柱基生,如丹参、益母草等;还有少数雄蕊与花柱合生成柱状体,称合蕊柱,如马兜铃、春兰等。柱头在花柱的顶端,有头状、棒状、盘状、羽状、凹陷等形态,表面多不光滑,有分泌黏液的功能,以利花粉的固着及萌发,少数植物的柱头特别膨大呈瓣状,如马蔺、藏红花等。

花柱及柱头除在形态上有不同变化外,其结构都比较简单,而子房结构较复杂。

（二）雌蕊的类型

雌蕊的类型

雌蕊由心皮构成,心皮是适应生殖的变态叶。心皮通过边缘内卷愈合形成雌蕊,每个心皮的边缘部分称腹缝,愈合后形成腹缝线,腹缝线处生有1、2以至多数胚珠,背面中间(相当叶片中脉部分)称背缝线。根据构成雌蕊的心皮数目,雌蕊分为以下类型(图6-6):

1. 单雌蕊　植物在一朵花中只有1个雌蕊,其由1个心皮构成,如杏、大豆等。

2. 离生心皮雌蕊　植物在一朵花中由多数离生的心皮构成的雌蕊,如八角茴香、毛茛、覆盆子、五味子等。

3. 复雌蕊　一朵花中由2个以上心皮彼此连合构成一个雌蕊,称为复雌蕊,也称合生心皮雌蕊,如连翘、龙胆等是2心皮的复雌蕊;蓖麻、石斛等是3心皮的复雌蕊;白松、柳兰等是4心皮的复雌蕊;凤仙花、亚麻等是5心皮的复雌蕊;罂粟、马兜铃、柑橘等则是5个以上心皮的复雌蕊。组成复雌蕊的心皮数可以由柱头或花柱的分裂数、子房上的主脉数以及子房室数等来确定。

有少数植物的雌蕊退化或发育不全,在花中仅留一残迹,不能执行生殖功能,称为退化雌蕊或不育雌蕊,如桑的雄花中即常有退化雌蕊残迹。

1　　　　　2　　　　　3

图6-6　雌蕊的类型
1.单生单雌蕊　2.离生单雌蕊　3.复雌蕊

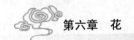

（三）子房的位置

由于花托的形状不同,子房在花托上着生的位置及其与花被、雄蕊之间的关系也不同,常有以下三种类型(图6-7):

1. 子房上位 花托扁平或凸起,子房只有底部与花托相连,花的其他部分着生在子房下方的花托上,称子房上位。具子房上位的花称为下位花,如葡萄、茄等。若花托中央下凹,略呈杯状,子房底部着生于杯状花托的中心,而四周游离,仍属于子房上位,花的其他部分着生在杯状花托的边缘,位于雌蕊的周围,此类花称周位花,如桃、梅等。

2. 子房半下位 子房着生在凹下的花托之中,下半部与花托愈合,上半部及花柱、柱头外露或游离,称子房半下位或子房中位。花的其他部分着生在子房中部的花托的边缘上,这类花也为周位花,如马齿苋、桔梗等。

3. 子房下位 子房全部被下凹的花托包裹并愈合,称子房下位。花的其他部分着生在子房的上方,这类花称上位花,如人参、当归等。

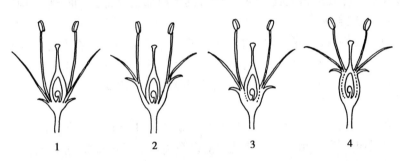

图6-7 子房的位置

1.子房上位(下位花) 2.子房上位(周位花) 3.子房半下位(周位花) 4.子房下位(上位花)

（四）子房的室数

子房呈膨大的囊状,外面是由心皮围绕形成的子房壁,壁内的小室称子房室,子房室的数目因雌蕊的种类不同而异,单雌蕊、离生心皮雌蕊的子房为单室;复雌蕊的子房有的腹缝线相互连接而围成1个子房室,有的连接后又向内卷入,在子房的中心彼此相互结合,心皮一部分形成子房壁,一部分形成隔膜,把子房分隔成与心皮数目相同的子房室,此外还有少数植物产生假隔膜,使子房的数目多于心皮数,如某些茄科植物等。

（五）胎座的类型

胚珠在子房内的着生部位称胎座,一般有以下几种类型(图6-8):

1. 边缘胎座 1心皮的单室子房中的胎座,胚珠着生于腹缝线的边缘,如甘草、黄芪等。

2. 侧膜胎座 2至多心皮的单室子房中的胎座,胚珠着生于相邻两心皮连合的腹缝线处,如紫花地丁、龙胆等。

3. 中轴胎座 2至多心皮的多室子房,在中央愈合成中轴,胚珠着生在中轴上的胎座,如百合、枸杞等。

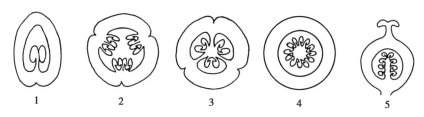

图 6-8 胎座的类型

1. 边缘胎座 2. 侧膜胎座 3. 中轴胎座 4. 特立中央胎座(横切) 5. 特立中央胎座(纵切)

4. 特立中央胎座 复雌蕊多室子房的隔膜消失成一室,胚珠着生于中轴上的胎座,如石竹、报春花、车前等。

5. 基生胎座 一室子房内,胚珠着生在基部,如胡桃、大黄、向日葵等。

6. 顶生胎座 一室子房内,胚珠着生在顶部,如桑、杜仲等。

（六）胚珠的构造及类型

胚珠是将来发育成种子的部分,着生在子房室内的胎座上(图6-9)。

1. 胚珠的构造 胚珠一般呈椭圆状或近圆状,有一短柄,称珠柄,与胎座相连,维管束从胎座通过珠柄进入胚珠。多数被子植物胚珠的外面具有两层包被,称珠被,在外的一层称外珠被,在内的一层称内珠被。裸子植物及少数被子植物只具有一层珠被,如胡桃科植物。还有少数植物根本不具珠被,如檀香科、蛇菰科植物。珠被之内为珠心,它是由许多细胞构成的实体,将来珠心内部产生胚囊,一般发育成熟的胚囊有1个卵细胞、2个助细胞、3个反足细胞和1个中央大细胞(2个极核)等,常称为七细胞八核胚囊。珠心顶端为珠被所包围处有一小孔,称珠孔,受精时花粉管经此到达珠心。珠柄的末端与珠被、珠心基部汇合的部位,称合点。

2. 胚珠的类型 由于胚珠各部生长速度不同而有不同的变化,一般常形成以下几种类型(图6-9):

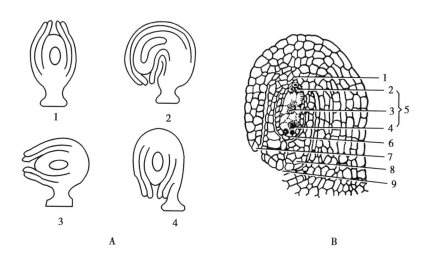

图 6-9 胚珠的类型与构造

A.胚珠类型 1. 直生胚珠 2. 弯生胚珠 3. 横生胚珠 4. 倒生胚珠
B.胚珠的构造 1. 合点 2.反足细胞 3.极核 4.卵 5.胚囊 6.珠心
7.外珠被 8.内珠被 9.珠孔

（1）直生胚珠：胚珠各部均匀生长，珠柄较短，位于下端，而珠孔位于相对的一端，珠柄、合点及珠孔三者在一条直线上，并与胎座成垂直状态，称直生胚珠，如三白草科、胡椒科及蓼科植物等。

（2）弯生胚珠：与直生胚珠基本相似，合点仍在下方，接近珠柄，上半部一侧生长快，一侧生长慢，生长快的一侧向慢的一侧弯曲，珠孔也弯向珠柄，整个胚珠近肾状，如十字花科及某些豆科植物等。

（3）横生胚珠：胚珠在生长时，一侧生长快，一侧生长较慢，珠柄位于下部，整个胚珠横列，合点与珠孔之间的直线约与珠柄垂直，如玄参科、茄科中的某些植物。

（4）倒生胚珠：胚珠一侧生长快，一侧生长慢，胚珠向生长慢的一侧弯转，约达180°，胚珠倒置，珠孔靠近珠柄，而合点位于另一端，珠孔与合点的连接线与珠柄大体平行。这是最常见类型，如蓖麻、百合等。

第二节　花的类型

植物的花具有丰富的多样性，常划分为以下几种主要类型。

1. 完全花和不完全花　具有花萼、花冠、雄蕊群和雌蕊群的花称完全花；缺少其中一部分或几部分的花称不完全花。

2. 重被花、单被花和无被花　有花萼和花冠的花称重被花，如萝卜、玫瑰、栝楼、丝瓜等；花萼和花冠不分化的花称单被花，不少单被花颜色鲜艳，花被瓣状，如铁线莲、白头翁、百合、石蒜等；花萼及花冠均不存在时，称无被花或裸花，如金粟兰、胡椒、杨柳、杜仲等。

花的类型

3. 两性花、单性花和无性花　一朵花中雄蕊和雌蕊都存在的花称为两性花，如木兰、石竹、花生、贝母等。只有雄蕊或雌蕊的花称为单性花，其中只有雄蕊的称雄花，只有雌蕊的称雌花；对单性花植物，雄花及雌花共同生长在同一植株上，称雌雄同株或单性同株，如胡桃、蓖麻、冬瓜、玉蜀黍等；雄花、雌花分别在不同的植株上，称雌雄异株或单性异株，如桑、大麻、杨、柳等；只具雄花的植株称雄株，只具雌花的称雌株；若在同一植株上既有两性花，也有单性花或在同种的不同植株上分别具有单性花或两性花的现象称为杂性，单性花与两性花同时存在于同一植株上的又称为杂性同株，如朴树；单性花与两性花分别于不同的植株上的称杂性异株，如臭椿。还有些植物，花中的雄蕊和雌蕊都退化或发育不全，称无性花或中性花，又称不育花，如八仙花花序周围的花，小麦小穗顶端的花等。

4. 辐射对称花、两侧对称花和不对称花　花被呈辐射状排列，各片形态大小近似，通过花的中心可分成几个对称面，这种花称为辐射对称花，也称整齐花，如毛茛、荠菜等。花被各片形态大小不同，通过花的中心只能作一个对称面的花，称两侧对称花，也称不整齐花或左右对称花，如扁豆、薄荷、石斛等。通过花的中心不能做出对称面的花称不对称花，如美人蕉、缬草等。

第三节　花　程　式

为了简化对花的文字描述，用字母、数字和符号来表示植物花各部分的组成、数目、排列方式、位置和彼此关系的公式称花程式。

1. **以字母代表花的各部**　一般是用拉丁名的第一个字母大写来代表,P 为花被,K 为花萼(为德文单词首字母),C 为花冠,A 为雄蕊,G 为雌蕊。

2. **以符号表示花的特征**　"*"表示为辐射对称的整齐花;"↑"表示为左右对称的不整齐花;"♀"表示雌性花;"♂"表示雄性花;"☿"表示两性花,两性花也可不表示;"( )"表示合生,不加括号则表示为离生;"+"表示花部排列的轮次关系;"—"画在 G 之上,表示子房下位,画在 G 之下,表示子房上位,画在 G 上和下时表示子房半下位。

3. **以数字表示花各部的数目**　直接用数字 1、2、3……10 写在拉丁字母的右下方来表明各轮花部的数目,数目在 10 个以上或不定数者以"∞"表示,如退化或不存在时以"0"表示。雌蕊右下方的三个数字间用"："相连,分别表示心皮数、子房室数和每室胚珠数等。

例如:

桑的花程式为:$♂ P_4 A_4$;$♀ P_4 \underline{G}_{(2:1:1)}$

表示桑为单性花,雄花花被 4 枚,分离,雄蕊 4 枚,分离;雌花花被 4 枚,雌蕊子房上位,2 心皮合生,子房 1 室,每室 1 枚胚珠。

百合的花程式为:$☿ * P_{3+3} A_{3+3} \underline{G}_{(3:3:\infty)}$

表示百合为两性整齐花,花被 6 枚,分两轮,每轮 3 枚;雄蕊 6 枚,亦分两轮,每轮 3 枚;子房上位,3 心皮,3 心室,每室胚珠多数。

扁豆的花程式为:$☿ ↑ K_{(5)} C_5 A_{(9)+1} \underline{G}_{(1:1:\infty)}$

表示扁豆为两性两侧对称花,花萼 5,连合;花瓣 5,分离;雄蕊 10 枚,二体,其中 9 枚连合,1 枚游离;子房上位,1 心皮,1 心室,每室胚珠多数。

桔梗的花程式为:$☿ * K_{(5)} C_{(5)} A_\infty \overline{\underline{G}}_{(5:5:\infty)}$

表示桔梗花为两性整齐花,花萼 5 枚,连合;花冠 5 枚,连合;雄蕊多数;子房半下位,5 心皮,5 心室,每室胚珠多数。

第四节　花　序

被子植物的花,有的是单朵花单生枝上叶腋处或枝顶,称单生花,如玉兰、牡丹、木槿等。但大多数植物的花按一定方式有规律地排列在花枝上形成花序,所以花序是指花在花轴或花枝上排列的方式和开放的顺序。

花序下部的梗称花序梗,又称总花梗,总花梗向上延伸成为花序轴或称花轴,花序轴可以不分枝或再分枝成小花轴。花序上的花称小花,小花的柄称小花柄,小花柄及总花梗下面的苞片分别称小苞片和总苞片。无叶的总花梗称花葶。

花序常分成无限花序和有限花序二大类(图 6-10)。

一、无限花序

开花期内,花序轴顶端可以继续伸长,产生新的花蕾。开花顺序是从下逐步向上开放。如果花序轴缩短,小花密集,则先从外缘开始,而后向中心开放,这种花序称无限花序。通常根据花序轴有无分枝,又分为两类。花序轴不具分枝的为简单花序,花序轴有分枝的为复合花序。

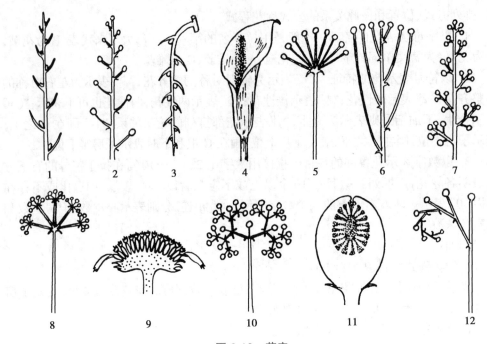

图 6-10 花序

1.穗状花序　2.总状花序　3.荑荑花序　4.肉穗花序　5.伞形花序　6.伞房花序　7.圆锥花序
8.复伞形花序　9.头状花序　10.二歧聚伞花序　11.隐头花序　12.螺状聚伞花序

(一) 简单花序

1. 穗状花序　花序轴细长,小花无柄,螺旋排列于花轴的周围,如车前、牛膝等的花序。

2. 荑荑花序　花序轴柔软,整个花序下垂,小花无柄,且为单性、单被或无被等不完全花。花后常整个花序脱落,如胡桃的雄花序、白杨等的花序。

3. 肉穗花序或佛焰花序　与穗状花序略同,花序轴肉质粗大,上密生多数无柄、不完全的小花。花序外面常具一大型苞片,称佛焰苞。如天南星、独角莲等的花序。

4. 球穗花序　穗状花序的轴短缩,并具多数大型苞片,整个花序近球状,如忽布、葎草的雌花序。

5. 头状花序　花序轴顶端极短缩,膨大成头状或盘状,上密生多数无柄花,外围生有多数苞片组成的总苞,如菊花、紫菀、向日葵等的花序。

6. 隐头花序　花序轴膨大内凹成中空囊状体,内壁隐生多数无柄单性小花,如无花果、薜荔等的花序。

7. 总状花序　花序轴细长,小花柄近等长,如油菜、刺槐等的花序。

8. 伞房花序　小花排列略似总状花序,小花柄不等长,下部长,向上逐渐缩短,花序上的花几乎排在一水平面上,如绣线菊、山楂等的花序。

9. 伞形花序　总花柄的顶端生有多数放射状排列的、小花柄近等长的小花,整个花序似张开的伞,如刺五加、人参等的花序。

(二) 复合花序

1. 复总状花序　又称圆锥花序。花序轴具分枝,每一分枝为一总状花序。下部

简单花序

分枝较长,上部的渐短,花序呈圆锥状,如南天竹、槐树等的花序。

2. 复穗状花序 花序轴具分枝,每一分枝为一穗状花序,如小麦、玉米的雄花序。

3. 复伞形花序 花序轴的顶端生若干呈伞形排列的小伞形花序,如柴胡、白芷等的花序。

复合花序

4. 复伞房花序 花序轴的顶端生若干呈伞房状排列的小伞房花序,如花楸属的花序。

5. 复头状花序 由许多小头状花序组成的头状花序,如蓝刺头等的花序。

二、有限花序

有限花序与无限花序相反,由于顶生小花首先开放,花序轴顶端不能继续延长,整个花序从上向下、从内向外开放,又称聚伞花序。主要有以下几种:

1. 单歧聚伞花序 花序轴顶端1花先开放,而后在其下部主轴一侧发出一分枝,生一小花,如此继续多次,称单歧聚伞花序。如果轴下分枝均向同一侧排列,称螺旋状聚伞花序,如附地菜、勿忘我等。如果轴下分枝左右交替排列,称蝎尾状聚伞花序,如射干、唐菖蒲等。

2. 二歧聚伞花序 花序顶端1花先开放,而后在其下主轴两侧发出两个等长的分枝,枝顶各生1花,如此继续多次,称二歧聚伞花序。每一个3出小枝,称小聚伞,如白杜、杠柳等。如果花序轴、小聚伞的小轴及小花柄均很短,小花密集,称密伞花序,如剪夏罗、紫茉莉等。如果小轴及小花柄短到几近无柄,小花密集如头状,称团伞花序,如山茱萸属、假卫矛属中的一些植物。

3. 多歧聚伞花序 花序轴顶端1花先开放,在花序轴周围生有三个以上分枝,每一分枝又以同样方式分枝,称多歧聚伞花序。若花序轴下面生有杯状总苞,则称杯状聚伞花序(大戟花序),如大戟、甘遂等。

有限花序

4. 轮伞花序 有些植物在茎节两侧对生叶的叶腋处,各具一个多花的密伞花序,成轮状排列于茎的周围,如益母草、夏枯草等。

此外,有的植物的花序既有无限花序又有有限花序的特征,称混合花序,如葡萄、七叶树的花序轴呈无限式,但生出的每一侧枝为有限的聚伞花序,特称为聚伞圆锥花序或聚伞花序圆锥状。

(傅 红)

复习思考题

扫一扫
测一测

1. 花的定义是什么?花对研究植物分类及药材原植物和花类药材的鉴定有何意义?

2. 已知十字花科植物的花程式为 $*K_{2+2}C_{2+2}A_{2+4}\underline{G}_{(2:1)}$,请用文字表述此花程式中包含的信息。

3. 无限花序有何特点?常见的无限花序有哪几种类型?

4. 何谓花被卷叠式?覆瓦状与重覆瓦状花被卷叠式有何区别?

5. 如何判断组成雌蕊的心皮数目?

第七章

果实和种子

🔍 **学习要点**

1. 果实的形成、类型及其判别。
2. 种子的形态、组成、类型及其判别。

　　果实是被子植物开花、传粉、受精后,由雌蕊的子房或连同其相连部位(花托、花萼、花序轴等)发育形成的特殊结构。狭义的果实单指子房发育成的果皮,广义的果实包括果皮和胚珠发育形成的种子两部分。果皮有保护种子和散布种子的作用。

　　药用植物的果实称为果实类中药,药用植物有的以整个果实入药,如枸杞子、栝楼、马兜铃、连翘、乌梅、木瓜等;有的以外层果皮入药,如陈皮、橘红,有的以果实维管束入药,如橘络、丝瓜络等。

第一节　果实的发育和组成

　　被子植物的花,经过传粉和受精后,花萼、花冠一般脱落,雄蕊及雌蕊的柱头、花柱枯萎,子房发育成果实,子房内的胚珠发育成种子。由子房发育形成的果实称真果,如桃、杏、柑橘、枸杞等。除子房外,花托、花萼、花序轴等花的其他部分参与果实的形成,称假果,如苹果、梨、山楂、瓜类等。也有少数植物的雌蕊不经受精而发育成果实,这现象称单性结实,这类果实无种子,称无子果实。单性结实若是自发形成的,称自发单性结实,如香蕉和无籽葡萄;也有些是通过人为诱导形成的,称诱导单性结实。无子果实除由单性结实形成外,也可能是受精后胚珠发育受阻而成;还有些无子果实是由四倍体和二倍体植物进行杂交,产生不孕性的三倍体植株形成的,如无子西瓜。

　　果实由果皮和种子组成,果皮可分为外、中、内三层,有的植物三层果皮区别比较明显,如桃、梅等,外果皮很薄,有各种附属物,中果皮为很厚的肉质,是食用的主要部分,内果皮木质化形成很硬的壳;有的植物果皮分层不明显,如苹果,外果皮和中果皮均为肉质,不易分辨,内果皮为硬膜质;还有的果实,果皮与种皮愈合不易区别,如禾本科植物的颖果。

知识链接

果实的变化

　　果实形成后,在生长发育过程中,体积和重量不断增加,最后停止生长,通过一系列生理变化而成熟。由于表皮细胞中叶绿素的分解,胡萝卜素或花青素等的积累,果实由绿色转变为黄绿、黄、红、橙等颜色。有的果实因内部合成醇类、脂类和羧基化合物为主的芳香性物质而散发香气。同时因原有的单宁、有机酸减少,糖分增多,致使涩、酸味减少,甜味明显增加。另外,胞间层通过水解酶的作用而水解,使得细胞间结构松散,组织软化。

　　不少鲜果采收后还有一段后熟过程,这是指果实离开植株后的成熟现象,是由采收成熟度向食用成熟度过度的过程。也可进行人工催熟。

第二节　果实的类型

根据果实来源、结构和果皮特性等,果实可分为单果、聚合果和聚花果三大类。

一、单果

由一个心皮或多心皮合生雌蕊形成的果实称单果,分干果和肉果两类。

(一) 干果

果实成熟后果皮干燥的果实,根据果实成熟后果皮开裂或不开裂,又分裂果和闭果(不裂果)(图7-1)。

干果

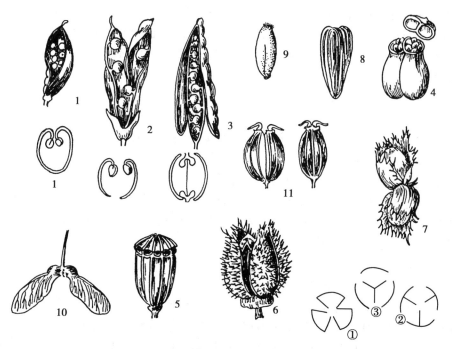

图 7-1　干果

1. 蓇葖果　2. 荚果　3. 长角果　4. 蒴果(盖裂)　5. 蒴果(孔裂)　6. 蒴果(纵裂)(①室间开裂　②室背开裂　③室轴开裂)　7. 坚果　8. 瘦果　9. 颖果　10. 翅果　11. 双悬果

1. 裂果　果实成熟后果皮开裂,根据开裂方式分四种:

(1) 蓇葖果:由一个心皮发育成,成熟后沿腹缝线或背缝线一侧开裂。1朵花中一个心皮形成的蓇葖果,如淫羊藿、银桦等;1朵花中两个离生心皮则形成两枚蓇葖果,如杠柳、徐长卿等;一朵花中多个离生心皮则形成聚合蓇葖果,如芍药、牡丹、辛夷等。

(2) 荚果:由一心皮发育成,成熟时腹缝线、背缝线两侧都开裂,为豆科植物所特有,如扁豆、绿豆、赤豆等。有不开裂的,如花生、紫荆、皂荚等;有的种子间具节,果皮成熟时一节一节断裂,如含羞草、山蚂蝗、小槐花等;有呈念珠状,如槐的荚果。

(3) 角果:由二心皮形成,心皮边缘合生处生出隔膜——假隔膜,将子房分为二室,种子着生在假隔膜两侧,果实成熟后,果皮沿两腹缝线开裂、脱落,假隔膜仍留在果柄上。分长角果和短角果,长角果长为宽的多倍,如芥菜、油菜等;短角果的长与宽近等长,如荠菜、独行菜等,为十字花科的特征。

(4) 蒴果:由两个或两个以上的合生心皮发育成。是裂果中最普通,数量最多的一类。成熟时开裂的方式有:①纵裂:沿心皮纵轴方向开裂,若沿心皮腹缝线开裂,称室间开裂,如蓖麻、马兜铃;若沿背缝线开裂称室背开裂,如鸢尾、百合、紫丁香等;若沿腹缝线或背缝线开裂,但子房间壁仍与中轴相连,称室轴开裂,如牵牛、曼陀罗等。②孔裂:顶端呈小孔状开裂,种子由小孔散出,如罂粟、虞美人、桔梗等。③盖裂:这类果实也称盖果,沿果实中部或中上部呈环形横裂,中部或中上部果皮呈盖状脱落,如马齿苋、车前、莨菪等。④齿裂:顶端呈齿状开裂,如王不留行、瞿麦等。

2. 闭果(不裂果)　果皮不开裂,有以下几种:

(1) 坚果:果皮坚硬,内含一粒种子,如板栗、白栎等;有的较小,果皮光滑、坚硬,称小坚果,如薄荷、益母草、紫草等。

(2) 瘦果:果皮薄,稍韧或硬,内含一粒种子,果皮与种皮分离,这是闭果中最普通的一种。根据心皮数可分以下三种:由2心皮合生雌蕊、下位子房形成的瘦果,如向日葵、蒲公英等菊科植物的果实,亦称菊果或连萼瘦果;由3心皮、上位子房形成的瘦果,如荞麦等;由1心皮、上位子房形成的瘦果,常聚合成聚合瘦果,如毛茛、白头翁等。

(3) 胞果:由2~3心皮、上位子房形成的果实,果皮薄而膨胀,易与种子分离,如藜、青葙等。

(4) 颖果:由2心皮、下位子房形成,果皮薄并与种皮愈合,不易分离,如稻、麦、玉米等,为禾本科植物所特有。

(5) 翅果:果皮延伸成翅,如杜仲、榆、槭等。

(6) 双悬果:由2心皮合生雌蕊、下位子房发育形成的2个分果,2个分果的顶端分别与二裂的心皮柄的上端相连,心皮柄的基部与果柄的顶端相接,每个分果中有一种子,如窃衣、茴香等。为伞形科植物所特有。

(二) 肉果

肉果果皮肉质多汁,成熟时不开裂(图7-2)。

1. 浆果　由1心皮或多心皮的合生雌蕊、上位或下位子房发育形成。外果皮薄,中果皮、内果皮肉质多汁,内有1至多粒种子,如葡萄、番茄、枸杞、柿等。

2. 核果　由1心皮或数个心皮的合生雌蕊、上位子房形成。外果皮较薄,中果皮肉质,内果皮坚硬、木质,形成果核。如桃、杏、胡桃等。

3. 柑果　由多心皮合生雌蕊、上位子房形成。外果皮较厚,革质,内含多数油室;

肉果

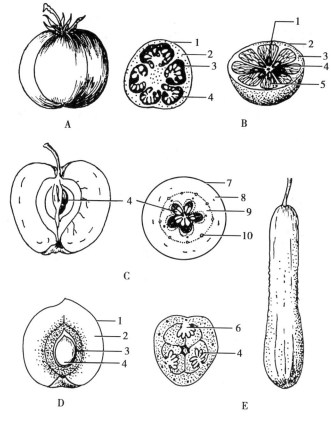

图 7-2　肉果
A. 浆果　B. 柑果　C. 梨果　D. 核果　E. 瓠果
1.外果皮　2.中果皮　3.内果皮　4.种子　5.毛囊　6.胎座　7.花筒
8.心皮维管束　9.果皮　10.花筒维管束

中果皮疏松海绵状,具多分枝的维管束;内果皮膜质,分离成多室,内生有许多肉质多汁的毛囊,如橙、柚、柑橘等。

4. 梨果　多为 5 心皮、下位子房与花托共同发育而成的一种假果。外果皮薄,中果皮肉质(外、中果皮由花托形成,为假果皮),内果皮坚韧(由心皮形成,为真果皮),常分隔为 5 室,每室常含 2 粒种子,果的底部常有宿存的花萼,如苹果、梨、山楂等。

5. 瓠果　由 3 心皮、下位子房与花托共同发育形成的假果。外果皮坚韧,中果皮及内果皮肉质,如丝瓜、瓜蒌、西瓜,为葫芦科所特有。

二、聚合果

聚合果是一朵花中许多离生心皮雌蕊的子房分别形成的小果聚集在同一花托上形成的果实,根据小果类型不同可分为以下几种(图 7-3):

1. 聚合蓇葖果　由许多蓇葖果聚生而成,如乌头、芍药、厚朴、八角等。

2. 聚合瘦果　由许多瘦果聚生而成,如毛茛、白头翁、委陵菜等。另外蔷薇、金樱子这类聚合瘦果,为蔷薇科、蔷薇属特有,特称蔷薇果。

3. 聚合浆果　由许多浆果聚生在延长成轴状的花托上,如五味子等。

聚合果

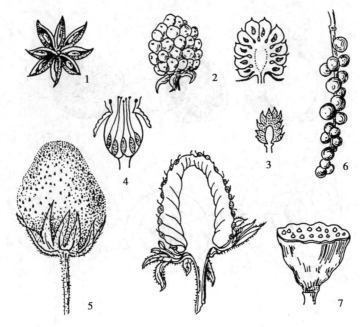

图 7-3　聚合果

1. 聚合蓇葖果　2. 聚合核果　3~5. 聚合瘦果　6. 聚合浆果　7. 聚合坚果

4. 聚合坚果　由许多坚果嵌生于膨大、海绵状的花托中，如莲等。

5. 聚合核果　由多数核果聚生于突起的花托上，如悬钩子属植物的果等。

三、聚花果

聚花果

聚花果是由整个花序形成的果实，又称花序果、复果等。如桑椹，由桑的雌花序发育而成，每小花发育成一小果，包于肥厚多汁的花萼中，可食部为花萼；又如菠萝，由凤梨的花序轴肉质化而成；再如无花果等桑科榕属植物所形成的复果，由内陷成囊状的花序轴肉质化而成（图 7-4）。

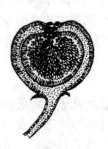

图 7-4　聚花果（复果）

1. 凤梨　2. 桑椹　3. 无花果

92

第三节　种　子

　　种子是种子植物特有的器官,是新一代孢子体的雏体,是由胚珠受精后发育而成的。被子植物开花后,花药成熟开裂,里面的花粉借助风、水、昆虫或鸟类等媒体传播到雌蕊的柱头上,与雌蕊亲和的花粉萌发,形成花粉管,穿过柱头,经花柱到达胚珠,然后经珠孔到达胚囊,也有少数通过合点或珠被到达胚囊,继而花粉管末端膨大破裂,释放出两个精细胞,一个与卵细胞结合成合子(受精卵),另一个与两个极核结合形成受精极核(胚乳母细胞),完成双受精过程。其中合子发育成胚,受精极核发育成胚乳,珠被发育成种皮。

　　种子中多含丰富的营养物质,包括有蛋白质、脂肪、糖类等,可为胚的发育提供充足的养料。很多植物种子可供药用,如:杏仁、桃仁、酸枣仁、牵牛子、槟榔、菟丝子、马钱子等,还有的以假种皮入药,如龙眼肉等。

一、种子的形态特征

　　不同植物种子具有不同的大小、形状、色泽、表面纹理等,大的如椰子的种子,直径可达15~20cm,小的如白及、天麻的种子,呈粉尘状。种子的形状差异较大,有的呈肾形,如大豆、菜豆等;有的呈圆形,如豌豆、芸薹(油菜)等;有的呈扁平状,如蚕豆等;有的呈椭圆形,如落花生等;另外还有其他多种形状。种子的颜色也各有不同,有的为纯一色的,如红色、绿色、黄色、青色、白色、黑色等;有的具杂色,如蓖麻的种子有彩色斑纹,相思子的种子脐点端为黑色,另一端为红色;有的种子表面光滑有光泽;有的粗糙或具纹理、皱褶等;有的具有毛茸、翅等。种子形态特征的多样性,是鉴别植物种类以及种子类药材的重要依据。

二、种子的组成部分

　　种子由种皮、胚乳和胚三部分组成。

(一) 种皮

　　种皮位于种子的外围,起保护种子内部各部分的作用。种皮由珠被发育而成,但在许多植物中,珠被的一部分在胚发育过程中被胚吸收,因而只有一部分珠被细胞发育成种皮。单珠被发育的种皮只有一层。双珠被通常发育成内外两层种皮,外层一般比较坚韧,由外珠被发育而成,称为外种皮;内层一般较薄,由内珠被发育而成,称为内种皮。在种皮上常可见到下列各种构造:

　　1. 种脐　为种子成熟后从种柄或胎座上脱落后留下的瘢痕,通常呈圆形或椭圆形。

　　2. 种孔　胚珠形成种子后,珠孔即成为种孔。种子萌发时多由种孔吸收水分,胚根从此伸出。

　　3. 种脊　为种脐到合点之间的隆起线,是联结珠柄与胚珠的部分。由倒生胚珠形成的种子,种脊较明显,如蓖麻;由弯生或横生胚珠形成的种子,种脊较短或不明显;由直立胚珠形成的种子,则无种脊。

　　4. 合点　即胚珠的合点,种皮的维管束通常在此点汇集。

5. 种阜　有些植物种子的外种皮,在珠孔处由珠被扩展为海绵状突起物,将种孔掩盖,称种阜,具有吸水作用,有利于种子萌发,如蓖麻、巴豆的种子。

有些植物种皮的表皮上有附属物,如柳、棉种皮上的表皮毛。此外,有的种子在种皮外方尚有假种皮,它是由珠柄或胎座延伸发育而形成的,且多为肉质,如龙眼肉、荔枝肉、肉豆蔻衣及苦瓜和卫矛种子外方的红色假种皮等;有的呈菲薄的膜质,如豆蔻、砂仁等。

(二) 胚乳

位于种皮内方、胚的周围,通常呈白色。胚乳细胞中含丰富的营养物质,如淀粉、蛋白质、脂肪等,在种子萌发时供作胚的养料。有些植物成熟种子中无胚乳,营养物质全部转移并贮存在子叶中。有些植物种子胚乳的外部包围着一些营养组织,称为外胚乳,如肉豆蔻、槟榔、姜等,它是由于种子在发育过程中胚珠的珠心细胞未被完全吸收而形成的。而大多数植物的种子,当胚发育和胚乳形成时,胚囊外面的珠心细胞完全被胚乳吸收而消失,故无此构造。

(三) 胚

胚是种子内未发育的植物体雏形,包藏于种皮和胚乳内。胚由以下几部分组成:

1. 胚根　是幼小未发育的根,顶端为生长点和覆盖其外的幼期根冠,其位置总是对着种孔。当种子萌发时,胚根从种孔处伸出,发育成植物的主根。

2. 胚轴　又称胚茎,是连接胚根、子叶和胚芽的短轴。

3. 胚芽　为胚的顶端未发育的地上枝,包括生长锥以及数片幼叶和叶原基,种子萌发后发育成植物的地上茎和叶。

4. 子叶　子叶为暂时性的叶性器官,它们的数目在被子植物中相当稳定,很多种类是胚中代替胚乳吸收或贮藏养料的结构,占胚的较大部分,如大豆、花生等。双子叶植物种子中具 2 枚子叶,如:巴豆、白扁豆、莲子等;单子叶植物种子具 1 枚子叶,如白及、天麻、薯蓣等;裸子植物的种子具 2 至多枚子叶,如:银杏具 2~3 枚子叶、松树具多枚子叶等。

三、种子的类型

被子植物的种子常依据胚乳的有无分为两种类型。

1. 有胚乳种子　种子内具有较发达胚乳的种子,称为有胚乳种子。这类种子由种皮、胚乳和胚三部分组成,大部分单子叶植物及少量双子叶植物种子属此,如蓖麻(图 7-5)、小麦、稻、玉蜀黍等的种子。

2. 无胚乳种子　种子内不具有胚乳的种子,称无胚乳种子。这类种子由种皮和胚两部分组成。有的可有极少量胚乳细胞存在,但通常不为人们所注意。无胚乳种子的形成过程为胚在发育时,胚乳被胚全部吸收,并将营养物质贮藏在子叶中,所以种子成熟后就没有胚乳或仅残留一薄层,而成为无胚乳种子。无胚乳种子常有发达的子叶,大部分双子叶植物及少量单子叶植物属此,如菜豆(图 7-6)、大豆、杏仁、南瓜子、向日葵、泽泻、慈菇等。

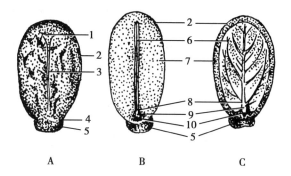

图 7-5　蓖麻种子（有胚乳种子）

A.外形　B.与子叶面垂直的正中纵切　C.与子叶面平行的正中纵切

1.合点　2.种皮　3.种脊　4.种脐　5.种阜　6.子叶
7.胚乳　8.胚芽　9.胚轴　10.胚根

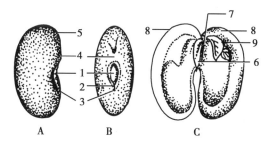

图 7-6　菜豆种子（无胚乳种子）

A、B.外部形态　C.菜豆组成部分

1.种脐　2.种脊　3.合点　4.种孔　5.种皮　6.胚根　7.胚轴　8.子叶　9.胚芽

（黄永昌）

 复习思考题

1. 何谓真果？何谓假果？
2. 花在发育成果实过程中,各结构的变化是怎么样？

第八章

植物分类概述

 学习要点

1. 掌握植物分类等级、植物的命名原则。

2. 了解植物分类学的目的、任务。

3. 熟悉植物分科、属、种检索表的编制。

4. 技能目标：学会植物分类检索表的使用方法。

第一节 植物分类学的目的和任务

植物分类学是一门历史悠久的学科，它是研究植物界不同类群的起源、亲缘关系以及进化发展规律的一门基础学科。药用植物分类学是采用植物分类学的原理和方法，对有药用价值的植物进行分类鉴定、研究和合理开发利用的科学。

植物分类学的目的、任务可归纳为以下四点：

1. 分类群的描述与命名 运用植物形态学、解剖学等学科的知识，对不同植物个体间的异同进行比较研究，将类似的个体归为"种"一级的分类群，对其加以记述，并确定学名。这是植物分类学的最基本的任务。

2. 探索"种"的起源与进化 借助植物生态学、植物地理学、古植物学、生物化学、遗传学、分子生物学以及计算机科学等的研究成果及方法，探索"种"的起源与进化，从而推定属、科、目等大分类群的系统地位。

3. 建立自然分类系统 根据对植物各类群间亲缘关系的研究，确定其系统发生地位，以确立所属的属、科、目、纲及门等大的分类等级，从而建立反映植物系统发生规律的自然分类系统。

4. 编写植物志 运用植物分类学的知识，根据不同的需要对某地区、某类用途或分类群的植物进行采集、鉴定、描述，然后按照分类系统，编写成相应的植物志，为保护、开发植物资源提供参考。

中药学专业学习植物分类学的主要目的就是利用这门学科的科学知识和方法来识别药用植物，准确地区分近似种类和科学地描述其特征，澄清名实混乱，深入发掘和扩大中药资源，充分利用中草药的价值。掌握植物分类的知识和方法，对于中药原植物的鉴定,中草药研究、生产、资源开发和临床安全有效用药均具重要意义。

第二节　植物的分类单位

植物分类上设立各种单位,用来表示各种植物之间类似的程度、亲缘关系的远近,明确植物的系统。每个分类单位就是一个分类等级。植物分类的主要等级有:界、门、纲、目、科、属、种。将整个植物界的各种类别按其大同之点归为若干门,各门中就其不同点分别设若干纲,在纲下分目、目下分科、科再分属、属下分种。现将常用分类等级列于表8-1。

表8-1　植物界分类单位表

中文	英文	拉丁文
界	Kingdom	Regnum
门	Division	Divisio(Phylum)
纲	Class	Classis
目	Order	Ordo
科	Family	Familia
属	Genus	Genus
种	Species	Species

在各等级单位之间,有时因范围过大包含种类过多,不能准确地描述植物群体特征或亲缘关系,可在各单位下增设亚级,如:亚门、亚纲、亚目、亚科、亚属、亚种等,也有的在某等级前或后加一等级,如在科与属间,常增设族、亚族,在属与种间常增设组、系等。

门的拉丁名词尾一般加 -phyta;纲的拉丁名词尾加 -opisida,但藻类为 -phyceae,菌类为 -mycetes;目的拉丁名词通常加 -ales;科的拉丁名词尾一般加 -aceae,但由于历史上惯用已久,有八个科经国际植物学会决定为其保留科名,其拉丁词尾为 -ae,这些科是十字花科 Cruciferae、豆科 Leguminosae、藤黄科 Guttiferae、伞形科 Umbelliferae、唇形科 Labiatae、菊科 Compositae、禾本科 Gramineae、棕榈科 Palmae。

种:是生物分类的基本单位。同种植物的各部分器官具有十分相似的形态结构特征和生理生化特征。有一定的自然分布区域,同一种的个体之间可以正常地繁育后代,不同种的个体之间通常难以杂交或杂交不育。

种以下除亚种外,还有变种、变型及品种等等级。

亚种:一般认为是一个种内的类群,在形态上多少有变异,并具有地理分布上、生态上或季节上的隔离,这样的类群即为亚种。属于同种内的两个亚种,不分布在同一地理分布区内。

变种:是一个种在形态上多少有变异,而变异比较稳定,它的分布范围(或地区)比亚种小得多,并与种内其他变种有共同的分布区。

变型:是一个种内有细小变异,如花冠或果的颜色,毛被情况等,且无一定分布区的个体。

品种：只用于栽培植物的分类上，在野生植物中不使用品种这一名词，因为品种是人类在生产劳动中培养出来的产物，具有经济意义较大的变异，如色、香、味、形状、大小，植株高矮和产量等的不同，药用植物中如地黄的品种有金状元、新状元、北京1号等，姜的品种有竹根姜和白姜等。药材中一般称的品种，实际上既指分类学上的"种"，有时又指栽培的药用植物品种。

现以甘草为例示其分类等级如下：

界　植物界 Regnum vegtabile
门　　被子植物门 Angiospermae
纲　　　双子叶植物纲 Dicotyledoneae
目　　　　豆目 Leguminosales
科　　　　　豆科 Leguminosae
亚科　　　　　蝶形花亚科 Papilionoideae
属　　　　　　甘草属 *Glycyrrhiza*
种　　　　　　　甘草 *Glycyrrhiza uralensis* Fisch

第三节　植物的命名

世界各国的语言、文字和传统习惯各不相同，众多的植物在不同的国家各有其习用的植物名称，即使在一个国家内，同一植物在各地的名称也不尽相同。同物异名或同名异物的现象既给国际国内间的学术交流造成困难，也不利于植物的研究、开发利用和保护。

为了交流、识别和利用植物的便利，"国际植物命名法规"规定植物的种名采用统一的科学名称，简称"学名"，用两个拉丁词表述，即林奈 1753 年所提倡用的"双名法"。如果采用其他文字的语音时，必须使之拉丁化。种名的第一个词是"属"名，是学名的主体，必须是名词，用单数第一格，且第一个字母必须大写；第二个词是"种加词"，是形容词或者是名词的第二格，第一个字母不大写。如形容词作种加词时必须与属名（名词）同性同数同格。最后附定名人的姓名或其缩写，且第一个字母必须大写。如：

1. 荔枝　　　*Litchi*　　　　　*chinensis*　　　　Sonn
　　　　　　（属名）　　　　　（种加词）　　　　（定名人姓名缩写）
2. 掌叶大黄　*Rheum*　　　　　*palmatum*　　　　L.
　　　　　　（属名）　　　　　（种加词）　　　　（定名人姓名缩写）
3. 桔梗　　　*Platvcodon*　　　*grandiflorum*　　A. DC.
　　　　　　（属名）　　　　　（种加词）　　　　（定名人姓名缩写）

种以下的分类单位，在学名中通常用缩写，如亚种用 subsp. 或 ssp.、变种用 var.、变型用 f. 等表示。如此学名由属名 + 种加词 + 亚种（变种或变型）加词组成，如：

(1) 紫花地丁 *Viola philippicd* Cav.ssp.*munda* W.Beck.

(2) 山里红 *Crataegus pinnatifida* Bge.var.*major* N.E.Br.

第四节　植物的分类方法及系统

人类识别、命名植物是从利用植物开始的,人们通过观察植物的生活习性、形态和构造对它们进行研究比较,把许多具有共同点的植物种类归并为一个类群,再根据差异分成许多不同的小类,并按照植物结构的复杂程度进行排列,从而形成了植物分类系统。

植物的分类系统可以分为人为分类系统、自然分类系统两类。人为分类系统仅就形态、习性、用途上的不同进行分类,往往用一个或少数几个性状作为分类依据,而不考虑亲缘关系和演化关系。如我国明朝的李时珍(1518—1593)所著的《本草纲目》,就依据植物的外形及用途分为草部、木部、谷菽部、果部、蔬菜部等 5 个部;瑞典的林奈根据雄蕊的有无、数目及着生情况分为 24 纲,其中 1~23 纲为显花植物(如一雄蕊纲、二雄蕊纲等)、第 24 纲为隐花植物,这种分类系统叫做生殖器官分类系统。上述两个系统,都是人为的分类系统。

自然分类系统或称系统发育分类系统,它力求客观地反映出自然界生物的亲缘关系和演化发展。现代被子植物的自然分类系统常用的有两大体系。一个是以德国植物学家恩格勒(A.Engler)和勃兰特(K.Prantl)为代表的系统,另一个是英国植物学家哈钦松(J.Hutchinson)为代表的系统。此外,前苏联植物学家塔赫他间和美国植物学家克朗奎斯特各自所提出的分类系统也被人们所接受。本书根据修订的恩格勒系统对植物界的分门及排列顺序展示(图 8-1)。

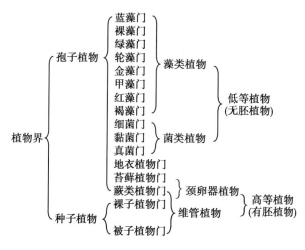

图 8-1　植物界分类图

第五节　植物分类检索表的编制和应用

植物分类检索表采用二歧归类的方法编制,即根据植物形态特征(以花和果实的特征为主)进行比较,抓住重要的相同点和不同点对比排列而成的。

应用检索表鉴定植物时,首先要全面而仔细地观察标本,要清楚地了解花的各部分构造等主要特征,然后用分门、分纲、分目、分科、分属、分种依次顺序进行检索,直到正确鉴定出来为止。

常见的检索表有分门、分科、分属和分种检索表,某些植物种类较多的科,在科以下还有分亚科和分族检索表,如菊科、兰科。

检索表的编排形式有定距式、平行式和连续平行式三种,现以植物分门的分类为例,介绍定距式和平行式两种。

(一) 定距检索表

将每一对互相区别的特征标以相同的符号,分开间隔放在一定的距离处,依次逐项列出,每低一项向右缩一字。例:

1. 植物体无根、茎、叶的分化,无胚 ·· 低等植物
  2. 植物体不为藻类和菌类所组成的共生体。
    3. 植物体内有叶绿素或其他光合色素,自养 ························· 藻类植物
    3. 植物体内无叶绿素或其他光合色素,异养 ························· 菌类植物
  2. 植物体为藻类和菌类所组成的共生体 ······························· 地衣植物
1. 植物体根、茎、叶的分化,有胚 ··· 高等植物
    4. 植物体有茎、叶而无真根 ··· 苔藓植物
    4. 植物体有茎、叶也有真根。
      5. 不产生种子,用孢子繁殖 ·· 蕨类植物
      5. 产生种子,用种子繁殖 ·· 种子植物

(二) 平行检索表

将每一对相对立的特征编以相同的项号,并列在相邻的两行,项号改变但不退格,每一项的后面注明应查阅的下一项号或所需鉴定的对象。例:

1. 植物体无根、茎、叶的分化,没有胚胎(低等植物) ······························· 2.
1. 植物体有根、茎、叶的分化,有胚胎(高等植物) ······························· 4.
2. 植物体为藻类和菌类所组成的共生体 ··· 地衣植物
2. 植物体不为藻类和菌类所组成的共生体 ··· 3.
3. 植物体内有叶绿素或其他光合色素,为自养生活方式 ················· 藻类植物
3. 植物体内无叶绿素或其他光合色素,为异养生活方式 ················· 菌类植物
4. 植物体有茎、叶而无真根 ··· 苔藓植物
4. 植物体有茎、叶也有真根 ·· 5.
5. 不产生种子,用孢子繁殖 ··· 蕨类植物
5. 产生种子,用种子繁殖 ··· 种子植物

(郭伟娜)

 复习思考题

1. 药用植物分类学的目的是什么?
2. 植物分类的主要单位有哪些?
3. 什么是同名异物和同物异名,造成这种现象的原因是什么?
4. 什么是双名法?什么是定距检索表?什么是平行检索表?
5. 名词解释:种、品种、人为分类系统、自然分类系统。

扫一扫
测一测

第九章

课件
09章PPT

藻 类 植 物

学习要点

1. 藻类植物主要特征和常用藻类植物。
2. 蓝藻门、绿藻门、红藻门、褐藻门的主要特征。

扫一扫
知重点

第一节　藻类植物概述

藻类是一群自养性的原始低等植物,其特征主要为:植物体构造简单,没有根、茎、叶的分化。藻体形态和类型多样,大小差异也很大,单细胞的如小球藻、衣藻等,多细胞呈丝状的如水绵、刚毛藻等,多细胞呈叶状的如海带、甘紫菜等,多细胞呈树枝状的如海蒿子、石花菜等。

藻类植物

藻类植物的细胞内有叶绿素和藻蓝素、藻红素、藻褐素等其他色素,能进行光合作用,是自养植物。由于各种藻类植物细胞内叶绿素和其他色素比例和成分不同,不同种类的藻体呈现不同的颜色。各种藻类通过光合作用制造的养分以及所贮藏的营养物质也是不同的,如蓝藻贮存的是蓝藻淀粉、蛋白质颗粒;绿藻贮存的是淀粉、脂肪;褐藻贮存的是褐藻淀粉、甘露醇;红藻贮存的是红藻淀粉等。

藻类的繁殖方式有营养繁殖、无性生殖和有性生殖三种。营养繁殖是通过细胞分裂或植物体断裂等方式产生。无性生殖的生殖细胞称为孢子,孢子是由一种囊状结构的细胞产生的,称孢子囊。孢子不结合,直接长成一个新个体。有性生殖产生配子,产生配子的囊状结构细胞称配子囊,在一般情况下,配子必须两两结合成为合子,由合子萌发长成新个体,或由合子产生孢子再长成新个体。

藻类植物约有 3 万种,广布于全世界。大多数生活于水中,少数生活于潮湿的土壤、树皮、石头上。藻类植物对于环境条件要求较宽,适应能力较强,有些藻类能在零下数十度的南、北极或终年积雪的高山上生活,也有些蓝藻能在高达 85℃ 的温泉中生活,还有的藻类能与其他生物共生,如藻类与真菌的共生复合体——地衣。

101

第二节　常用药用藻类植物

根据藻类植物细胞所含色素、贮藏物种类以及植物体的形态构造、繁殖方式、鞭毛的有无、数目及着生位置、细胞壁成分等方面的差异,一般将藻类分为八个门:蓝藻门、裸藻门、绿藻门、轮藻门、金藻门、甲藻门、红藻门、褐藻门。现将与药用以及在分类系统上关系较大的四个门简述。

一、蓝藻门

蓝藻是一类原始的低等植物,由单细胞或多细胞组成的群体或丝状体,细胞内无真正的细胞核或没有定形的核。在细胞原生质中央含有 DNA,有核的功能,但无核膜和核仁的结构,为原始核,称原核。蓝藻是原核生物,在进化上比具有真核的细胞低等,因此蓝藻在植物进化系统研究上有着极其重要的地位。蓝藻细胞无质体,色素分散在原生质中,其中含有光合色素。蓝藻的光合色素主要是叶绿素、藻蓝素、藻红素和一些黄色色素,因此藻体多呈蓝绿色,稀呈红色。贮藏营养物质是蓝藻淀粉和蓝藻颗粒体。细胞壁由三到四层构成。绝大多数蓝藻的细胞壁外面都有一层胶质,称胶质鞘,其成分为果胶酸和黏多糖。蓝藻生殖方式主要进行营养繁殖,少数可产生孢子进行无性繁殖。

蓝藻约有 150 属 1500 种,分布很广,主要生活在淡水中,海水中也有分布。

【药用植物】

葛仙米 *Nostoc commune* Vauch. 由许多球形细胞组成不分枝的丝状体,形如念珠状。丝状体外面有一个共同的胶质鞘,形成片状或团块状的胶质体。在丝状体上相隔一定距离产生一个异形胞,异形胞壁厚,与营养细胞相连的内壁为球状加厚,称节球。在两个异形胞之间,或由于丝状体中某些细胞的死亡,将丝状体分成许多小段,每小段形成藻殖段(连锁体)。异形胞和藻殖段的产生,有利于丝状体的断裂和繁殖。分布于各地,生于湿地或地下水位较高的草地上。民间习称"地木耳",可供食用和药用。能清热、收敛、明目。

二、绿藻门

绿藻形态多样,有单细胞体、群体、多细胞丝状体、多细胞叶状体等类型。细胞内都具有真核,有核膜、核仁。具叶绿体,呈多种形态,有的呈杯状,有的为环带状、螺旋带状、星状、网状等,叶绿体中所含的光合色素有叶绿素、胡萝卜素、叶黄素等。贮藏的营养物质是淀粉,多贮存于蛋白核的周围。细胞壁分两层,内层主要是纤维素组成,外层为果胶质,常常黏液化。

绿藻的繁殖方式多种多样,其单细胞藻类依靠细胞分裂,产生各种孢子繁殖;多细胞丝状体靠断裂下来的片段,再长成独立的个体;有的种类在生活史中有明显的世代交替现象,其中有性世代较为明显;水绵、新月藻等具有特殊的有性生殖——接合生殖。

绿藻是藻类植物中最大的一门,约有 350 属,5000~8000 种。多分布于淡水中,如江河、湖泊、沟渠以及陆地阴湿处,有些生于海水中,有的与真菌共生成地衣。

世代交替

【药用植物】

蛋白核小球藻 *Chlorella pyrenoidosa* Chick. 单细胞,细胞球形或卵圆形,不能自由游泳,能随水浮沉,细胞小,细胞壁薄,细胞质内含有一个近似杯状的色素体(载色体)和一个淀粉核。小球藻只能无性繁殖,繁殖时,原生质体在壁内分裂1~4次,产生2~16个不能游动的孢子。这些孢子和母细胞一样,只不过小一些,称似亲孢子。孢子成熟后,母细胞壁破裂散于水中,长成与母细胞同样大小的小球藻。小球藻分布很广,多生于小河、沟渠、池塘中。藻体富含蛋白质,过去被用于治疗水肿、贫血(图9-1)。

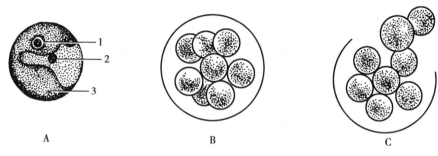

图 9-1　蛋白核小球藻

A. 蛋白核小球藻的构造(1. 淀粉核　2. 细胞核　3. 载色体)　B、C. 似亲孢子的形成和释放

石莼 *Ulva lactuca* L. 由两层细胞构成的膜状体,黄绿色,边缘波状,基部有多细胞的固着器。无性生殖产生具有4条鞭毛的游动孢子;有性生殖产生具有2条鞭毛的配子,配子结合成合子,合子直接萌发成新个体。由合子萌发的植物体,只产生孢子,称孢子体。由孢子萌发的植物体,只产生配子,称配子体。这两种植物体在形态构造上基本相同,只是体内细胞的染色体数目不同而已。由于两种植物体大小一样,所以石莼的生活史是同型世代交替。分布于浙江至海南岛沿海。供食用,称"海白菜"。药用能软坚散结,清热祛痰,利水解毒。

三、红藻门

植物体绝大多数是多细胞的丝状体、叶状体、树枝状等,少数为单细胞或群体。细胞壁两层,内层由纤维素构成,外层为果胶质构成。光合作用色素有藻红素、叶绿素、叶黄素和藻蓝素等,一般藻红素占优势,故藻体呈紫色或玫瑰红色。贮藏营养物质为红藻淀粉和红藻糖。红藻繁殖有营养繁殖、无性生殖和有性生殖。营养繁殖以细胞分裂的方式进行;无性生殖产生无鞭毛的不动孢子;有性生殖是卵式生殖。

红藻门约有558属3740余种,绝大多数分布于海水中,固着于岩石等物体上。

【药用植物】

石花菜 *Gelidium amansii* Lamouroux. 扁平直立,丛生,四至五次羽状分枝,小枝对生或互生。紫红色或棕红色。分布于渤海、黄海、中国台湾省北部。可供提取琼胶(琼脂)用于医药、食品和作细菌培养基。石花菜亦可食用。入药有清热解毒和缓泻作用。

甘紫菜 *Porphyra tenera* Kjellm. 薄叶片状,卵形或不规则圆形,通常高20~30cm,宽10~18cm,基部楔形、圆形或心形,边缘多少具皱褶,紫红色或微带蓝色。分布于辽东半岛至福建沿海,并有大量栽培。全藻供食用。入药能清热利尿,软坚散结,消痰。

药用植物还有**海人草** *Digenea simplex* (Wulf.) C.Ag. 全藻能驱蛔虫、鞭虫、绦虫等(图9-2)。

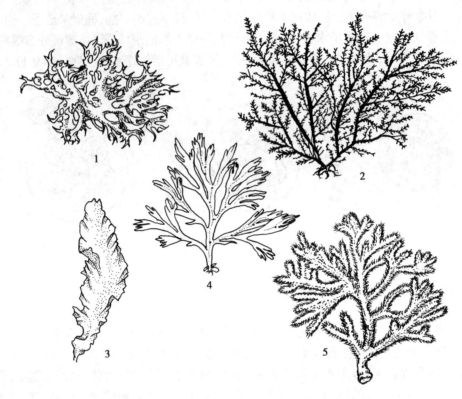

图9-2　常见药用红藻
1.琼枝　2.石花菜　3.甘紫菜　4.鹧鸪菜　5.海人草

四、褐藻门

褐藻都是多细胞植物体,是藻类植物中最高级的一类,藻体大小差异大,小的仅几个细胞组成,大的体长可达数十米至数百米。形态呈丝状、叶状或树枝状,多数藻体内部组织分化成表皮、皮层和髓部。褐藻载色体内含有叶绿素、胡萝卜素和多种叶黄素。由于叶黄素中墨角藻黄素含量最高掩盖了叶绿素,因此植物体常呈褐色。贮藏营养物质为褐藻淀粉、甘露醇、油类等。细胞壁外层为褐藻胶,内层为纤维素。繁殖方式基本与绿藻相似。

褐藻门约有250属1500种,绝大部分生活在海水中。从潮间带一直分布到低潮线下约30m处,是构成海底"森林"的主要类群。

【药用植物】

海带 *Laminaria japonica* Aresch. 为多年生的大型褐藻,整个植物体分为三个部分:根状分枝的固着器、基部细长的带柄和叶状带片。海带的孢子体一般长到第二年的夏末秋初,带片两面的一些细胞发展成为棒状的单室孢子囊,囊内的孢子母细胞经过减数分裂和有丝分裂,产生孢子,孢子成熟后散出,附在岩石上萌发成极小的丝状体——雌雄配子体,雄配子体细胞较小,数目较多,多分枝,分枝顶端的细胞发育成精子囊,每囊产生一个游动精子,雌配子体细胞较大,数目较少,不分枝,顶端的细胞膨大成为卵囊,每囊产生一卵,留在卵囊顶端,游动精子与卵结合成合子,合子逐渐发育成新的孢子体,几个月内即长成大型的海带(图9-3)。海带的孢子体和配子体是异型的,其世代交替称异型世代交替。分布于辽宁、河北、山东沿海。现人工养殖已扩展到广东沿海,其产量居世界首位。海带除食用外,还可作昆布入药,能软坚散结,消痰利水,降血脂,降血压,还能用于治疗缺碘性甲状腺肿大等病。

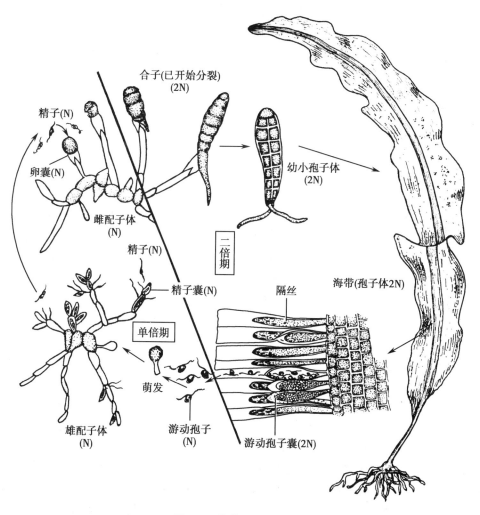

图9-3　海带孢子体全形

（王　悦）

复习思考题

1. 藻类植物有哪些特征?

2. 试比较各门藻类植物光合色素、贮藏营养物质的异同。

3. 名词解释:自养、无性生殖、有性生殖、孢子、配子、孢子体、配子体。

课件
10章PPT

第十章

菌 类 植 物

扫一扫
知重点

🔍 **学习要点**

> 1. 冬虫夏草、灵芝、茯苓的主要特征。
>
> 2. 菌类植物特点。
>
> 3. 真菌的特征。

菌类植物没有根、茎、叶的分化,一般不含叶绿素,也没有质体,营养方式是异养。其异养方式多样,凡从活的动植物体吸收养分的称寄生;从死的动植物或无生命的有机物中吸取养分的称腐生;从活的有机体吸取养分,同时又提供该活体有利的生活条件,从而彼此间互相受益、互相依赖的称共生。菌类在分类上常分为三个门:细菌门、黏菌门和真菌门。本章着重介绍与药用关系最为密切的真菌门。

一、真菌的特征

真菌有细胞壁、细胞核,没有质体,不含叶绿素,因而不能进行光合作用制造养料,营养方式是异养的。真菌的细胞壁主要由几丁质和纤维素组成。贮藏的营养物质是肝糖、脂肪和菌蛋白,而不含淀粉。

真菌除少数种类是单细胞外,绝大多数是由纤细、管状的菌丝构成的。菌丝分枝或不分枝,组成一个菌体的全部菌丝称为菌丝体。真菌的菌丝在正常生长时期,一般是很疏松的,但在环境条件胁迫或繁殖的时候,菌丝相互紧密交织在一起形成各种不同的菌丝组织体。常见的有根状菌索、菌核、子实体和子座。

(1) 根状菌索:高等真菌的菌丝密结成绳索状,外形似根,称根状菌索。能抵抗恶劣环境,环境恶劣时,会停止生长,如引起木材腐烂的担子菌。

(2) 菌核:由菌丝密集成颜色深、质地坚硬的核状体。菌核是渡过不良环境的休眠体,在适宜条件可以萌发为菌丝体或产生子实体,如茯苓。

(3) 子实体:某些高等真菌在生殖时期形成有一定形状和结构、能产生孢子的菌丝组织体。子实体的形态多样,如蘑菇的子实体呈伞状,马勃的子实体近球形。

(4) 子座:容纳子实体的菌丝褥座状结构。子座是从营养阶段到繁殖阶段的一种过渡形式,如冬虫夏草菌从昆虫蝙蝠蛾的幼虫尸体上长出的棒状物就是子座,子座形成以后,其上产生许多子囊壳即子实体,子囊壳中产生子囊和子囊孢子。

真菌的繁殖方式有营养繁殖、无性生殖和有性生殖三种。营养繁殖的方式有菌丝断裂繁殖、分裂繁殖和芽生孢子繁殖;无性生殖通过产生各种类型的孢子,如孢囊孢子、分生孢子等进行繁殖,孢囊孢子是在孢子囊内形成的不动孢子,分生孢子是由分生孢子梗的顶端或侧面产生的一种不动孢子;有性生殖方式复杂多样,有同配生殖、异配生殖、接合生殖、卵式生殖。通过有性生殖也产生各种类型的孢子,如子囊孢子、担孢子等。

根据真菌生殖方式的不同,将真菌分为 5 个亚门,即鞭毛菌亚门、接合菌亚门、子囊菌亚门、担子菌亚门、半知菌亚门。本章只介绍药用较广的子囊菌亚门和担子菌亚门。

二、常见药用真菌

(一)子囊菌亚门

子囊菌亚门是真菌中种类最多的一个亚门,除少数低等子囊菌为单细胞外,绝大多数有发达的菌丝,菌丝具有横隔,并且紧密结合成一定的形状。

子囊菌亚门最主要的特征就是有性生殖产生子囊,内生子囊孢子。子囊是一个囊状的结构物,是两性结合的场所,结合的核经减数分裂,形成子囊孢子。子囊菌的子实体也称为子囊果。其周围包被着菌丝,称为子囊果壁。子囊在子囊果中通常排列成为一层,称为子实层。子实层中间往往杂生不产生孢子的菌丝,称侧丝。子囊果的形态是子囊菌分类的重要依据,常见以下 3 种类型:①子囊盘:子囊果盘状、杯状或碗状,子实层常裸露在外;②子囊壳:子囊果呈瓶状或囊状,先端有一细小开口,常埋于子座中,如冬虫夏草的子囊;③闭囊壳,子囊完全闭合成球形,无开口。

【药用植物】

冬虫夏草 *Cordyceps sinensis* (Berk.) Sacc. 为麦角菌科真菌冬虫夏草菌寄生于昆虫蝙蝠蛾幼体上的子座及幼虫尸体的复合体(图 10-1)。夏秋季节,本菌的子囊孢子由子囊散出后分裂成小段,侵入寄主幼虫体内,并发育成菌丝体。染菌幼虫钻入土中越冬,本菌细胞在虫体内继续发展和蔓延,破坏虫体内部的结构,仅残留外壳,把虫体变成充满菌丝的僵虫,此时虫体内的菌丝变成坚硬的菌核,并以菌核的形式过冬。翌年夏季自幼虫体的头部长出棍棒状的子座,并伸出土层外。子座上端膨大,在表层下面埋有一层子囊壳,壳内生有许多长形的子囊,每个子囊又具有子囊孢子,子囊孢子细长、有多数横隔,它从子囊壳孔口散射出去,又继续侵染新的寄主幼虫。冬虫夏草主产我国西南、西北,分布在海拔 3000m 以上的高山草甸上。带子座的菌核入药,作"冬虫夏草",能补肺益肾,止血化痰。

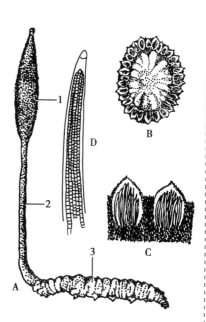

图 10-1 冬虫夏草

A.冬虫夏草全形(1.子座上部 2.子座柄 3.已死的幼虫) B.子座的横切面 C.子囊壳 D.子囊及子囊孢子

(二)担子菌亚门

担子菌亚门是一群寄生或腐生的陆生高等真

菌,全世界有1100属、22 000余种,其中有许多种类可供食用或药用,也有一些是植物的病原菌或有剧毒的真菌。担子菌的菌丝体是由具有横隔并且具有分枝的菌丝组成。在整个发育过程中,产生两种形式不同的菌丝:一种是由担孢子萌发形成具有单核的菌丝,称为初生菌丝;另一种是通过单核菌丝(初生菌丝)的质配接合(细胞质结合而细胞核不结合),而保持双核状态的菌丝,为次生菌丝。次生菌丝双核时期相当长,这是担子菌的特点之一。担子菌最大特点是有性生殖的过程中形成了担子和担子上4个外生孢子担孢子。在形成担子和担孢子的过程中,菌丝顶端细胞壁上生出一个喙状突起,突起向下弯曲,形成一种特殊的结构,称锁状联合。在锁状联合的过程中,细胞内二核经过一系列的变化由分裂到融合,形成一个二倍体(2n)的核,此核经二次分裂,其中一次为减数分裂,于是产生4个单倍体(n)子核。这时顶端细胞膨大成为担子,担子上生出4个小梗,4个小核分别各移入小梗内,发育成4个孢子——担孢子。产生担孢子的结构复杂的菌丝体称担子果,为担子菌的子实体。其形态、大小,颜色各不相同,有伞状、扇状、球状、头状、笔状等形状。其中最常见的一类是伞菌类,蘑菇、香菇即属此类。

【药用植物】

茯苓 *Poria cocos*(Schw.)Wolf. 属多孔菌科。菌核近球形、椭圆形或不规则块状,大小不一,小者如拳,大者可达数千克(图10-2)。表面粗糙,呈瘤状皱缩,灰棕色或黑褐色;内部白色或略带粉红色,由无数菌丝及贮藏物质聚集而成。子实体无柄,平伏于菌核表面,呈蜂窝状,幼时白色,成熟后变为浅褐色,孔管单层,管口多角形至不规则形,孔管内壁着生棍棒状的担子,担孢子长椭圆形到近圆柱形,壁表平滑,透明无色。全国大部分地区均有分布,现多栽培。寄生于赤松、马尾松、黄山松、云南松等的根上。菌核入药作"茯苓",能利水渗湿,健脾宁心。

灵芝 *Ganoderma lucidum*(Leyss. ex Fr.)Karst. 属多孔菌科,为腐生真菌。子实体木栓质,由菌盖和菌柄组成(图10-3)。菌盖半圆形或肾形,初生黄色后渐变成红褐色,具同心圆环和辐射状皱纹,外表有漆样光泽,菌盖下面有许多小孔,呈白色或淡褐色,为孔管口。菌柄生于菌盖的侧方。孢子卵形,褐色,内壁有无数小疣。我国许多省区有

图10-2 茯苓(菌核)外形

图10-3 灵芝
1.子实体 2.孢子

分布,生于栎树及其他阔叶树的腐木上。商品药材多系人工栽培。子实体入药作"灵芝",能补气安神,止咳平喘。

（王 悦）

 复习思考题

扫一扫
测一测

1. 名词解释:异养、寄生、腐生、共生、根状菌索、菌核、子实体、子座。
2. 真菌有哪些基本特征?
3. 简述冬虫夏草的形成过程。
4. 指出茯苓、灵芝植物形态特征。

第十一章

地衣植物门

扫一扫
知重点

地衣植物

学习要点

1. 地衣植物主要特征。
2. 松萝的主要特征。

地衣是一类特殊的生物有机体,它是由一种真菌和一种藻类高度结合的共生复合体。组成地衣的真菌绝大多数为子囊菌,少数为担子菌。与其共生的藻类是蓝藻和绿藻。蓝藻中常见念珠藻属,绿藻有共球藻属、橘色藻属等。真菌是地衣体的主导部分。地衣复合体的大部分由菌丝交织而成,中间疏松,表层紧密,藻类细胞在复合体的内部,进行光合作用,为整个地衣植物体制造有机养分。菌类则吸收水分和无机盐,为藻类植物进行光合作用提供原料,使植物体保持一定的湿度,不至于干死。

根据地衣的形态,可分为三种类型:①壳状地衣,植物体为具有各种颜色的壳状物,菌丝与树干或石壁等基质紧贴,不易分离,如茶渍衣属、文字衣属;②叶状地衣,植物体扁平叶片状,有背腹性,以假根或脐固着在基物上,易剥离,如石耳属、梅衣属;③枝状地衣,植物体树枝状、丝状,直立或悬垂,仅基部附着在基物上,如石蕊属、松萝属等。

地衣的耐旱性和耐寒性很强。干旱时休眠,雨后即恢复生长。全世界地衣植物约有 500 属,26 000 种,它们分布极为广泛,从南北两极到赤道,从高山到平原,从森林到荒漠,都有分布。地衣是喜光植物,要求空气新鲜,在人口稠密、污染严重的地方,往往见不到地衣,因此,地衣是检测环境污染程度的指示植物。

拓展阅读

地衣对岩石的风化和土壤的形成具有一定的作用,是自然界的先锋植物之一。地衣含地衣酸、地衣淀粉及其他多种独特的化学成分,有的可以食用或作为饲料,有的可供药用或作试剂、香精的原料。

【药用植物】

节松萝 *Usnea diffracta* Vain. 属于松萝科。植物体丝状,长 15~30cm,二叉分枝,基部较粗,分枝少,先端分枝多。表面灰黄绿色,具光泽,有明显的环状裂沟,横断面中央有韧性丝状的中轴,具弹性,由菌丝组成,其外为藻环,常由环状沟纹分离或成短筒状。菌层产生少数子囊果,子囊果盘状,褐色,子囊棒状,内生 8 个椭圆形子囊孢子。分布全国大部分省区。生于深山老林树干上或岩壁上。含有松萝酸、环萝酸、地衣聚糖。松萝酸有抗菌作用。全草入药,能止咳平喘,活血通络,清热解毒。

同属植物**长松萝** *Usnea longissima* Ach. 全株细长不分枝,体长 20~100cm,两侧密生细而短的侧枝,形似蜈蚣。分布全国大部分地区,功用同节松萝(图 11-1)。

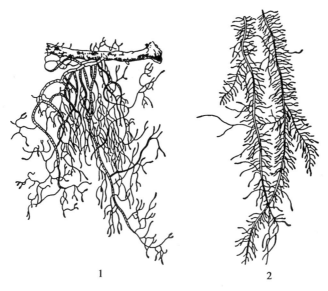

图 11-1　两种松萝
1. 节松萝　2. 长松萝

知识链接

地衣的次生代谢产物

　　由于地衣共生的特殊性,地衣的次生代谢产物构成了天然有机化合物中独特的类群,主要为缩酚酸类及其衍生物、蒽醌类、脂肪酸类、萜类、甾体类等。其中,缩酚酸类及其衍生物为地衣共生体特有的化学成分,由乙酸—丙二酸代谢途径形成,基本骨架为 2~3 个地衣酚或一地衣酚型的多酚酸类单元通过酯键、醚键或碳—碳键连接而成。包括缩酚酸、缩酚酸环醚、缩酚酮、二苯并呋喃(包括松萝酸)等结构类型。到目前为止,已分离鉴定约 800 余个地衣代谢产物。

(王　悦)

复习思考题

　　1. 为什么说地衣是一类特殊的有机体?

　　2. 地衣类植物按形态分为哪几类?

第十二章

苔藓植物门

苔藓植物是最低等的高等植物,是一类自养性的陆生植物。苔藓植物一般较小,常见的有两种类型;一种是苔类,保持叶状体的形状;另一种是藓类,开始有类似茎叶的分化。茎内组织分化水平不高,仅有皮部和中轴的分化,没有真正的维管组织。叶多数是由一层细胞组成,既能进行光合作用,也能直接吸收水分和养料。苔藓植物没有真根,只有假根(具有固着植物体和微弱的吸收功能的根样结构,仅由表皮突起的单细胞或单列的多细胞构成的丝状体,无组织的分化)。

苔藓植物的生活史具有明显的世代交替。常见的植物体是它的配子体,由孢子萌发到形成配子体,配子体产生雌雄配子,这一阶段为有性世代;从受精卵发育成胚,由胚发育形成孢子体的阶段称无性世代。有性世代和无性世代互相交替形成了世代交替。

苔藓植物在有性生殖时,在配子体(n)上产生由多细胞构成的精子器和颈卵器。颈卵器的外形如瓶状,上部细狭称颈部,中间有 1 条沟称颈沟,内有一列颈沟细胞,下部膨大称腹部,中间有 1 个大形的卵细胞(n)。精子器外形一般呈棒状、卵状或球状,内具有多数精子(n),精子有两条鞭毛,可借水游到颈卵器内与卵结合,卵细胞受精后成为合子($2n$),合子在颈卵器内发育成胚(胚的分化是植物界系统演化中的重要阶段,从苔藓植物始出现胚的构造,至蕨类和种子植物均为有胚植物,称高等植物)。胚依靠配子体的营养发育成孢子体($2n$),孢子体主要由孢蒴、蒴柄和基足三部分组成。孢子体最主要部分是孢蒴,孢蒴内的孢原组织经多次分裂再经减数分裂,形成孢子(n),散出后,在适宜的环境中萌发成新的配子体。

苔藓植物的配子体,能进行光合作用,制造有机物质,能独立生活,在世代交替中处于主导地位。而孢子体不能独立生活,只能寄生在配子体上,这是苔藓植物与其他高等陆生植物的最大区别。

苔藓植物一般生长在阴暗潮湿的环境中,尤其在山区林地和急流的岩石上常见,是从水生到陆生的过渡类型的代表。苔藓植物含有多种化合物:脂类、烃类、脂肪酸、萜类、黄酮类等。

【药用植物】

地钱 *Marchantia polymorpha* L. 属于苔纲,地钱科。植物体为绿色扁平二分叉的叶状体,匍匐生长,有背腹之分。在背面可见表皮上有许多菱形或六角形的气室,室中央具一白色小点即气孔,腹面具紫色鳞片及假根。

地钱的无性繁殖:一种是由叶状体凹陷处的生长点不断地向前生长和分叉,后面老的叶状体逐渐死去;另一种是在叶状体上面产生胞芽杯,胞芽杯中有胞芽,胞芽成熟落地,萌发成新的叶状体。

地钱的有性生殖:地钱的配子体是雌雄异株,在雌配子体上产生伞状的雌器托,其上倒悬着颈卵器。雄配子体上产生圆盘状的雄器托,上生精子囊,精子囊内产生螺旋状具两根鞭毛的精子,精子在有水的条件下,游入颈卵器与卵结合。受精卵在颈卵器内发育成胚,由胚长成孢子体——苔蒴(包括球形的孢蒴、蒴柄和基足),苔蒴依附在配子体上。孢子成熟,借弹丝弹出,先萌发成原丝体,再发展成为叶状的配子体。

地钱分布于全国各地。生于阴湿土壤和岩石上。全株含莽草酸,叶状体能清热解毒、祛瘀生肌,可治黄疸性肝炎、疮痈肿毒、毒蛇咬伤等(图 12-1)。

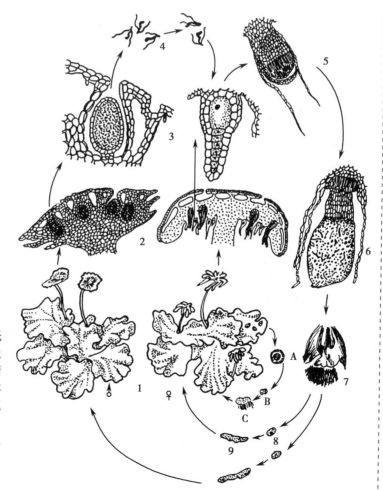

图 12-1　地钱的生活史
1. 雌雄配子体　2. 雌器托和雄器托　3. 颈卵器及精子器　4. 精子　5. 受精卵发育成胚　6. 孢子体
7. 孢子体成熟后散发孢子　8. 孢子　9. 原丝体
A. 胞芽杯内胞芽成熟　B. 胞芽脱离母体　C. 胞芽发育成新植物体

大金发藓(土马鬃) *Polytrichum commune* L. ex Hedw. 属于藓纲，金发藓科。植物体(配子体)高 10~30cm，常丛集成大片群落。幼时深绿色，老时呈黄褐色。有茎、叶分化；茎直立，下部有多数假根；叶丛生于茎上部，渐下渐稀而小，鳞片状，长披针形，边缘有齿，中肋突出，由几层细胞构成，叶缘则由一层细胞构成，叶基部鞘状。雌雄异株，颈卵器和精子器分别生于雌雄配子体茎顶。早春，精子器中的成熟精子，在水中游动，与颈卵器中的卵细胞结合，成为合子，合子在颈卵器中发育成胚，由胚发育成孢子体。孢子体的基足伸入颈卵器中，吸收营养；蒴柄长；孢蒴四棱柱形，孢蒴内形成大量孢子，孢子萌发成原丝体，原丝体上的芽长成配子体(即植物体)。全国均有分布，生于阴湿的山地及平原。全株含脂类化合物，全草入药，能清热解毒，凉血止血(图 12-2)。

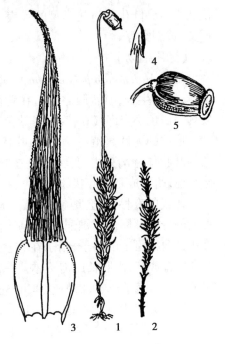

图 12-2　大金发藓
1. 雌株　2. 雄株　3. 叶腹面观　4. 具蒴帽的孢蒴　5. 孢蒴

相关链接

苔藓类植物药用历史

苔藓类作为药材应用于医药在古今均有记载。梁朝陶弘景所著《名医别录》上记载有"垣衣"，11 世纪中期《嘉祐本草》收载"土马鬃；所在背阴古墙垣上有之。岁多雨则茂盛……此物生垣墙之上，比垣衣更长，大抵苔之类也。"明代李时珍的《本草纲目》也记载了少数苔藓植物可以供药用。清朝吴其濬的《植物名实图考》中称大叶藓为"一把伞"，并云其"壮元阳，强腰肾"，可见我国应用苔藓药物已有悠久的历史。

(罗卫梅)

扫一扫
测一测

复习思考题

1. 苔藓植物的主要特征是什么？
2. 为什么说苔藓植物是高等植物？
3. 主要药用植物地钱和大金发藓的主要特征及功效是什么？

第十三章

蕨类植物门

课件
13章PPT

扫一扫
知重点

蕨类植物的
特征

 学习要点

1. 蕨类植物的特征。

2. 蕨类植物的生活史。

3. 蕨类植物主要药用植物的特征及功效。

第一节　蕨类植物概述

蕨类植物是具有维管组织的最原始的高等植物,因其具有独立生活的配子体和孢子体而不同于其他高等植物。孢子体产生孢子,配子体具有精子器和颈卵器。但蕨类植物的孢子体远比配子体发达,并有根、茎、叶的分化和较为原始的维管系统,这些特征又和苔藓植物不同。蕨类植物产生孢子,不产生种子,而不同于种子植物。因此,蕨类植物是介于苔藓植物和种子植物之间的一群植物,它较苔藓植物进化,而较种子植物原始,既是高等的孢子植物,又是原始的维管植物。

一、蕨类植物的特征

1. **蕨类植物的孢子体**　蕨类植物的孢子体发达,有根、茎、叶的分化,大多数的蕨类植物为多年生草本,仅少数为一年生。

（1）根:通常为不定根,形成须根状。

（2）茎:大多数为根状茎,匍匐生长或横走。少数具地上茎,直立成乔木状。茎上通常被有膜质鳞片或毛茸,鳞片上常有粗或细的筛孔,毛茸有单细胞毛、腺毛、节状毛、星状毛等。木质部中主要为管胞和木薄壁细胞,韧皮部中主要为筛胞和韧皮薄壁细胞,一般无形成层。

（3）叶:蕨类植物的叶多从根状茎上长出,有簇生、近生或远生的,幼时大多数呈拳曲状,是原始的性状。根据叶的起源及形态特征,可分为小型叶和大型叶两种。小型叶没有叶隙和叶柄,仅具1条不分枝的叶脉,如石松科、卷柏科、木贼科等植物的叶。大型叶具叶柄,有或无叶隙,有多分枝的叶脉,是进化类型的叶,如真蕨类植物的叶,有单叶和复叶两类。

蕨类植物的叶根据功能又可分成孢子叶和营养叶两种。孢子叶是指能产生孢子囊和孢子的叶,又称能育叶;营养叶仅能进行光合作用,不能产生孢子囊和孢子,又称不育叶。有些蕨类植物的孢子叶和营养叶不分,既能进行光合作用,制造有机物,又能产生孢子囊和孢子,叶的形状也相同,称同型叶,如常见的贯众、鳞毛蕨、石韦等;另外,在同一植物体上,具有两种不同形状和功能的叶,即营养叶和孢子叶,称异型叶,如荚果蕨、槲蕨、紫其等。

(4) 孢子囊:在小型叶蕨类植物中,孢子囊单生于孢子叶的近轴面叶腋或叶的基部,通常很多孢子叶紧密地或疏松地集生于枝的顶端形成球状或穗状,称孢子叶球或孢子叶穗,如石松和木贼等。大型叶蕨类不形成孢子叶穗,孢子囊也不单生于叶腋处,而是由许多孢子囊聚集成不同形状的孢子囊群或孢子囊堆,生于孢子叶的背面或边缘。孢子囊群有圆形、长圆形、肾形、线形等形状,孢子囊群常有膜质盖,称为囊群盖。孢子囊的细胞壁由单层或多层细胞组成,在细胞壁上有不均匀的增厚形成环带。环带的着生位置有多种形式,如海金沙的顶生环带、芒萁的横行中部环带、金毛狗脊的斜行环带等。孢子囊成熟时,环带因干燥收缩,能使孢子囊开裂,故这些环带对于孢子的散布有重要作用(图 13-1)。

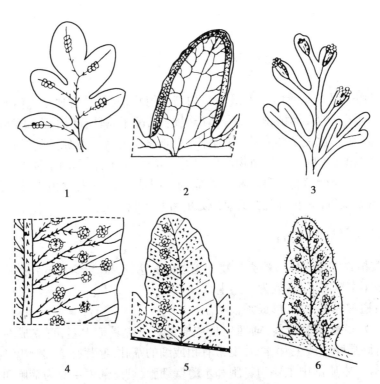

图 13-1 蕨类植物孢子囊群的类型

1.无盖孢子囊群 2.边生孢子囊群 3.顶生孢子囊群 4.有盖孢子囊群

5.脉背生孢子囊群 6.脉端生孢子囊群

（5）孢子：多数蕨类植物产生的孢子形态大小相同，称孢子同型，少数蕨类植物产生的孢子大小不同，有大孢子和小孢子的区别，称孢子异型。产生大孢子的囊状结构称大孢子囊，产生小孢子的称小孢子囊，大孢子萌发形成雌配子体，小孢子萌发形成雄配子体。无论是同型孢子还是异型孢子，均可分为两面形、四面形或球状四面形三种（图 13-2）。

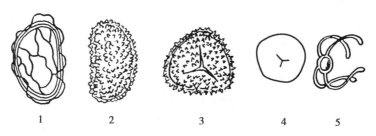

图 13-2　孢子的类型
1. 两面形孢子　2、3. 四面形孢子　4. 球状四面形孢子　5. 具弹丝孢子

（6）孢子体内维管组织：蕨类植物的孢子体内有了明显的维管组织的分化，形成了各种类型的中柱，主要有原生中柱、管状中柱、网状中柱和散状中柱等，其中原生中柱为原始类型，仅由木质部和韧皮部组成，无髓部，无叶隙。原生中柱包括单中柱、星状中柱、编织中柱。管状中柱包括外韧管状中柱、双韧管状中柱。网状中柱、真中柱和散在中柱是进化程度最高的类型，在种子植物中常见。蕨类植物的各种中柱类型，常是蕨类植物鉴别的依据之一（图 13-3）。

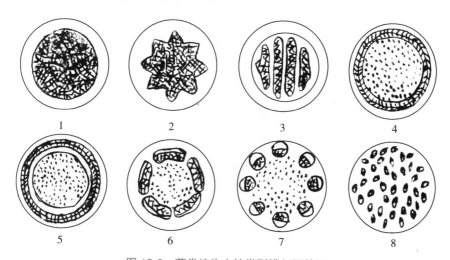

图 13-3　蕨类植物中柱类型横剖面简图
1. 单中柱　2. 星状中柱　3. 编织中柱　4. 外韧管状中柱　5. 双韧管状中柱　6. 网状中柱　7. 真中柱　8. 散状中柱

2. 蕨类植物的配子体　蕨类植物的孢子成熟后散落在适宜的环境里萌发成一片细小的呈各种形状的绿色叶状体，称为原叶体，这就是蕨类植物的配子体，大多数蕨类植物的配子体生于潮湿的地方，具背腹性，能独立生活。当配子体成熟时大多数在同一配子体的腹面产生有性生殖器官，即精子器和颈卵器。精子器内生具鞭毛的精

子,颈卵器内有一个卵细胞,精卵成熟后,精子由精子器逸出,以水为媒介进入颈卵器内与卵结合,受精卵发育成胚,由胚发育成孢子体,幼胚暂时寄生在配子体上,长大蕨类植物具有明显的世代交替,从单倍体的孢子开始,到配子体上产生精子和卵,这一阶段为单倍体的配子体世代(有性世代),从受精卵开始,到孢子体上产生的孢子囊中孢子母细胞在减数分裂之前,这一阶段为二倍体的孢子体世代(无性世代)。这两个世代有规律地交替完成其生活史。

蕨类和苔藓植物生活史最大不同有两点:一为孢子体和配子体都能独立生活;另一为孢子体发达,配子体弱小,生活史中孢子体占优势,为异型世代交替(图13-4)。

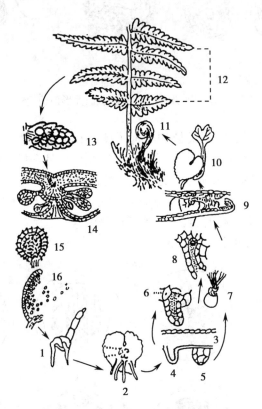

图13-4 蕨类植物生活史

1.孢子萌发 2.配子体 3.配子体切面 4.颈卵器 5.精子器 6.雌配子(卵)
7.雄配子(精子) 8.受精作用 9.合子发育成幼孢子体 10.新孢子体 11.孢子体
12.蕨叶一部分 13.蕨叶上孢子囊群 14.孢子囊群切面 15.孢子囊 16.孢子囊开裂及孢子散出

二、蕨类植物的化学成分

蕨类植物的化学成分复杂,研究和应用越来越广,主要包括有生物碱类、酚类化合物、黄酮类、甾体及三萜类化合物和其他成分。

第二节　常用药用蕨类植物

过去通常将蕨类植物门下分为五个纲:松叶蕨纲、石松纲、水韭纲、木贼纲、真蕨纲。前四个纲都是小型叶蕨类,是一些较原始而古老的类群,现存的较少。真蕨纲是大型叶蕨类,是最进化的蕨类植物,也是非常繁茂的蕨类植物。1978 年我国蕨类植物学家秦仁昌教授把五个纲提升为五个亚门。

1. 石松科 Lycopodiaceae　陆生或附生多年生草本。根不发达;茎直立或匍匐,多二叉分枝;叶小型,单叶,钻形,线形至披针形,有中脉,螺旋状或轮状排列。孢子叶穗顶生于茎端,孢子囊肾状,横卧于叶腋内。孢子同型,球状四面形。

【药用植物】

蕨类植物

石松 *Lycopodium japonicum* Thunb. 多年生草本,匍匐茎蔓生,直立茎高 15~30cm,二叉分枝。叶小,线状钻形,螺旋状排列。孢子枝高出营养枝。阔卵形的孢子叶聚生枝顶,形成孢子叶穗,孢子叶穗长 2~5cm,单生或 2~6 个着生于孢子枝顶端,孢子囊肾形,黄色,孢子为三棱状锥形(图 13-5)。分布于东北、内蒙古、河南及长江流域以南地区。生于林下阴坡的酸性土壤上。全草入药,作"伸筋草",能祛风散寒,舒筋活络,利尿通经。

图 13-5　石松
1.植株一部分　2.孢子叶和孢子囊　3.孢子

2. 卷柏科 Selaginellaceae.　陆生植物,多年生小型草本,茎通常背腹扁平,横走。叶小型、螺旋排列或排成 4 行,单叶,鳞片状,有中脉,腹面基部有一叶舌,舌状或扇状,通常在成熟时即脱落。孢子叶穗四棱柱形或扁圆形。孢子囊二型,单生于叶腋之基部。孢子异型,大孢子囊内含大孢子 4 枚,小孢子囊内含小孢子多数,均为球状四面形。

【药用植物】

卷柏 *Selaginella tamariscina* (Beauv.) Spring. 多年生直立草本,全株莲座状,干燥时枝叶向顶上卷缩。主茎短,下生多数须根,上部分枝多而丛生。叶鳞片状,有中叶(腹叶)与侧叶(背叶)之分,覆瓦状排成 4 列。孢子叶穗着生枝顶,四棱形,孢子囊圆肾形,二型,孢子有大小之分(图 13-6)。全国分布。生向阳山地或岩石。全草入药,作"卷柏",生用能活血通经,卷柏炭化瘀止血。

3. 木贼科 Equisetaceae　多年生草本。根状茎长而横走,茎细长,直立,节明显,节间常中空,分枝或不分枝,表面粗糙,富含硅质,有多条纵脊和沟。叶小,鳞片状,轮生,基部连合成鞘状(鞘筒),前段分裂呈齿状(鞘齿)。孢子叶盾形,轮生,每个孢子叶

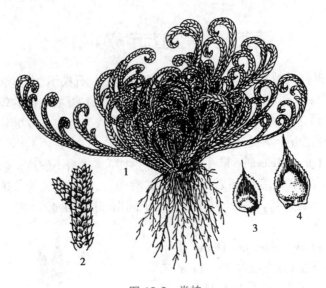

图 13-6　卷柏

1. 植株　2. 孢子叶穗　3. 小孢子叶及小孢子囊　4. 大孢子叶及大孢子囊

下面生有 5~10 个孢子囊,在小枝顶端排成穗状;孢子圆球形,表面着生十字形弹丝 4 条。

【药用植物】

木贼 *Equisetum hiemale* L. 多年生草本。茎直立,单一不分枝、中空,棱脊 20~30 条,棱脊上疣状突起 2 行,极粗糙(图 13-7)。叶鞘基部和鞘齿成黑色两圈。孢子叶穗生于茎顶,长圆形,孢子同型。分布于东北、华北、西北、四川等省区。

生于山坡湿地或疏林下。干燥地上部分入药,作"木贼",能疏散风热,明目退翳。

4. **紫萁科** Osmundaceae　多年生草本,根茎粗短直立,无鳞片。叶片幼时被有棕色腺状绒毛,老时光滑,一至二回羽状,叶脉分离,二叉分枝。孢子囊生于强烈收缩变形的孢子叶羽片边缘,孢子囊顶端有几个增厚的细胞,自腹面纵裂。孢子为圆球状四面形。

【药用植物】

图 13-7　木贼

1. 植株　2. 孢子叶穗

紫萁 *Osmunda japonica* Thunb. 多年生草本。根状茎短粗,有残存叶柄,无鳞片。叶丛生,二型,幼时密被绒毛,营养叶三角状阔卵形,顶部一回羽状,其下为二回羽状,小羽片披针形至三角状披针形,叶脉两面明显,直中肋斜向上,二回分歧,小脉平行,达于锯齿;孢子叶小羽片狭窄,卷缩成线形,沿主脉两侧密生孢子囊,成熟后枯死(图 13-8)。分布于秦岭以南温带及亚热带地区,生于山坡林下、溪边、山脚路旁酸性土壤中。根状茎及叶柄残基入药,作"贯众"用,能清热解毒,止血杀虫,有小毒。

5.海金沙科 Lygodiaceae 陆生缠绕植物。根状茎横走,有毛,无鳞片。叶轴细长,缠绕着生,羽片一至二回,二叉状或一至二回羽状复叶,近二型,不育叶羽片通常生于叶轴下部,能育叶羽片生于上部,孢子囊生于能育叶羽片边缘的小脉顶端,排成两行,成穗状;孢子囊梨形,横生短柄上。环带顶生。孢子四面形。

【药用植物】

海金沙 *Lygodium japonicum*(Thunb.)Sw. 缠绕草质藤本。根茎横走,有黑褐色节毛。叶二型,能育叶羽片卵状三角形,不育叶羽片三角形,二至三回羽状,小羽片 2~3 对;孢子囊穗生于孢子叶羽片的边缘,暗褐色,无毛,排列成流苏状;孢子表面有疣状突起(图 13-9)。分布于长江流域及南方各省区。

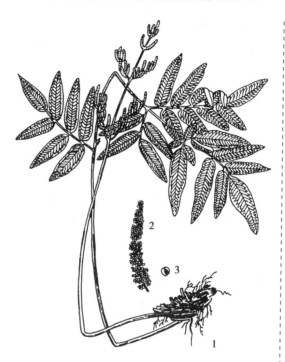

图 13-8 紫萁
1.植株 2.孢子叶及孢子囊 3.孢子

多生于山坡林边、灌木丛、草地中。干燥成熟孢子入药,作"海金沙",能清利湿热,通淋止痛。

6.蚌壳蕨科 Dicksoniaceae 植株高大,小树状,主干粗大,或短而平卧,根状茎密被金黄色长柔毛,无鳞片。叶片大,三至四回羽状,革质;叶脉分离;叶柄长而粗。孢

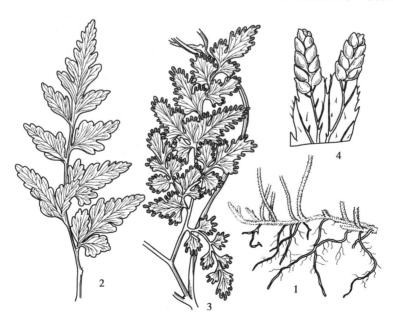

图 13-9 海金沙
1.地下茎 2.不育叶(营养叶) 3.地上茎及孢子叶 4.孢子囊穗放大

121

子囊群生于叶背面,囊群盖两瓣开裂,形似蚌壳状,革质;孢子囊梨形,环带稍斜生,有柄。孢子四面形。

【药用植物】

金毛狗脊 *Cibotium barometz* (L.) J.Sm. 植株呈树状,高2~3m,根状茎粗壮,木质,密生黄色有光泽的长柔毛,状如金毛狗。叶片三回羽状分裂,末回小羽片狭披针形;侧脉单一,或二分叉,孢子囊群生于小脉顶端,每裂片1~5对,囊群盖二瓣裂,呈蚌壳状(图13-10)。分布于我国南部及西南部。生于山脚沟边及林下阴湿处酸性土壤中。根状茎入药,作"狗脊",能补肝肾,强腰脊,祛风湿。

7. 凤尾蕨科 Pteridaceae 陆生草本。根状茎直立或横走,外被有关节毛或鳞片。叶同型或近二型,叶片一至二回羽状分裂,稀掌状分裂,叶脉分离;有柄。孢子囊群生于叶背边缘或缘内。囊群盖膜质,由变形的叶缘反卷而成,线形,向内开口;孢子囊有长柄,孢子四面形或两面形。

【药用植物】

凤尾草(井栏边草) *Pteris multifida* Poir. 多年生草本。根状茎短而直立,先端被钻形黑褐色鳞片。叶多数,密而簇生,草质,明显二型;能育叶长卵形,一回羽状,除基部一对叶有柄外,其余各对基部下延,在叶轴两侧形成狭羽,羽片或小羽片条形,仅不育部分具锯齿,余全缘;不育叶的羽片或小羽片较宽,边缘有不整齐的尖锯齿。孢子囊群线形,沿叶边连续分布(图13-11)。分布于我国华东、中南、西南等省区。生于墙壁、井边及石灰岩缝隙或灌丛下。全草入药,作"凤尾草",清热利湿,解毒止痢,凉血止血。

8. 鳞毛蕨科 Dryopteridaceae 陆生,中小形植物。根状茎直立或短而斜生,稀长而横走,连同叶柄多被鳞片。网状中柱。叶轴上面有纵沟,叶片一至多回羽状。孢子囊群背生或顶生于小脉,囊群盖盾形或圆形,有时无盖。孢子两面形,表面有疣状突起或有翅。

【药用植物】

粗茎鳞毛蕨(绵马鳞毛蕨) *Dryopteris crassirhizoma* Nakai. 多年生草本。根状茎直

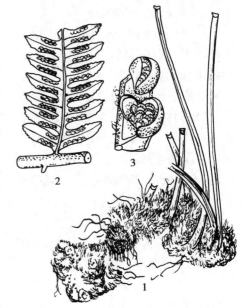

图 13-10 金毛狗脊
1. 根茎及叶柄的一部分 2. 羽片的一部分,示孢子囊堆着生部位 3. 孢子囊群及盖

图 13-11 井栏边草
1. 植株 2. 孢子囊 3. 孢子叶

立,连同叶柄密生棕色大鳞片。叶簇生,二回羽裂,裂片紧密,短圆形,圆头,叶轴上被有黄褐色鳞片(图 13-12)。侧脉羽状分叉,孢子囊群分布于叶片中部以上的羽片上,生于小脉中部以下,每裂片 1~4 对,囊群盖肾圆形,棕色。分布于东北及河北省。生于林下潮湿处。根状茎及叶柄残基作"绵马贯众"入药,能清热解毒,杀虫,其炮制品绵马贯众炭能收涩止血。

9. 水龙骨科 Polypodiaceae　陆生或附生。根状茎横走,被阔鳞片。叶同型或二型;叶柄与根状茎有关节相连;单叶,全缘或羽状半裂至一回羽状分裂;网状脉。孢子囊群圆形或线形,或有时布满叶背,无囊群盖;孢子囊梨形或球状梨形;孢子两面形。

【药用植物】

石韦 *Pyrrosia lingua* (Thunb.) Farwell. 多年生草本,高 10~30cm。根状茎横走,密生褐色针形鳞片。叶远生,叶片披针形,下面密被灰棕色星状毛;叶柄基部有关节。孢子囊群在侧脉间紧密而整齐地排列,初为星状毛包被,成熟时露出。无囊群盖(图 13-13)。分布于长江以南各省,生于岩石或树干上。叶入药,作"石韦",能利尿通淋,清肺止咳,凉血止血。

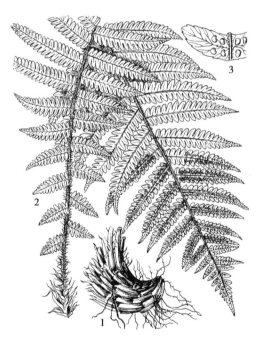

图 13-12　绵马鳞毛蕨
1. 根状茎　2. 叶　3. 羽片一部分,示孢子群囊

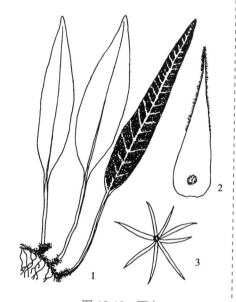

图 13-13　石韦
1. 植株　2. 根茎鳞片　3. 叶背星状毛

10. 槲蕨科 Drynariaceae　陆生或附生。根状茎横走,肉质;密被棕褐色鳞片;鳞片通常大而狭长,基部盾状着生,边缘有睫毛状锯齿。叶常二型,基部不以关节着生于根状茎上;叶片深羽裂或羽状,叶脉粗而明显,一至三回形成大小四方形的网眼。孢子囊群不具囊群盖。孢子囊和孢子同水龙骨科。

【药用植物】

槲蕨 *Drynaria fortunei* (Kunze.) J.Sm. 多年生草本。根状茎肉质横走,密生钻状披

针形鳞片,边缘流苏状。叶二型,营养叶棕黄色,革质,卵圆形,羽状浅裂,无柄,覆瓦状叠生在孢子叶柄的基部;孢子叶绿色,长椭圆形,羽状深裂,裂片 7~13 对,基部裂片缩短成耳状;叶柄短,有狭翅。孢子囊群圆形,生于叶背主脉两侧,各成 2~3 行,无囊群盖(图 13-14)。分布于中南、西南地区及中国台湾省、福建、浙江等省。附生于岩石或树上。根状茎入药作"骨碎补",能疗伤止痛,补肾强骨;外用消风祛斑。

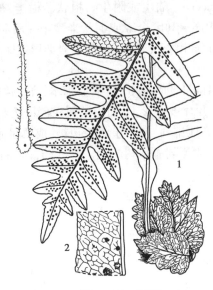

图 13-14 槲蕨
1. 植株全形 2. 叶片的一部分示叶脉及孢子囊群位置
3. 地上茎的鳞片

知识链接

中国蕨类植物学的奠基人——秦仁昌(1898—1986)

秦仁昌,植物学家。中国蕨类植物学的奠基人,世界著名的蕨类植物系统学家。从事蕨类植物学研究 60 年,1940 年发表的《水龙骨科的自然分类》对国际蕨类植物学界产生了历史性的影响,其科属概念大都被世界蕨类植物学家所采用;1978 年发表的新系统,形成了秦仁昌系统学派;1959 年编辑出版的《中国植物志》(第二卷),是《中国植物志》这部历史性巨著的第一本,为其他卷册的编写起了典范作用,对发展中国和世界的植物系统学作出了重要贡献。

(罗卫梅)

复习思考题

1. 名词解释:同型叶、异型叶、孢子叶、营养叶。
2. 蕨类植物的主要特征是什么?
3. 蕨类植物孢子囊壁环带主要有哪几种着生方式?
4. 为什么说蕨类植物比苔藓植物更加高等和复杂?
5. 描述石松、海金沙、金毛狗脊、石韦、槲蕨等蕨类植物的形态特征及功效。

第十四章

课件
14章PPT

裸子植物门

学习要点

1. 裸子植物门的概念及主要特征。

2. 银杏科、松科、麻黄科的特征和药用植物。

3. 柏科、红豆杉科的主要特征。

4. 识别裸子植物门的常见药用植物。

扫一扫
知重点

第一节　裸子植物概述

裸子植物同苔藓植物和蕨类植物,都属于颈卵器植物,又是能产生种子的高等植物,是介于蕨类和被子植物之间的维管植物。裸子植物的胚珠外面没有子房壁包被,种子发育成熟后没有果皮包被,种子是裸露的,故称裸子植物。因能产生种子,故与被子植物合称为种子植物。

裸子植物最早出现于距今约3亿5千万年前的泥盆纪,繁盛于古生代末期的二叠纪至中生代的白垩纪早期。现存裸子植物广布世界各地,特别是北半球亚热带高山地区及温带至寒带地区,常形成大面积的森林。

一、裸子植物的形态特征

1. 植物体(孢子体)发达　多为乔木、灌木,稀为亚灌木(如麻黄)或藤本(如买麻藤),大多数是常绿植物,极稀为落叶性(如银杏、金钱松),茎内维管束环状排列,有形成层及次生生长,但木质部仅有管胞,而无导管(除麻黄科、买麻藤科外),韧皮部有筛胞而无伴胞。叶为针形、条形或鳞形,极少为扁平形的阔叶(如银杏)。根须发达,多为直根系。

2. 胚珠裸露,产生种子　花被常缺,仅麻黄科、买麻藤科有类似于花被的盖被(假花被),雄蕊(小孢子叶)聚生成小孢子叶球(雄球花),雌蕊的心皮(大孢子叶)呈叶状而不包卷形成子房,丛生或聚生成大孢子叶球(雌球花),胚珠裸生于心皮的边缘,经过传粉、受精后发育成种子,种子外无子房壁形成的果皮包被,所以称裸子植物,这是与被子植物的主要区别。

3. 配子体非常退化,完全寄生在孢子体上　雄配子体是萌发后的花粉粒,由2个退化原叶体细胞、1个管细胞和1个生殖细胞组成。雌配子体是由胚囊及胚乳组成,近珠孔端产生颈卵器,颈卵器埋于胚囊中,仅有2~4个颈壁细胞露在外面,颈卵器内有1个卵细胞和1个腹沟细胞,无颈沟细胞,比蕨类植物的颈卵器更为退化。

4. 具多胚现象　大多数的裸子植物具多胚现象,这是由于1个雌配子体上的几个或多个颈卵器的卵细胞同时受精,形成多胚,或者由于1个受精卵在发育过程中,发育成原胚,再由原胚组织分裂为几个胚而形成多胚。

二、裸子植物的化学成分

裸子植物的化学成分类型很多,主要有黄酮类,生物碱类,萜类及挥发油、树脂等。

课堂互动

说出银杏(白果)、松、柏、红豆杉、苏铁、三尖杉等药用植物在生活中的应用。

第二节　常用药用裸子植物

裸子植物

裸子植物现存5纲,12科,71属,约800余种,我国裸子植物资源丰富,种类繁多,共有11科,41属,300余种,其中已知药用植物有10科,25属,100余种。其中银杏、水杉、榧树、红豆杉、银杉、金钱松、侧柏是我国特有科属,被称为"活化石"植物。

1. 苏铁科 Cycadaceae　常绿木本植物,树干粗短,常不分枝,植物体呈棕榈状。叶大,革质,多为一回羽状复叶,螺旋状排列于树干上部。雌雄异株;雄球花为一木质大球花(小孢子叶球),直立,具柄,单生于茎顶,由多数的鳞片状或盾形的雄蕊(小孢子叶)构成,每个雄蕊下面遍布多数球状的一室花药(小孢子囊),小孢子(花粉粒)发育所产生的精子有多数纤毛,大孢子叶叶状或盾状,丛生于茎顶。种子核果状,有3层种皮。胚乳丰富。

本科有9属,110余种,分布于西南、华南、华东等地。药用的有苏铁属4种。

【药用植物】

苏铁(铁树) *Cycas revoluta* Thunb. 常绿乔木,树干圆柱形,直立,常不分枝,密被宿存的叶基和叶痕。羽状复叶螺旋状排列,聚生于茎顶,基部两侧有刺;小叶片约100对,条形,边缘向下反卷。雌雄异株;雄球花圆柱状,上面生有许多鳞片状雄蕊(小孢子叶),每个雄蕊下面着生许多花粉囊(小孢子囊),常3~4枚聚生;雌蕊(大孢子叶)密被黄褐色绒毛,上部羽状分裂,下部柄状,柄的两侧各生1~5枚近球形的胚珠(大孢子囊)。种子核果状,成熟时橙红色(图14-1)。分布于我国南方,各地常有栽培。大孢子叶和种子(有毒)能理气止痛,益肾固精;叶能收敛,止痢;根能祛风活络,补肾。

2. 银杏科 Ginkgoaceae　落叶乔木,枝有长枝和短枝之分。单叶,扇形,具柄,长枝上的叶螺旋状散生,2裂,短枝上的叶丛生,常具波状缺刻。球花单性,雌雄异株,生于短枝上,雄球花成荑黄花序状,雄蕊多数,各具2药室,花粉粒萌发时产生2个多纤

图 14-1　苏铁

1.雌株全形　2.小孢子叶　3.花药　4.大孢子叶及种子

毛的精子,雌球花极为简化,有长柄,柄端生两个杯状心皮,裸生 2 个直立胚珠,常只 1 个发育。种子核果状,外种皮肉质,成熟时橙黄色,中种皮骨质,白色,内种皮纸质,棕红色;胚乳丰富,子叶 2 枚。

本科有仅 1 属,1 种。各地普遍栽培,我国特产,主产于湖北、四川、山东、河南、辽宁等省。

【药用植物】

银杏(白果、公孙树)*Ginkgo biloba* L. 形态特征与科同。银杏是裸子植物中最古老的"活化石",具有多纤毛的精子,胚珠里面有适应精子游动的花粉腔,这种原始性状证明了高等植物的祖先是由水生过渡到陆生的(图14-2)。

银杏的种子(白果)供食用(多食有毒),种仁能敛肺定喘,止带浊,缩小便。叶中提取的总黄酮能扩张动脉血管,改善微循环,用于治疗冠心病。

3. 松科 Pinaceae　常绿乔木,稀落叶(如金钱松)。叶针形或条形,在长枝上螺旋状排列,在短枝上簇生。花单性,雌雄同株,雄球花穗状,雄蕊多数,各具 2 药室,花粉粒外壁两侧突出成翼状的气囊,雌球花由多数螺旋状排列在大孢子叶轴上的珠鳞(心皮)组成,珠鳞在结果时称种鳞。每个珠鳞的腹面(近

图 14-2　银杏

1.着种子的短枝　2.着雌花的枝　3.着雄花序的枝　4.雄蕊　5.雄蕊正面　6.雄蕊背面　7.着冬芽的长枝　8.胚珠生于杯状心皮上

轴面)有两个胚珠,背面(远轴面)有 1 片苞片,称苞鳞,苞鳞与珠鳞分离。多数种鳞和种子聚成木质球果。种子通常具单翅。具胚乳,有子叶 2~15 枚。

本科有 10 属,230 余种,广布于全世界。我国有 10 属,约 113 种,全国各地均有分布。已知药用 8 属,48 种。

本科植物常有树脂道,含树脂和挥发油。

【药用植物】

马尾松 *Pinus massoniana* Lamb. 常绿乔本。树皮下部灰棕色,上部棕红色,小枝轮生。在生长枝上叶为鳞片状,在短枝上叶为针状,2 针一束,细长而柔软,长 12~20cm,树脂道 4~7 个,边生。雄球花生于新枝下部,淡红褐色;雌球花常 2 个生于新枝顶端。种鳞的鳞盾菱形,鳞脐微凹。球果卵圆形或圆锥状卵形,成熟后褐色。种子长卵圆形,具单翅,子叶 5~8 枚(图 14-3)。分布于我国淮河和汉水流域以南各地,西至四川、重庆、贵州和云南。生于阳光充足的丘陵山地酸性土壤。树干可割取松脂和提取松节油。节(松节)能祛风燥湿,活络止痛;树皮能收敛生肌;叶能祛风活血,明目安神,解毒,止痒;花粉(松花粉)能收敛,止血;松球果(松塔)用于风痹、肠燥便秘;松子仁能润肺滑肠;树脂蒸馏提取的挥发油即松节油,外用于肌肉酸痛、关节痛,又为合成冰片的原料;树脂即松香,能燥湿祛风,生肌止痛。

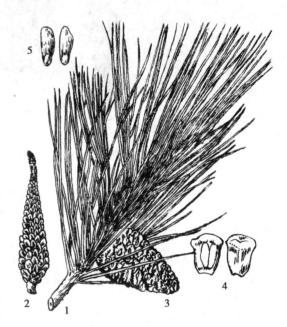

图 14-3 马尾松
1. 果枝 2. 雄球花 3. 松球果 4. 种鳞 5. 种子

同属药用植物还有:

油松 *P. tabulaeformis* Carr. 叶 2 针一束,粗硬,长 10~15cm;树脂道约 10 个,边生;鳞盾肥厚隆起,鳞脐有刺尖;为我国特有树种,分布于我国北部及西部;生于干燥的山坡上。

金钱松 *Pseudolarix kaempferi* Gord. 落叶乔木,有长枝和短枝之分,长枝上的叶螺旋状散生,短枝上的叶 15~30 簇生,叶片条形或倒披针形条形,辐射平展,秋后呈金黄色,似铜钱;雌雄同株,雄球花数个簇生于短枝顶端,雌球花单生于短枝顶端,苞鳞大于珠鳞;球果当年成熟,成熟时种鳞和种子一起脱落,种子具翅;分布于我国长江流域以南各省区,喜生于温暖、多雨的酸性土山区;根皮或近根树皮入药称土荆皮,能杀虫、止痒。用于疥癣瘙痒。

4. **柏科 Cupressaceae** 常绿乔木或灌木,叶交互对生或 3~4 叶轮生,常为鳞片状或针状,或同一树上兼有两型叶。雌雄同株或异株;雄球花单生于枝顶,椭圆状球形,雄蕊交互对生,每雄蕊具 2~6 药;雌球花球形,有数对交互对生的珠鳞,珠鳞与苞鳞结合,各具 1 至多数胚珠。珠鳞镊合状或覆瓦状排列。球果木质或革质,有时浆果状。

种子具胚乳，子叶2枚。

本科有22属，约150种，分布于南北两半球。我国有8属，29种，分布于南北各地。已知药用有6属，20种。

本科植物常含树脂、挥发油。

【药用植物】

侧柏（扁柏）*Platycladus orientalis*（L.）Franco 常绿乔木，小枝扁平，排成一平面，伸展。鳞片叶交互对生，贴生于小枝上。球花单性，同株。球果单生枝顶，卵状矩圆形；种鳞4对，扁平，覆瓦状排列，有反曲的尖头，熟时开裂，中部种鳞各有种子1~2枚。种子卵形，无翅（图14-4）。分布几乎遍及全国。各地常有栽培，为我国特产树种。枝叶（侧柏叶）能凉血、止血。种子（柏子仁）能养心安神、润燥通便。

5. 红豆杉科 Taxaceae 常绿乔木或灌木。叶披针形或针形，螺旋状排列或交互对生，基部扭转成2列，下面沿中脉两侧各具1条气孔带。球花单性异株，稀同株，雄球花常单生或成穗状花序状，雄蕊多数，具3~9个花药，花粉粒无气囊，雌球花单生或成对，胚珠1枚，生于苞腋，基部具盘状或漏斗状珠托。种子浆果状或核果状，包被于肉质的假种皮中。

本科有5属，23种，主要分布于北半球。我国有4属，12种。已知药用3属，10种。

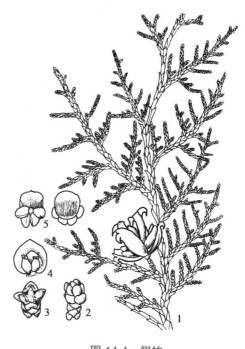

图14-4 侧柏
1. 着球果的枝 2. 雄球花 3. 雌球花 4. 雌蕊的内面 5. 雄蕊的内面及外面

【药用植物】

榧树 *Torreya grandis* Fort. 常绿乔木，树皮条状纵裂，小枝近对生或轮生。叶螺旋状着生，扭曲成2列，条形，坚硬革质，先端有刺状短尖，上面深绿色，无明显中脉，下面淡绿色，有2条粉白色气孔带。雌雄异株；雄球花单生叶腋，圆柱状，雄蕊多数，各有4个药室，雌球花成对生于叶腋。种子椭圆形或卵形，成熟时核果状，为珠托发育的假种皮所包被，淡紫红色，肉质（图14-5）。分布于江苏、浙江、安徽南部、福建西北部、江西及湖南等省，为我国特有树种，常见栽培。种子（榧子）可食，能杀虫消积，润燥通便。

同科植物入药的还有：

红豆杉 *Taxus chinensis* （Pilger）Rehd. 叶用治疗癣，种子（血榧）用于小儿疳积，蛔虫病，茎皮含紫杉醇有抗癌作用。

6. 三尖杉科（粗榧科）Cephalotaxaceae 常绿乔木或灌木。叶条形或条状披针形，交互对生或近对生，在侧枝上基部扭转而成2列，叶上面中脉凸起，下面有白色气孔带两条。球花单性异株，稀同株。雄球花有雄花6~11，聚生成头状，腋生，基部有多数螺旋状排列的苞片，雄蕊4~16，各具2~4（通常为3）个药室，花粉粒球形，无气囊，雌球花有长柄，生于小枝基部的苞片腋部，有数对交互对生的苞片，每苞片基部生2枚胚珠，

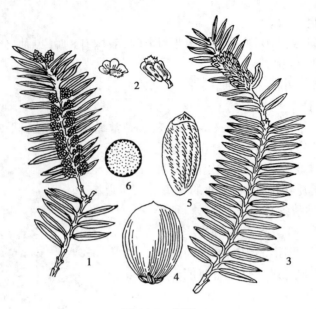

图 14-5　榧树
1. 雄球花枝　2. 雄蕊　3. 雌球花枝　4. 存假种皮的种子
5. 去假种皮的种子　6. 去假种皮的种子横切

仅 1 枚发育。种子核果状,全部包埋于由珠托发育成的肉质假种皮中,基部有宿存苞片,外种皮质硬,内种皮薄膜质,有胚乳,子叶 2 片。

本科仅有三尖杉属(*Cephalotaxus*)1 属,我国有 9 种,分布于黄河以南及西南各省区。已知药用 9 种,其中以三尖杉和中国粗榧常见。是提取具抗癌作用的三尖杉生物碱的资源植物。

【药用植物】

三尖杉 *Cephalotaxus fortunei* Hook.f. 常绿乔木,树皮红褐色,片状脱落,小枝对生,细长稍下垂。叶螺旋状着生,排成二列,线形,稍镰状弯曲,长约 5~10cm,中脉在叶面突起,叶背中脉两侧各有 1 条白色气孔带。雄球花 8~10 聚生成头状,生于叶腋,每个雄球花有雄蕊 6~16,生于一苞片上。雌球花有长梗,生于小枝基部,有数对交互对生的苞片,每苞片基部生 2 枚胚珠。种子核果状长卵形,熟时紫色(图 14-6)。分布于我国陕西南部、甘肃南部、华东、华南、西南地区。生于山坡疏林、溪谷湿润而排水良好的地方。种子能润肺、消积、杀虫。

7. 麻黄科 Ephedraceae 小灌木或亚灌木,小枝对生或轮生,节明显,节间有细纵槽,茎的木质部内有导管。鳞片状叶,对生或轮生于节上。球花单性异株。雄球花由数对苞片组合而成,每苞片中有雄花 1 朵,每花有 2~8 雄蕊,每雄蕊具 2 花药,花丝合成一束,雄花外包有假花被,2~4 裂;雌球花由多数苞片组成,仅顶端的 1~3 苞片内生有雌花,雌花具顶端开口的囊状、革质的假花被,包于胚珠外,胚珠 1,具 1 层珠被,珠被上部延长成珠被(孔)管,自假花被开口处伸出。种子浆果状,假花被发育成革质假种皮,包围种子,最外面为红色肉质苞片,多汁可食,俗称"麻黄果"。

本科有仅 1 属,约 40 种,分布于亚洲、美洲、欧洲东南部及非洲北部等干燥、荒漠地区。我国有 16 种,分布于东北、西北、西南等地区。已知药用 15 种。

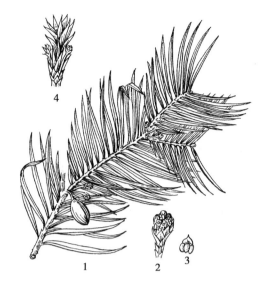

图 14-6 三尖杉
1. 着生种子的枝 2. 雄球花 3. 雄蕊 4. 幼枝及雌球花

本科植物含麻黄类生物碱。

【药用植物】

草麻黄（麻黄）*Ephedra sinica* Stapf. 草本状小灌木，高 30~40cm。有木质茎和草质茎之分，木质茎短，匍匐地上或横卧土中，草质茎绿色，小枝对生或轮生，节明显，节间长 2~6cm，直径约 2mm。叶鳞片状，基部鞘状，下部 1/3~2/3 合生，上部 2 裂，裂片锐三角形，常向外反曲。雄球花常聚集成复穗状，生于枝端，具苞片 4 对；雌球花单生枝顶，有苞片 4~5 对，最上 1 对苞片各有 1 雌花，珠被（孔）管直立，成熟时苞片增厚成肉质，红色，浆果状，内有种子 2 枚（图 14-7）。分布于东北、内蒙古、河北、山西、陕西等省区。生于砂质干燥地带，常见于山坡、河床和干草原，有固沙作用。草质茎能发汗散寒，宣肺平喘，利水消肿。亦作提取麻黄碱原料。根能止汗。

同属药用植物还有：

木贼麻黄 *E.equisetina* Bge. 直立小灌木，高达 lm，节间细而较短，长 1~2.5cm；雌球花常两个对生于节上，珠被管弯曲，种子通常 1 枚，本种生物碱的含量较其他种类高；

中麻黄 *E.intermedia* Schrenk.et C.A.Mey.，

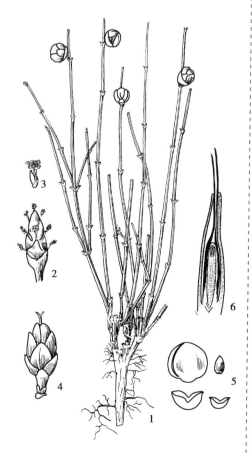

图 14-7 草麻黄
1. 雄株 2. 雄球花 3. 雄花 4. 雌球花 5. 种子及苞片 6. 胚珠纵切

直立小灌木,高达 1m 以上,节间长 3~6cm,叶裂片通常 3 片,雌球花珠被管长达 3mm,常呈螺旋状弯曲,种子通常 3 枚。

（王化东）

扫一扫
测一测

复习思考题

1. 名词解释:裸子植物、多胚现象。
2. 裸子植物的主要特征是什么？裸子植物的球果是果实吗？
3. 为什么说裸子植物既是颈卵器植物又是种子植物？
4. 松科的主要特征是什么？代表药用植物有哪些？哪些部位入药？
5. 柏科的主要特征是什么？代表药用植物有哪些？哪些部位入药？
6. 麻黄科的主要特征是什么？代表药用植物有哪些？哪些部位入药？

第十五章

课件
15章PPT

被子植物门

 学习要点

1. 被子植物的主要特征。

2. 双子叶植物和单子叶植物的主要区别点。

3. 桑科、蓼科、毛茛科、木兰科、蔷薇科、豆科、芸香科、五加科、伞形科、唇形科、桔梗科、菊科、禾本科、百合科、姜科、兰科等重点科的主要科特征。

4. 各科重要的代表性药用植物的识别。

扫一扫
知重点

被子植物是植物界中最进化、最高级、种类最多、分布最广和生长最茂盛的类群。已知全世界被子植物共有 1 万多属,大约 25 万种,占植物界总数的一半以上。我国被子植物已知有 2700 多属,约 3 万种,据全国中药资源普查,药用被子植物有 213 科,1957 属,10 027 种(含种下分类等级),占我国药用植物总数的 90%,中药资源总数的 78.5%,可见药用种类非常丰富。

第一节　被子植物概述

植物的演化不能简单根据某一条规律来判断,同一植物形态特征的演化不是同步的,植物演化的趋向是植物分类的依据。被子植物和裸子植物相比,孢子体高度发达,配子体极度退化,有草本、灌木和乔木,有高度发达的输导组织,木质部中有导管,韧皮部中有筛管、伴胞,使输导组织结构和生理功能更加完善,有真正的花,花通常由花被(花萼和花冠)、雄蕊群和雌蕊群组成,故叫有花植物,胚珠生于密闭的子房内,具有双受精现象,受精后,子房发育成果实,胚珠发育成种子,种子有果皮包被(被子植物即由此而得名)。同时,在化学成分上,随被子植物的演化而不断发展和复杂化,其包含了所有天然化合物的各种类型,具有多种生理活性。

岭南中草药
(三)

第二节　被子植物分类和药用植物

植物的分类系统很多,目前世界上采用比较多的是恩格勒系统和哈钦松系统。本教材被子植物门的分类采用修改了的恩格勒分类系统,恩格勒系统经过多次修订,最终把双子叶植物放在单子叶植物之前进行分类。被子植物共分 62 目,344 科,其中双子叶植物 48 目,290 科,单子叶植物 14 目,54 科。按恩格勒系统,根据植物特征分双子叶植物纲和单子叶植物纲,它们的主要区别特征见表 15-1。

表 15-1　双子叶植物纲和单子叶植物纲的区别

器官	双子叶植物纲	单子叶植物纲
根	直根系	须根系
茎	维管束环列,具形成层	维管束散生,无形成层
叶	具网状脉	具平行脉或弧形脉
花	通常为 5 或 4 基数	3 基数
	花粉粒具 3 个萌发孔	花粉粒具单个萌发孔
胚	具 2 片子叶	具 1 片子叶

在表中所列的主要区别中,另有少数例外,如双子叶植物纲的毛茛科、车前科、菊科等有的植物具须根系;胡椒科、毛茛科、睡莲科、石竹科等具有散生维管束;樟科、小檗科、木兰科、毛茛科有的具 3 基数花;毛茛科、小檗科、睡莲科、伞形科等有 1 片子叶的植物。单子叶植物纲中的天南星科、百合科、薯蓣科等有的具网状脉;百合科、百部科、眼子菜科等有的具 4 基数花等。

一、双子叶植物纲

双子叶植物纲分离瓣花亚纲(原始花被亚纲)和合瓣花亚纲(后生花被亚纲)两亚纲。

(一) 离瓣花亚纲

离瓣花亚纲又称原始花被亚纲,是比较原始的被子植物。包括无花被、单被或重被,而花瓣通常分离。

1. 三白草科 Saururaceae　　　　　　　　　　　$\male\female *P_0 A_{3\sim8} \underline{G}_{3\sim4 : 1 : 2\sim4, (3\sim4 : 1 : \infty)}$

多年生草本。单叶互生,托叶与叶柄合生或缺。花成穗状或总状花序,在花序基部常有总苞片,花小,两性,无花被;雄蕊 3~8,心皮 3~4,离生或合生,如为心皮合生时,则子房 1 室成侧膜胎座。蒴果或浆果。

本科有 4 属 7 种,分布于东亚和北美。中国有 3 属 5 种。裸蒴属为中国特产,有两种,分布于西南及华南;三白草属及蕺菜属各一种,广布于秦岭以南各省区,也见于日本及东南亚。蕺菜俗称鱼腥草,有特殊气味,微毒,全草含挥发油,油中含抗菌成分鱼腥草素(即癸酰乙醛)、甲基正壬基酮、全部可供药用。

本科显微结构常有分泌组织、油细胞、腺毛、分泌道。

本科植物含挥发油,其成分为癸酰乙醛、月桂醛、甲基正壬甲酮,黄酮类等。

【药用植物】

蕺菜 *Houttuynia cordata* Thunb. 多年生草本,全草有鱼腥气,故又名侧耳根、鱼腥草。根状茎白色。叶互生,心形,有细腺点,下面常带紫色;托叶膜质条形,下部与叶柄合生成鞘。穗状花序顶生,总苞片 4,白色花瓣状;花小,两性,无花被;雄蕊 3,花丝下部与子房合生;雌蕊 3 心皮,下部合生,子房上位。蒴果,顶端开裂(图 15-1)。分布

三白草科

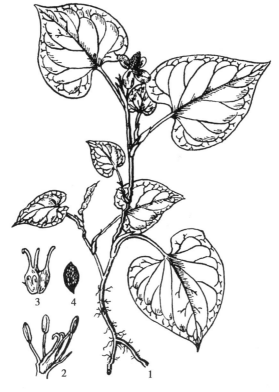

图 15-1　蕺菜

1. 植株　2. 花　3. 果实　4. 种子

于长江流域各省。生于山坡潮湿林下、湿地和路旁等。全草入药(鱼腥草)能清热解毒,消痈排脓,利尿通淋。

本科常见的药用植物尚有:**三白草** *Saururus chinensis* (Lour.) Baill. 分布于长江以南各省区。全草能清热利水,解毒消肿。

2. 桑科 Moraceae $\male P_{4-5}A_{4-5}; \female P_{4-5}\underline{G}_{(2:1:1)}$

多为木本,稀草本。木本常有乳汁。叶多互生,稀对生,托叶早落。花小,单性,雌雄同株或异株;常集成头状、穗状、荑黄花序或隐头花序,单被花,花被片通常 4~6;雄蕊与花被片同数对生。子房上位,2 心皮合生,通常 1 室,每室有 1 胚珠。常为聚花果,由瘦果、坚果组成。

本科约有 53 属,1400 余种,分布于热带和亚热带。我国有 12 属,153 种,分布于全国各省区,长江以南为多。已知药用的有 15 属,约 80 种。

本科显微结构常有内皮层或韧皮部有乳汁管,叶内常有钟乳体。本科植物含黄酮类、酚类、强心苷类、生物碱类、昆虫变态激素类。

〔**药用植物**〕

桑 *Morus alba* L. 又名桑树、桑白皮、落叶小乔木或灌木,有乳汁。根褐黄色。单叶互生,卵形,有时分裂,托叶早落。花单性,雌雄异株。荑黄花序腋生,雄花花被片 4,雄蕊与花被片对生,中央有不育雌蕊;雌花雌蕊由 2 心皮合生,1 室,1 胚珠。聚花果由多数外包肉质花被的小瘦果组成,熟时黑紫色或白色(图 15-2)。产全国各地,野生或栽培。根皮(桑白皮)含桦木酸及黄酮类衍生物,能泻肺平喘,利水消肿;嫩枝(桑枝)

桑科

含桑色素、桑橙素等化合物,能祛风湿、利关节;叶(桑叶)含胡萝卜素、腺嘌呤、胆碱等,能疏散风热,清肺润燥,清肝明目;果穗(桑椹)能滋阴养血,生津润肠。

大麻 *Cannabis sativa* L. 一年生高大草本。皮层富含纤维。叶互生或下部对生,掌状全裂,裂片3~9,披针形。花单性,雌雄异株;雄花集成圆锥花序,花被片5,雄蕊5;雌花丛生叶腋,每花有1苞片,卵形,花被片1,小形,膜质;子房上位,花柱2。瘦果扁卵形,为宿存苞片所包被,有细网纹。各地常有栽培。种子(火麻仁)能润燥滑肠,利水通淋,活血。雌株的幼果含多种大麻酚类为毒品。

薜荔 *Ficus pumila* L. 常绿攀缘灌木。具白色乳汁。叶二型:生隐头花序的枝上的叶较大近革质,背面网状脉凸起成蜂窝状;不生隐头花序的枝上的叶小且较薄。隐头花序单生叶腋,雄花序较小,雌花序较大;雄花序中

图15-2 桑
1.雌株一部分 2.雄花 3.雌花

生有雄花和瘿花,雄花有雄蕊2。分布于华东、华南和西南。生于丘陵地区。隐头果能补肾固精,清热利湿,活血通经。茎叶能祛风除湿,活血通络,解毒消肿。

本科常见的药用植物尚有:**构树** *Broussonetia papyrifera* (L.) Vent. 分布于黄河、长江、珠江流域各省区,果实(楮实子)能滋阴益肾,清肝明目,健脾利水;乳汁能灭癣。**无花果** *Ficus carica* L. 原产地中海和西南亚,我国各地有栽培,隐花果能清热生津,健脾开胃,解毒消肿;**啤酒花(忽布)** *Humulus lupulus* L. 新疆北部有野生,东北、华北、华东有栽培,未成熟的带花果穗能健胃消食,安神利尿;**葎草** *Humulus scandens* (Lour.) Merr. 分布于全国各地,全草能清热解毒,利尿通淋。

3. 马兜铃科 Aristolochiaceae $\male\female * \uparrow P_{(3)} A_{6\sim12} \overline{G}_{(4\sim6:4\sim6:\infty)}$

多年生草本或藤本。单叶互生,叶基部常心形,全缘。花两性,辐射对称或两侧对称,花单被,常为花瓣状,多合生成管状,顶端3裂或向一方扩大,雄蕊6~12,花丝短,分离或与花柱合生;雌蕊心皮4~6,合生;子房下位或半下位,4~6室;胚珠多数。蒴果。

本科约有8属,600种,分布于热带和温带。我国有4属,70种,分布全国各地。绝大多数种类可供药用。

本科显微结构中茎的髓射线宽而长,使维管束互相分离。本科植物含挥发油类、生物碱类和本科特征性成分马兜铃酸等。

【药用植物】

北细辛(辽细辛) *Asarum heterotropoides* Fr.Schmidt var.*mandshuricum* (Maxim.) Kitag. 多年生草本。根状茎横走,生有多数细长须根,有浓烈香气。叶1~2片,基生,有长柄,叶片肾状心形,全缘,表面沿脉上有疏毛,背面全被短毛。花单生;花被钟形或壶形,紫棕色,顶端3裂,裂片向外反折;雄蕊12;子房半下位,花柱6,蒴果肉质浆果状,半球形(图15-3)。分布于东北各省,生于林下阴湿处。根及根茎(细辛)含挥发油,主要成

分为甲基丁青酚,马兜铃酸,能祛风散寒,通窍止痛,温肺祛痰。

细辛(华细辛) *A. Seiboldii* Miq. 与北细辛主要区别为花被裂片直立或平展,开花时不反折,叶背无毛或仅脉上有毛。分布于华东及河南、湖北、陕西、四川等省。生活环境、入药部位、功效均同北细辛。

马兜铃 *Aristolochia debilis* Sieb. et Zucc. 多年生缠绕性草本。根圆柱状,土黄色。叶互生,三角状狭卵形,基部心形。花被管弯曲呈喇叭状,暗紫色,基部膨大成球状,上部逐渐扩大成一偏斜的舌片;雄蕊 6,子房下位,6 室。蒴果近球形,成熟时自基部向上开裂,细长果柄裂成 6 条(图 15-4)。分布于黄河以南至广西。生于阴湿处及山坡灌丛。根(青木香)能平肝止痛,行气消肿。茎(天仙藤)能行气活血,利水消肿。根和茎用量过大易中毒而引起肾衰竭,现在已经禁用。果实(马兜铃)能清肺化痰,止渴平喘。

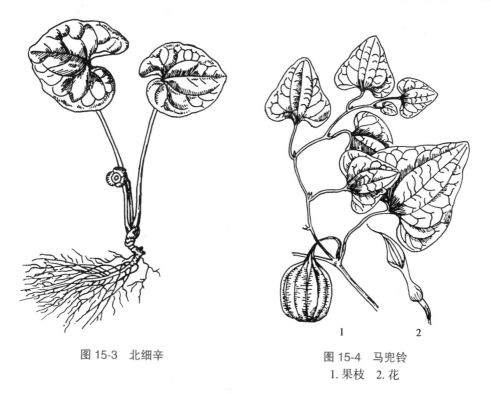

图 15-3　北细辛

图 15-4　马兜铃
1. 果枝　2. 花

北马兜铃 *A.contorta* Bge. 与马兜铃主要区别为花 3~10 朵簇生于叶腋,花被侧片顶端有线状尾尖,叶片宽卵状心形。分布于我国北方。生活环境、药用部位、功效均同马兜铃。

本科常见的药用植物尚有:**杜衡** *Asarum forbesii* Maxim. 分布于江苏、安徽、河南、浙江、四川等地,全草(杜衡)祛风散寒,消痰行水,活血止痛;**绵毛马兜铃** *Aristolochia mollissima* Hance 分布山西、陕西、山东、江苏、安徽、浙江、江西、河南、湖北、湖南、贵州等地,全草(寻骨风)为祛风湿药、能祛风除湿,活血通络、止痛;**木通马兜铃** *A.mandshuriensis* Kom. 分布于东北及山西、陕西、甘肃等地。茎藤(关木通)能清心火,利小便,通经下乳。用量过大易中毒而引起肾衰竭,现已经少用。

4. 蓼科 Polygonaceae　　　　　　　　　　　$*♀P_{3~6, (3~6)} A_{3~9} G_{(2~4:1;1)}$

多年生草本。节常膨大。单叶互生,托叶膜质,包围茎节基部成托叶鞘。花多两性,

137

排成穗状、头状或圆锥状花序;单被花,花被片3~6,分离或连合,常花瓣状,宿存;雄蕊常6~9;子房上位,2~3心皮合生成1室,1胚珠。瘦果或小坚果包于宿存花被内,多有翅。

本科约50属,1150种,分布于北温带。我国13属,235种。分布全国;已知药用的有10属,136余种。

本科植物显微结构常含草酸钙簇晶,根茎的髓部常有异型维管束。本科植物常含蒽醌类,如大黄素、大黄酸、大黄酚等;黄酮类,如芸香苷、槲皮苷等;鞣质类,如没食子酸、并没食子酸等;苷类,如土大黄苷、虎杖苷等成分。

【药用植物】

掌叶大黄 *Rheum palmatum* L. 多年生高大草本。根和根状茎粗壮,肉质,断面黄色。基生叶有长柄,叶片掌状深裂;茎生叶较小,柄短,托叶鞘长筒状。圆锥花序大型顶生;花小;紫红色;花被片6,2轮;雄蕊9;花柱3。瘦果具3棱翅,暗紫色。分布于甘肃、四川西部、陕西、青海和西藏等省区。生于高寒山区,多有栽培。根及根状茎(大黄)能泻热通肠,凉血解毒,逐瘀通经。

唐古特大黄 *Rh.tanguticum* Maxim. ex BalF. 主要区别为叶片掌状深裂,裂片再作羽状浅裂,分布于青海、西藏、甘肃和四川西部等省区。功效同掌叶大黄。

药用大黄 *Rh.officinale* Baill. 与上种主要区别为基生叶掌状浅裂,边缘有粗锯齿。分布于湖北、四川、贵州、云南、陕西等省。功效同掌叶大黄。

大黄属3种大黄植物见图15-5。

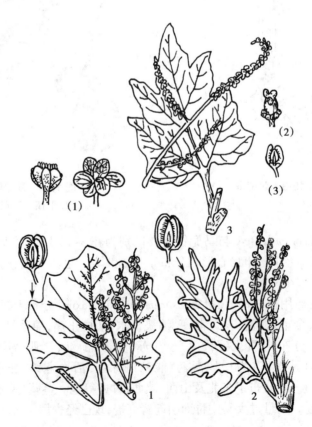

图 15-5 大黄属植物

1.药用大黄 2.唐古特大黄 3.掌叶大黄[(1)花(2)雌蕊(3)果实]

何首乌 *Polygonum multiflorum Thunb.* 多年生缠绕草本。块根长椭圆形或不规则块状，外表暗褐色，断面具"云锦花纹"（异型维管束）。叶卵状心形，有长柄，托叶鞘短筒状，两面光滑。圆锥花序大型，分枝极多；花小，白色，花被5；雄蕊8。瘦果具3棱（图15-6）。分布于全国各地，生于灌丛中、山坡阴处或石隙中。块根入药，能解毒消痈，润肠通便。制首乌能补肝肾，益精血，乌须发，强筋骨；茎藤（首乌藤）能养血安神，祛风通络。

虎杖 *P. cuspidatum S.et Z.* 多年生粗壮草本。根状茎横生粗大，黄色或棕黄色。茎中空，散生紫红色斑点。叶阔卵形，托叶鞘短筒状。花单性异株，圆锥花序；花被片5，白色或绿白色，2轮，外轮3片在果期增大，背部成翅状。雄蕊8，花柱3。瘦果卵圆形，有三棱，包于宿存花被内。分布于我国除东北以外的各省区。生于山谷溪边。根和根状茎能祛风利湿，散瘀定痛，止咳化痰。

酸模 *Rumex acetosa* L. 多年生草本，根肥大，黄色。茎具条棱，中空。单叶互生；叶片卵状长圆形，基部箭形。雌雄异株，圆锥花序；花被6，2轮，内轮花被片，花后增大包被果实。分布于我国大部分地区。生于路旁、山坡及湿地。根能清热，利尿，凉血，杀虫。

图 15-6　何首乌
1. 花果枝　2. 花　3. 果　4. 种子

本科常见的药用植物尚有：**萹蓄** *Polygonum aviculare* L. 分布于全国各地，全草能利尿通淋，杀虫止痒；**红蓼** *P. orientale* L. 分布于全国各省区，果实（水红花子）能散瘀消癥，消积止痛；**拳参** *P. bistorta* L. 分布东北、华北、华东、华中等地，根状茎能清热解毒，消肿止血；**蓼蓝** *P. tinctorium* Ait. 分布于辽宁、黄河流域及以南各省区，叶为"大青叶"入药（我国北方习用），能清热解毒，凉血消斑；叶可加工制青黛；**金荞麦** *Fagopyrum dibotrys*（D. Don）Hara，分布于华中、华东、华南、西南等地区，根茎能清热解毒，活血消痈，祛风除湿。

5. 苋科 Amaranthaceae　　　　$\male \female *P_{3\sim5}A_{3\sim5}\underline{G}_{(2\sim3:1:1\sim\infty)}$

草本。单叶对生或互生。花小，常两性，排成穗状、头状或圆锥花序；花单被，花被片3~5，常干膜质；每花下常有1枚干膜质苞片和两枚小苞片；雄蕊多为5，常与花被片对生；子房上位，2~3心皮合生，1室，胚珠1枚。胞果，稀浆果或坚果。

本科约65属，900种，广布于热带和温带地区。我国有13属，39种，分布于全国各地。已知药用的有9属，28种。

本科显微结构根中有异型维管束，排成同心环状；含草酸钙晶体，如砂晶、簇晶、针晶等。本科植物含三萜皂苷类、甾类、黄酮类、生物碱类等。

【药用植物】

牛膝 *Achyranthes bidentata* Bl.（怀牛膝）多年生草本。根长圆柱形，肉质，土黄色。

苋科

茎四棱方形,节膨大。叶对生,椭圆形至椭圆状披针形,全缘。穗状花序,顶生或腋生;花开后,向下倾贴近花序梗;小苞片刺状;花被片5;雄蕊5,退化雄蕊顶端齿形或浅波状;胞果长圆形(图15-7)。生于山林和路旁,多为栽培,主产于河南。根(怀牛膝)能补肝肾,强筋骨,逐瘀通经。

川牛膝 *Cyathula officinalis* Kuan 多年生草本。根圆柱形,近白色。茎多分枝,被糙毛。叶对生,叶片椭圆形或长椭圆形,两面被毛。花小,绿白色,密集成圆头状;苞腋有花数朵,两性花居中,花被5,雄蕊5,退化雄蕊先端齿裂,花丝基部合生成杯状;不育花居两侧,花被片多退化成钩状芒刺;子房1室,胚珠1。胞果长椭圆形。分布于四川、贵州及云南等省。生于林缘或山坡草丛中,多为栽培。根能活血祛瘀,祛风利湿。

青葙 *Celosia argentea* L. 一年生草本。全株无毛。叶互生,叶片长圆状披针形或披针形。穗状花序圆锥状或塔状;花着生甚密,初为淡红色,后变为银白色;花被片白色或粉白色,干膜质。胞果卵圆形。种子扁圆形,黑色,光亮。全国各地均有野生或栽培。种子(青葙子)能祛风热,清肝火,明目退翳。

本科常见的药用植物尚有:**土牛膝** *Achyranthes aspera* L. 分布于华南、华东以及西南等省区,根能清热解毒,利尿;**鸡冠花** *Celosia cristata* L. 各地多栽培,花序能凉血,止血,止泻。

图 15-7　牛膝
1. 花枝　2. 花　3. 去花被的花　4. 根

6. 石竹科 Garyophyllaceae　$\male\female * K_{4\sim5,(4\sim5)} C_{4\sim5,0} A_{8\sim10} \underline{G}_{(2\sim5:1:\infty)}$

草本。节常膨大。单叶对生,全缘,常于基部连合。多聚伞花序;花两性,辐射对称;萼片4~5,分离或连合,宿存;花瓣4~5,常具爪;雄蕊常为花瓣的倍数,8~10枚,子房上位,2~5心皮,合生,1室;特立中央胎座,胚珠多数。蒴果齿裂或瓣裂,稀浆果。

本科约75属,2000种,广布全球,尤以北温带为多。我国30属,约388种。分布于全国各省区。已知药用的有21属,106种。

本科显微结构含草酸钙簇晶和砂晶;气孔轴式多为直轴式。本科植物普遍含有皂苷类、黄酮类等成分。

【药用植物】

瞿麦 *Dianthus superbus* L. 又名大菊,野麦。多年生草本。茎上部分枝。叶对生,披针形或线形,全缘。花单生或顶生聚伞花序;花萼下有小苞片4~6,卵形;萼筒先端5裂;花瓣5,淡红色,有长爪,顶端深裂成丝状(流苏状);雄蕊10。蒴果长筒形,先端4齿裂,外被宿萼(图15-8)。我国各地有野生或栽培。生于山野、草丛中。全草含皂苷,花含挥发油,油含丁香酚,能清热利尿,破血通经。

石竹 *Dianthus chinensis* L. 与瞿麦主要区别为花瓣先端齿裂,分布于长江流域以及长江以北地区。全草用做瞿麦,功效与瞿麦相同。

孩儿参(异叶假繁缕) *Pseudostellaria heterophylla*(Miq.)Pax 多年生草本。块根纺缍形,淡黄色。叶对生,下部叶匙形,上部叶长卵形或菱状卵形,茎顶端两对叶片较大,排成十字形。花二型:茎下部腋生小形闭锁花(即闭花受精花),萼片 4,紫色,闭合,无花瓣,雄蕊 2;茎上端的普通花较大 1~3 朵,腋生,萼片 5,花瓣 5,白色,雄蕊 10,花柱 3。蒴果近球形(图 15-9)。分布长江流域和西南等地区。生于山坡林下阴湿处。多栽培于贵州、福建等地。块根(太子参)能益气健脾,生津润肺。

图 15-8　瞿麦

1. 植株　2. 雄蕊和雌蕊　3. 雌蕊　4. 花瓣
5. 蒴果及宿存萼片和苞片

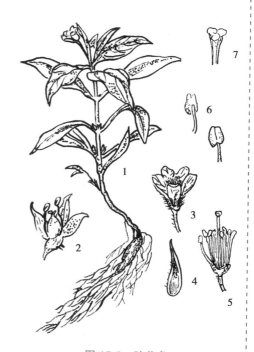

图 15-9　孩儿参

1. 植株　2. 茎下部的花　3. 茎顶的花　4. 萼片　5. 雄蕊和雌蕊　6. 花药　7. 柱头

本科常见的药用植物尚有:**麦蓝菜** *Vaccaria segetalis*(Neck.)Garcke.,种子(王不留行)能活血通经,下乳消肿。

7. 睡莲科 Nymphaeaceae　　　　　　　　　$\male\female *K_{3\sim\infty}\ C_{3\sim\infty}\ A_\infty\ \underline{G}_{3\sim\infty,(3\sim\infty)}\ \overline{G}_{3\sim\infty,(3\sim\infty)}$

睡莲科

多年生水生草本。根状茎横走,粗大。叶基生,盾形、心形或戟形,常漂浮水面。花单生,两性,辐射对称;萼片、花瓣 3 至多数;雄蕊多数;雌蕊由 3 至多数离生或合生心皮组成,子房上位或下位,胚珠多数。坚果埋于海绵质的花托内,或为浆果状。

本科 8 属,约 100 种,广布于世界各地。我国有 5 属,13 种,分布于全国各地。已知药用 5 属,8 种。本科植物含多种生物碱,如莲心碱、荷叶碱、厚荷叶碱等;另含黄酮类成分,如金丝桃苷、芸香苷等。

141

【药用植物】

莲 *Nelumbo nucifera* Gaetn. 多年生水生草本,具肥大的根状茎(藕)。叶片盾圆形,具长柄,有刺毛,挺水生。花单生;萼片 4~5,早落;花瓣多数,粉红色或白色;雄蕊多数,离生。坚果椭圆形,嵌生于海绵的花托内(图 15-10)。各地均有栽培,生于水沟、池塘、湖沼或水田内。根状茎的节部(藕节)能消瘀止血;叶(荷叶)能清暑利湿;叶柄(荷梗)能通气宽胸;花托(莲房)能化瘀止血;雄蕊(莲须)能固肾涩精;种子(莲子)能补脾止泻,益肾安神;莲子中的绿色的胚芽(莲子心)能清心安神,涩精止血。

本科药用植物尚有:**芡实(鸡头米)** *Euryale ferox* Salisb. 分布中部及南方各省,生于湖塘池沼中,种子(芡实)能益肾固精,补脾止泻。

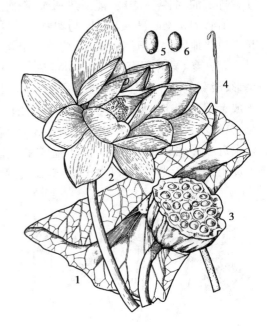

图 15-10　莲
1. 叶　2. 花　3. 莲蓬　4. 雄蕊　5. 果实　6. 种子

8. 毛茛科 Ranunculaceae

$\male\female * \uparrow K_{3\sim\infty} C_{3\sim\infty,0} A_\infty \underline{G}_{1\sim\infty:1:1\sim\infty}$

多草本,少有灌木和木质藤本。叶互生或基生,少对生。单叶或复叶。花多两性,辐射对称或两侧对称;花单生或总状、聚伞、圆锥花序;萼片 3 至多数,绿色或呈花瓣状,稀基部延长成距;花瓣 3 至多数或缺;雄蕊和心皮常多数,离生,螺旋状排列在多少隆起的花托上,子房上位,1 室,胚珠 1 至多数。聚合蓇葖果或聚合瘦果,少蒴果和浆果。

本科约 50 属,2000 种,主要分布于北温带。我国有 42 属,800 种,各省均有分布。已知药用的有 30 属,约 500 种。

本科显微结构维管束常具有"V"字形排列的导管,根和根茎中有皮层厚壁细胞,内皮层明显等。本科植物多含生物碱类:如乌头碱、小檗碱、唐松草碱等;黄酮类;皂苷类;强心苷类;香豆素类;四环三萜类;毛茛苷等。

【药用植物】

乌头 *Aconitum carmichaeli* Debx. 多年生草本。主根纺锤形或倒圆锥形,周围常生数个圆锥形侧根,棕黑色。叶互生,3 深裂,裂片再行分裂。总状花序狭长,花序轴密生反曲柔毛;萼片 5,蓝紫色,上萼片盔帽状;花瓣 2,变态成蜜腺叶;有长爪;雄蕊多数;心皮 3~5,离生。聚合蓇葖果。分布于长江中下游,北达山东东部,南达广西北部。生于山地草坡、灌丛中。四川、陕西大量栽培,栽培种其母根(川乌),含乌头碱、次乌头碱、中乌头碱等有大毒,能祛风除湿,温经止痛;子根(附子)能回阳救逆,温中散寒,止痛;一般经炮制药用。

同属**北乌头** *A.kusnezoffii* Reichb. 叶 3 全裂,中裂片菱形,近羽状分裂。花序无毛。分布于东北、华北。块根(草乌),有大毒,能祛风除湿,温经散寒,消肿止痛。叶(草乌叶)能清热,解毒,止痛(图 15-11)。

黄连(味连) *Coptis chinensis* Franch. 多年生草本。根状茎常分枝成簇,生多数须根,均黄色。叶基生,3全裂,中央裂片具柄,各裂片再作羽状深裂,边缘具锐锯齿。聚伞花序有花3~8朵,黄绿色;萼片5,狭卵形,花瓣线形;雄蕊多数;心皮8~12,离生;蓇葖果具柄(图15-12)。主产于四川,此外云南、湖北及陕西等省亦有分布。生于海拔500~2000m高山林下阴湿处,多栽培。根状茎(味连)能清热燥湿,泻火解毒。

图15-11 北乌头
1.花果枝 2.叶 3.根

图15-12 黄连属植物
1~4(1.着花植株 2.萼叶 3.花瓣 4.蓇果实
5~7(5.叶片 6.萼片 7.花瓣) 8~10(8.叶 9.萼
片 10.花瓣)

同属植物**三角叶黄连(雅连)** *C.deltoidea* C. Y. Cheng et Hsiao. 特产于四川峨嵋、洪雅一带。**云连** *C. teeta* Wall. 主产于云南西北部、西藏东南部。功效与黄连相同。

威灵仙 *Clematis chinensis* Osbeck(铁脚威灵仙,灵仙)藤本。根须状丛生于根状茎上;茎具条纹,茎、叶干后变黑色。叶对生,羽状复叶,小叶通常5片,狭卵形,叶柄卷曲。圆锥花序;萼片4,白色;外面边缘密生短柔毛。无花瓣;雄蕊多数;心皮多数,离生。聚合瘦果,宿存花柱羽毛状。分布于长江中下游及以南各省区。生于山区林缘或灌丛中。根及根状茎与全株含白头翁素,白头翁醇、甾醇等,能祛风除湿,通络止痛。

白头翁 *Pulsatilla chinensis* (Bge.) Regel 多年生草本,全株密生白色长柔毛。根圆锥形,外皮黄褐色,常有裂隙。叶基生,3全裂,裂片再3裂,革质。花茎(花葶)由叶丛抽出,顶生1花;萼片6,紫色;无花瓣;雄蕊、雌蕊均多数。瘦果密集成头状,宿存花柱羽毛状,下垂如白发。分布于东北、华北及长江以北地区。生于山坡草地或平原。根含毛茛苷、原白头翁素、白头翁素等,能清热解毒,凉血止痢。

毛茛 *Ranunculus japonicus* Thunb. 多年生草本,全株有粗毛。叶片五角形,3深裂,裂片再3浅裂。聚伞花序顶生;花瓣黄色带蜡样光泽,基部有蜜槽;雄蕊和雌蕊均多数,

143

离生。聚合瘦果近球形。全国广有分布。生于沟边或水田边。全草有毒能利湿，消肿，止痛，退翳，杀虫。一般外用作发泡药。

本科常见的药用植物尚有：**升麻** *Cimicifuga foetida* L. 主要分布于四川、青海等省，根状茎能发表透疹，清热解毒，升举阳气；**天葵(紫背天葵)** *Semiaquilegia adoxoides*（DC.）Mak. 分布于长江中下游各省，北达陕西南部，南达广东北部，块根（天葵子）能清热解毒，消肿散结。

9. 芍药科 Paeoniqceae $\quad\q\qtext{☿}*K_5C_{5\sim10}A_\infty\underline{G}_{2\sim5}$

多年生草本或灌木。根肥大。叶互生，通常为二回三出羽状复叶。花大，1 至数朵顶生；萼片通常 5，宿存；花瓣 5~10（栽培者多数），红、黄、白、紫各色；雄蕊多数，离心发育；花盘杯状或盘状，包裹心皮；心皮 2~5，离生。聚合蓇葖果。

本科 1 属，约 35 种；我国有 1 属，17 种；分布东北、华北、西北、长江流域及西南。几乎全部供药用。本科显微结构含草酸钙簇晶较多。本科植物含特有的芍药苷，牡丹组植物还普遍含丹皮酚及其苷衍生物，如牡丹酚苷、牡丹酚原苷等。

【药用植物】

芍药 *Paeonia lactiflora* Pall. 又名白芍，多年生草本。根粗壮，圆柱形。二回三出复叶，小叶狭卵形，叶缘具骨质细乳突。花白色、粉红色或红色，顶生或腋生；花盘肉质，仅包裹心皮基部。聚合蓇葖果，卵形，先端钩状外弯曲。分布我国北方；生于山坡草丛；各地有栽培（图 15-13）。栽培的刮去栓皮的根煮熟（白芍）能养血调经、平肝止痛、敛阴止汗。野生者不去栓皮的根（赤芍）能清热凉血、散瘀止痛。

同属植物**川赤芍** *P. veitchii* Lynch 的根亦作药材"赤芍"入药。

凤丹 *P. ostii* T. Hong et J. X. Zhang 落叶灌木。一至二回羽状复叶。花单生枝顶；萼片 5；花瓣 10~15，多为白色；花盘革质紫红色；心皮 5~8，密生白色柔毛。聚合蓇葖果，纺锤形。种子卵形或卵圆形，黑色。主产于安徽铜陵凤凰山及南陵丫

图 15-13　芍药
1. 花枝　2. 根　3. 果

山；各地多有栽培。根皮（牡丹皮、凤丹皮）能清热凉血，活血化瘀。

同属植物**牡丹** *P. suffruticosa* Andr. 与凤丹的区别：为二回三出复叶，顶生小叶 3 裂；花色有白色、红紫色、黄色等多种。各地多栽培供观赏，根皮一般不作药用。

注：芍药科原先只是毛茛科的一个属，但其外部形态和内部构造均与毛茛科有显著区别（芍药科花粉粒大，有雕纹；染色体大：X=5，含芍药苷、牡丹酚苷。毛茛科含毛茛苷和木兰花碱，染色体：X=6~9 等），因此，现在多数学者把芍药属提升为芍药科。

10. 小檗科 Berberidaceae $\quad\q\qtext{☿}*K_{3+3,\,\infty}\;C_{3+3,\,\infty}\;A_{3\sim9}\underline{G}_{(1:1:1\sim\infty)}$

灌木或草本。叶互生，单叶或复叶。花两性，辐射对称，单生、簇生或排成总状、穗状花序等；萼片与花瓣相似，各 2~4 轮，每轮常 3 片，花瓣常具有蜜腺；雄蕊 3~9 枚，常与花瓣对生，花药常瓣裂或纵裂；子房上位，常 1 心皮组成，1 室；柱头极短或缺，通

常盾形;胚珠 1 至多数。浆果、蓇葖果或蒴果。

　　本科约 17 属,650 余种,分布于北温带和热带高山上。我国有 11 属,320 余种,南北各地均有分布。已知药用的有 11 属,140 余种。

　　本科显微结构草本类多含草酸钙簇晶,木本类多含草酸钙方晶。本科植物多含生物碱类,如小檗碱、掌叶防己碱、木兰花碱等;苷类等。

【药用植物】

豪猪刺(三颗针) *Berberis julianae* Schneid. 常绿灌木。根、茎断面黄色。叶刺三叉状,粗壮坚硬;叶常 5 片丛生于刺腋内,卵状披针形,边缘有刺状锯齿,花黄色,簇生叶腋;小苞片 3;萼片、花瓣、雄蕊均 6 枚。花瓣顶端微凹,基部有 2 蜜腺。浆果熟时黑色,有白粉。分布于长江中、上游到贵州等省。生于海拔 1000 米以上山地。根、茎能清热燥湿,泻火解毒。为提取小檗碱的资源植物。

箭叶淫羊藿(三枝九叶草) *Epimedium sagittatum* (Sieb. et Zucc.) Maxim. 多年生草本。根状茎结节状,质硬。基生叶 1~3 片,三出复叶,小叶长卵形,两侧小叶基部呈箭状心形,显著不对称,叶革质。圆锥花序或总状花序;花多数;萼片 4,2 轮,外轮早落,内轮花瓣状,白色;花瓣 4,黄色,有短距;雄蕊 4;心皮 1。蓇葖果卵形,有喙(图 15-14)。分布于长江流域至西南各省。生于山坡林下及路旁溪边等潮湿处。地上部分能补肾壮阳,强筋健骨,祛风除湿。

图 15-14 箭叶淫羊藿
1. 植株　2. 花　3. 果

同属植物**淫羊藿** *E. brevicornum* Maxim、**巫山淫羊藿** *E. wushanense* T. S. Ying、**柔毛淫羊藿** *E. pubescens* Maxim. 和**朝鲜淫羊藿** *E. koreanum* Nakai 的地上部分亦作药材入药。

阔叶十大功劳 *Mahonia bealei*(Fort.) Carr. 常绿灌木。奇数羽状复叶,互生,小叶7~15 片,厚革质,卵形,叶缘有刺齿。顶生总状花序;花黄褐色。萼片 9,3 轮,花瓣状;花瓣 6,雄蕊 6;浆果暗蓝色,有白粉。分布于长江流域及陕西、河南、福建等省。生于山坡林下,各地常栽培。根茎(功劳木)和叶(十大功劳叶)能清热,燥湿,解毒。

本科常见的药用植物尚有:**六角莲** *Dysosma pleiantha*(Hance)Woodson 分布于华东、湖北、广西等省区,根状茎能清热解毒,活血化瘀;**南天竹** *Nandia domestica* Thunb. 各地常有栽培,茎能清热除湿,通经活络;果实(南天竹子)能敛肺,止咳,平喘;根、茎、叶能清热利湿,解毒。

11. 防己科 Menispermaceae　　$\male *K_{3+3\infty} C_{3+3} A_{3-6},\infty; \female K_{3+3} C_{3+3} \underline{G}_{3-6:1:2}$

藤本,木质或草质,单叶互生,全缘,有些稍分裂,盾状着生也有,具柄。雌雄异株,聚伞花序或圆锥花序常腋生。萼片 6,花瓣 6,2 轮,每轮 3,萼片常较花瓣稍大;雄蕊通常 6,稀 3 或多数,合生或分离;子房上位,3 心皮,分离,1 室,每室 2 胚珠,1 枚退化。核果,核多为马蹄形或肾形。

本科 65 属 350 余种,分布于热带与亚热带地区。我国产 19 属 78 余种,主要分布长江流域以其以南各省区。已知 15 属 70 余种入药。

本科显微结构常有异常构造,多由维管束外方的额外形成层形成 1 至多个同心环状或偏心环状维管束而组成。草酸钙结晶类型多样。

本科植物含有双苄基异喹啉生物碱、原小檗碱型生物碱和阿朴啡型生物碱,如汉防己碱、异汉防己碱、小檗碱、药根碱、千金藤碱。

【药用植物】

粉防己(石蟾蜍) *Stephania tetrandra* S. Moore 草质藤本,根圆柱形。叶三角壮阔卵形,叶柄质状着生。聚散花序集成头状;雄花的萼片通常 4,花瓣 4,淡绿色,花丝愈合成柱状;雌花的萼片和花瓣均 4,心皮 1,花柱 3;核果球形,红色,核呈马蹄形,有小瘤状突起及横槽纹(图 15-15)。分布于我国东南及南部;生于山坡、林缘、草丛等处。根(防己、粉防己)为祛风清热药,能利水消肿,祛风止痛。

蝙蝠葛 *Menispermum dauricum* DC. 草质落叶藤本。根状茎细长。叶圆肾形或卵圆形,全缘或 5~7 浅裂,掌状脉;叶柄盾状着生。圆锥花序;萼片 6;花瓣 6~9;雄蕊 10~20;雌蕊 3 心皮,分离。核果黑紫色,核呈马蹄形(图 15-16)。分布于东北、华北和华东地区;生于沟谷、灌丛。根状茎(北豆根)能经热解毒、祛风止痛。

青牛胆 *Tinospora sagittata*(Olive.) Gagnep. 草质藤本。具连珠状块根。叶卵状箭形,叶基耳形,背面背疏毛。圆锥花序;花瓣 6;肉质,常有爪。核果红色,近球形。分布于华中、华南、西南及陕西、福建等地。块根(金果榄)能清热解毒、利咽、止痛。

本科常见的药用植物还有:**木防己** *Mocculus orbiculatus*(L.) DC. 分布于我国大部分地区;生于灌丛、林缘等处。根能祛风止痛,利水消肿。**锡生藤** *Cissampelos pareira* L. var.*hirsuta*(Buch. ex DC.) forman 分布于广西、贵州、云南;全株能活血止痛,止血生肌。**青藤** *Sinomenium acutum*(Thunb.) Rehd. et Wils. 分布于长江流域及以南地区;茎藤祛风通络,除湿止痛。**金线吊乌龟** *Stephania cepharantha* Hayata. 分布于江苏、安徽、福建、广东、广西、贵州等地;块根能清热解毒、祛风止痛、凉血止血。

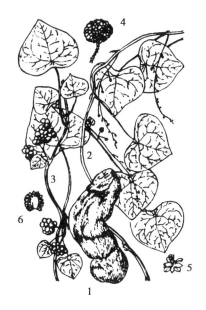

图 15-15　粉防己
1. 根　2. 雄花枝　3. 果枝　4. 雄花序
5. 雄花　6. 果核

图 15-16　蝙蝠葛
1. 植株　2. 雄花

12. 木兰科 Magnoliaceae

$\male\female *P_{6\sim12}A_\infty \underline{G}_{\infty:1:1\sim2}$

乔木和灌木。单叶互生;托叶大,脱落后在小枝上留下环状托叶痕。花大,两性,单生于枝顶或叶腋,花被不分花萼与花瓣,花被片6至多数,每轮3片。雄蕊多数离生,螺旋状排列。花药长于花丝。心皮多数离生,螺旋状排列于柱状花托上部。子房1室,每室胚珠2个或多颗。果实为聚合蓇葖果聚合浆果,种子有丰富的胚乳。

本科20属330余种,分布于亚洲和美洲的热带和亚热带地区。我国有14属160多种,主产于西南部。已知8属90多种入药。

本科显微结构常有油细胞、石细胞和草酸钙方晶。

本科植物含有挥发油、生物碱类(木兰碱等)、木脂素类(厚朴酚等)。

【药用植物】

厚朴 *Magnolia officinalis* Rehd. et Wils. 落叶乔木。树皮棕褐色,具椭圆形皮孔。叶大,倒卵形,革质,集生于小枝顶端(图 15-17)。花大型,白色,花被片9~12或更多。聚合蓇葖果长圆状卵形,木质。分布于长江流域和陕西、甘肃东南部,生于土壤肥沃及温暖的坡地。茎皮和根皮能燥湿消痰,下气除满。花蕾(厚朴花)能行气宽中,开郁化湿。

凹叶厚朴(庐山厚朴) *Magnolia officinalis* Rehd. et Wils. var. *biloba* Rehd. et Wils. 与上种主要区别为叶先端凹陷成2钝圆浅裂,分布于福建、浙江、安徽、江西和湖南等省,有栽培。功效与厚朴相同。

图 15-17　厚朴
1. 花枝　2. 果

木兰科

望春花 *Magnolia biondii* Pamp. 落叶乔木。树皮灰色或暗绿色。小枝无毛或近梢处有毛;单叶互生;叶片长圆状披针形或卵状披针形,全缘,两面均无毛;花先叶开放,单生枝顶;花萼3,近线形;花瓣6,2轮,匙形,白色,外面基部常带紫红色;雄蕊多数,花丝胞厚;心皮多数,分离。聚合果圆柱形,稍扭曲;种子深红色。分布于河南、安徽、甘肃、四川、陕西等省,生长在向阳山坡或路旁。花蕾(辛夷)能散风寒,通鼻窍。

同属植物**玉兰** *Magnolia denudata* Desr. 与上种主要区别为叶倒卵形至倒卵状长圆形,叶面有光泽,叶背被柔毛;花被片9,白色,萼片与花瓣同型,倒卵形或倒卵状矩圆形。分布于河北、河南、江西、浙江、湖南、云南等省区。各地有栽培。**武当玉兰** *Magnolia sprengeri* Pampan. 花蕾粗大,长达4cm,直径达2cm。枝梗粗壮,皮孔棕色。苞片外面密被淡黄色或浅黄绿色茸毛。花被片10~15,主要分布于华中及四川等地。这两种花蕾亦作"辛夷"入药。

八角茴香 *Illicium verum* Hook. f. 常绿乔木。叶椭圆形或长椭圆状披针形,有透明油点。花单生于叶腋;花被片7~12;雄蕊10~20;心皮8~9,轮状排列。聚合果由8~9个蓇葖果组成,成八角形,顶端钝,稍弯;分布于华南、西南等省区。生于温暖湿润的山谷中。果实(八角茴香、八角)能温阳散寒,理气止痛。

五味子 *Schisandra chinensis* (Turcz.) Baill. 落叶木质藤本。叶纸质或近膜质,阔椭圆形或倒卵形,边缘疏生有腺齿的细齿(图15-18)。雌雄异株;花被片6~9,乳白色至粉红色;雄蕊5;雌蕊17~40。聚合浆果排成长穗状,红色。分布于东北、华北、华中及四川等地。生于山林中。果实(五味子)能敛肺,滋肾,生津,收涩。

本科常见的药用植物尚有:**木莲** *Manglietia fordiana* (Hemsl.) Oliv. 分布于长江流域以南,果实(木莲果)能通便,止咳;**华中五味子** *Schisandra sphenanthera* Rehd. et Wils. 分布于河南、安徽、湖北等省,果(南五味子)功效同五味子。

图 15-18 五味子
1. 果枝 2. 花

樟科

13. 樟科 Lauraceae

$$♀*P_{6\sim9}A_{3\sim12}\underline{G}_{(3:1:1)}$$

多为常绿乔木,仅无根藤属(*Cassytha*)为寄生性无叶藤本。具油细胞,有香气。单叶,多互生,全缘,革质,羽状脉或三出脉,无托叶。花小,常两性,3基数,多为单被,2轮排列;雄蕊3~12,通常9,排成3~4轮,第4轮雄蕊常退化,花丝基部常具2腺体;子房上位,3心皮合生,1室,1顶生胚珠。核果或呈浆果状,有时有宿存的花被包围基部。种子1粒。

本科约45属,2000余种,分布于热带及亚热带地区。我国有20属,400多种,主要分布于长江以南各省区。已知药用13属,120余种。

本科显微结构具油细胞;叶下表皮通常呈乳头状突起;在茎维管柱鞘部位常有纤

维状石细胞组成的环。

本科植物常含有挥发油类:如樟脑、桂皮醛、桉叶素等;生物碱类:主要为异喹啉类生物碱。

【药用植物】

肉桂 *Cinnamomum cassia* Presl. 常绿乔木,具香气。树皮灰褐色,幼枝略呈四棱形。叶互生,长椭圆形,革质,全缘,具离基三出脉。圆锥花序腋生或顶生;花小,黄绿色,花被6;能育雄蕊9,3轮。子房上位,1室,1胚珠。核果浆果状,紫黑色,宿存的花被管(果托)浅杯状(图15-19)。分布于广东、广西、福建和云南。多为栽培。树皮(肉桂)能温肾壮阳、散寒止痛;嫩枝(桂枝)能解表散寒、温经通络。

本科常见的药用植物尚有:**樟树**(香樟)*C. camphora* (L.) Presl. 分布长江流域以南及西南各省区,根、木材及叶的挥发油主含樟脑,内服开窍辟秽,外用除湿杀虫、温散止痛;**乌药** *Lindera aggregata* (Sims) Kosterm. 分布于长江以南及西南各省区,根(乌药)能行气止痛、温肾化痰。

图 15-19　肉桂
1. 花枝　2. 花　3. 果序

14. 罂粟科 Papaveraceae

$$☿*↑K_2C_{4\sim6}A_{4\sim6,∞}\underline{G}_{(2\sim∞:1:∞)}$$

草本,多含乳汁或有色汁液。基生叶具长柄,茎生叶多互生,无托叶。花单生或成总状、聚伞、圆锥花序;花辐射对称或两侧对称;萼片常2,早落;花瓣4~6,离生;子房上位,2至多心皮,合生,1室,侧膜3胎座,胚珠多数。蒴果孔裂或瓣裂。种子细小。

本科约38属,700种,主要分布于北温带。我国18属,约362种,南北均有分布。已知药用的有15属,130余种。

本科显微结构含白色乳汁或有色汁液,常具有节乳管或乳囊组织。

本科植物多含有生物碱类,如罂粟碱、吗啡、白屈菜碱、可待因、延胡索乙素等。

【药用植物】

罂粟 *Papaver somniferum* L. 一年生或二年生草本,全株粉绿色,具白色乳汁。叶互生,长椭圆形,基部抱茎,边缘具缺刻。花大,单生于花茎顶;萼片2,早落;花瓣4,有白、红、淡紫等色;雄蕊多数,离生;子房多心皮合生;1室,侧膜胎座;柱头具8~12辐射状分枝。蒴果近球形,孔裂(图15-20)。多栽培。果壳(罂粟壳)能敛肺止咳,涩肠止泻,止痛。从未熟果实中割取的乳汁(阿片)为镇痛,止咳,止泻药。

延胡索 *Corydalis turtschaninovii* Bess. f. *yanhusu* Y. H. Chow et C. C. Hsu 多年生草本。块茎球形。叶二回三出全裂,末回裂片披针形。总状花序顶生;苞片全缘或有少数牙齿;花萼2,极小,早落;花瓣4,紫红色,上面1片基部有长距;雄蕊6,成2束;子房上位,2心皮,1室,侧膜胎座。蒴果条形(图15-21)。分布于安徽、浙江、江苏等地。生于丘陵林荫下,各地有栽培。块茎(元胡、延胡索)能行气止痛,活血散瘀。

罂粟科

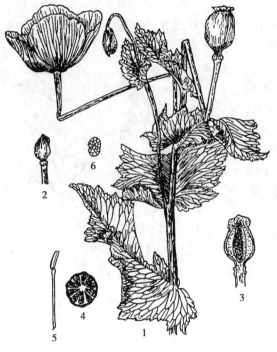

图 15-20　罂粟　　　　　　　　　　　　　　图 15-21　延胡索

1. 植株上部　2. 雌蕊　3. 雌蕊纵切　4. 子房横切
5. 雄蕊　6. 种子

白屈菜 *Chelidonium majus* L. 多年生草本,具黄色汁液。叶互生,羽状全裂,叶背被白粉和短柔毛。花瓣 4,黄色;雄蕊多数。蒴果条状圆柱形。分布于东北、华北、新疆及四川等省区。生于山坡或山谷林边草地。全草有毒,能镇痛、止咳、利尿、解毒。

15. 十字花科 Cruciferae(Brassicaceae)　　　　　　　　$\male \ast K_{2+2}C_4A_{2+4}\underline{G}_{(2:1\sim2:1\sim\infty)}$

草本。单叶互生,无托叶。花两性,辐射对称,多排成总状或圆锥花序;萼片 4,2 轮;花瓣 4,排成十字形;雄蕊 6,4 长 2 短,为四强雄蕊,稀 4 或 2,常在雄蕊旁生有 4 个蜜腺;子房上位,2 心皮合生,由假隔膜分为 2 室,侧膜胎座,每室胚珠 1 至多数。长角果或短角果。

本科约 350 属,3200 种,广布于全球,以北温带为多。我国约 96 属,425 种,分布于我国各省区。已知药用的有 30 属,103 种。

本科植物显微结构常含分泌细胞,毛茸为单细胞非腺毛,气孔轴式为不等式。

本科植物多含硫苷类、吲哚苷类、强心苷类、脂肪油等。

【药用植物】

菘蓝 *Isatis indigotica* Fort. 一至二年生草本。主根圆柱形,灰黄色。全株灰绿色。主根长,圆柱形,灰黄色。基生叶有柄,圆状椭圆形;茎生叶较小,圆状披针形,基部垂耳圆形,半抱茎。圆锥花序;花黄色,花梗细,下垂。短角果扁平,顶端钝圆或截形,边缘有翅,紫色,内含 1 粒种子(图 15-22)。各地均有栽培。根(板蓝根)能清热解毒,凉血利咽。叶(大青叶)能清热解毒,凉血消斑;茎叶加工品(青黛),能清热解毒,凉血定惊。

第十五章　被子植物门

欧菘蓝（草大青）*Isatis tinctoria* L. 与上种主要区别为茎、叶被长柔毛；茎生叶基部垂耳箭形。原产欧洲，华北各省有栽培。药用与菘蓝相同。

白芥 *Brassica alba*（L.）Boiss. 一至二年生草本。全体被白色粗毛。茎基部的叶具长柄，琴状深裂或近全裂。总状花序顶生；花黄色。长角果圆柱形，密被白色长毛，先端具扁长的喙。种子近球形，黄白色。各地常栽培。种子（白芥子）能温肺豁痰利气，散结通络止痛。

荠菜 *Capsella bursa-pastoris*（L.）Medic. 一或二年生草本。基生叶羽状分裂，茎生叶抱茎，两侧呈耳形。总状花序顶生或腋生；花白色。短角果倒三角形。全草能凉肝止血，平肝明目，清热利湿。

本科常见的药用植物尚有：**萝卜** *Raphanus sativus* L. 各地均栽培，种子（莱菔子）能消食除胀，降气化痰；**独行菜** *Lepidium apetalum* Willd. 分布于华北、华东、西北、西南等地；**播娘蒿** *Descurainia Sophia*（L.）Schur 分布于华北、华东、西北及四川等地。独行菜和播娘蒿两种植物的种子均作"葶苈子"药用，能泻肺平喘，行水消肿。

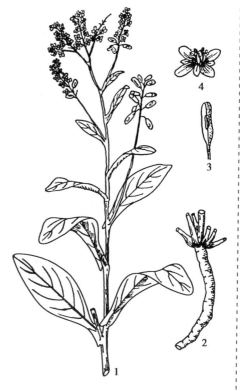

图 15-22　菘蓝
1. 植株　2. 根　3. 果实　4. 花

16. 景天科 Crassulaceae

$\male\female *K_{4\sim5,\,(4\sim5)}\ C_{4\sim5,\,(4\sim5)}\ A_{4\sim5,8\sim10}\ \underline{G}_{(4\sim5:1:\infty)}$

景天科

多年生肉质植物，草本或小灌木。单叶互生、对生或轮生，无柄，稀为羽状复叶。花多两性，辐射对称，单生或为聚伞花序，萼片与花瓣均 4~5，分生或合生，雄蕊与花瓣同数或为其 2 倍，子房上位，雌蕊 4~5，离生，胚珠多数，每一心皮基部有 1 鳞片状腺体。蓇葖果。

本科约 35 属，1600 种；广布全球。我国约 10 属，250 种；广布全国；已知药用 8 属，68 种。

本科显微结构有的种类地下茎具异性维管束。

本科植物含有苷类：如红景天苷、垂盆草苷等；黄酮类：如槲皮素等；有机酸类：如阿魏酸、丁香酸等。

【药用植物】

垂盆草 *Sedum sarmentosum* Bunge. 多年生肉质匍匐草本。叶常 3 片轮生；倒披针形至长圆形，全缘。聚伞花序顶生，花淡黄色，无梗，萼片 5，花瓣 5；雄蕊 10，2 轮；鳞片 5，楔状四方形；心皮 5，长圆形，稍开展。蓇葖果（图 15-23）。分布于全国大部分地区；生于山坡、石隙、沟旁及路边湿润处。全草清热利湿，解毒消肿，利湿退黄。

景天三七 *S. aizoon* L. 多年生肉质草本。茎直立，不分枝。叶互生，广卵形至倒披针形。聚伞花序花黄色；萼片 5，条形；花瓣 5，椭圆状披针形；雄蕊 10；心皮 5，基部合生。蓇葖果 5 枚，星芒状排列。分布于东北、西北、华北至长江流域；生于山坡阴湿岩石上或草丛中。全草能散瘀止血,宁心安神、解毒。

库页红景天(高山红景天)*Rhodiola sachalinensis* A. Bor. 全草(药材名:红景天)能补气清肺,益智养心,收涩止血,散瘀消肿。**狭叶红景天** *R. kirilowii* (Regel.) Regil.、**唐古特红景天** *R. algida* (Lédeb.) Fisch. et Mey. var. *tangutica* (Maxim.) S. H. Fu 的全草亦作药材红景天入药。**瓦松** *Orostachys fimbriatus* (Turcz.) Berger. 分布于东北、华北、西北、华东等地;全草有毒,能凉血止血,清热解毒,收湿敛疮。

17. 杜仲科 Eucommiaceae

$$♂ P_0 A_{4\sim10}; ♀ P_0 \underline{G}_{(2:1:2)}$$

落叶乔木,树皮、枝、叶折断后有银白色胶丝。小枝有片状髓。单叶互生,无托叶。花单性异株,无花被;先叶或与叶同时开放;雄花簇生,雄蕊4~10,常为8;雌花单生于小枝下部,具短梗;子房上位,2 心皮合生,1 室,胚珠2。翅果,扁平,种子 1 粒。

本科 1 属,1 种;是我国特产植物。分布在长江中游各省,各地有栽培。

本科显微结构韧皮部有 5~7 条石细胞环带,韧皮部中有橡胶细胞,内有橡胶质。

本科植物含杜仲胶、木脂素类、环烯醚萜类、三萜类等。

【药用植物】

杜仲 *Eucommia ulmoides* Oliv. 形态特征与杜仲科特征相同(图 15-24)。长江中游各省有栽培。树皮能补肝肾、强筋骨、安胎。

18. 蔷薇科 Rosaceae

$$♀ * K_5 C_5 A_{4\sim\infty} \underline{G}_{1\sim\infty:1:1\sim\infty} \overline{G}_{(2\sim5:2\sim5:2)}$$

草本,灌木或乔木,常具刺。单叶或复叶,多互生,常有托叶。花两性,辐射对称;单生或排成伞房、圆锥花序;花托杯状、壶状或凸起;花被与雄蕊常合成杯状、坛状或壶状的托杯(又叫被丝托),萼片、花瓣和雄蕊均着生在花托托杯的边缘。萼片、花瓣常5;雄蕊通常多数,心皮 1 至多数,离生或合生;子房上位或下位,每室含 1 至多数胚珠。菁葖果、瘦果、梨果或核果。

本科约有 124 属,3300 种,广布全球。我国有 51 属,1100 余种,分布于全国各地。已知药用的有 48 属,400 余种。

本科显微结构常具单细胞非腺毛;常具草酸钙簇晶和方晶;气孔轴式多为不定式。

图 15-23 垂盆草

1. 植株 2. 叶 3. 花 4. 花瓣和雄蕊 5. 花瓣、雄蕊与萼片 6. 雌蕊 7. 种子

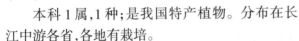

图 15-24 杜仲

1. 果枝 2. 雄花及苞片

杜仲科

蔷薇科

本科植物含氰苷类,如苦杏仁苷等;多元酚类;黄酮类;二萜生物碱类;有机酸类等。

蔷薇科分为四个亚科,为蔷薇亚科 Rosoideae,梅亚科 Prunoideae,梨亚科 Maloideae,绣线菊亚科 Spiraeoideae。

亚科检索表

1. 果实为开裂;多无托叶 ···绣线菊亚科 Spiraeoideae
1. 果实不开裂;有托叶。
  2. 子房上位,稀下位。
    3. 心皮常多数,瘦果或小核果;萼宿存 ······················蔷薇亚科 Rosoideae
    3. 心皮 1;核果;萼常脱落 ···································梅亚科 Prunoideae
  2. 子房下位或半下位,心皮 2~5,多少连合并与萼筒结合;梨果 ·········梨亚科 Maloideae

（1）蔷薇亚科药用植物

龙牙草 *Agrimonia pilosa* Ledeb. 多年生草本,全体密生长柔毛。单数羽状复叶,小叶大小不等相间排列。圆锥花序顶生;萼筒顶端5裂,口部内缘有一圈钩状刚毛;花瓣5,黄色;雄蕊 10;子房上位,2 心皮。瘦果。萼宿存。全国大部分地区有分布。全草(仙鹤草)能止血、补虚、泻火、止痛。根芽(鹤草芽)含鹤草酚,能驱除绦虫、消肿解毒。

地榆 *Sanguisorba officinalis* L. 多年生草本。根粗壮,表面黯棕红色。茎带紫红色。单数羽状复叶,小叶 5~19 片,穗状花序椭圆形;花小,萼裂片 4,紫红色;无花瓣;雄蕊 4,花药黑紫色;子房上位。瘦果(图 15-25)。全国大部分地区有分布。生于山坡、草地。根能凉血止血,清热解毒,消肿敛疮。

同属变种狭叶地榆 *S. officinalis* L. var. *longifolia*(Bert.)Yu et Li 的根,也作地榆药用。

金樱子 *Rosa laevigata* Michx. 常绿攀缘有刺灌木。三出羽状复叶,叶片近革质。花大,白色,单生于侧枝顶端。蔷薇果熟时红色,倒卵形,外有刺毛(图 15-26)。分布于华

图 15-25　地榆
1. 植株　2. 根　3. 花枝　4. 花

中、华东、华南各省区。生于向阳山野。果能涩精益肾,固肠止泻。

蔷薇亚科常见的药用植物尚有:**掌叶覆盆子** *Rubus chingii* Hu 落叶灌木,叶掌状深裂,聚合核果。分布于安徽、江苏、浙江、江西、福建等省,果实(覆盆子)能益肾、固精、缩尿,根止咳、活血消肿;**委陵菜** *Potentilla chinensis* Ser. 和**翻白草** *P. discolor* Bge. 分布于全国各省区,全草或根均能清热解毒、止血、止痢;**月季** *Rosa chinensis* Jacq. 各地均有栽培,花能活血调经;**玫瑰** *Rosa rugosa* Thunb. 各地均有栽培,花能行气解郁、和血、止痛。

（2）梅亚科药用植物

杏 *Prunus armeniaca* L. 落叶小乔木。叶柄近顶端有2腺体。花单生枝顶，先叶开放；萼片5；花瓣5，白色或带红色；雄蕊多数；心皮1。核果，球形，黄红色，核表面平滑；种子1，扁心形，圆端合点处向上分布多数维管束（图15-27）。产于我国北部，均系栽培。种子（苦杏仁）能降气化痰，止咳平喘，润肠通便。

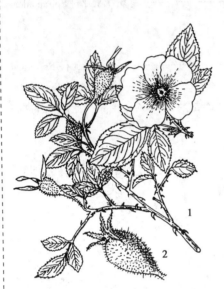

图15-26 金樱子
1. 花果枝　2. 果

图15-27 杏
1. 花枝　2. 果枝　3. 花部纵切，示杯状花托

梅 *P. mume* Sieb. 与上种主要区别为小枝绿色，叶先端尾状长渐尖，果核表面有凹点。分布于全国各地，多系栽培。近成熟果实（乌梅）能敛肺、涩肠、生津、安蛔。

郁李 *Prunus japonica* Thunb. 落叶灌木，高1~1.5m。幼叶对折，果实无沟。主产长江以北地区。种子能润燥滑肠、下气利水。同属植物国产月50种，其中欧李 *C. humilis*（Bog）Sok. 的成熟种子也作"郁李仁"入药。

梅亚科常见的药用植物尚有：山杏（野杏）*P. armeniaca* Lam. var. *ansu*（Maxim.）Yu et Lu、西伯利亚杏 *A. sibirica*（L.）Lam. 和东北杏 *A. mandshurica*（Maxim.）Skv. 的种子亦作苦杏仁入药；桃 *P. persica*（L.）Batsh. 全国广为栽培，种子（桃仁）能活血祛瘀，润肠通便。

（3）梨亚科药用植物

山里红 *Crataegus pinnatifida* Bge. var. *major* N.E.Br. 落叶小乔木。分枝多，无刺或少数短刺。叶羽状深裂，边缘有重锯齿；托叶镰形。伞房花序；萼齿裂；花瓣5，白色或带红色。梨果近球形，直径可达2.5cm，熟时深亮红色，密布灰白色小点。华北、东北普遍栽培。果实（北山楂）能消食健胃、行气散瘀。

山楂 *C. pinnatifida* Bge. 多为栽培（图15-28）。果实亦称北山楂，功效同山里红。

野山楂 *C. cuneata* Sieb. et Zucc. 与上种的主要区别：落叶灌木，刺较多。果较小，直径1~1.2cm，红色或黄色。分布于长江流域及江南地区，北至河南、陕西。果实（南山楂）功效同山里红。

皱皮木瓜(贴梗海棠)*Chaenomeles speciosa* (Sweet) Nakai 落叶灌木,枝有刺。叶卵形至长椭圆形;托叶较大。花先叶开放,腥红色或淡红色,花3~5朵簇生;萼筒钟形;花瓣红色,少数淡红色或白色;子房下位。梨果卵形或球形,木质,黄绿色,有芳香。产于华东、华中、西南等地。多栽培。成熟果实干后表皮皱缩(皱皮木瓜)能舒筋活络、和胃化湿。

同属植物**木瓜** *C. sinensis*(Thouin) Koehne. 落叶小乔木,枝无刺,托叶小,梨果较大,分布于长江流域及以南地区,果实干后表皮不皱缩(光皮木瓜、榠楂)入药,功效同贴梗木瓜。

梨亚科常见的药用植物尚有:**枇杷** *Eriobotrya japonica*(Thunb.) Lindl. 常绿小乔木,分布于长江以南各省,多为栽培。叶(枇杷叶)能清肺止咳、和胃降逆、止渴。

图 15-28 山楂
1. 果枝 2. 花

19. 豆科 Leguminosae(Fabaceae)

$$♀*↑K_{5,(5)}C_5A_{(9)+1,10,∞}\underline{G}_{(1:1:1~∞)}$$

草本或木本。茎直立或蔓生;叶互生,多为羽状或三出复叶,少单叶,有托叶。花两性,萼片5,辐射对称或两侧对称;多少连合;花瓣5,多为蝶形花,少数假蝶形或辐射对称;雄蕊一般为10,常连合成二体,少数下部合生或分离,稀多数;子房上位,1心皮,1室,胚珠1至多数。边缘胎座。荚果。

本科为被子植物第三大科,约650属,18 000种,广布全球。我国有169属,约1539种,分布于全国。已知药用的有109属,600余种。

本科显微结构常含有草酸钙方晶。

本科植物化学成分多样,但最主要药用成分为黄酮类和生物碱类。本科植物中还含有蒽醌类、三萜皂苷类、香豆素、鞣质等。

根据花的特征,本科分为含羞草亚科 Mimosoideae、云实亚科(苏木亚科) Caesalpinoideae、蝶形花亚科 Papilionoideae 三个亚科。

亚科检索表

1. 花辐射对称;花瓣镊合状排列;雄蕊多数或定数(4~10) ············ 含羞草亚科 Mimosoideae
1. 花两侧对称;花瓣覆瓦状排列;雄蕊一般 10 枚
　2. 花冠假蝶形,旗瓣位于最内方,雄蕊分离不为二体
　　　··云实亚科(苏木亚科)Caesalpinoideae
　2. 花冠蝶形,旗瓣位于最外方,雄蕊 10,通常二体 ·············· 蝶形花亚科 Papilionoideae

(1) 含羞草亚科:木本或草本,叶多为二回羽状复叶。花辐射对称,萼片下部多少合生;花冠与萼片同数,雄蕊多数,稀与花瓣同数。荚果,有的有次生横隔膜。

【药用植物】

合欢(马缨花)*Albizia julibrissin* Durazz. 落叶乔木,有密生椭圆形横向皮孔。二回偶数羽状复叶。头状花序呈伞房排列,花淡红色,辐射对称,花萼钟状,5 裂;花冠漏斗状;雄蕊多数,花丝细长,淡红色基部连合。荚果扁平。分布南北各地,多栽培。树

皮(合欢皮)能解郁安神,活血消肿。花(合欢花)能解郁安神。同属植物国产17种。

含羞草亚科常用药用植物尚有:儿茶 *Acacia catechu* (L. f.) Willd. 浙江、中国台湾省、广东、广西、云南均有栽培,心材或去皮枝干煎制的浸膏(孩儿茶)为活血疗伤药,能收湿敛疮、止血定痛、清热化痰;含羞草 *Mimosa pudica* L. 分布于华南与西南等地,全草能安神、散瘀止痛。

(2) 云实亚科(苏木亚科):木本或草本。花两侧对称,萼片5,通常分离,花冠假蝶形,花瓣多5,雄蕊10或较少,分离或各式联合;子房有时有柄,荚果,常有隔膜。

决明 *Cassia obtusifolia* L. 一年生草本。偶数羽状复叶,小叶三对。花成对腋生;萼片5,分离;花瓣黄色,最下面的两片较长;发育雄蕊7。荚果细长,近四棱形。种子多数,菱状方形,淡褐色或绿棕色,光亮(图15-29)。分布于长江以南地区,多栽培。种子(决明子)能清肝明目、利水通便。

同属植物小决明 *C. tora* L. 的种子亦作决明子入药。

皂荚 *Gleditsia sinensis* Lam. 落叶乔木,有分枝的棘刺。羽状复叶。总状花序;花杂性,萼片4,花瓣4,黄白色。雄蕊6~8,荚果扁条形,成熟后呈红棕色至黑棕色,被白色粉霜。果实(皂角)能润燥、通便、消肿。刺(皂角刺)能消肿托毒、排脓、杀虫。畸形果实(猪牙皂)能开窍、祛痰、解毒。

紫荆 *Cercis chinensis* Bge. 落叶灌木。叶互生,心形。春季花先叶开放;花冠紫红色,假蝶形;雄蕊10,分离。荚果条形扁平。

图 15-29 决明
1. 果枝 2. 花 3. 雌、雄蕊 4. 种子

分布于华北、华东、西南、中南地区及甘肃、陕西、辽宁等省,多作观赏花木栽培,树皮(紫荆)能行气活血、消肿止痛、祛瘀解毒。

云实亚科常见的药用植物尚有:苏木 *Caesalpinia sappan* L. 分布于华南及云南、福建、广东、海南、贵州、中国台湾省等省区。心材能活血祛瘀,消肿定痛。

(3) 蝶形花亚科:草本或木本,单叶、三出复叶或羽状复叶;常有托叶和小托叶。花两侧对称;花萼5裂,蝶形花冠,花瓣5,侧面2片为翼瓣,被旗瓣覆盖;位于最下的2片其下缘稍合成龙骨瓣,二体雄蕊,也有10个全部联合成单体雄蕊,或全部分离。荚果,有时为有节荚果。

牛大力

美丽崖豆藤 *Millettia speciose* Champ. 多年生藤本,树皮褐色。小枝圆柱形;羽状复叶,叶轴被毛,上面有沟;托叶披针形;苞片披针状卵形,脱落;花冠白色、米黄色至淡红色,花瓣近等长,旗瓣无毛;花盘筒状;子房线形,密被绒毛,具柄,花柱向上旋卷,柱头下指。荚果线状,伸长,扁平,顶端狭尖,基部具短颈,密被褐色绒毛,果瓣木质,开裂,有种子4~6粒;种子卵形。花期7~10月,果期次年2月(图15-30)。

我国多省有分布,生于灌丛、疏林和旷野,海拔1500米以下。越南也有分布,广

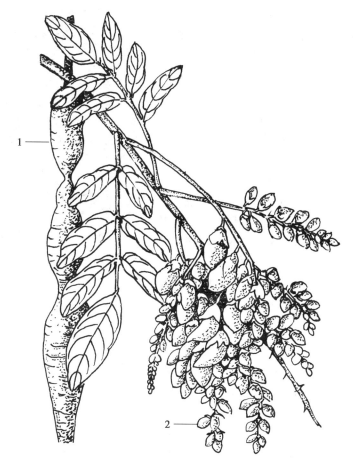

图 15-30　美丽崖豆藤
1. 根　2. 花枝

东开平市质优量大。根含丰富的淀粉,可酿酒,又可入药,称为牛大力,有通经活络,补虚润肺和健脾等功能。广东、广西、海南等省长期以来常用做滋补药食两用煲汤材料。

膜荚黄芪 *Astragalus membranaceus* (Fisch.) Bge. 多年生草本。主根长圆柱形,外皮土黄色。奇数羽状复叶,小叶 6~13 对,椭圆形或长卵形,两面有白色长柔毛。总状花序腋生;花萼 5 裂齿;花冠蝶形,黄白色;二体雄蕊;子房被柔毛。荚果膜质,膨胀,卵状长圆形,有长柄,被黑色短柔毛。分布于东北、华北、西北及西南等省区。生于向阳山坡、草丛或灌丛中。根(黄芪)能补气固表,利水托毒,排脓,敛疮生肌。

同属植物**蒙古黄芪** *A. membranaceus* (Fisch.) Bge. var. *Mongolicus* (Bge.) Hsiao. 小叶 12~18 对,花黄色,子房及荚果无毛。分布于内蒙古、吉林、河北、山西。根与膜荚黄芪同等药用。

槐 *Sophora japonica* L. 落叶乔木。奇数羽状复叶,小叶 7~15,卵状长圆形。圆锥花序顶生;萼钟状;花冠乳白色;雄蕊 10,分离,不等长。荚果肉质,串珠状,黄绿色,无毛,不裂,种子间极细缩,种子 1~6 枚。我国南北各地普遍栽培。花(槐花)和花蕾(槐米)能凉血止血,清肝泻火。槐花还是提取芦丁的原料。果实(槐角)能清热泻火,凉血止血。

甘草 *Glycyrrhiza uralensis* Fisch. 多年生草本。根和根状茎粗壮,味甜。全体密生短毛和刺毛状腺体。奇数羽状复叶，小叶 7~17。卵形或宽卵形。总状花序腋生，花冠蝶形，蓝紫色；二体雄蕊。荚果呈镰刀状弯曲，密被刺状腺毛及短毛(图 15-31)。分布于我国华北、东北、西北等地区。根状茎及根能补脾益气，清热解毒，祛痰止咳，缓急止痛，调和诸药。

同属植物国产 10 余种，其中光果甘草 *G. glabra* L. 和胀果甘草 *G. inflata* Bat. 的根和根茎也作为甘草药材用。

苦参 *Sophora flavescens* Ait. 落叶半灌木。根圆柱形，外皮黄色。奇数羽状复叶；小叶 11~25 片，披针形至线状披针形；托叶线形。总状花序顶生；花冠淡黄白色；雄蕊 10，分离。荚果条形，先端有长喙，呈不明显的串珠状，疏生短柔毛。以根入药，能清热燥湿，杀虫，利尿。

图 15-31　甘草
1. 花枝　2. 果序　3. 根

野葛 *Pueraria lobata* (Willd.) Ohwi 藤本，全体被黄色长硬毛。块根肥厚，三出复叶，花冠蓝紫色，全国大部分地区有分布，块根(葛根)能解肌退热，生津、透疹、升阳止泻；葛属植物国产 12 种，其中甘葛藤 *Pueraria thonsonii* Benth 的根习称粉葛，也作葛根药材入药。

密花豆 *Spatholobus suberectus* Dunn. 木质藤本，老茎砍断后有鲜红色汁液流出，种子一枚。分布于云南及华南等地，藤茎作"鸡血藤"药用，能补血、活血、通络。香花崖豆藤(丰城鸡血藤) *Millettia dielsiana* Harms ex Diels 分布于华中、华南、西南等地，藤茎在部分地区亦作"鸡血藤"药用。

蝶形花亚科常见的药用植物尚有：**扁茎黄芪** *Astragalus complanatus* R. Br. 分布于陕西、河北、山西、内蒙古、辽宁等省区，种子(沙苑子)能益肾固精、补肝明目。**补骨脂** *Psoralea corylifolia* L. 分布于四川、河南、陕西、安徽等省。多栽培，果实能补肾壮阳、暖脾止泻。

芸香科

20. 芸香科 Rutaceae

$\male *K_{3\sim5}C_{3\sim5}A_{3\sim\infty}\underline{G}_{(2\sim\infty : 2\sim\infty : 1\sim2)}$

多为木本，稀草本，有时具刺，含挥发油。叶、花、果常有透明的油腺点。叶常互生，多为复叶或单身复叶，无托叶。花辐射对称，两性，稀单性。单生或簇生，排成聚伞、圆锥花序；萼片 3~5，合生；花瓣 3~5；雄蕊常与花瓣同数或为其倍数，着生在花盘基部；子房上位，心皮 2 至多数，合生或离生。每室胚珠 1~2。柑果、蒴果、核果、蓇葖果。

本科约 150 属，1700 种，分布于热带和温带。我国有 28 属，约 150 种，分布于全国。已知药用的有 23 属，105 种。

本科显微结构含油室，果皮中常有橙皮苷结晶，草酸钙方晶、棱晶、簇晶较多。

本科植物化学成分多样，主要常含挥发油类、生物碱类、黄酮类、香豆素等。不少成分具强烈活性。生物碱在芸香科中普遍存在，一些呋喃喹啉、吡喃喹啉类生物碱几乎只限芸香科植物。此外，黄酮类化合物在本科广泛分布，柑橘属中橙皮苷能降低血管脆性，防止微血管出血，并能降低胆固醇。

【药用植物】

橘 *Citrus reticulata* Blanco 常绿小乔木或灌木,常具枝刺。单身复叶,叶翼不明显。萼片 5;花瓣 5,黄白色;雄蕊 15~30,花丝常 3~5 枚连合成组。心皮 7~15。柑果扁球形,橙黄色或橙红色,囊瓣 7~12,种子卵圆形。长江以南各省广泛栽培。成熟果皮(陈皮)能理气健脾、燥湿化痰。中果皮及内果皮间维管束群(橘络)能通络理气、化痰;种子(橘核)能理气散结、止痛;叶(桔叶)能行气、散结;幼果或未成熟果皮(青皮)能疏肝破气、消积化滞。

同属植物我国包括引入栽培的共 15 种。

酸橙 *C. aurantium* L. 常绿小乔木或灌木,常具枝刺。单身复叶,与上种的主要区别为小枝三棱形,叶柄有明显叶翼,柑果近球形,橙黄色,果皮粗糙(图 15-32)。主产于四川、江西等各省区,多为栽培。未成熟横切两半的果实(枳壳)能理气宽中,行滞消胀。幼果(枳实)能破气消积、化痰除痞。

图 15-32 酸橙
1. 花枝　2. 花纵切　3. 花图式　4. 子房横切　5. 果实横切　6. 种子及其纵切

黄檗 *Phellodendron amuranse* Rupr. 落叶乔木,树皮淡黄褐色,木栓层发达,有纵沟裂,内皮鲜黄色。奇数羽状复叶,小叶 5~15。披针形至卵状长圆形,边缘有细钝齿,齿缝有腺点。花单性,雌雄异株;圆锥花序;萼片 5;花瓣 5,黄绿色;雄花有雄蕊 5;雌花退化。浆果状核果,球形,紫黑色,内有种子 2~5。分布于华北、东北。生于山区杂木林中。有栽培。除去栓皮的树皮(关黄柏)能清热燥湿,泻火除蒸,解毒疗疮。

同属**黄皮树** *P. chinense* Schneid. 与上种的主要区别为树皮的木栓层薄,小叶 7~15片,下面密被长柔毛。分布于四川、贵州、云南、陕西、湖北等区。树皮(川黄柏)功效同关黄柏。

吴茱萸 *Evodia rutaecarpa*(Juss.)Benth. 落叶小乔木。幼枝、叶轴及花序均被黄褐色长柔毛。奇数羽状复叶对生,具小叶 5~9,叶两面被白色长柔毛,有透明腺点。雌雄异株,聚伞状圆锥花序顶生。花萼 5,花瓣 5,白色。蓇葖果扁球形开裂时成蓇葖果状。分布于长江流域及南方各省区,生于山区疏林或林缘,现多栽培。未成熟果实药用能散寒止痛,疏肝下气,温中燥湿。

白鲜 *Dictamnus dasycoopus* Turcz. 多年生草本,羽状复叶。叶柄及叶轴两侧有狭翅、花淡红色,有紫色条纹,蓇葖果 5 裂,分布于东北至西北,根皮(白鲜皮)能清热燥湿、祛风止痒、解毒。

本科常见的药用植物尚有:**枳(枸橘)** *Poncirus trifoliata* (L.) Raf. 分布于我国中部、南部及长江以北地区,未成熟果实亦作枳壳(绿衣枳壳)药用;香圆 *Citrus wilsonii* Tanaka 分布于长江中下游地区,果实(香橼)能疏肝理气、和胃止痛。**花椒(川椒、蜀椒)** *Zanthoxylum bungeanum* Maxim. 除新疆及东北外,几乎遍及全国,果皮(花椒)能温中止痛、除湿止泻、杀虫止痒,种子(椒目)能利水消肿、祛痰平喘。

21. 楝科 Meliaceae $\qquad \diamondsuit * K_{(4\sim5)} C_{4\sim5} A_{(8\sim10)} \underline{G}_{(2\sim5:2\sim5:1\sim2)}$

木本。叶互生;多为羽状复叶,无托叶。花通常两性;辐射对称;聚伞或圆锥花序;萼片与花瓣常 4~5,离生或基部合生;雄蕊 8~10,花丝合生成短管;聚花盘或缺;子房上位,心皮 2~5,合生,2~5 室,每室胚珠 1~2。蒴果、浆果或核果。

本科约 50 属,1400 种;分布于热带和亚热带。我国 18 属,65 种;分布于长江以南;已知药用 13 属,30 种。

本科显微结构为纤维束周围细胞常有草酸钙方晶,形成晶纤维;常见簇晶。

本科植物含有三萜类:如川楝素、洋椿苦素、米仔兰醇等;生物碱类:如米仔兰碱、米仔兰醇碱等。

【药用植物】

楝 *Melia azedarach* L. 落叶乔木。二至三回奇数羽状复叶;小叶卵圆至椭圆形,边缘有钝尖锯齿。圆锥花序腋生或顶生;花淡紫色;花萼 5;花瓣 5,平展或反曲;雄蕊管通常黯紫色。核果卵球形或近球形。分布于黄河以南各地,生于旷野或路旁,常栽培于宅旁。树皮及根皮(苦楝皮)为杀虫药,有毒,能杀虫、疗癣。同属植物川楝 *M. toosendan* Sieb. et Zucc. 小叶全缘或有不明显疏锯齿(图 15-33)。核果较大,分布于四川、贵州、云南、湖南等省,树皮及根皮亦作药材苦楝皮入药。果实(川楝子、金铃子)为理气药,有小毒。能疏肝泄热、行气止痛、杀虫。

本科常见的药用植物尚有:香椿 *Toona sinensis* (A. Juss.) Roem. 分布于华北、华东、中南、西南以及中国台湾省、西藏等地;常栽培于宅旁、路边;根皮与树皮(椿白皮)能清热燥湿、涩肠、止血、止带、杀虫,果实(香椿子)能祛风、散寒、止痛。

图 15-33　川楝子
1. 果枝　2. 花

22. 远志科 Polygalaceae $\qquad \diamondsuit \uparrow K_5 C_{3,5} A_{(4\sim8)} \underline{G}_{(1\sim3:1\sim3:1\sim\infty)}$

草本或木本。单叶,互生,全缘;无托叶。花两性,两侧对称;总状或穗状花序;萼片5,不等长,内面2片常呈花瓣状;花瓣3或5,不等大,下面一片成龙骨状,顶端常具鸡冠状附属物;雄蕊4~8,花丝合生成鞘,花药顶端开裂;子房上位,1~3心皮合生,1~3室,每室胚珠1。蒴果,坚果或核果。

本科约14属,近1000种;广布全球。我国5属,51种;分布于全国,西南与华南最多;已知药用3属,27种,3变种。

本科显微结构为叶表皮细胞平周壁常具角质纹理;叶肉细胞常有草酸钙簇晶。

本科植物含有三萜皂苷类:如远志皂苷元、远志皂苷、瓜子金皂苷等;醇类:如远志醇等;生物碱类:如远志碱。

【药用植物】

远志 *Polygala tenuifolia* Willd. 多年生草本。根圆柱形,长而微弯。单叶互生;叶线形。总状花序;花萼5,2枚呈花瓣状,绿白色;花瓣3,淡紫色,龙骨状花瓣先端着生流苏状附属物;雄蕊8,花丝基部合生。蒴果(图15-34)。分布于东北、华北、西北及山东、江苏、安徽和江西等地;生于向阳山坡或路旁。根为养心安神药,能宁心安神、祛痰开窍、解毒消肿。

同属植物**西伯利亚远志** *P. sibirica* L. 的根亦作药材远志入药。

本科常见的药用植物尚有:**荷包山桂花** *P. arillata* Buch. —Ham. 分布于西南及陕西、安徽、浙江、江西、福建、湖北、广东、广西等地;根(鸡根)能祛痰除湿、补虚健脾、宁心活血。**瓜子金** *P. japonica* Houtt. 分布于东北、华北、西北、华东、中南、西南等地;根及全草能祛痰止咳、散瘀止血、宁心安神。**华南远志** *P. glomerata* Lour. 分布于福建、湖北及华南、西南等地;带根全草(大金牛草)能祛痰、消积、散瘀、解毒。**黄花倒水莲** *P. fallax* Hemsl. 分布于江西、福建、湖南、广东、广西、四川等地;根或茎叶能补虚健脾、散瘀通络。

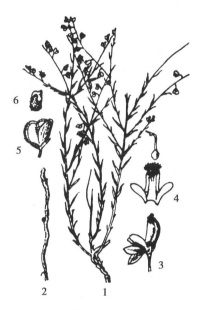

图15-34 远志
1. 植株地上部分 2. 根 3. 花侧面观 4. 花冠剖开 5. 果实 6. 种子

23. 大戟科 Euphorbiaceae ♂ $*K_{0~5}C_{0~5}A_{1~\infty}$;♀ $*K_{0~5}C_{0~5}\underline{G}_{(3:3:1~2)}$

草本、灌木或乔木,常含有乳汁。单叶,互生,叶基部常具腺体,有托叶,常早落。花辐射对称,花单性,同株或异株,常为聚伞、总状、穗状、圆锥花序,或杯状聚伞花序;花被常为单层,萼状,有时缺或花萼与花瓣具存;雄蕊1至多数,花丝分离或连合;雌蕊通常由3心皮合生;子房上位,3室,中轴胎座。蒴果,稀为浆果或核果。

本科约300属,8000余种,广布于全世界。我国66属,约364种,分布于全国各地。已知药用的有39属,160种。

本科显微结构常具有节乳汁管。

本科植物多有不同程度的毒性,化学成分复杂,主要有生物碱、氰苷、硫苷、二萜、三萜类化合物。生物碱类,有一叶萩碱等。

【药用植物】

大戟 *Euphorbia pekinensis* Rupr. 多年生草本,植物体有白色乳汁。根圆锥形。茎直立,上部分枝被短柔毛;叶互生,长圆形至披针形。杯状聚伞花序,总花序通常 5 歧聚伞状,基部各生一叶状苞片,轮生;杯状聚伞花序外围有杯状总苞,腺体 4,总苞内面有多数雄花,每雄花仅具 1 雄蕊,花丝与花柄间有 1 关节,花序中央有 1 雌花具长柄,伸出总苞外而下垂,子房上位,3 心皮,3 室,每室 1 胚珠。蒴果(图15-35)。分布于全国各地。生于路旁、山坡及原野湿润处。根(京大戟)有毒,能消肿散结、泻水逐饮。

巴豆 *Croton tiglium* L. 常绿小乔木,幼枝、叶有星状毛。花单性,雌雄同株。蒴果卵形。分布于南方及西南地区,野生或栽培,种子有大毒,外用能蚀疮,制霜用能峻下积滞、逐水消肿。

同属植物国产 19 种。

铁苋 *Acalypha australis* L. 一年生草本。叶互生,卵状菱形。花单性同株,无花瓣;穗状

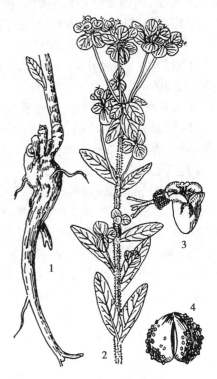

图 15-35　大戟
1. 根　2. 花枝　3. 杯状花序　4. 果实

花序腋生,雄花生花序上端,花萼 4,雄蕊 8;雌花萼片 3,子房 3 室,生在花序下部并藏于蚌形叶状苞片内。蒴果。分布于全国各地。生于河岸、田野、路边、山坡林下。全草能清热解毒、止血、止痢。

本科常见的药用植物尚有:续随子 *Euphorbia lathyris* L. 原产欧洲,我国有栽培,种子(千金子)有毒,能逐水消肿、破血消癥。地锦 *E. humifusa* Willd. 分布于我国大部分地区,全草(地锦草)清热解毒、凉血止血。

葡萄科

24. 葡萄科 Vitaceae $\male\ \ast K_{(4\sim5)} C_{4\sim5} A_{4\sim5} \underline{G}_{(2\sim6:2\sim6:1\sim2)}$

多为木质藤本,常以卷须攀缘它物上升,卷须和叶对生。单叶互生,常掌状分裂,少为复叶。花小,两性或单性,有时杂性;辐射对称,花集成聚伞花序,花序常与叶对生;花萼不明显,4~5 裂;花瓣 4~5,镊合状排列,分离或基部联合,有时顶端黏合成帽状而整个脱落;雄蕊 4~5,生于花盘周围,与花瓣同数而对生;子房上位,通常 2 心皮构成 2 室,每室胚珠 1~2。浆果。

本科约 16 属,700 余种,广布于热带及温带。我国有 9 属,约 150 种,分布于南北各地。已知药用 7 属,100 种。

本显微结构常具黏液细胞,内含淡黄色黏液质。有的含草酸钙针晶束,薄壁细胞中含草酸钙簇晶。

本科植物含有甾醇、有机酸、黄酮类、糖类和鞣质等。

【药用植物】

白蔹 *Ampelopsis japonica* (Thunb.) Mak. 攀缘藤本,全体无毛。根块状,纺锤形。掌

状复叶,小叶 3~5 片,小叶片羽状分裂至羽状缺刻,叶轴有阔翅。聚伞花序;花小,黄绿色,浆果球形,熟时白色或蓝色(图 15-36)。分布于东北南部、华北、华东、中南地区。生于山坡林下。根为清热解毒药,能清热解毒、消肿止痛。

乌蔹莓 *Cayratia japonica* (Thunb.) Ganep. 多年生蔓生草本,茎有卷须。5 叶对生,复叶呈鸟趾状。聚伞花序;花小,淡绿色。浆果黑色。分布于华东和中南各地,生于山坡草丛或灌木中。全草能凉血解毒、利尿消肿、凉血散瘀。

本科常见的药用植物尚有:**三叶崖爬藤(三叶青)** *Tetrastigma hemsleyanum* Diels et Gilg 分布于浙江、江西、湖南、广东、广西、四川、贵州、云南等地;根块及全株能清热解毒、祛风化痰、活血止痛。

25. 锦葵科 Malvaceae

$$\male \female * K_{5, (5)} C_5 A_{(\infty)} \underline{G}_{(3 \sim \infty : 3 \sim \infty : 1 \sim \infty)}$$

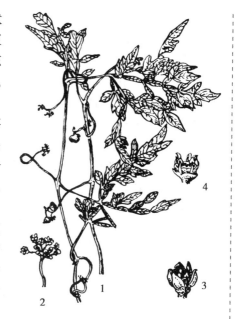

图 15-36 白蔹
1. 枝叶 2. 花序 3. 花 4. 雄蕊

草本、灌木或乔木。植物体多有黏液细胞,幼枝、叶表面常有星状毛。单叶互生,常具掌状脉,有托叶,早落。花两性,辐射对称,单生或成聚伞花序;常有副萼;萼片 5,分离或合生,萼宿存;花瓣 5;雄蕊多数,花丝下部连合成管,形成单体雄蕊,包住子房和花柱,花药 1 室,花粉具刺;3 至多心皮,合生或离生,轮状排列,子房上位,3 至多室,中轴胎座。蒴果。

锦葵科

本科约 50 属,1000 余种,广布于温带和热带。我国有 16 属,约 80 种,分布于南北各地。已知药用的有 12 属,60 种。

本科显微结构具有黏液细胞,韧皮纤维发达,花粉粒大、有刺。

本科植物的主要活性成分有黄酮苷、生物碱、酚类等,不少植物的叶、根和种子中含有黏液质和多糖。草棉属植物中含有的棉酚有抗菌、抗病毒、抗肿瘤和抗生育作用。

【药用植物】

苘麻 *Abutilon theophrasti* Medic. 一年生大草本,全株有星状毛。单叶互生,圆心形。花单生黄色叶腋;花萼 5 裂;无副萼。花瓣 5;单体雄蕊;心皮 15~20,轮状排列。蒴果半球形,裂成分果瓣 15~20,每果瓣顶端有 2 长芒。种子三角状肾形,灰黑色或黯褐色(图 15-37)。全国多数省市有分布,多栽培。种子(苘麻子)能清热利湿、解毒、退翳。全草也可药用,能解毒祛风。同属植物国产 9 种。

木芙蓉 *Hibiscus mutabilis* L. 落叶灌木,全株有灰色星状毛。单叶互生,卵圆状心形,通常 5~7 掌状裂。花单生于枝端叶腋;具副萼;花萼 5 裂;花瓣 5 或重瓣,多粉红色;子房 5 室。蒴果扁球形。我国多数地区有栽培。叶、花、根皮能清热凉血、消肿解毒,外用治痈疮。同属植物国产 20 种。

木槿 *H. syriacus* L. 落叶灌木。树皮灰褐色。单叶互生,叶菱状卵圆形,常 3 裂。花单生叶腋,副萼片 6~7,条形,萼钟形,裂片 5;花冠淡紫、白、红等色,花瓣 5 或为重瓣;单体雄蕊。蒴果。我国各地有栽培。根皮及茎皮(木槿皮)能清热润燥、杀虫、止痒；果实(朝天子)能清肺化痰,解毒止痛；花能清热、止痢。

本科常见的药用植物尚有：**冬葵(冬苋菜)** *Malva verticillata* L. 全国各地多栽培,果实(冬葵子)能清热、利尿消肿。**草棉** *Gossypium herbaceum* L. 各地多栽培,根能补气、止咳,种子(棉籽)能补肝肾、强腰膝,有毒慎用。**陆地棉** *Gossypium hirsutum* L. 我国广泛栽培,功效同草棉。

26. 五加科 Araliaceae

$$\male \ast K_5 C_{5\sim10} A_{5\sim10} \overline{G}_{(2\sim15:2\sim15:1)}$$

多为木本,稀多年生草本。茎常有刺。叶多互生,常为单叶、羽状或掌状复叶。花两性稀单性或杂性,辐射对称；伞形花序或集成头状花序,常排成圆锥状花序；花萼小,萼齿5,花瓣5、10,分离,雄蕊着生于花盘的边缘,花盘生于子房顶部,子房下位,由1~15心皮合生,通常2~5室,每室胚珠1。浆果或核果。

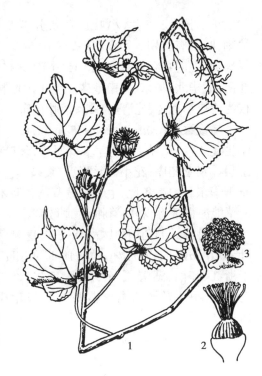

图 15-37　苘麻
1. 植株　2. 雌蕊　3. 雄蕊

本科约80属,900种,广布于热带和温带。我国有23属,172种,除新疆外,全国均有分布。已知药用的19属,112种。

本科显微结构根和茎的皮层、韧皮部、髓部常具有分泌道。

本科植物含有三萜皂苷,如人参皂苷、楤木皂苷等；黄酮；香豆素；二萜类；酚类化合物等。

【药用植物】

人参 *Panax ginseng* C. A. Mey. 多年生草本。主根圆柱形或纺锤形,上部有环纹,下面常有分枝及细根,细根上有小疣状突起(珍珠点),顶端根状茎结节状(芦头),上有茎痕(芦碗),其上常生有不定根(芋)。茎单一,掌状复叶轮生茎端,一年生者具1枚三出复叶,二年生者具1枚掌状复叶,以后逐年增加1枚5小叶复叶,最多可达6枚复叶,小叶椭圆形,中央的一片较大。上面脉上疏生刚毛,下面无毛。伞形花序单个顶生；花小,淡黄绿色；花5基数；子房下位,2室,花柱2。浆果状核果,红色扁球形(图15-38)。分布于东北,现多栽培。根能大补元气,复脉固脱,补脾益肺,生津,安神。叶能清肺、生津、止渴。花有

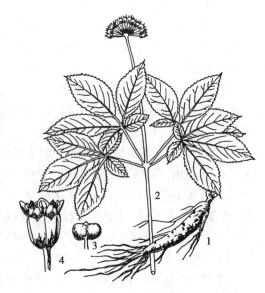

图 15-38　人参
1. 根　2. 花枝　3. 果实　4. 花

兴奋功效。

西洋参 *P. quinquefolium* L.形态和人参相似,区别在于本种小叶倒卵形,先端突尖,脉上几无刚毛,边缘的锯齿不规则且较粗大而容易区别。原产于加拿大和美国,现我国北京、黑龙江、吉林、陕西等地有引种栽培。根能补气养阴、清热生津。

三七(田七)*P. notoginseng*(Burk.)F. H. hen 多年生草本。主根粗壮,倒圆锥形或短圆柱形,常有瘤状突起的分枝。掌状复叶,小叶3~7枚,常5枚,中央1枚较大,两面脉上密生刚毛。伞形花序顶生;花5基数;子房下位,2~3室。浆果状核果,熟时红色(图15-39)。主要栽培于云南、广西,现四川、江西、湖北、广东、福建等地也有栽培。根能散瘀止血、消肿定痛。

刺五加 *Acanthopanax senticosus*(Rupr. et Maxim.)Harms. 落叶灌木茎枝直立,小枝密生针刺。掌状复叶,小叶5枚,叶背沿脉密生黄褐色毛。伞形花序单生或2~4个丛生茎顶;花瓣黄绿色;花柱5,合生成柱状;子房下位。浆果状核果,球形,有5棱,黑色。分布于东北、华北及陕西、四川等地。生于林缘、灌丛中。根及根状茎或茎皮,有人参样功效,能益气健脾、补肾安神。

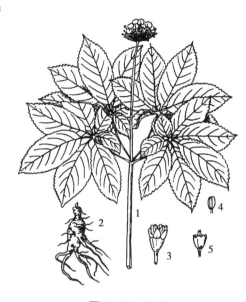

图 15-39　三七
1. 植株上部　2. 根　3. 花　4. 雄蕊　5. 花萼及花柱

细柱五加 *Acanthopanax gracilistylus* W. W.Smith. 落叶蔓状灌木。掌状复叶,小叶通常5,多簇生。叶柄基部单生有扁平刺。伞形花序腋生;花黄绿色;花柱2,分离。浆果熟时紫黑色。分布于黄河以南各省,根皮(五加皮)能祛风湿、补肝肾、强筋骨。

通脱木 *Tetrapanax papyrifera*(Hook.)K. Koch 落叶灌木。小枝、花序均密生黄色星状厚绒毛。茎干粗大,具大形髓部,白色,中央呈片状横隔。叶大,集生茎顶,叶片掌状5~11裂。伞形花序集成圆锥花序状;花瓣、雄蕊常4数;子房下位,2室。分布于长江以南各省区和陕西。茎髓(通草)能清热解毒、消肿、通乳。

楤木 *Aralia chinensis* L. 落叶灌木或小乔木,茎枝有粗刺。二回或三羽状复叶。分布于华北、华东、中南和西南,根及树皮药用,能祛风除湿、活血。

本科常见的药用植物尚有:红毛五加 *A. giraldii* Harms 分布于西北及四川、湖北等地,茎皮作"红毛五加皮"药用。刺楸 *Kalopanax septemlobus*(Thunb.)Koidz. 分布于南北各省区,茎皮(川桐皮)能祛风湿、通络、止痛。

27. 伞形科 Umbelliferae　　　　　　　　$☿*K_{(5),0}C_5A_5\overline{G}_{(2:2:1)}$

草本。常含挥发油而具香气。茎常中空,表面有纵棱。叶互生,多为一至多回三出复叶或羽状分裂;叶柄基部膨大成鞘状。花小,两性,辐射对称,复伞形或伞形花序,各级花序基部常有总苞或小总苞;花萼5齿裂,极小;花瓣5,先端常内卷;雄蕊5,与花瓣互生,着生于上位花盘(花柱基)的周围;子房下位,2心皮,2室,每室1胚珠,花柱2,基部常有膨大的盘状或短圆锥状的花柱基,即上位花盘与花柱结合体。双悬果。

伞形科

本科约275属,2900种,分布于北温带、热带、亚热带。我国约95属,540种,全国各地均产。已知药用的有55属,234种。

本科显微结构根和茎内具有分泌道,偶见草酸钙晶体。

本科植物含有多类化学成分,主要有挥发油;香豆素类;黄酮类;三萜皂苷;生物碱;黄酮类等。

本科植物特征明显,但属和种的鉴定比较困难,鉴别属、种时应注意叶与叶柄基部的形状;花序是伞形花序还是复伞形花序;总苞片及小苞片存在与否,数目和形态;花的颜色,萼片的情况;花柱长短,花柱基部的形态特征;双悬果的形态,有无刺毛。分果的形态,油管的分布数目等。

【药用植物】

当归 *Angelica sinensis*(Oliv.)Diels 多年生草本。主根粗短,有数条分枝,根头部有环纹,具特异香气。叶二至三回三出复叶或羽状全裂,3浅裂,有尖齿。复伞形花序;苞片无或2枚;伞辐10~14,不等长;小总苞片2~4;萼齿不明显;花瓣5,绿白色;雄蕊5;子房下位。双悬果椭圆形,分果有5棱,侧棱延展成薄翅(图15-40)。分布于西北、西南地区。多为栽培。根(当归)能补血活血,调经止痛,润肠通便。

图 15-40　当归
1.叶　2.果枝　3.根

柴胡 *Bupleurum chinense* DC. 多年生草本。主根较粗,少有分枝,黑褐色,质硬。茎多丛生,上部多分枝,稍成"之"字形弯曲。基生叶早枯,中部叶倒披针形或披针形,全缘,具平行叶脉7~9条。复伞形花序;伞辐3~8;小总苞片5,披针形;花黄色。双悬果宽椭圆形,两侧略扁,棱狭翅状(图15-41)。分布于东北、华北、华东、中南、西南等地。生于向阳山坡。根(北柴胡)能发表退热,疏肝解郁,升阳。

同属植物**狭叶柴胡** *B. scorzonerifolium* Willd. 叶线形或狭线形,具白色骨质边缘,分布于东北、西北、华北、华东及西南等地,根习称南柴胡,也作柴胡入药。注意**大叶柴胡** *B. longiradiatum* Turcz. 有毒,不能作柴胡药用。

川芎 *Ligusticum chuanxiong* Hort. 多年生草本。根状茎呈不规则的结节状拳形团块,黄棕色,有浓香气。地上茎丛生,茎基部的节膨大成盘状(苓子)。叶为二至三回羽状复叶,小叶3~5对,不整齐羽状分裂。复伞形花序;花白色。双悬果卵形。主产于四川、云南、贵州。多栽培。根茎(川芎)能活血行气,祛风止痛。

前胡(紫花前胡) *Peucedanum decursivum* (Miq.) Maxim. 多年生草本,高达 2m。根粗,圆锥状,下部有分枝。茎单生,紫色。基生叶和下部叶一至二回羽状全裂,叶轴翅状;上部叶逐渐退化成紫色兜状叶鞘。复伞形花序;伞辐 10~20;总苞片 1~2;小总苞片数枚;花深紫色。双悬果椭圆形,扁平。生于山地林下。分布于浙江、江西、湖南等省。根(前胡)能化痰止咳、发散风热。

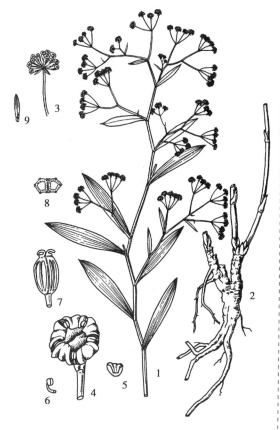

图 15-41 柴胡
1. 花枝 2. 地下部分 3. 小花序 4. 花 5. 花瓣 6. 雄蕊 7. 果实 8. 果实横切面 9. 小总苞

同属**白花前胡** *P. praeruptorum* Dunn. 的根亦作前胡入药,功效同前胡。

防风 *Saposhnikovia divaricata* (Turcz.) Schischk. 多年生草本。根长圆锥形,根头密被褐色纤维状的叶柄残基,并有细密环纹。茎二叉状分枝。基生叶二至三回羽状全裂,最终裂片条形至倒披针形。复伞形花序;伞辐 5~9;无总苞或仅 1 片;小总苞片 4~5;花白色。双悬果矩圆状宽卵形,幼时具瘤状凸起。分布于东北、华东等地。生于草原或山坡。根(防风)能解表祛风、止痛。

白芷(兴安白芷) *Angelica dahurica* (Fisch. ex Hoffm.) Benth. et Hook. f. 多年生高大草本。根长圆锥形,黄褐色。茎极粗壮,茎及叶鞘黯紫色。茎中部叶二至三回羽状分裂,最终裂片卵形至长卵形,基部下延成翅;上部叶简化成囊状叶鞘。总苞片缺或1~2 片,鞘状;花白色。双悬果椭圆形或近圆形(图 15-42)。分布于东北、华北。多为栽培。生沙质土及石砾质土壤上。根(白芷)能祛风、活血、消肿、止痛。

同属植物变种**杭白芷** *A. dahurica* (Fisch. ex Hoffm.) Benth. et Hook. f.var. *formosana* (Boiss.) Shan et Yuan 植株较矮,茎基及叶鞘黄绿色。叶三出式二回羽状分裂;最终裂片卵形至长卵形。小花黄绿色。双悬果长圆形至近圆形。产于福建、中国台湾省、浙江、四川等地。多有栽培。根亦作白芷药用。

珊瑚菜 *Glehnia littoralis* F. Schmidt et. Miq. 多年生草本,全体有灰褐色绒毛。根细长圆柱形,很少分枝。基生叶三出或羽状分裂或二至三回羽状深裂。复伞形花序顶生;伞辐 10~14;总苞有或无;小总苞片 8~12;花白色。双悬果椭圆形,果棱具木栓质翅,有棕色绒毛。分布于沿海各省。生于海滨沙滩或栽培于沙质土壤。根(北沙参)能养阴清肺、益胃生津。

藁本(西芎) *Ligusticum sinense* Oliv. 分布于华中、西北、西南等地,根(藁本)能祛风散寒、除湿、止痛。

蛇床 *Cnidium monnieri*(L.)Cuss. 分布于全国各地,果实(蛇床子)能温肾壮阳、燥湿、祛风、杀虫。

本科常见的药用植物尚有:野胡萝卜 *Daucus carota* L. 全国各地均产,果实(南鹤虱)有小毒,能杀虫消积。毛当归 *Angelica pubescens* Maxim. 分布于安徽、浙江、湖北、广西、新疆等省区,根(独活)能祛风除湿,通痹止痛。明党参 *Changium smyrnioides* Wolff 分布于长江流域各省,根(明党参)能润肺化痰、养阴和胃、平肝、解毒。羌活 *Notopterygium incisum* Ting et H. T.Chang 分布于青海、甘肃、四川、云南等省高寒地区,根茎及根(羌活)能散寒、祛风、除湿、止痛。茴香 *Foeniculum vulgare* Mill. 各地均有栽培,果实(小茴香)能散寒止痛、理气和胃。

(王克荣 王新峰)

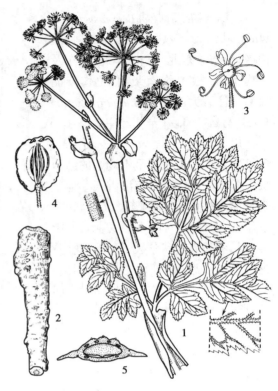

图 15-42 白芷

1. 果枝 2. 根 3. 花 4. 果实 5. 分果横切面

复习思考题

1. 名词解释:被子植物、上位花盘、聚花果、聚药雄蕊。

2. 被子植物的主要特征有哪些?

3. 区别双子叶植物纲与单子叶植物纲。

4. 桑科植物有哪些主要特征?常见药用植物有哪些?

5. 蓼科植物有哪些主要特征?常见药用植物有哪些?

6. 苋科植物有哪些主要特征?常见药用植物有哪些?

7. 石竹科植物有哪些主要特征?常见药用植物有哪些?

8. 毛茛科植物有哪些主要特征?常见药用植物有哪些?

9. 樟科植物有哪些主要特征?常见药用植物有哪些?

10. 十字花科植物有哪些主要特征?常见药用植物有哪些?

11. 蔷薇科植物有哪些主要特征？常见药用植物有哪些？

12. 豆科植物有哪些主要特征？常见药用植物有哪些？

13. 芸香科植物有哪些主要特征？常见药用植物有哪些？

14. 五加科植物有哪些主要特征？常见药用植物有哪些？

15. 伞形科植物有哪些主要特征？常见药用植物有哪些？

16. 大戟科植物有哪些主要特征？常见药用植物有哪些？

（二）合瓣花亚纲

合瓣花亚纲（Sympetalae）又称后生花被亚纲（Metachlamydeae）。花瓣多少连合成各种形状的花冠，如漏斗状、钟状、唇形、管状、舌状等，由辐射对称发展到两侧对称。花冠各式的连合增强了对昆虫传粉的适应及对雄蕊、雌蕊的保护。合瓣花类群较离瓣花类群进化。

28. 杜鹃花科 Ericaceae $\male\female*K_{(4\sim5)}C_{(4\sim5)}A_{(8\sim10,4\sim5)}\underline{G}_{(4\sim5:4\sim5:\infty)}\overline{G}_{(4\sim5:4\sim5:\infty)}$

多为灌木，少乔木，一般常绿。单叶互生，常革质。花两性，辐射对称或稍两侧对称；花萼宿存，4~5 裂；花冠合生，4~5 裂；雄蕊多为花冠裂片的 2 倍，少为同数，着生于花盘基部；子房上位或下位，4~5 心皮，合生成 4~5 室，中轴胎座，每室胚珠多数。蒴果，少浆果或核果。

本科有 103 属，3350 种。除沙漠地区外，广布于全球，以亚热带地区分布为最多。我国有 15 属，约 757 种，分布于全国，以西南各省区为多。已知药用 12 属，127 种，多为杜鹃花属植物。

本科显微结构具盾状腺毛或非腺毛。

本科植物主要含有黄酮类，如槲皮素、山奈酚、杨梅素、杜鹃黄素等；苷类，如桃叶珊瑚苷、越橘苷等；另含挥发油等成分。杜鹃花属中多种植物含杜鹃毒素，毒性较大。

【药用植物】

兴安杜鹃（满山红） *Rhododendron dahuricum* L. 半常绿灌木。分枝多，小枝有鳞片和柔毛。单叶互生，常集生小枝上部，近革质，椭圆形，下面密被鳞片。花生枝端，紫红或粉红，外具柔毛，先花后叶；雄蕊 10。蒴果矩圆形（图 15-43）。分布于东北、西北、内蒙古。生于干燥山坡、灌丛中。叶能祛痰、止咳；根治肠炎痢疾。

本科常用的药用植物还有：**羊踯躅（闹羊花、八厘麻）** *R. molle*（Bl.）G. Don 分布于长江流域及华南，花（闹羊花）有麻醉、镇痛作用，成熟果实（八厘麻子）能活血散瘀、止痛。**烈香杜鹃（白香紫、小叶枇杷）** *R. anthopogonoides* Maxim. 分布于甘肃、青海、四川，叶能祛痰、止咳、平喘。**岭南杜鹃** *Rh. mariae* Hance 分布于广东、江西、湖南等省，全株可止咳、祛痰。

29. 报春花科 Primulaceae $\male\female*K_{(5),5}C_{(5),0}A_5\underline{G}_{(5:1:\infty)}$

草本，稀亚灌木，常有腺点。单叶，叶基生或茎生，基生叶莲座状或轮状着生，茎生叶互生、对生或轮生。花单生或排成多种花序；花两性，辐射对称；萼常 5 裂，宿存；花冠常 5 裂；雄蕊着生在花冠管内，与花冠裂片同数且对生；子房上位，稀半下位，1 室，特立中央胎座，胚珠多数。蒴果。

本科有 22 属,约 1000 种,分布于全世界,主产于北半球温带。我国有 13 属,近 534 种,产于全国各地,尤以西部高原和山区种类特别丰富。已知药用 7 属,119 种。

本科显微特征常有具长柄的头状腺毛。

本科植物主要含一些三萜皂苷及其苷元,如报春花皂苷及其苷元等。此外,还含黄酮类成分,如槲皮素、山柰酚及其苷等。

【药用植物】

过路黄(金钱草、四川大金钱草)*Lysimachia christinae* Hance 多年生草本。茎柔弱,带红色,匍匐地面,常在节上生根。叶对生,心形或阔卵形。单花腋生,2 朵相对;花冠黄色,先端 5 裂;叶、花萼、花冠均具点状及条状黑色腺条纹;雄蕊 5,与花冠裂片对生;子房上位,1 室,特立中央胎座,胚珠多数。蒴果球形(图 15-44)。全国各地都有分布,主产西南。生于山坡、疏林下、沟边阴湿处。全草(金钱草)能利湿退黄、利尿通淋、解毒消肿。

灵香草 *L. foenum-graecum* Hance 多年生草本,有香气。茎具棱或狭翅。叶互生,椭圆形或卵形,叶基下延。花单生叶腋,直径 2~3.5cm,黄色;雄蕊长约花冠的一半。

图 15-43 兴安杜鹃
1.花枝 2.叶 3.果 4.种子

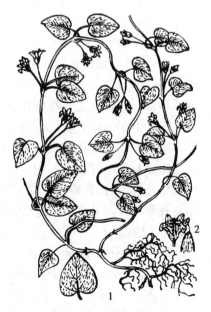

图 15-44 过路黄
1.植株 2.花

分布于华南及云南。生于林下及山谷阴湿地。带根全草(灵香草)能祛风寒、辟秽浊。

同属植物**细梗香草** *L. capilipes* Hemsl. 全草亦作药材灵香草药用。

本科常用的药用植物还有:**点地梅**(喉咙草)*Androsace umbellate* (Lour.) Merr. 分布于东北、华北、秦岭及东南各省区;生于林下、路旁、沟边等湿地;全草能清热解毒、消肿止痛,可用于治咽喉炎等。**聚花过路黄** *Lysimachia congestiflora* Hemsl. 分布于华东、中南、西南及陕西、甘肃等省区;生于林下阴湿处、路边及荒地;全草治疗风寒感冒。

30. 木犀科 Oleaceae

$\text{♀}*K_{(4)} C_{(4),0} A_2 \underline{G}_{(2:2:2)}$

灌木或乔木。叶常对生,单叶、三出复叶或羽状复叶。花两性,稀单性异株,辐射对称,成圆锥、聚伞花序或簇生;花萼、花冠常 4 裂,稀无花瓣;雄蕊常 2 枚;花柱 1,柱头 2 裂;子房上位,2 心皮,2 室,每室 2 胚珠。蒴果、核果、浆果或翅果。

本科约 29 属,600 余种,广布于温带及亚热带地区。我国有 12 属,近 200 种,各地均有分布。已知药用 8 属,89 种。

本科显微特征叶上常具盾状毛,叶肉中常有草酸钙针晶和柱晶。

本科植物常含酚类、苦味素类、苷类、香豆素类、挥发油等成分。

[药用植物]

连翘 *Forsythia suspensa* (Thunb.) Vahl 落叶灌木。茎直立,嫩枝具四棱,枝条下垂,茎髓呈薄片状。单叶或羽状三出复叶,对生,卵形或长椭圆状卵形。春季先叶开花,花冠黄色,深 4 裂,花冠管内有橘红色条纹;雄蕊 2;子房上位,2 室。蒴果木质,狭卵形,表面有瘤状皮孔。种子多数,有翅(图 15-45)。分布于东北、华北等地。生于荒野山坡或栽培。果实(连翘)能清热解毒、消肿散结、清热解毒;种子(连翘心)能清心火、和胃止呕。

女贞 *Ligustrum lucidum* Ait. 常绿乔木。单叶对生,革质,卵形或卵状披针形,全缘。花小,密集成顶生圆锥花序。花冠白色,漏斗状。核果长圆形,微弯曲,熟时黑色。分布于长江流域以南,生于混交林或林缘、谷地,多栽培。果实(女贞子)能滋补肝肾、明目乌发;枝、叶、树皮能祛痰止咳。

本科常见的药用植物尚有:**白蜡树(梣)** *Fraxinus chinensis* Roxb. 分布于我国南北大部分地区;生于山间向阳坡地,湿润处,有栽培,以养殖白蜡虫生产白蜡;枝皮或干皮(秦皮)能清热燥湿、收涩、明目。

图 15-45　连翘
1. 果枝　2. 花冠及雄蕊　3. 雌蕊

同属植物**尖叶白蜡树**(尖叶梣)*F. szaboana* Lingelsh.、**苦枥白蜡树**(花曲柳)*F. rhynchophylla* Hance 和**宿柱白蜡树**(宿柱梣)*F. stylosa* Lingelsh. 的树皮亦作药材秦皮入药。

31. 马钱科 Loganiaceae

$\text{♀}*K_{(4\sim5)} C_{(4\sim5)} A_{4\sim5} \underline{G}_{(2:2:2\sim\infty)}$

草本、木本,有时攀缘状。单叶,多羽状脉,托叶极度退化。花序多种;花通常两性,辐射对称;花萼 4~5 裂;花冠 4~5 裂;雄蕊着生花冠管上或喉部,与花冠裂片同数并与之互生;子房上位,通常 2 室,每室胚珠 2 至多数。蒴果、浆果或核果。

本科有 35 属,750 种,主要分布于热带、亚热带地区。我国有 9 属,63 种,分布于西南至东南地区。已知药用 7 属,26 种。

本科的显微结构马钱亚科茎存在内生韧皮部,醉鱼草亚科具星状或叠生星状毛。

本科植物富含吲哚类生物碱,如番木鳖碱、马钱子碱、钩吻碱,它们多对神经系统有强烈作用;环烯醚萜苷类,如桃叶珊瑚苷、番木鳖苷;黄酮类,如蒙花苷、刺槐素。

【药用植物】

马钱(番木鳖)*Strychnos nux-vomica* L. 乔木。叶片革质,椭圆形、卵形至广卵形,基出脉 3~5 条,具短柄。聚伞花序顶生;花较小,灰白色;花萼 5 裂;花冠筒状,先端 5 裂;雄蕊 5,着生花冠管喉部;子房上位,花柱细长,柱头 2 裂。浆果球形,熟时橙色,种子 2~5,圆盘状纽扣形,直径 1~3cm,常一面隆起一面稍凹下,表面密被灰棕色或灰绿色丝光状茸毛,从中央向四周射出(图 15-46)。分布于斯里兰卡、泰国、越南、老挝、柬埔寨等国,我国福建、广东、云南有栽培。生于山林中。种子(马钱子)有大毒,能通络止痛、散结消肿。

同属植物**长籽马钱** *S. pierriana* A. W. Hill. 分布于印度、孟加拉、斯里兰卡、越南及中国云南。种子亦作药材马钱子入药。

密蒙花 *Buddleia officinalis* Maxim. 落叶灌木。小枝略呈四棱形,枝、叶柄、叶背及花序均密被白色星状短绒毛。叶对生,矩圆状披针形至条状披针形。聚伞圆锥花序顶生及腋生;花萼 4 裂,外被毛;花冠淡紫色至白色,筒状,上端缢缩,亦 4 裂,外面密被柔毛;雄蕊 4,着生花冠管中部;子房上位,2 室,被毛。蒴果卵形,2 瓣裂,种子多数,具翅。分布于西北、西南、中南等地。生于石灰岩坡地、河边灌木丛中。花(密蒙花)为清热泻火药,能清热解毒、明目退翳。

图 15-46 马钱
1. 花枝 2. 花冠纵剖,示雄蕊 3. 雌蕊
4. 果实横切,示种子 5. 种子 6. 种子纵切,示子叶

本科常用药用植物还有:**钩吻** *Gelsemium elegans* (Gardn. et Champ.) Benth. 分布于浙江、福建、江西、湖南、广东、海南、广西、贵州、云南;生于丘陵疏林或灌木丛中;全株或根有大毒,能散瘀止痛、杀虫止痒。

32. 龙胆科 Gentianaceae　　　　　　　　$\male *K_{(4-5)} C_{(4-5)} A_{4-5} \underline{G}_{(2:1:\infty)}$

草本,茎直立或攀缘。单叶对生,全缘,无托叶。花常两性,辐射对称,多成聚伞花序;花萼、花冠常 4~5 裂,花冠漏斗状或辐状,多旋转排列;雄蕊 4~5,着生于花冠管上;子房上位,心皮 2,合生成 1 室,侧膜胎座,胚珠多数。蒴果 2 瓣裂。

本科有 80 属,700 余种,广布于全世界。我国约 22 属,427 种,已知药用 15 属,约 108 种。

本科显微结构根内皮层由多层细胞组成,茎内多具双韧维管束,常具草酸钙针晶、砂晶。

本科植物常含有裂环烯醚萜类、酮苷类等成分。

【药用植物】

龙胆 *Gentiana scabra* Bge. 多年生草本。根细长,簇生,味苦。单叶对生,无柄,卵形或卵状披针形,全缘,主脉 3~5 条。聚伞花序密生于茎顶或叶腋;花萼 5 深裂;花冠蓝紫色,钟状,5 浅裂,裂片间具短三角形的褶;雄蕊 5,生于花冠筒中部,花丝基部有翅;子房上位,1 室。蒴果长圆形;种子有翅(图 15-47)。分布于东北及华北等地区。根及根状茎(龙胆)能清热燥湿、泻肝胆火。

同属植物**条叶龙胆** *G. manshurica* Kitag.、**三花龙胆** *G. triflora* Pall.、**坚龙胆** *G. rigescens* Franch. 的根和根状茎亦作龙胆入药。

本科常用的药用植物还有:**秦艽** *G. macrophylla* Pall. 分布于西北、华北、东北及四川等地;根(秦艽)能祛风湿,清湿热,止痹痛,退虚热。**青叶胆** *Swertia mileensis* T. N.Ho et W. L.Shi 分布于云南;全草能清肝胆湿热,治疗病毒性肝炎。

图 15-47 龙胆
1. 花枝 2. 根

33. 夹竹桃科 Apocynaceae $\text{☿} * K_{(5)} C_{(5)} A_5 \underline{G}_{(2:1\sim2:1\sim\infty)} \overline{\underline{G}}_{(2:1\sim2:1\sim\infty)}$

多为木本,少草本。具白色乳汁或水液。单叶对生或轮生,稀互生,全缘。花两性,辐射对称,单生或成聚伞花序;花萼和花冠均 5 裂,花冠裂片向左或向右覆盖,喉部常有副花冠或附属体(鳞片或膜质或毛状);雄蕊 5,着生花冠筒上或花冠喉部,花药常呈箭头形;具花盘;子房上位,稀半下位,心皮 2,离生或合生,1~2 室,中轴胎座或侧膜胎座,胚珠 1 至多数。果为蓇葖果,稀浆果,核果或蒴果。种子的一端常被毛。

本科有 250 属,2000 余种,分布在热带及亚热带地区。我国有 46 属,176 种,33 变种,主要分布于长江以南各省区及中国台湾省等地,已知药用的有 15 属,95 种。

本科显微结构茎常有双韧维管束,乳汁管。

本科植物含吲哚类生物碱,如利血平、蛇根碱、长春碱等;强心苷类,如夹竹桃苷、羊角拗苷等成分。

【药用植物】

罗布麻(红麻)*Apocynum venetum* L. 半灌木,具乳汁。枝条常对生,光滑无毛带红色。叶对生,叶片椭圆状披针形至卵圆状披针形,叶缘有细齿。花冠圆筒状钟形,紫红色或粉红色,筒内基部具副花冠;雄蕊 5,花药箭形;花盘肉质环状;心皮 2,离生;蓇葖果叉生,下垂(图 15-48)。分布于北方各省区及华东等地区。叶(罗布麻叶)能平肝安神、清热利水。

本科常用的药用植物还有:**萝芙木** *Rauvolfia verticillata* (Lour.) Baill. 分布于西南、华南地区;植株含利血平等吲哚类生物碱,能镇静、降压、活血止痛、清热解毒;为提取"降压灵"和"利血平"的原料。**络石** *Trachelospermum jasminoides* (Lindl.) Lem. 分布于除新疆、青海、西藏及东北地区以外的各省区;茎叶(络石藤)能祛风通络、凉血消肿。

长春花 *Catharanthus roseus* (L.) G. Don. 原产于非洲东部，我国中南、华东、西南等地有栽培；全株有毒，含长春花碱等多种生物碱，能抗癌、抗病毒、利尿、降血糖；为提取长春碱和长春新碱的原料。

34. 萝藦科 Asclepiadaceae

$$♀*K_{(5)} C_{(5)} A_{(5)2:1:\infty}$$

草本、灌木或藤本，具乳汁。单叶对生，少轮生，全缘，无托叶；叶柄顶端常有腺体。伞状聚伞花序，稀总状花序；花两性，辐射对称；花萼5裂；花冠辐状或坛状，5裂；常具副花冠，由5枚离生或基部合生的裂片或鳞片所组成，生于花冠管上、雄蕊背部或合蕊冠上；雄蕊5，与雌蕊贴生成中心柱，称合蕊柱；花丝多合生成具蜜腺的管包围雌蕊，称合蕊冠；花药合生成一环，贴生于柱头基部的膨大处；花粉常黏合成花粉块，每花药有花粉块2~4，载于匙形的花粉器上；无花盘；子房上位，心皮2，离生；花柱2，顶端合生。蓇葖果双生，或因一个不育而单生。种子多数，顶端具白色丝状长毛。

图 15-48 罗布麻
1.花枝 2.花 3.花萼展开 4.花冠部分，示副花冠 5.花盘展开 6.雄蕊和雌蕊 7.雄蕊背面观 8.雄蕊腹面观 9.果实 10.子房纵切面 11.种子

本科约180属，2200余种，分布于全世界，主产于热带。我国产44属，245种，33变种，分布于西南及东南部为多，少数在西北与东北各省区。已知药用33属，112种。

本科显微结构茎具双韧维管束。

本科植物含强心苷、生物碱、酚类等成分。

【药用植物】

白薇 *Cynanchum atratum* Bge. 多年生直立草本，有乳汁，全株被绒毛。根须状，有香气。茎中空。叶对生，长卵形或卵状长圆形。聚伞花序，花深紫色。蓇葖果单生。全国大部分地区有分布。根及根状茎(白薇)能清热凉血、利尿通淋、解毒疗疮。

同属植物**蔓生白薇** *C. versicolor* Bge. 的根和根茎也作白薇药用。

本科药用植物还有：**柳叶白前**(白前、鹅管白前) *C. stauntonii* (Decne.) Schltr. ex Levl. 分布于长江流域及西南地区，根及根状茎(白前)能降气化痰、止咳平喘。**徐长卿** *C. paniculatum* (Bge.) Kitag. 分布于全国大多数省区，根及根状茎(徐长卿)能祛风、化湿、止痛、止痒。**杠柳** *Periploca sepium* Bge. 分布于长江以北地区及西南各省，根皮(香加皮)能利水消肿、祛风湿、强筋骨。

35. 旋花科 Convolvulaceae

$$♀*K_5 C_{(5)} A_5 \underline{G}_{(2:1-4:1-2)}$$

草质缠绕藤本，稀木本，有时具乳汁。单叶互生，无托叶。花两性，辐射对称，单生或成聚伞花序；萼片5，常宿存；花冠漏斗状、钟状、坛状等，全缘或微5裂，裂片在花蕾期呈旋转状；雄蕊5，着生于花冠管上；子房上位，常为花盘包围，心皮2，1~2室，每室胚珠1~2(偶因次生假隔膜为4室，稀3室，每室胚珠1枚)。蒴果，稀浆果。

本科约56属，1800种以上，广泛分布于热带、亚热带和温带，主产于美洲和亚洲热带、亚热带。我国有22属，大约128种，南北均有，大部分属种则产于西南和华南。

萝藦科

旋花科

已知药用 16 属,54 种。

本科显微结构茎常具双韧维管束。

本科植物含莨菪烷类生物碱、香豆素类、黄酮类等化合物。

【药用植物】

裂叶牵牛 *Pharbitis nil* (L.) Choisy 一年生缠绕草本,被倒向的短柔毛及杂有长硬毛。单叶互生,叶片近卵状心形,常 3 裂。花 1~3 朵腋生;花冠漏斗状,紫红色或浅蓝色;雄蕊 5;子房上位,3 室,每室胚珠 2。蒴果球形。种子卵状三棱形,黑褐色或淡黄白色(图 15-49)。分布全国大部分地区,野生或栽培。种子(牵牛子)黑褐色者称黑丑,淡黄白色者称白丑,有毒,能泻水通便、消痰涤饮、杀虫攻积。

同属植物**圆叶牵牛** *P. purpurea* (L.) Voigt 的种子亦作牵牛子入药。

本科药用植物还有:**菟丝子** *Cuscuta chinensis* Lam. 一年生缠绕性寄生草本,分布于全国大部分地区。种子能补益肝肾、固精缩尿、安胎、明目、止泻;

外用消风祛斑。**丁公藤** *Erycibe obtusifolia* Benth. 分布于广东中部及沿海岛屿,茎藤(丁公藤)有小毒,能祛风除湿、消肿止痛。番薯 *Ipomoea batatas* (L.) Lam. 是主要的粮食作物之一,其块根可治疗赤白带下、宫寒、便秘、胃及十二指肠溃疡出血。

图 15-49 裂叶牵牛

1. 植株一段 2. 花冠一部分,示雄蕊 3. 花萼展开,示雌蕊 4. 子房横切面 5. 花序 6、7. 种子

36. 紫草科 Boraginaceae $\male \ast K_{5,(5)} C_{(5)} A_5 \underline{G}_{(2:2-4:2-1)}$

草本或亚灌木,少为灌木或乔木,常被有粗硬毛。单叶互生,稀对生或轮生,通常全缘;无托叶。常为单歧聚伞花序或蝎尾状总状花序;花两性,辐射对称;萼片 5;花冠管状或漏斗状,5 裂,喉部常有附属物;雄蕊 5,着生于花冠管上;具花盘;子房上位,心皮 2,2 室,每室 2 胚珠,或子房常 4 深裂而成 4 室,每室 1 胚珠,花柱常单生于子房顶部或 4 分裂子房的基部。果为核果或 4 枚小坚果。

本科约 100 属,2000 种,分布于世界的温带和热带地区,地中海区为其分布中心。我国有 51 属,209 种,遍布全国,但以西南部最为丰富。已知药用 21 属,62 种。

本科显微结构具有坚硬的毛被,常从一个坚硬的瘤状基部生出,毛的基部常有钟乳体类似物。

本科植物含有萘醌类色素:如紫草素、乙酰紫草素、异丁酰紫草素;生物碱类:如天芥菜春碱、毒豆碱、大尾摇碱等。

【药用植物】

新疆紫草 *Arnebia euchroma* (Royle) Johnst. 多年生草本,被白色糙毛。须根多条,肉质紫色。基生叶条形,茎生叶变小。镰状聚伞花序生茎上部叶腋;花 5 数;花冠紫色,喉部无附属物及毛;子房4裂,柱头顶端2裂。小坚果有瘤状突起。分布于西藏、新疆。生于高山多石砾山坡及草坡。根(紫草,软紫草)能清热凉血、活血解毒、透疹消斑。

同属植物**内蒙紫草** *A. guttata* Bunge 的根亦作紫草入药。

紫草 *Lithospermum erythrorhizon* Sieb. et Zucc. 多年生草本,被糙伏毛。根肥厚粗壮,紫红色。叶互生,长圆状披针形至卵状披针形,全缘。花聚生茎顶;花冠白色,5裂,管口有5个小鳞片;雄蕊5;子房4深裂,花柱基底着生。小坚果平滑,4枚,包于宿存增大的萼中。分布于东北、华北、华中、西南等地。生于向阳山坡、草地、灌丛间。根(硬紫草)功效同新疆紫草。

本科常用药用植物还有:**长花滇紫草** *Onosma hookeri* Clarke var. *longiflorum* Duthie ex Stapf、**细花滇紫草** *O. hookeri* Clarke 它们的根皮(藏紫草、西藏紫草)在藏药或中药中作紫草入药。**滇紫草** *O. paniculatum* Bur. et Fr.、**露蕊滇紫草** *O. exsertum* Hemsl.、**密花滇紫草** *O. confertum* W.W.Smith 这三种植物的根、根皮或根部栓皮(滇紫草或紫草皮)在四川、云南、贵州亦作紫草入药。

37. 马鞭草科 Verbenaceae ♀↑$K_{(4\sim5)} C_{(4\sim5)} A_4 \underline{G}_{(2:4:1\sim2)}$

木本,稀草本,常具特殊气味。单叶或复叶,常对生;无托叶。花两性,常两侧对称;花萼4~5裂,宿存;花冠常偏斜或二唇形;2强雄蕊,稀5或2;子房上位,心皮2,因假隔膜而成4室,每室胚珠1~2,花柱顶生,柱头2裂。浆果状或蒴果状核果。

本科80余属,3000余种,主要分布于热带和亚热带地区,少数延至温带。我国现有21属,175种,31变种,10变型,主要分布在长江以南各省。已知药用15属,101种。

本科显微结构气孔器不定式;具各式腺毛和非腺毛,毛基部周围或顶端细胞普遍具钟乳体。

本科植物含黄酮类、环烯醚萜类、醌类及挥发油等成分。

〔药用植物〕

马鞭草 *Verbena officinalis* L. 多年生草本。茎方形。叶对生,卵形至长卵形;基生叶边缘常有粗锯齿和缺刻;基生叶常3裂,裂片不规则羽状分裂或具粗锯齿,两面均被粗毛。穗状花序细长如马鞭;花小,花萼、花冠均5齿裂,花冠淡紫色,略二唇形;雄蕊4,2强;子房上位,4室,每室1胚珠。果实包于萼内,熟时分裂为4枚小坚果(图15-50)。分布于全国各地。全草(马鞭草)活血散瘀、解毒、利水、退黄、截疟。

本科药用植物还有:**海州常山**(臭梧桐) *Clerodendrum trichotomum* Thunb. 叶(臭梧桐叶)能祛风除湿、降压。**蔓荆** *Vitex trifolia* L. 分布于沿海各省,生于海边、河湖旁、沙滩上,果实(蔓荆子)能疏

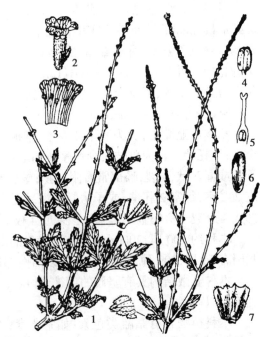

图 15-50　马鞭草
1. 植株　2. 花　3. 花冠剖开,示二强雄蕊　4. 雄蕊　5. 雌蕊纵切,示子房二室　6. 小坚果　7. 花萼剖开,示雌蕊

风散热、清利头目。**马缨丹**(五色梅)*Lantana camara* L. 多为栽培,根能解毒、散结、止痛,枝、叶有小毒,能祛风止痒、解毒消肿。

38. 唇形科 Labiatae

$\male\female \uparrow K_{(5)} C_{(5)} A_{4,2} \underline{G}_{(2:4:1)}$

多为草本,富含挥发油。茎四棱,叶对生。花序通常为腋生聚伞花序排列成轮伞花序,或再聚合成总状、穗状、圆锥等复合花序;花两性,两侧对称;花萼 5 裂,宿存;花冠 5 裂,唇形;雄蕊 4,2 强,或仅 2 枚;子房上位,心皮 2,合生,通常 4 深裂形成假四室,每室含 1 胚珠,花柱 2,着生于四裂子房的底部。果实为 4 枚小坚果。

唇形科与马鞭草科、紫草科易混淆。紫草科茎圆形,叶互生,花辐射对称。马鞭草科花柱顶生,子房不深 4 裂,不形成轮伞花序,果实为核果或蒴果状。

本科为一世界性分布的较大的科。全世界有 10 个亚科,约 220 余属,3500 余种,其中单种属约占三分之一,寡种属亦约占三分之一。我国有 99 属,800 余种。已知药用的有 75 属,436 种。

本科显微结构茎叶具各式毛茸,直轴式气孔;茎角隅处具有发达的厚角组织。

本科植物多含挥发油,还有二萜类、黄酮类、生物碱类等。

【药用植物】

薄荷 *Mentha haplocalyx* Briq. 多年生草本,有清凉香气。茎四棱,叶对生,叶片卵形或长圆形,两面均有腺鳞及柔毛。轮伞花序腋生;花冠淡紫色或白色,4 裂,上唇裂片较大,顶端 2 裂,下唇 3 裂片近相等;雄蕊 4,二强。小坚果椭圆形,藏于宿存的花萼内(图 15-51)。全国各地均有分布,多栽培。地上部分(薄荷)能疏散风热、清利头目、利咽、透疹、疏肝行气。

丹参 *Salvia miltiorrhiza* Bge. 多年生草本,全株密被腺毛。根圆柱形,外赤内白。茎四棱形。单数羽状复叶对生,小叶 3~5,卵圆形或椭圆状卵形。轮伞花序呈总状排列;花萼二唇形;花冠蓝紫色,二唇形,上唇略呈盔状,下唇 3 裂;能育雄蕊 2;小坚果长圆形,黑色(图 15-52)。全国大部分地区有栽培。根和根状茎(丹参)能活血祛瘀,通经止痛,清心除烦,凉血消痈。

益母草 *Leonurus japonicus* Houtt. 一年生或二年生草本。茎方形。叶异形,基生叶近圆形,具长柄;茎生叶掌状 3 深裂,花序顶端的叶条形或条状披针形,几无柄。轮伞花序腋生;花冠唇形,淡紫红色。小坚果三棱形(图 15-53)。全国各地均有分布。地上部分(益母草)能活血调经、利尿消肿、清热解毒;果实(茺蔚子)能活血调经、清肝明目。

本科药用植物尚有:**黄芩** *Scutellaria baicalensis* Georgi 分布于东北、华北等地,根(黄芩)能清热燥湿、泻火解毒、止血、安胎。**广藿香** *Pogostemon cablin* (Blanco) Benth. 原产菲律宾,我国南方有栽培,地上部分(广藿香)能芳香化浊、和中止呕、发表解暑。**紫苏** *Perilla frutescens* (L.) Britt. Var. *arguta* (Benth.) Hand. -Mazz. 产于全国各地,多栽培,果实(紫苏子)能降气化痰、止咳平喘、润肠通便,叶及嫩枝(紫苏叶)能解表散寒、行气和胃,茎(紫苏梗)能理气宽中、止痛、安胎。**夏枯草** *Prunella vulgaris* L. 分布于我国大部分地区,果穗(夏枯草)能清肝泻火、明目、散结消肿。**荆芥** *Schizonepeta tenuifolia* Briq. 分布于江苏、河南、河北、山东,地上部分(荆芥)能解表散风、透疹,炒炭用于止血。**半枝莲**(并头草)*Scutellaria barbata* D. Don 全草(半枝莲)能清热解毒、化瘀利尿。

图 15-51 薄荷

1.茎基及根　2.茎上部　3.花　4.花萼展开
5.花冠展开,示雄蕊　6.果实及种子

图 15-52 丹参

1.花枝　2.剖开的花萼　3.花冠剖开,示雄蕊
和雌蕊　4.根

39. 茄科 Solanaceae

$$♀*K_{(5)} C_{(5)} A_5 \underline{G}_{(2:2:\infty)}$$

草本、灌木或小乔木。单叶或复叶,互生;无托叶。花两性,辐射对称,单生、簇生或成伞房、伞形、聚伞等花序;花萼常 5 裂,宿存,果时常增大;花冠辐状、钟状、漏斗状,常 5 裂;雄蕊常与花冠裂片同数且互生;子房上位,心皮 2,2 室或因假隔膜分隔成假 4 室,中轴胎座,胚珠多数。浆果或蒴果。

本科约 80 属,3000 种,广泛分布于全世界温带及热带地区,美洲热带种类最为丰富。我国产 26 属,107 种,35 变种,各省区均有分布。已知药用的有 25 属,84 种。

本科显微结构茎具双韧维管束,

图 15-53 益母草

1.花枝　2.花　3.花冠剖面　4.花萼　5.雌蕊
6、7.雄蕊　8.基生叶

草酸钙砂晶。

本科植物主要含生物碱类：如莨菪碱、山莨菪碱、东莨菪碱、颠茄碱、烟碱、胡芦巴碱等。

【药用植物】

宁夏枸杞 *Lycium barbarum* L. 灌木，主枝数条，粗壮，果枝细长，具枝刺。叶互生或簇生，长椭圆状披针形。花数朵簇生于短枝上，花冠漏斗状，5 裂，粉红色或淡紫色，花冠管长于裂片。浆果椭圆形，长 1~2cm，熟时红色(图 15-54)。主产于宁夏、甘肃，各地有栽培。果实(枸杞子)能滋补肝肾、益精明目；根皮(地骨皮)能凉血除蒸、清肺降火。同属植物**枸杞** *L. chinense* Mill. 全国大部分地区有分布，药用同宁夏枸杞。

白花曼陀罗 *Datura metel* L. 一年生粗壮草本。单叶互生，卵形或宽卵形，叶基不对称，全缘或有稀疏锯齿。花单生于枝杈间或叶腋；萼筒状，先端 5 裂；花冠喇叭状，白色，具 5 棱角；雄蕊 5；子房不完全 4 室。蒴果斜生，近球形，表面有稀疏短粗刺，熟时 4 瓣裂(图 15-55)。我国各地均有分布。全株有毒，且以种子最毒，花(洋金花)能平喘止咳、解痉定痛。

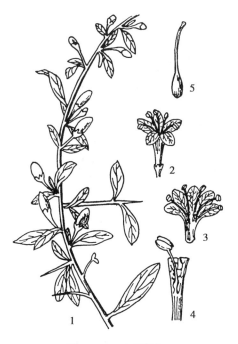

图 15-54　宁夏枸杞
1. 果枝　2. 花　3. 花冠展开　4. 雄蕊
5. 雌蕊

图 15-55　白花曼陀罗
1. 花果枝　2. 花剖开　3. 果　4. 种子

本科药用植物还有：**颠茄** *Atropa belladonna* L. 原产欧洲，我国有栽培，全草能松弛平滑肌、抑制腺体分泌、加速心率、扩大瞳孔。**莨菪** *Hyoscyamus niger* L. 分布于我国华北、西北和西南，亦有栽培，种子(天仙子)能解痉止痛、平喘、安神。**龙葵** *Solanum nigrum* L. 全草有小毒，能清热解毒、活血消肿。**酸浆** *Physalis alkekengi* L. var. *franchetii*（Mast.）Makino 我国各地均产，宿萼或带果实的宿萼(锦灯笼)、根及全草能清热、利咽、化痰、利尿。

玄参科

40. 玄参科 Scrophulariaceae $\varnothing \uparrow K_{(4\sim5)} C_{(4\sim5)} A_{4,2} \underline{G}_{(2:2:\infty)}$

草本,少为灌木或乔木。叶多对生,少互生或轮生;无托叶。总状或聚伞花序;花两性,两侧对称,少辐射对称;花萼 4~5 裂,宿存;花冠 4~5 裂,多少呈二唇形;雄蕊 4,2 强,稀 2 或 5,着生于花冠管上;子房上位,心皮 2,2 室,中轴胎座,胚珠多数。蒴果,常具宿存花柱。

本科约 200 属,3000 种,广布全球各地。我国有 60 属,634 种,分布于南北各地,主产于西南。已知药用的有 45 属,233 种。

本科显微结构茎具双韧维管束。

本科植物含环烯醚萜苷、强心苷、黄酮类及生物碱等成分。

【药用植物】

玄参 *Scrophularia ningpoensis* Hemsl. 多年生高大草本。根数条,粗大呈纺锤形,灰黄褐色,干后内部变黑色。茎方形,下部叶对生,上部叶有时互生;叶片卵形至披针形。聚伞花序集成疏散圆锥花序;花萼5 裂几达基部;花冠斜壶状,褐紫色,5 裂,上唇长于下唇;雄蕊 4,2 强。蒴果卵形(图15-56)。分布于华东、中南、西南,常栽培。根(玄参)能清热凉血、滋阴降火、解毒散结。同属植物北玄参 *S. buergeriana* Miq. 分布于东北、华北及西北等地,根亦作玄参入药。

地黄(怀地黄)*Rehmannia glutinosa* (Gaertn.) Libosch. ex Fish. et Mey. 多年生草本,全株密被灰白色长柔毛及腺毛。根肥大块状。叶丛状基生,叶片倒卵形或长椭圆形,上面绿色多皱,下面带紫色。总状花序顶生;花下垂,花冠管稍弯曲,顶端 5 浅裂,略呈二唇形,外面紫红色,内面常有黄色带紫色;2 强雄蕊;子房上位,2 室。蒴果

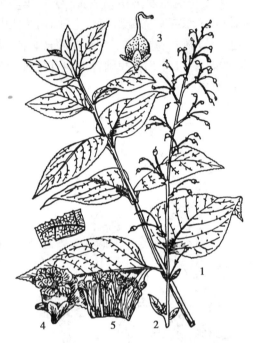

图 15-56 玄参
1. 植株 2. 果枝 3. 蒴果 4. 花 5. 花冠展开,示雄蕊

卵形。分布于辽宁、华北、西北、华中、华东等地,各省多栽培,主产于河南。新鲜块根(鲜地黄)能清热生津、凉血、止血;干燥品(生地黄)清热凉血、养阴生津;炮制品(熟地黄)能滋明补血、益精填髓。

本科常用药用植物还有:**胡黄连** *Picrorhiza scrophulariiflora* Pennell. 分布于四川西部、云南西北部、西藏南部,根状茎(胡黄连)能退虚热、除疳热、清湿热。**阴行草** *Siphonostegia chinensis* Benth. 全国有分布,全草(北刘寄奴)能活血祛瘀,通经止痛,凉血,止血,清热利湿。紫花洋地黄 *Digitalis purpurea* L.、毛花洋地黄 *D. lanata* Ehrh. 的叶含洋地黄毒苷,有兴奋心肌,增强心肌收缩力、改善血液循环的作用。

41. 列当科 Orobanchaceae $\varnothing * K_{(4\sim5)} C_{(5)} A_4 \underline{G}_{(2:1:\infty)}$

寄生草本。花两性,两侧对称,单生于苞片的腋内;花萼 4~5 裂;花冠常 5 裂;雄蕊 4 枚,二强雄蕊,第 5 枚退化为假雄蕊或缺;子房上位,柱头大,2~4 浅裂,2 心皮合生,

1室。果为蒴果,藏于萼内,2瓣裂。

本科有15属,约150多种,主要分布于北温带。我国产9属,40种,3变种,主要分布于西部,少数种分布到东北部、北部、中部、西南部和南部。已知药用8属,24种。

本科植物含生物碱、苯乙醇苷类、环烯醚萜类等成分。

【药用植物】

肉苁蓉 *Cistanche deserticola* Y. C. Ma. 高大草本,叶宽卵形或三角状卵形,花序穗状,花萼钟状,雄蕊4枚,蒴果卵球形。生于荒漠中,寄生于藜科植物梭梭 *Haloxylon ammodendron* (C. A. Mey.) Bunge 的根上(图15-57)。分布于我国内蒙古、甘肃、陕西、宁夏、青海、新疆等省区。带鳞叶的肉质茎(肉苁蓉)是补阳药,能补肾阳、益精血、润肠通便。

本科常用药用植物还有:**野菰** *Aeginetia indica* L. 分布于江苏、安徽、浙江、江西、福建、中国台湾、湖南、广东、广西、贵州、四川、云南等省区,寄生于禾本科植物根上,根和花供药用可清热解毒、消肿,全株可用于妇科调经。中国**野菰** *A. sinensis* G. Beck 分布于福建、江西、浙江、安徽等省,全草入药,功效与野菰相同。列当 *Orobanche coerulescens* Steph. 分布于辽宁、吉林、黑龙江、山东、陕西、四川、甘肃、内蒙古等省区,寄生于蒿属(*Artemisia*)植物的根部,全草药用,有补肾壮阳、强筋骨、润肠之效。丁座草 *Xylanche himalaica* (Hook. f. et Thoms) Beck von

图 15-57 肉苁蓉
1. 植株　2. 花

Mannag. 分布于四川、云南、西藏等省区,寄生于杜鹃花属(*Rhododendron*)植物的根部,块茎能理气止痛、祛风活络。

42. 爵床科 Acanthaceae　　　　$\oint \uparrow K_{(4\sim5)} C_{(4\sim5)} A_{4,2} \underline{G}_{(2:2:1\sim\infty)}$

草本或灌木,有时攀缘状。茎节常膨大,单叶对生。叶片、小枝和花萼上常有条形或针形的钟乳体(cystoliths)。聚伞花序排列圆锥状,少为单生或呈总状,每花常具1苞片和2小苞片;花两性,两侧对称;花萼4~5裂;花冠常二唇形,4~5裂;雄蕊4枚或2枚,4枚则为2强雄蕊;子房上位,基部常具有花盘,2心皮合生,2室,中轴胎座。果为蒴果,室背开裂,每室有1-2至多粒胚珠。蒴果,室背开裂,通常借助珠柄钩〔(retinaculum)由珠柄生成的钩状物〕将种子弹出。

本科约250属,2500种,分布广。我国约有61属,170种,多产于长江流域以南各省区。已知药用32属,70余种。

本科显微结构特征是植物的叶、茎、叶的表皮细胞内常含有钟乳体。

本科植物含酚类化合物、黄酮类、二萜类化合物、生物碱等成分。

【药用植物】

穿心莲 *Andrographis paniculata* (Burm. f.) Nees 一年生草本。茎四棱,下部多分枝,节膨大。叶对生,叶片卵状长圆形至披针形。总状花序集成大型圆锥花序;苞片和小苞片微小;花冠白色,二唇形,下唇带紫色斑纹;雄蕊2,花药2室,一大一小。蒴果长椭圆形,中有1沟,2瓣裂(图15-58)。原产于热带地区,我国南方有栽培。地上部分(穿心莲)能清热解毒、凉血消肿。

马蓝 *Strobilanthes cusia* (Nees) Bremek. 草本或小灌木。多分枝,茎节膨大。单叶

对生,叶片卵形至披针形。总状花序,2~3 节,每节具 2 朵对生的花;苞片具柄,卵形,常脱落。花萼 5 裂,花冠 5 裂,淡紫色,花冠筒内有两行短柔毛;二强雄蕊。蒴果棒状。分布于华北、华南、西南地区,中国台湾省亦产,该地区将其叶作为中药"大青叶"使用,也是中药"青黛"的原料来源之一;根茎及根(南板蓝根)能清热解毒、凉血消斑。

图 15-58　穿心莲
1. 花枝　2. 茎　3. 花

水蓑衣 *Hygrophila salicifolia*(Vahl.)Nees 湿生草本。茎节着地生根。叶狭披针形。花无柄,蓝紫色,2~6 朵簇生于叶腋内;苞片椭圆形至披针形;花冠二唇形,长 1.2cm,雄蕊 4 枚,2 强。蒴果长 1.1cm,种子多数。分布于江苏、江西、湖南、湖北、四川、贵州、云南、广东、广西等省区。生于水沟边、潮湿处。种子(南天仙子)曾习用于广东、广西、福建等地,与正品天仙子截然不同,不能混用。全草(水蓑衣)能止咳化痰、消炎解毒、凉血、健胃消食。

爵床 *Rostellularia procumbens*(L.)Nees 一年生小草本。茎常簇生,基部匍匐,上部斜升,节部膨大成膝状。叶对生,椭圆形或卵形。穗状花序顶生或生上部叶腋;苞片 1,小苞片 2;花萼裂片 4 枚;花冠粉红色,二唇形;雄蕊 2 枚,药室 2,不等高,较低的一室无花粉而有尾状附属物;子房 2 室。果为蒴果。分布于我国西南部和南部各省。生于旷野、林下。全草能清热解毒、利尿消肿、活血止痛,治小儿疳积。

本科常见的药用植物还有:**九头狮子草** *Peristrophe japonica*(Thunb.)Bremek. 分布于河南、湖北、湖南、江苏、安徽、江西、福建、四川、贵州;生于路旁、草地或林下;全草能清热解毒、发汗解表、降压。**白接骨**(橡皮草)*Asystasiella chinensis*(S. Moore.)E. Hossain 分布于河南伏牛山以南,东至江苏,南至广东,西南至云南等省区;生于林下或溪边;全草能止血祛瘀、清热解毒。**狗肝菜** *Dicliptera chinensis*(L.)Ness 分布于广东、广西、福建、中国台湾省;生于疏林下、溪边、路边;全草能清热解毒、凉血、利尿。**孩儿草** *Rungia pectinata*(L.)Ness 分布于我国台湾、广东、广西、云南;生于草地、路旁水湿处;全草能清肝、明目、消积、止痢。

43. 茜草科 Rubiaceae

$\male\female *K_{(4\sim6)} C_{(4\sim6)} A_{4\sim6} \overline{G}_{(2:2:1\sim\infty)}$

草本或木本,有时攀缘状。单叶对生或轮生,常全缘;有托叶,有时呈叶状。聚伞花序排列成圆锥状或头状,少单生;花两性,辐射对称;花萼、花冠 4~5 裂,稀 6 裂;雄蕊与花冠裂片同数且互生;子房下位,心皮 2,合生,常 2 室,每室 1 至多数胚珠。蒴果、浆果或核果。

本科约 500 属,6000 种,广布于热带和亚热带。我国有 98 属,676 种,主要分布于西南至东南部。已知药用 59 属,210 余种。

本科显微结构具有分泌组织,细胞中常含砂晶、簇晶、针晶等草酸钙晶体。

本科植物含生物碱、环烯醚萜类、蒽醌类等成分。

【药用植物】

栀子 *Gardenia jasminoides* Ellis 常绿灌木。叶对生或三叶轮生,叶片椭圆状倒卵形至倒阔披针形,革质。托叶鞘状。花芳香,通常单生枝顶;花冠白色或乳黄色,高脚碟状;子房下位,1 室,胚珠多数。果肉质,外果皮略革质,具翅状枝 5~9 条(图 15-59)。分布于我国南部和中部。各地亦有栽培。果实(栀子)能泻火除烦、清热利湿、凉血解毒,外用可消肿止痛,也是天然黄色素的重要原料。

茜草 *Rubia cordifolia* L. 攀缘草本。根丛生,橙红色。茎四棱,棱上具倒生刺。叶 4 片轮生,有长柄,卵形至卵状披针形,下面中脉及叶柄上有倒刺。花小,5 数,黄白色;子房下位,2 室。浆果球形,成熟时黑色(图 15-60)。全国各地均有分布。生于灌丛中。根及根状茎(茜草)能凉血、止血、祛瘀、通经。

钩藤 *Uncaria rhynchophylla*(Miq.) Miq. ex. Havil. 常绿木质大藤本。小枝四棱形,叶腋有钩状变态枝。叶对生,椭圆形;托叶 2 深裂。头状花序单生叶腋或顶生呈总状;花 5 数,花冠黄色;子房下位。蒴果。分布于福建、江西、湖南、广东、广西等地。带钩茎枝(钩藤)能清热平肝、息风定惊。

本科常见的药用植物还有:**白花蛇舌草** *Hedyotis diffusa* Willd. 分布于东南至西南地区,全草(白花蛇舌草)能清热解毒、活血散瘀。**巴戟天** *Morinda officinalis* How 分布于华南,根(巴戟天)能补肾壮阳、强筋骨、祛风湿。**红大戟**(红芽大戟) *Knoxia valerianoides* Thorel. ex Pitard 分布于广东、广西、福建、云南等省区,块根(红大戟)能泻水逐饮、消肿散结。**鸡矢藤** *Paederia scandens*(Lour.) Merr. 全草能消食化积、祛风利湿、止咳、止痛。

图 15-59　栀子
1. 花枝　2. 果枝

图 15-60　茜草
1. 果枝　2. 根　3. 花　4. 雌蕊　5. 浆果

44. 忍冬科 Caprifoliaceae

$$\text{☿} * \uparrow K_{(4\sim5)} C_{(4\sim5)} A_{4\sim5} \overline{G}_{(2\sim5:1\sim5:1\sim\infty)}$$

灌木、乔木或藤本。单叶,少数为羽状复叶,多对生;常无托叶。聚伞花序或再组成其他花序;花两性,辐射对称或两侧对称;花萼合生,4~5 裂;花冠管状,多 5 裂,有时二唇形;雄蕊与花冠裂片同数且互生,着生于花冠管上;子房下位,心皮 2~5,1~5 室,每室胚珠 1 至多数。浆果、核果或蒴果。

本科有 15 属,约 500 种,主产于北温带。中国有 12 属,260 余种,大多分布于华中和西南各省区。已知药用的有 9 属,100 余种。

本科显微结构叶具有草酸钙簇晶、厚壁非腺毛、腺毛,腺毛的腺头由数十个细胞

忍冬科

组成,腺柄由1~7个细胞组成;气孔不定式。

本科植物含酸性成分、黄酮类、三萜类、皂苷等。

【药用植物】

忍冬 *Lonicera japonica* Thunb. 半常绿缠绕灌木。茎多分枝,老枝外表棕褐色,幼枝密生柔毛。单叶对生,卵形至长卵形,幼时两面被短毛。花成对腋生,苞片呈叶状,卵形,2枚,长达2cm;花冠二唇形,上唇4浅裂,下唇不裂,稍反卷,初开时白色,后变黄色,故称"金银花";雄蕊5;雌蕊1,子房下位。浆果球形,熟时黑色(图15-61)。全国大部分省区有分布。花蕾或带初开的花(金银花)能清热解毒、疏散风热;茎枝(忍冬藤),能清热解毒,疏风通络。

本科常见的药用植物还有:陆英(接骨草) *Sambucus chinensis* Lindl. 分布于东北、华北、华东及西南等地,全草能祛风活络、散瘀消肿、续骨止痛。接骨木 *S. williamsii* Hance 全草入药,能接骨续筋、活血止痛、祛风利湿。

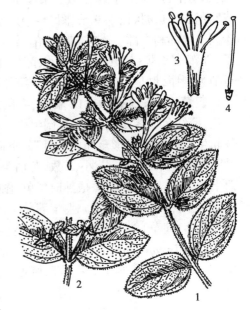

图 15-61 忍冬
1.花枝 2.果枝 3.花冠纵剖 4.雄蕊

45. 败酱科 Valerianaceae

$$\text{\Fire}\uparrow K_{5\sim15,0}C_{(3\sim5)}A_{3\sim4}\overline{G}_{(3:3:1)}$$

多年生草本,根状茎和根具强烈臭气或香气。叶对生或基生,多羽状分裂,无托叶。聚伞花序组成伞房花序;花小,常两性,稍不整齐;花萼各式;花冠筒状,基部常有偏突的囊状或距,上部3~5裂;雄蕊着生于花冠筒上,常3或4枚,有时退化为1~2枚;子房下位,3心皮合生,3室,仅1室发育,含1枚胚珠,悬垂于室顶。瘦果,有时宿存于顶端的花萼呈冠毛状,或与增大的苞片相连而成翅果状。

本科有13属,约400种,大多数分布于北温带。我国有3属,约40余种,分布于全国各地。已知药用3属,24种。

本科植物常含有倍半萜类,如甘松酮、缬草烷、缬草酮等;黄酮类,如槲皮素、山奈酚等;三萜皂苷,如败酱苷等;生物碱类。败酱属植物含异戊酸而具特殊臭气。

【药用植物】

黄花败酱(黄花龙牙) *Patrinia scabiosaefolia* Fisch. ex Trev. 多年生草本,根及根状茎具特殊的败酱气。基生叶成丛,卵形,具长柄;茎生叶对生;常4~7深裂,两面疏被粗毛。花小,黄色,形成顶生伞房状聚伞花序;花冠5裂,基部有小偏突;雄蕊4;子房下位。瘦果无膜质增大苞片,有翅状窄边(图15-62)。主要分布于我国北方地区。全草(败酱草)能清热解毒,消痈排脓,祛瘀止痛。同属植物**白花败酱** *P. Villosa* (Thunb.) Juss. 也是中药败酱草的来源。

本科常见的药用植物还有:**甘松** *Nardostachys chinensis* Batal. 分布于云南、四川、甘肃及青海,根及根状茎(甘松)能理气止痛,开郁醒脾。**缬草** *Valeriana officinalis* L. 分布于东北至西南各省,根及根状茎能安神、理气、止痛。

184

46. 葫芦科 Cucurbitaceae

草质藤本，具卷须。叶互生，常单叶，掌状浅裂，或为鸟趾状复叶。花单性，同株或异株，辐射对称；花萼及花冠裂片5；雄花具雄蕊3或5枚，分离或各式合生，花药多曲折成"S"形；雌花子房下位，3心皮，1室，有时3室，侧膜胎座。瓠果。

本科约113属，800多种，分布于热带及亚热带地区。我国约32属，155种。已知药用的有25属，92余种。

本科显微结构茎具双韧维管束；钟乳体、针晶、石细胞等。

本科植物含葫芦素、雪胆甲素、雪胆乙素、罗汉果苷、木鳖子皂苷等成分。

【药用植物】

栝楼 Trichosanthes kirilowii Maxim. 多年生草质藤本。块根肥厚，圆柱状。叶具长柄，近心形，掌状3~5浅裂至中裂，稀不裂。雌雄异株；雄花成总状花序，雌花单生；花冠白色，5裂，裂片先端细裂成流苏状。瓠果近球形，

$\male *K_{(5)} C_{(5)} A_{5, (3\sim5)}; \female *K_{(5)} C_{(5)} \overline{G}_{(3:1:\infty)}$

图 15-62　黄花败酱
1. 植株　2. 花

熟时果皮果瓤橙黄色。种子扁平，浅棕色（图15-63）。主产于长江以北，江苏、浙江等地，多有栽培。成熟果实（瓜蒌），能清热涤痰、宽胸散结、润燥滑肠；种子（瓜蒌子）能润肺化痰、滑肠通便；果皮（瓜蒌皮）能清化热痰、利气宽胸；块根（天花粉）能清热泻火、生津止渴、消肿排脓；天花粉蛋白还能引产。同属植物**双边栝楼**（中华瓜蒌）T. rosthornii Harms 分布于华中、西南、华南及陕西、甘肃等，亦常栽培。入药部位及疗效与栝楼同。

本科常见的药用植物还有：**木鳖** Momordica cochinchinensis (Lour.) Spreng. 分布于江西、湖南、四川及华南等地，种子（木鳖子）有毒，能散结消肿、攻毒疗疮。**绞股蓝** Gynostemma pentaphyllum (Thunb.) Makino 分布于长江以南，全草能补气生津、清热解毒、止咳祛痰。**罗汉果** Siraitia grosvenorii (Swingle) C. Jeffrey ex A. M. Lu et Z. Y. Zhang 分布于广东、海南、广西及江西，果实（罗汉

图 15-63　栝楼
1. 花枝　2. 根　3. 果　4. 种子

果)能清热润肺、利咽开音,润肠通便;块根能清利湿热、解毒。**丝瓜** *Luffa cylindrical*(L.)Roem. 栽培,成熟果实的维管束(丝瓜络)能祛风、通络、活血、下乳。

桔梗科

47. 桔梗科 Campanulaceae　　　$♀*↑K_{(5)} C_{(5)} A_5 \overline{G}_{(2~5:2~5:∞)} \overline{\underline{G}}_{(2~5:2~5:∞)}$

草本,常具乳汁。单叶互生、对生或轮生;无托叶。花单生或成聚伞、总状、圆锥花序;两性,辐射对称或两侧对称;花萼常 5 裂,宿存;花冠钟状或管状,5 裂;雄蕊 5,与花冠裂片同数而互生;子房下位或半下位,心皮 3(稀 2~5),合生成 3(稀 2~5)室,中轴胎座,胚珠多数。蒴果或浆果。

本科有 60 个属,大约 2000 种。世界广布,但主产地为温带和亚热带。我国产 16属,大约 172 种。已知药用的有 13 属,111 种。

本科显微结构常具有菊糖、乳汁管等。

本科植物含皂苷、生物碱、糖类等成分。

【药用植物】

桔梗 *Platycodon grandiflorum*(Jacq.) A. DC. 多年生草本,具乳汁。根肉质,长圆锥形。叶轮生至互生,叶片卵形至披针形,背面灰绿色。花单生或数朵生于枝顶;萼 5 裂,宿存;花冠阔钟形,蓝紫色,5 裂;雄蕊 5;子房半下位,5 室,中轴胎座,柱头 5 裂。蒴果倒卵形,顶部 5 瓣裂(图 15-64)。广布于全国各地,亦有栽培。根(桔梗)能宣肺、利咽、祛痰、排脓。

党参 *Codonopsis pilosula*(Franch.) Nannf. 多年生缠绕草本,有乳汁。根圆柱形,顶端有膨大的根状茎(根头),具多数芽和瘤状茎痕,向下有环纹。叶互生,常为卵形,两面被短伏毛。花单生枝顶;花冠宽钟形,淡黄绿色,略带紫晕,5 浅裂。蒴果圆锥形(图 15-65)。分

图 15-64　桔梗
1.植株　2.去花萼及花冠后的雄蕊和
雌蕊　3.蒴果

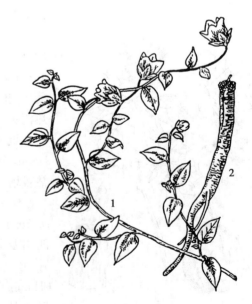

图 15-65　党参
1.花枝　2.根

布于东北、西北及华北地区,多有栽培。根(党参)能补中益气、健脾益肺。

本科药用植物还有:**沙参**(杏叶沙参)*Adenophora stricta* Miq. 分布于西南、华东、河南、陕西等地,根(南沙参)能养阴清肺、益胃生津、化痰、益气。**羊乳**(四叶参)*Codonopsis lanceolata* Benth. et Hook. f. 分布于华南、西南至东北各地,根能补虚通乳、排脓解毒。**半边莲** *Lobelia chinensis* Lour. 分布于长江中下游及以南地区,全草(半边莲)能清热解毒、利尿消肿。

48. 菊科 Compositae(Asteraceae) 　　　$\male\female *\uparrow K_{0\sim\infty} C_{(3\sim5)} A_{(4\sim5)} \overline{G}_{(2:1:1)}$

多为草本。有些种类具乳汁或树脂道。单叶互生,稀对生或轮生;无托叶。头状花序外围有 1 至多层总苞片组成的总苞,总苞片叶状、鳞片状或针刺状;头状花序有三种类型:①外围为舌状花(雌性不育花,称边花),中央为两性管状花(称盘花),如向日葵;②全部为两性舌状花,如蒲公英;③全部为两性管状花,如红花。花两性或单性,辐射对称或两侧对称;花萼常变态成冠毛、鳞片或刺状;花冠合生,4~5 裂,管状或舌状;雄蕊 5 或 4,聚药雄蕊;子房下位,2 心皮合生,1 室,每室含 1 胚珠,柱头 2 裂。连萼瘦果(有花托或萼管参与形成的果实),又称菊果。

菊科是被子植物第一大科,约 1000 属,25 000~30 000 种,广布于全世界。我国约有 200 余属,2000 多种,产于全国各地。已知药用的有 155 属,778 种。本科通常分为两个亚科。

本科显微结构多含菊糖,常具各种腺毛、分泌道、油室、草酸钙晶体等。

本科植物含倍半萜内酯类、黄酮类、生物碱类、香豆素类等成分。

亚科检索表

1. 头状花序仅有管状花或兼有舌状花(雌花);植物体无乳汁··············管状花亚科 Tubuliflorae
1. 头状花序仅有舌状花;植物体有乳汁··············舌状花亚科 Liguliflorae

管状花亚科 Tubuliflorae

【药用植物】

菊花 *Chrysanthemum morifolium* Ramat. 多年生草本。基部木质,全株被白色绒毛。叶片卵形至披针形,叶缘有粗锯齿或羽状深裂。头状花序具多层总苞片,边缘膜质,外层绿色;外围为雌性舌状花,白色、淡黄、淡红或淡紫色;中央为两性管状花,黄色。瘦果无冠毛,不发育(图 15-66)。全国各地均有栽培,主产于安徽(亳菊、滁菊)、浙江(杭菊)、河南(怀菊)等地。头状花序(菊花)能散风清热、平肝明目、清热解毒。

红花 *Carthamus tinctorius* L. 一年生草本。叶互生,近无柄,长卵形或卵状披针形,叶缘齿端有尖刺。头状花序外侧总苞 2~3 列,上部边缘有锐刺,内侧数列卵形,无刺;全为管状花,初开时黄色,后变为红色。瘦果近卵形,具四棱,无冠毛(图 15-67)。原产埃及,各地有栽培。花(红花)能活血通经,祛瘀止痛。

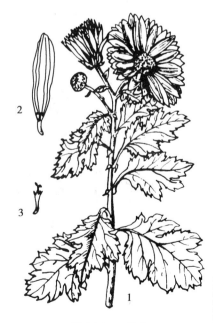

图 15-66　菊花
1. 花枝　2. 舌状花　3. 管状花

白术 *Atractylodes macrocephala* Koidz. 多年生草本。根状茎肥大,略呈骨状。中具长柄,3裂,稀羽状深裂,裂片椭圆形至披针形,边缘有锯齿。头状花序直径约 2.5~3.5cm,全部为管状花,紫红色。瘦果密被柔毛(图 15-68)。分布于浙江、江西、湖南、湖北等地。根状茎(白术)能健脾益气,燥湿利水,止汗,安胎。

木香(云木香、广木香) *Aucklandia lappa* Decne. 多年生高大草本。主根粗壮,干后芳香。基生叶片巨大,三角状卵形,边缘不规则浅裂或呈波状,疏生短齿,叶片基部下延成翅;茎生叶互生。头状花序具总苞片约10层;托片刚毛状;全为管状花,黯紫色。瘦果具肋,上端有一轮淡褐色羽状冠毛(图 15-69)。分布于四川、西藏、云南,多有栽培,根(木香)能行气止痛,健脾消食。

本亚科药用植物还有:**苍术**(南苍术、毛术) *Atractylodes lancea* (Thunb.) DC.

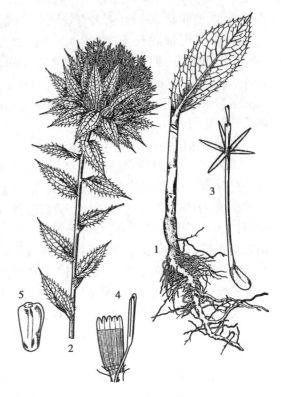

图 15-67 红花
1. 根 2. 花枝 3. 花 4. 雄蕊剖开后,示药室和雌蕊的一部分 5. 果实

图 15-68 白术
1. 花枝 2. 管状花 3. 花冠剖开,示雄蕊
4. 雌蕊 5. 瘦果 6. 根状茎

图 15-69 木香
1. 根 2. 基生叶 3. 花枝

分布于华中、华东地区,根状茎(苍术)能燥湿健脾、祛风散寒、明目。**茵陈蒿** *Artemisia capillaris* Thunb. 全国各地均有分布,地上部分(茵陈)能清利湿热、利胆退黄。**艾蒿** *A. argyi* Levl. et Vant,广布于全国各地,叶(艾叶)能散寒止痛、温经止血。**牛蒡** *Arctium lappa* L. 广布于全国各地,果实(牛蒡子)能疏散风热、宣肺透疹、解毒利咽。**苍耳** *Xanthium sibiricum* Patr. ex Widder 全国各地均有分布,带总苞的果实(苍耳子)有毒,能散风寒、通鼻窍、祛风湿。**旋覆花**(金佛草)*Inula japonica* Thunb. 全国大部分地区有分布,地上部分(金沸草)及头状花序(旋覆花)功效相似,能降气、消痰、行水。**祁州漏芦** *Rhaponticum uniflorum*(L.)DC. 分布于东北与华北,根(漏芦)能清热解毒、消痈、下乳、舒筋通脉。**土木香**(祁木香)*Inula helenium* L. 分布于新疆,生于河边、田边、河谷等潮湿处,根(土木香)能健脾和胃、行气止痛、安胎。**紫菀** *Aster tataricus* L. f. 全国各地有分布,根状茎及根(紫菀)为止咳平喘药,能润肺、祛痰、止咳。**蓟** *Cirsium japonicum* Fisch. ex DC. 地上部分(大蓟)能凉血止血、散瘀解毒消痈。**刺儿菜**(小蓟)*C. setosum* (Willd.)MB. 地上部分(小蓟)与大蓟同等入药。

舌状花亚科 Liguliflorae(Cichorioideae)

【药用植物】

蒲公英 *Taraxacum mongolicum* Hand. -Mazz. 多年生草本,有乳汁。根圆锥形。叶基生,莲座状平展;叶片倒披针形,不规则羽状深裂,顶端裂片较大。花葶中空,顶生一头状花序;外层总苞片先端常有小角状突起,内层总苞片长于外层;全为舌状花,黄色。瘦果先端具长喙,冠毛白色(图 15-70)。全国各地均有分布。全草(蒲公英)能清热解毒,消肿散结,利尿通淋。

苦苣菜 *Sonchus oleraceus* L. 多年生草本,具乳汁。地下根状茎匍匐生,叶无柄,倒披针形,边缘波状尖齿或具缺刻。头状花序排成聚伞或伞房状;花鲜黄色,全部为舌状花;花柱及柱头被腺毛。分布于东北、华北、西北,全草称"北败酱",能清热解毒、消肿排脓、祛瘀止痛。

本亚科常见的药用植物还有:**苦荬菜** *Ixeris polycephala* Cass. 广布世界各地,全草能清热解毒、消痈散结;**黄鹌菜** *Youngia japonica*(L.)DC. 全国广布,根或全草能清热解毒、利尿消肿、止痛。

图 15-70 蒲公英
1. 植株 2. 舌状花 3. 带冠毛瘦果
4. 瘦果

其他常见药用
双子叶植物

复习思考题

1. 比较唇形科与马鞭草科、玄参科、爵床科,茜草科和忍冬科,夹竹桃科与萝摩科的异同点,并列举常见的药用植物。

2. 简述菊科的主要形态特征及分为几个亚科?并写出亚科的检索表。

二、单子叶植物纲

49. 泽泻科 Alismataceae　　♀*$P_{3+3}A_{6-\infty}\underline{G}_{6-\infty:1:1}$ ♂*$P_{3+3}A_{6-\infty}$；♀*$P_{3+3}\underline{G}_{6-\infty:1:1}$

多年生或一年生沼生或水生草本。具根茎或球茎。单叶常基生，叶片椭圆形、箭形或戟形，基部有开裂的叶鞘。花两性或单性，辐射对称，常轮生于花葶上，再集成总状或圆锥花序；花被2轮，外轮3片萼片状，绿色，宿存；内轮3片花瓣状，白色，易脱落；雄蕊6至多数；心皮6至多数，分离，常螺旋状排列在凸起的花托上或轮状排列在扁平的花托上；子房上位，1室，花柱短而宿存；边缘胎座；胚珠1至数枚，仅1枚发育。聚合瘦果，每瘦果含1种子；种子无胚乳，胚马蹄形。

本科共11属，约100种；分布于北半球温带至热带地区，大洋洲、非洲亦有分布。我国4属，20种；南北均有分布；已知药用植物2属，12种。

本科植物块茎的内皮层明显，维管束为周木型，具油室。

本科植物含四环三萜酮醇、挥发油、生物碱、氨基酸、糖类、有机酸、苷类化合物等。

本科植物为草本，雄蕊与心皮均多数，螺旋状排列在花托上，与毛茛科相似。

【药用植物】

泽泻 *Alisma orientale*（Sam.）Juzep. 多年生水生或沼生草本。具块茎。单叶基生，叶柄较长，基部鞘状，叶片椭圆形或宽卵形，基部心形、近圆形或楔形，叶脉5~7。花两性；花葶自叶丛中抽出，伞形状花序轮生于花葶上，再集成大型圆锥花序。花被6,2轮。聚合瘦果，瘦果两侧扁，背部有1或2浅沟，种子紫红色（图15-71）。广布全国。生于水塘、湖泊或沼泽地。干燥块茎（泽泻）为利水渗湿药，能利水、渗湿、泻热。

慈菇 *Sagittaria sagittifolia* L. var. *sinensis*（Sams.）Makino. 干燥球茎（慈菇）能清热止血、行血通淋、消肿散结。广布全国，长江以南广为栽培。生于水田、浅水沟或沼泽地。

图 15-71　泽泻
1. 植株　2. 花　3. 果序

50. 禾本科 Gramineae　　♀*$P_{2-3}A_{3,1~6}\underline{G}_{(2-3:1:1)}$

多为草本，有时为木本（竹类）。地下常具根状茎或须状根；地上茎节和节间明显，常中空，特称为秆。单叶互生，排成2列，通常由叶片、叶鞘和叶舌组成，叶片狭长，具明显中脉及平行脉；叶鞘抱秆，通常一侧开裂，顶端两侧各伸出一耳状突出物，称为叶耳；叶片与叶鞘连接处的内侧有呈膜质或纤毛状的叶舌。花小，通常两性，以小穗为单位排列成穗状、总状或圆锥状花序。小穗的主干称小穗轴，基部有外颖和内颖（总苞片），小穗轴上着生1至数朵花，每花外有外稃和内稃（小苞片），外稃厚硬，顶端或背部常生有芒，内稃膜质；内外稃之间，子房基部有2~3枚透明肉质的退化花被（浆片或鳞被）；雄蕊通常3枚，少为1至6枚，花丝细长，花药丁字形着生，花药2室；雌蕊1，子房上位，2~3心皮合生，1室，1胚珠，花柱2~3，柱头常羽毛状。颖果，种子富含淀粉质胚乳（图15-72）。

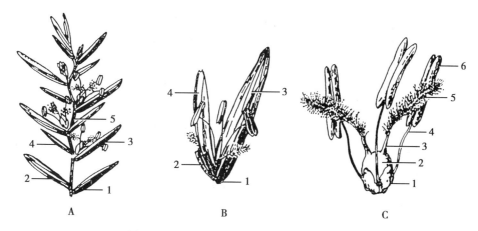

图 15-72　禾本科植物小穗、小花及花的构造
A. 小穗解剖　1. 外颖　2. 内颖　3. 外稃　4. 内稃　5. 小穗轴
B. 小花　1. 基部　2. 小穗轴节间　3. 外稃　4. 内稃
C. 花的解剖　1. 鳞被　2. 子房　3. 花柱　4. 花丝　5. 柱头　6. 花药

本科约 640 属,10 000 余种;广布全球。本科分两个亚科:竹亚科 Bambusoideae(木本)和禾亚科 Agrostidoideae(草本)。我国 200 属,1000 余种,全国分布。已知药用植物 85 属,近 173 种,多为禾亚科植物。

本科植物表皮细胞平行排列,每纵行为 1 个长细胞和 2 个短细胞相间排列,细胞中常含硅质体;气孔保卫细胞为哑铃形,两侧各有略呈三角形的副卫细胞;叶片上表皮常有运动细胞,主脉维管束具维管束鞘,叶肉细胞不分化为栅栏组织和海绵组织。

本科植物含生物碱、三萜类、黄酮类、含氮化合物、氰苷及挥发油等。

【药用植物】

薏苡 *Coix lacryma-jobi* L. var. *ma-yuen* (Roman.) Stapf. 一年或多年生草本。秆直立,茎基部节上常生支持根。叶互生;叶片条状披针形,叶舌短,叶鞘抱茎。由多个小穗组成的总状花序成束状腋生,小穗单性,雌雄同株,雄小穗排列于花序上部,从骨质念珠状总苞中伸出;雌小穗位于基部,包于骨质总苞内。颖果球形,成熟时包于光滑球形的骨质总苞内(图 15-73)。我国各地有栽培或野生;生河边、溪边、湿地。干燥成熟种仁(薏苡仁)为利水渗湿药,能健脾利湿、除痹止泻、清热排脓。

本科常见药用植物还有:**淡竹叶** *Lophatherum gracile* Brongn. 分布于长江以南,干燥茎叶(淡竹叶)为清热泻火药,能清热除烦、利尿、生津止渴;**淡竹** *Phyllostachys*

图 15-73　薏苡
1. 植株　2. 雌蕊及退化的 3 枚雄蕊　3. 雌小穗

nigra（Lodd.）Munro var. *henonis*（Miff.）Stapf ex Rendle. 分布于长江流域,秆的干燥中间层(竹茹)为化痰药,能清热化痰、除烦止呕;**大头典竹** *Sinocalamus beecheyanus*（Munro）Meelure var. *pubescens* P. F.Li（分布华南地区）、**青秆竹** *Bambusa tuldoides* Mubro 的药用部位与功效同淡竹秆;**白茅** *Imberata cylindrica* Beauv. var. *major*（Ness）C. E.Hubb. ex Hubb et Vaughan. 分布几乎遍及全国,干燥根状茎(白茅根)为止血药,能清热利尿、凉血止血、生津止渴;**芦苇** *Phragmites communis* 三 Trin. 全国大部分地区有分布,根状茎(芦根)为清热泻火药,能清热生津、除烦、止呕;**香茅** *Cymbopogon citratus*（DC.）Stapf. 全草能祛风利湿、消肿止痛;**小麦** *Triticum aestium* L. 干瘪轻浮的果实(浮小麦)能收涩止汗;**稻** *Oryza sativa* L. 成熟果实经发芽干燥(稻芽)能消食和中、健脾开胃;**玉米** *Zea mays* L. 干燥花柱(玉米须)能清血热、利尿,治消渴;**粟** *Setaria italica*（L.）*Beauv.* 成熟果实经发芽干燥的炮制加工品称谷芽, 能消食和中, 健脾开胃;**大麦** *Hordeum vulgare* L. 成熟果实经发芽干燥的炮制加工品称麦芽,能行气消食,健脾开胃,回乳消胀。

51. 莎草科 Cyperaceae

$\male P_0A_3G_{(2-3:1:1)}; \male *P_0A_3; \female *P_0G_{(2-3:1:1)}$

草本。多生于潮湿地或沼泽地。常具细长横走根状茎。茎特称为秆,多实心,无节,通常三棱形。单叶基生或茎生,叶片条形或线形,多排成3列,有封闭的叶鞘。2至多朵花组成小穗,再由小穗聚成穗状、总状、圆锥状、头状或聚伞状等各式花序。小花单生于小穗苞片的腋内,两性或单性;通常雌雄同株,花被不存在或退化成下位的刚毛或鳞片,有时雌花被苞片形成的囊苞所包围;雄蕊通常3枚;子房上位,由2至3心皮组成1室,具1枚基生胚珠,花柱单一,柱头2~3裂。小坚果,有时被苞片形成的果囊所包裹。

本科约90属,4000种;广布于全世界。我国约有33属,670余种,全国分布;已知药用植物16属,110余种。

本科植物含硅质体,表皮细胞不为长细胞和短细胞;根状茎具内皮层,周木型维管束。

本科植物含挥发油、生物碱、黄酮、强心苷等。

【药用植物】

莎草 *Cyperus rotundus* L. 草本。具细长横走的根状茎,末端常膨大成纺锤形的块茎,黑褐色,有芳香味。秆三棱形。单叶基生,叶片狭条形,叶鞘棕色。聚伞花序,分枝在茎顶端辐射状排列,苞片叶状,2~3 枚,比花序长;小穗线形、扁平、茶褐色;鳞片2列,膜质,每鳞片着生1无被花,花两性;雄蕊3;柱头3。小坚果有3棱(图15-74)。全国多数地区有分布,生于山坡荒地、田间。块茎(香附)为理气药,能疏肝理气、调经止痛。

本科常见药用植物还有:**荆三棱** *Scirpus yagara* Ohwi. 分布于东北、华北、西南及长江流域;生于浅水中,干燥块茎(黑三棱)为活血化瘀

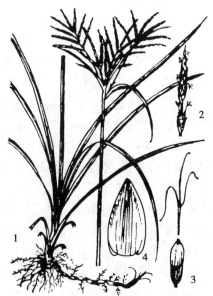

图 15-74　莎草
1.植株　2.穗状花序　3.果　4.鳞片

药,能破血行气、消积止痛;**荸荠** *Eleocharis dulcis*(Burm. f.)Trin. ex Henschel〔*Eleocharis tuberosa*(Roxb.)Roem. et Schult.〕,分布于长江流域;生于浅水中,球茎能清热生津、开胃解毒。

52. 棕榈科 Palmae ♀*P$_{3+3}$A$_{3+3}$G$_{(3:1-3:1)}$;♂ *P$_{3+3}$A$_{3+3}$;♀ *P$_{3+3}$G$_{(3:1-3:1)}$

棕榈科

乔木或灌木,有时为藤本。主干不分枝。叶常绿,大型,掌状分裂或羽状复叶,叶柄基部常扩大成纤维状叶鞘,通常集生于茎顶;藤本类散生。肉穗花序大型,常具1至数片佛焰苞;花小,两性或单性;花被片6,2轮,离生或合生;雄蕊6,2轮,少为3或多数;心皮3,分离或合生,子房上位,1至3室,每室或每心皮1胚珠。浆果或核果,外果皮肉质或纤维质,种子胚乳丰富,均匀或嚼烂状。

本科约210属,2800种;分布于热带、亚热带。我国约28属,100余种,主产东南部至西南部;已知药用植物16属,26种。

本科植物含有硅质体;叶肉组织含有草酸钙针晶,有时为方晶或砂晶。

本科植物含黄酮、生物碱、多元酚和缩合鞣质。

【药用植物】

棕榈 *Trachycarpus fortunei*(Hook. f.)H. Wendl. 常绿乔木。主干不分枝,有残存的不易脱落的叶柄基。叶大,掌状深裂,裂片条形,顶端2浅裂,集生于茎顶,叶鞘纤维质,网状,暗棕色,宿存。肉穗花序排成圆锥花序状,佛焰苞多数。单性花,雌雄异株,萼片、花瓣各3枚,黄白色;雄花雄蕊6;雌花心皮3,基部合生,3室。核果肾状球形,蓝黑色(图15-75)。分布于长江以南;生于疏林中,栽培或野生。叶鞘纤维(煅后药材名:棕榈炭)为止血药,能收敛止血。

本科常见药用植物还有:**槟榔** *Areca catachu* L. 原产于马来西亚,我国海南岛、云南、台湾省有栽培,种子(槟榔)为驱虫药,能杀虫、消积、行气、利水,果皮(药材名:大腹皮)能下气宽中、利水消肿;**麒麟竭** *Daemonoropus draco* Bl.,分布于印度尼西亚、马来西亚、伊朗,我国海南、台湾省有栽培,

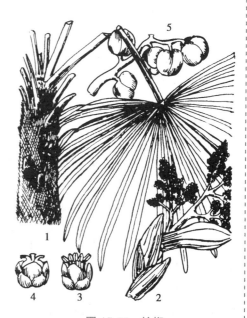

图 15-75　棕榈
1. 秆顶部与叶　2. 花序　3. 雄蕊　4. 雌花
5. 果

果实或树干中的树脂(进口血竭)为活血化瘀药,内服能活血化瘀、止痛;外用能止血、生肌、敛疮;**椰子** *Cocos nucifera* L. 分布于我国台湾省、海南、云南;多栽培,根能止痛止血;椰肉(胚乳)能益气祛风。

知识链接

奇特的槟榔

槟榔是我国四大南药之一,具有独特的御瘴功能,别名"洗瘴丹"。

天南星科

53. 天南星科 Araceae $\male *P_0A_{(1-\infty)}$ $\female *P_0\underline{G}_{(1-\infty:)}$ $\malefemale *P_{0.4-6}A_{1-6}\underline{G}_{(1-\infty:1-\infty:1-\infty)}$

多年生草本。常具块茎或根状茎;在热带,少数为藤本。植物多含刺激性汁液。单叶或复叶,常基生,叶柄基部常具膜质叶鞘,多为网状脉,脉岛中无自由末梢。花小,两性或单性,肉穗花序,外包有一大型佛焰苞。单性花,同株或异株,同株(即同花序)时雌花居花序下部,雄花居花序上部,两者间常有无性花相隔或为不育部分,无花被,雄蕊1~6,分离或合生;雌花序中常有不育雄蕊,合生成雄蕊柱或完全退废而与肉穗花序轴的上部合生形成附属器。两性花常具花被片4~6,鳞片状;雄蕊与其同数而对生;雌蕊子房上位,由1至数心皮组成1至数室,每室1至数枚胚珠。浆果密集生于花序轴上。

本科的突出特征是:肉穗花序,通常有彩色佛焰苞;草本;叶具网状脉。

本科约115属,2000余种;主要分布于热带、亚热带。我国35属,210余种;主要分布于长江以南各省区;已知药用植物22属,110种。

本科植物常有黏液细胞,内含针晶束;根状茎或块茎常具周木型或有限外韧型维管束。

本科植物含挥发油、生物碱、聚糖类、黄酮类、氰苷等,多数植物有毒。

【药用植物】

天南星 *Arisaema erubescens* (Wall.) Schott. 草本。块茎扁球形。仅具1叶,有长柄,基生,叶片7~24裂,放射状排列于叶柄顶端,裂片披针形,末端延伸成丝状。花雌雄异株,佛焰苞绿色,顶端细丝状,花序附属器棒状;雄花雄蕊4~6。浆果红色,排列紧密(图15-76)。分布几乎遍及全国;生于林下阴湿地。干燥块茎(天南星)能散结消肿,有毒,外用治痈肿,蛇虫咬伤;块茎炮制加工品(制天南星)入药,能燥湿化痰,祛风止痉,散结消肿,有毒;制天南星的细粉与牛、羊或猪胆汁经过加工(胆南星)能清热化痰,息风止痉。

半夏 *Pinellia ternata* (Thunb.) Breit. 块茎扁球形。叶柄中下部有下块茎(珠芽),叶异型,一年生叶为单叶,卵状心形或戟形,2年以上叶为三出复叶,基生。花单性同株,佛焰苞下部闭合成管状,附属器鼠尾状,伸出佛焰苞外。浆果红色,卵圆形(图15-77)。分布于南北各地;生于田间、林下、荒坡。干燥块茎(半夏)为化痰药,能燥湿化痰、降逆止呕、消痞散结,有毒;炮制加工品法半夏能燥湿化痰;炮制

图 15-76 天南星
1. 叶与肉穗花序 2. 果 3. 块茎

加工品姜半夏能温中化痰,降逆止呕;炮制加工品清半夏能燥湿化痰。半夏及其炮制加工品不宜与川乌、制川乌、草乌、制草乌、附子同用。

本科常见药用植物还有:**东北天南星** *Arisaema amurense* Maxim. 分布于东北、华北,与天南星的主要区别是:小叶片5(幼时3),佛焰苞绿色或带紫色而有白色条纹;**异叶天南星** *A. heterophyllum* Blume.,与天南星的主要区别是:叶片鸟足状分裂,裂片13~21,中间1片小。分布于辽宁以南除西藏、西北外的全国其他省区,该两种植物的入药部位和功效同天南星。**掌叶半夏** *Pinellia pedatisecta* Schott.,分布于华北、华中及西南,干燥块茎(虎掌南星)为化痰药,能燥湿化痰、降逆止呕、消痞散结;**独角莲** *Typhonium giganteum* Engl.,分布于东北、华北、华中、西北及西南,干燥块茎(白附子,因主产河南禹县又得名禹白附)为化痰药,能燥湿化痰、祛风解痉、解毒散结;**石菖蒲** *Acorus tatarinowii* Schott 分布于黄河以南各省区,干燥根茎(石菖蒲)入药,有开窍豁痰、醒神益智、化湿开胃功效。

54. 百部科 Stemonaceae

$$\male*P_{2+2}A_{2+2}\underline{G}_{(2:1:2\sim\infty)},\overline{\underline{G}}_{(2:1:2\sim\infty)}$$

草本或藤本。常有块根或横走根状茎。单叶对生、轮生或互生,弧形脉,有时具平行致密的横脉。花两性,辐射对称;腋生或贴生于叶片中脉;单被花,花被片4,花瓣状,二轮排列;雄蕊4,花药2室,药隔通常伸长,呈钻形或条形;子房上位或半下位,2心皮组成1室,胚珠2至多数,基生或顶生胎座。蒴果2瓣裂。

本科3属,约30种;主要分布于亚洲、美洲和大洋洲。我国2属,6种;分布于东南至西南部;已知药用植物2属,6种。

本科植物块根通常具有根被。

本科植物主要含生物碱类。

【药用植物】

直立百部 *S. sessilifolia* (Miq.) Franch. et Sav. 草本。具多数块根。叶3~4枚轮生,卵形或卵状披针形,主脉3~7,中间3条明显,茎下部叶鳞片状。花常单生于鳞片叶腋。花两性,辐射对称;花被片4,淡绿色,内侧1/3紫红色;雄蕊4,紫红色,具披针形黄色附属体,药隔伸长,伸长部分钻状披针形;子房上位。蒴果2瓣裂(图15-78)。分布于华东地区;生于山坡林下。干燥块根(百部)为止咳平喘药,能润肺止咳、平喘。

本科常见药用植物还有:**对叶百部** *Stemona tuberosakour* Lour. 分布于长江以南各省区;**蔓生百部** *S. japonica* (Bl.) Miq. 分布于浙江、江苏及安徽等省区,两者的块根均作百部入药。

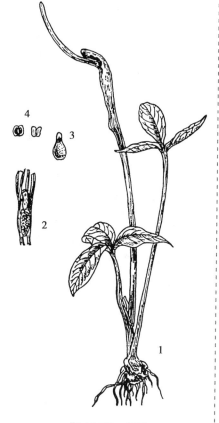

图 15-77 半夏
1. 植株 2. 剖开的佛焰苞 3. 雌蕊
4. 雄蕊

百部科

55. 百合科 Liliaceae

$$♀*P_{3+3,(3+3)}A_{3+3}\underline{G}_{(3:3:\infty)}$$

多年生草本,少数为灌木。地下部分常具鳞茎、根状茎、球茎或块根。茎直立或攀缘,有时枝条变态成绿色叶状枝。单叶互生、少为对生或轮生或全为基生,少有退化成鳞片状。花序总状、穗状或圆锥花序,有时单生或成对生于叶腋;花通常两性,辐射对称;单被花,花被片6,二轮排列,分离,花瓣状,每轮3枚,或花被联合,顶端6裂;雄蕊常6枚;子房通常上位,由3心皮合生成3室,中轴胎座,每室胚珠多数。蒴果或浆果。

本科的突出特征是:为典型的3数花,雄蕊6,子房上位,3心皮,中轴胎座,3室;常具鳞茎或根状茎。

本科约233属,4000余种;广布全球,以温带和亚热带地区为多。我国约60属,570余种;分布于南北各地,主要分布于西南地区;已知药用植物52属,374种。

图 15-78　直立百部
1. 植株　2. 根　3. 雄蕊

百合科是单子叶植物纲中的一个大科,一般分为11或12个亚科,有的系统将百合科分为若干个不同的科,或把一部分植物归入其他的科。

本科植物体常有黏液细胞,并含有草酸钙针晶束。

本科植物化学成分复杂多样。已知有生物碱、强心苷、甾体皂苷、蜕皮激素、蒽醌类、黄酮类等化合物。另外还含有挥发性的含硫化合物及多糖类化合物。

【药用植物】

百合 *Lilium brownii* F. E. Brown var. *viridulum* Baker. 鳞茎球形,茎光滑有紫色条纹。叶倒卵状披针形至倒卵形,上部叶常比较小,3~5脉。花喇叭形,花被片乳白色,背面稍带淡紫色,顶端向外张开或稍外卷,有香味;花粉粒红褐色;子房长圆柱形,柱头3裂。蒴果矩圆形,有棱(图15-79)。分布于华北、华南和西南;生于山坡草地,多栽培。干燥肉质鳞叶(百合)入药为滋阴药,能养阴润肺、清心安神。

川贝母 *Fritillaria cirrhosa* D. Don 鳞茎有鳞叶3~4枚,叶通常对生,少数互生或轮生,下部叶片狭长矩圆形至宽条形,中上部叶狭披针状条形,叶端多少卷曲。单花顶生,花被

图 15-79　百合
1. 植株　2. 去花被的花,示雄蕊和雌蕊

紫色具黄绿色斑纹,或黄绿色具紫色斑纹,叶状苞片通常3枚,先端卷曲(图15-80)。分布于四川;生于高山灌丛及草甸。干燥鳞茎(川贝母)能清热润肺,化痰止咳,散结消痈。

同属植物**浙贝母** *F. thunbergii* Miq. 主要分布浙江、江苏,多栽培,较小鳞茎(珠贝)和鳞叶(大贝)为化痰药,能清热化痰、润肺止咳。**暗紫贝母** *F. unibracteata* Hsiao et K. C. Hsia.,分布于四川西北部、青海和甘肃南部,鳞茎(川贝母)为化痰药,能清热化痰、润肺止咳,是川贝母中"松贝"的主要来源。**甘肃贝母** *F. przewalskii* Maxim. ex Baker. 分布于甘肃、青海。鳞茎也是川贝母中"青贝"的主要来源。**梭砂贝母** *F. delauayi* Franch. 分布于云南、四川、青海及西藏,是川贝母中"炉贝"的主要来源。**平贝母** *F. ussuriensis* Maxim. 分布于东北,鳞茎(平贝母)为化痰药,能清热化痰、润肺止咳。**新疆贝母** *F. walujewii* Regel. 和**伊犁贝母** *F. pallidiflora* Schrenk. 分布于新疆,它们的鳞茎(伊贝母)为化痰药,能清热化痰、润肺止咳。

本科常见药用植物还有:**卷丹** *Lilium lancifolium* Thunb. 分布于全国大部分省区;**细叶百合**(山丹) *L. pumilum* DC. 分布于西北、东北、华北;以上两种鳞茎的鳞叶亦作中药百合入药;**黄精** *Polygonatum sibiricum* Delar. ex Red. 分布东北、华北及黄河流域,南达四川,根状茎(黄精)为滋阴药,能润肺滋阴、补脾益气。**多花黄精(囊丝黄精)** *P. cyrtomana* Hua. 分布于河南以南和长江流域;**滇黄精** *P. kingianum* Coll. et Hemsl., 分布于广西、四川、贵州、云南,以上两种的根状茎亦作黄精入药;**玉竹** *P. odoratum*(Mill.) Druce. 分布于东北、华北、中南、华南及四川,根状茎(玉竹)为滋阴药,能滋阴润肺、生津养胃;**知母** *Anemarrhena asphodeloides* Bge. 分布于东北、华北及陕西、甘肃,根状茎(知母)为清热泻火药,能清热泻火、滋阴润燥;**七叶一枝花** *Paris polyphylla* Smith var. *Chinensis*(Franch.) Hara. 广布于长江流域至华南南部及西南,根状茎(蚤休)为清热解毒药,能清热解毒、消肿止痛、息风定惊;**麦冬** *Ophiopogon japonicus*(L. f) Ker-Gawl. 分布于华东、中南、西南,浙江、四川,多栽培,块根(麦冬)为滋阴药,能润肺养阴、益胃生津、清心除烦、润肠;**天门冬** *Asparagus cochinchinensis*(Lour.) Merr. 几乎全国分布,块根(天冬)为滋阴药,能清肺降火、滋阴润燥;**光叶菝葜** *Smilax glabra* Roxb. 分布于甘肃南部及长江流域以南,块根(土茯苓)为清热解毒药,能清热解毒、通利关节、除湿;**藜芦** *Veratrum nigrum* L. 分布于东北、华北、西北及四川、江西、河南、山东,鳞茎(藜芦)为涌吐药,能涌吐、杀虫,有毒;**剑叶龙血树** *Dracaena cochinchinens*(Lour.) S. C.Chen. 分布于广西、云南,树脂(国产血竭)为活血化瘀药,内服能活血化瘀、止痛,外用能止血、生肌、敛疮;**海南龙血树** *D. cambodiana* Pierre ex Gagnep. 分布于海南,树脂也做国产血竭使用。

除此以外,还有**丽江山慈菇** *Iphigenia indica* Kunth et Benth. 分布于云南西北部和四川南部,鳞茎习称土贝母,为提取秋水仙碱的原料药;**铃兰** *Convallaria majalis* Linn. 布于东北、华北、西北及山东、河南、湖南、浙江,全草能强心利尿,有毒;**湖北麦冬**

图 15-80　川贝母
1. 植株全形　2. 花　3. 果实

Liriope spicata（Thunb.）Lour. var. *rpolifera* Y. T.Ma 和**短葶山麦冬** *Liriope muscari*（Decne）Bailey. 分布于华东、华中、华南及陕西、四川、贵州，块根（山麦冬）为滋阴药，能养阴生津、润肺清心。

56. 石蒜科 Amaryllidaceae ♀*↑P(3+3),3+3 A3+3,(3+3) $\overline{G}$(3:3:∞)

石蒜科

多年生草本。具有被鳞茎或根状茎。叶多数基生，常条形。花单生或成伞形花序，有 1 至数枚干膜质总苞片；花两性，辐射对称或两侧对称；花被片 6，花瓣状，2 轮，离生或部分连合；雄蕊 6，花丝分离，有时基部扩大合生成副花冠；子房下位，3 心皮，3 室，中轴胎座，每室胚珠多数。蒴果，稀浆果状。

本科有 100 余属，1200 多种，分布于热带、亚热带及温带。我国有 17 属，140 余种，以长江以南为多；已知药用植物 10 属，29 种。

本科植物叶含黏液细胞及草酸钙针晶。

本科植物常含多种生物碱、甾体皂苷类成分。

【药用植物】

石蒜 *Lycoris radiata* Herb. 鳞茎紫红色、近球形。基生叶狭条形，背部有粉绿色条带。伞形花序；花被片 6，红色，裂片边缘皱缩反卷；雄蕊 6 枚显著比花被裂片长，花丝贴生在花冠筒上，中间有鳞片状副花冠。蒴果（图 15-81）。分布于长江流域至西南地区。鳞茎有毒，仅外用，能解毒祛痰、催吐、杀虫。

仙茅 *Curculigo orchioides* Caertn. 根状茎粗壮，直立。披针形叶基生，基部鞘状，紫红色。花葶极短，藏于叶鞘内，花杂性，上部为雄花，下部为两性花；花黄色。浆果，花被管宿存，喙状。分布于华东、西南及东南地区。根状茎（仙茅）为补阳药，能补肾阳，强筋骨，祛寒湿，有毒。

57. 薯蓣科 Dioscoreaceae

薯蓣科

♂*P(3+3) A(3+3)；♀*P3+3 $\overline{G}$(3:3:2)

多年生缠绕性草质或木质藤本。具根状茎或块茎。单叶或掌状复叶，叶互生，少中部以上对生，常具长柄，掌状网脉。花小，单性异株稀同株，辐射对称；穗状、总状或圆锥花序；花被 6，2 轮，基部合生；雄花具雄蕊 6，有时 3 枚退化；雌花常有 3~6 枚退化雄蕊，子房下位，3 心皮合生成 3 室，每室胚珠 2 枚，花柱 3，分离。蒴果具 3 棱形的翅，种子常具翅。

本科共 10 属，约 650 种；广布热带和温带。我国仅有薯蓣属，约 60 种，主要分布于长江以南；已知药用植物 37 种。

本科植物含黏液细胞及草酸钙针晶束，常有根被。

本科植物特征性活性成分为甾体皂苷，此外还含有生物碱。

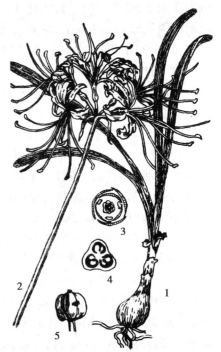

图 15-81 石蒜
1. 植株 2. 伞形花序 3. 花图式 4. 子房横切 5. 果

【药用植物】

薯蓣 *Dioscorea opposita* Thunb. 草质藤本。块茎垂直生长,肥厚,圆柱状。茎常带紫色。基部叶互生,中部以上对生,叶腋常有小块茎(珠芽);叶三角形至三角状卵形,基部宽心形,边缘常 3 裂,叶脉7~9 条。穗状花序腋生;花小,雌雄异株,辐射对称,花被 6,绿白色;雄花雄蕊 6;雌花子房下位,柱头 3 裂。蒴果具 3 翅,外面有白粉,种子具宽翅(图 15-82)。全国大部分地区有分布;生于向阳山坡及灌丛,多栽培。干燥根状茎(山药)为补气药,能益气养阴、补脾肺肾。

本科常见药用植物还有:**穿龙薯蓣** *D. nippoica* Makino. 分布于东北、华北及中部各省,干燥根状茎(穿山龙)能舒筋活血、祛风止痛,为生产薯蓣皂苷原料

图 15-82　薯蓣
1. 根状茎　2. 雄枝　3. 雄花　4. 雌花　5. 果枝

之一;黄独 *D. bulbifera* L. 分布于华东、西南及广东,干燥块茎(黄药子)为化痰药,能化痰消瘿、清热解毒、凉血止血。**粉背薯蓣** *D. hypoglauca* Palibin. 分布于华东、华中及四川、中国台湾省,干燥根状茎(粉萆薢)为利水渗湿药,能利湿浊、祛风湿;**绵萆薢** *D. septmloba* Thunb. 分布于华南及浙江、江西、湖南;福州薯蓣 *D. futschauensis* Uline ex Kunth. 分布于福建、浙江、湖南、广东,上两种植物干燥根状茎(绵萆薢)与粉背薯蓣功效相同;**盾叶薯蓣** *D. zingiberensis* C. H.V Wright. 分布于陕西、甘肃、河南、湖北、湖南、四川、云南,根状茎能消肿解毒,为生产薯蓣皂苷原料之一。

58. 鸢尾科 Iridaceae　　　　　　　　$\female* \uparrow P_{(3+3)} A_3 \overline{G}_{(3:3:\infty)}$

多年生、稀为一年生草本。常具根茎、球茎或鳞茎。叶多基生,条形或剑形,基部鞘状,成 2 列状套叠排列。花两性,色泽鲜艳,辐射对称,少为两侧对称,常为聚伞或伞房花序,稀单生;花被 6,2 轮排列,花瓣状,通常基部常合生成管;雄蕊 3;子房下位,3 心皮 3 室,中轴胎座,每室胚珠多数,柱头 3 裂,有时呈花瓣状或圆柱状。蒴果。

鸢尾科和百合科的主要区别是:叶基具套褶,雄蕊 3,子房下位。

本科约 60 属、800 种;分布于热带和温带地区,主产东非和热带美洲。我国有 11 属,80 多种及变种,其中我国原产 2 属(鸢尾属和射干属)。已知药用植物 8 属,39 种。

本科植物常有草酸钙结晶,维管束为周木型及外韧型。

本科植物特征性化学成分为异黄酮、苯醌等。另外,还含有番红花苷等多种色素。

【药用植物】

射干 *Belamcanda Chinensis* (L.) DC. 草本。根状茎横走,断面鲜黄色。叶剑形,基部对折,二列排列。花两性,辐射对称;2~3 歧分枝的伞房状聚伞花序,顶生;花被 6,橙黄色,基部合生成短管,散生紫褐色斑点;雄蕊 3;子房下位,柱头 3 裂。蒴果,倒卵圆形(图 15-83)。全国分布;生于干燥山坡、草地、沟谷及滩地。干燥根状茎(射干)为清热解毒药,能清热解毒、祛痰利咽。

图 15-83　射干

本科常见药用植物还有：**番红花** *Crocis sativus* L. 原产欧洲，我国引种栽培，干燥花柱及柱头(西红花)为活血化瘀药，能活血通经、祛瘀止痛、凉血解毒；**马蔺** *Iris lactea* Pall. var. *chinensis* (Fisch.) Koidz.，全国广布，干燥种子(马蔺子)能凉血止血、清热利湿，抗肿瘤；**鸢尾** *I. tectorum* Maxim. 分布几乎遍及全国，干燥根状茎(川射干)能活血化瘀、祛风利湿。

知识链接

番红花

番红花原产于西班牙等国，经印度转至西藏再传入内地，故又称之为藏红花、西红花。

番红花不仅药用广泛，疗效显著，还是世界上最高档的香料和最好的染料，大量用于日用化工、食品、染料工业，是美容化妆品和香料制品的重要宝贵原料。由于番红花集多种用途于一身，在国内外需求量极大，经济价值居世界药用植物之首，被西班牙人誉为"红色金子"。我国于1965年开始引种试验，现已在上海、浙江、河南、北京、新疆等22个省、市、自治区引种成功。

姜科

59. 姜科 Zingiberaceae $\quad ⚥ ↑ K_{(3)} C_{(3)} A_1 \overline{G}_{(3:3:\infty)}$

多年生草本。具根状茎、块茎或块根，通常有芳香或辛辣味。单叶基生或茎生，茎生者通常2列，多有叶鞘和叶舌，叶片具羽状平行脉。花两性，稀单性，两侧对称；单生或生于有苞片的穗状、总状、圆锥花序上；每苞片腋生1至数花，花被片6，2轮，外轮萼状，常下部合生成管，一侧开裂及顶端齿裂，内轮花冠状，下部合生成管，上部3裂，通常后方一枚裂片较大；雄蕊变异很大，退化雄蕊2或4枚，其中外轮2枚花瓣状、齿状或缺，若存在称侧生退化雄蕊，内轮2枚联合成花瓣状显著而美丽的唇瓣，能育雄蕊1枚着生于花冠上，花丝细长具槽；子房下位，3心皮合生成3室中轴胎座，稀侧膜胎座(1室)，胚珠多数，花柱细长，着生于能育雄蕊的花丝槽中，柱头漏斗状。蒴果，稀浆果状，种子具假种皮。

本科突出特征:草本,全株芳香。萼片花瓣区分明显。能育雄蕊1,退化雄蕊成花瓣状。

本科约51属,1500种;主产于热带、亚热带地区。我国26属,约200种,主要分布于西南、华南至东南;已知药用植物15属,100余种。

本科植物含油细胞。根状茎常具明显的内皮层,最外层具栓化皮层;块根常有根被。

本科植物多含挥发油,其成分多为单萜和倍半萜;此外还含黄酮类、色素、甾体皂苷、苷元等。

【药用植物】

姜 *Zingiber officinale* Rosc. 根状茎粗壮,分枝,断面淡黄色,有辛辣气味。叶片披针形,无柄。苞片绿色至淡红色,花冠黄绿色,唇瓣到卵状圆形,中裂片具紫色条纹及淡黄色斑点(图15-84)。原产于太平洋群岛,我国广为栽培。根状茎(生姜、干姜)入药,干姜为温里药,能温中回阳、温肺化饮,生姜为解表药;能发汗解表、温胃止呕、化痰止咳。

本科常见药用植物还有:**姜黄** *Curama longa* L. 分布于东南部至西南部,常栽培,干燥根状茎(姜黄)为活血化瘀药,能破血行气、通经止痛、祛风疗痹,干燥块根(黄丝郁金)为活血化瘀药,能破血行气、清心解郁、凉血止血、利胆退黄;**广西莪术** *C. kwangsiensis* S. Lee et C. P.Liang.、**蓬莪术** *C. aeraginosa* Roxb.、**温郁金** *C. wenyujin* Y. H.Chen et C. F.Liang

图 15-84 姜
1. 带花植株 2. 花 3. 唇瓣

的干燥根状茎(莪术)为活血化瘀药,能破血行气、消积止痛,上述植物的干燥块根(郁金)为活血化瘀药,能破血行气、清心解郁、凉血止血、利胆退黄,商品药材名分别称为桂郁金、绿丝郁金、温郁金;**阳春砂** *Amomum villosum* Lour. 分布于华南及云南、福建,多栽培,干燥成熟果实(砂仁)为芳香化湿药,能化湿行气、温中止泻、安胎;**白豆蔻** *A. kravanh* Pierre ex Gagnep. 原产柬埔寨、泰国等,我国云南、海南有栽培,干燥成熟果实(豆蔻)为芳香化湿药,能化湿行气、温中止呕;**草果** *A. tsao-ko* Crevost et Lemarie. 分布于云南、广西、贵州,栽培或野生,干燥成熟果实(草果)为芳香化湿药,能燥湿散寒、除痰截疟;**大高良姜** *Alpinia galanga* (L.) Wild.,分布于我国华南及云南、中国台湾省,干燥根状茎(大高良姜)为温里药,能散寒、暖胃、止痛,干燥成熟果实(红豆蔻)能燥湿散寒、醒脾消食;**高良姜** *A. officinarum* Hance. 分布于广东、广西、云南,干燥根状茎(高良姜)为温里药,能散寒、暖胃、止痛;**益智** *A. oxyphylla* Miq. 主产于海南和广东南部,干燥成熟果实(益智仁)为补阳药,能温脾开胃摄涎、暖肾固精缩尿;**华山姜** *A. chinensis* (Retz.) Rosc.、**山姜** *A. japonica* (Thunb.)

Miq. 的干燥成熟种子团习称土砂仁或建砂仁,为芳香化湿药,能化湿行气、温中止泻、安胎;**草豆蔻** *A. katsumadai* Hayata 的干燥近成熟种子团(草豆蔻)为芳香化湿药,能燥湿散寒、温中止呕。

60. 兰科 Orchidaceae $\quad \text{\Female}\uparrow P_{3+3}A_{1\sim2}\overline{G}_{(3:1:\infty)}$

多年生草本,陆生、附生或腐生。陆生及腐生的具须根,通常还具根状茎或块茎和肉质假鳞茎,附生的则具有肥厚的气生根。单叶互生,稀对生或轮生,常排成2列,有时退化成鳞片状,常有叶鞘。花通常两性,两侧对称,成穗状、总状、伞形或圆锥花序,很少单生;花被6,2轮,花瓣状,外轮3,上方中央1片称中萼片,下方两侧的2片称侧萼片;内轮3,侧生的2片称花瓣,中间的1片特称为唇瓣,常有艳丽的颜色,其结构较为复杂,常3裂或中部缢缩而成上、下唇,或基部有时囊状或有距,由于子房180°扭转使唇瓣由近轴方转至远轴方;雄蕊和雌蕊合生成半圆柱形合蕊柱,与唇瓣对生;能育雄蕊通常1枚,位于合蕊柱顶端,少2枚,位于合蕊柱两侧,花药2室,花粉粒常黏合成花粉块;雌蕊子房下位,3心皮组成1室,侧膜胎座,含多数微小胚珠;柱头常前方侧生于雄蕊下,多凹陷,常2~3裂,通常侧生的2个裂片能育,中央不育的1个裂片演变成位于柱头和雄蕊间的舌状突起称蕊喙,其能分泌黏液。蒴果,种子极多,微小粉末状,无胚乳,胚小而未分化(图15-85)。

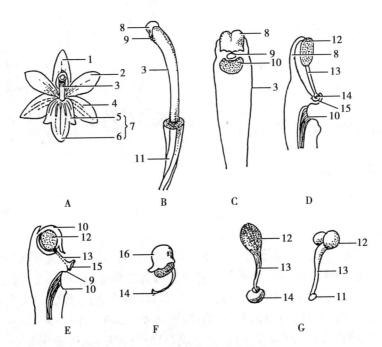

图 15-85 兰科植物花的构造

A. 花被各部示意图 B. 兰花的基盘部 C. 兰花的顶盘部 D. 花粉块的结构 E. 合蕊柱 F. 花药 G. 子房和合蕊柱

1. 中萼片 2. 花瓣 3. 合蕊柱 4. 侧萼片 5. 侧裂片 6. 中裂片 7. 唇瓣 8. 花粉团 9. 花药 10. 花粉块柄 11. 黏盘 12. 黏囊 13. 柱头 14. 蕊喙 15. 药帽 16. 子房

本科突出特征:花具唇瓣,雄蕊与花柱合生成合蕊柱,花粉结合成花粉块;子房下位,侧膜胎座,种子微小而多。

本科为被子植物第二大科,约730属,20 000种;广布全球,主产于南美和亚洲的热带地区;我国171属,1247种,南北均产;以云南、海南、中国台湾省等地种类丰富;已知药用植物76属,289种。

本科植物具黏液细胞,内含草酸钙针晶;维管束为周韧型或有限外韧型。

本科植物含倍半萜类生物碱、酚苷类等。另外还含吲哚苷、黄酮类、香豆素、甾醇类、芳香油和白及胶质等。

【药用植物】

天麻 *Gastrodia elata* Blume. 腐生草本。块茎椭圆形或卵圆形,有均匀的环节,节上有膜质鳞叶。茎黄褐色或带红色,叶退化成膜质鳞片,颜色与茎色相同,下部鞘状抱茎。花淡绿黄色或橙红色,花被合生,下部壶状,上部歪斜,唇瓣白色,先端3裂(图15-86)。主产于西南;生于林下腐殖质较多的阴湿处,现多栽培,与白蘑科蜜环菌共生。干燥块茎(天麻)为平肝息风药,能息风止痉、平肝潜阳、祛风除痹。

白及 *Bletilla striata* (Thunb.) Reichb. f. 块茎三角状扁球形,上有环纹,断面富黏性。叶3~6枚,带状披针形,基部鞘状抱茎。总状花序顶生。花玫瑰红色,唇瓣3裂,有5条纵皱折,中裂片顶端微凹,合蕊柱顶端有1花药。蒴果圆柱形,有6条纵棱(图15-87)。

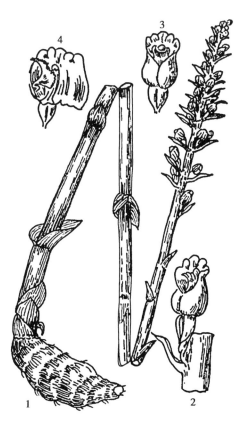

图 15-86 天麻
1. 植株 2. 花及苞片 3. 花 4. 花被展开,示唇瓣和合蕊柱

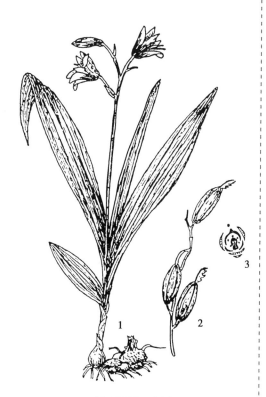

图 15-87 白及
1. 植株 2. 蒴果 3. 花图式

拓展阅读

扫一扫
测一测

广布于长江流域；生于向阳山坡、疏林下、草丛中。干燥块茎(白及)为止血药，能收敛止血、消肿生肌。

本科常见药用植物还有：**石斛** *Dendrobium nobile* Lindl. 分布于长江以南，全草(金钗石斛)为滋阴药，能养胃生津、滋阴除热。**束花石斛** *D. chrysan-thum* Lindl. 分布于广西、云南、贵州及西藏东南部；流苏石斛 *D. fimbriatum* Hook. 分布于广西、云南；**美花石斛**(环草石斛) *D. loddigesii* Rolfe，分布于广东、广西、贵州、云南；**铁皮石斛** *D. officinale* Kimura et Migo. 分布于安徽、浙江、福建、广西、四川、云南；**细茎石斛** *D. moniliforme*(L.) Sw. 分布于陕西、甘肃、安徽、河南、浙江、江西、福建、广东、广西、四川、云南、贵州；**手参** *Gymnadenia conopsea*(L.) R. Br. 分布于东北、华北、西北及川西北，块茎能补益气血、生津止渴。

(钱　枫)

复习思考题

1. 单子叶植物与双子叶植物有何区别？

2. 禾本科、天南星科、百合科、姜科、兰科的主要特征是什么？分别举出各科 1~2 种你所知道的植物，说出其形态特征及药用价值。

实训指导

实训一　显微镜构造与使用及植物细胞基本结构的观察

【目的要求】

1. 了解显微镜构造、性能,初步掌握显微镜使用方法和注意事项。
2. 学习植物生活细胞观察方法,掌握植物细胞基本结构。
3. 学习表皮制片法及绘制植物细胞图的基本方法。

【材料用品】

洋葱鳞茎、红辣椒、成熟的番茄果实、柿胚乳永久制片。

显微镜、载玻片、盖玻片、镊子、解剖针、刀片、培养皿、吸水纸、擦镜纸、纱布块、碘-碘化钾试液、蒸馏水。

【内容方法】

(一) 光学显微镜的构造与使用

显微镜是观察研究植物细胞结构、组织特征和器官构造的重要工具。显微镜可分为光学显微镜和电子显微镜两大类。以可见光作光源的光学显微镜又可分为单式与复式两类。单式显微镜结构简单,常用的如放大镜,由一个透镜组成,放大倍数在10倍以下,构造较复杂的单式显微镜为解剖显微镜,也称实体显微镜,是由几个透镜组成的,其放大倍数在200倍以下。单式显微镜放大的物像都是和实物方向一致的虚像。以下介绍复式显微镜的构造与使用方法。

1. 显微镜的构造(实训图 1-1)　复式显微镜的结构复杂,至少由两组以上的透镜组成,放大倍数较高,是进行植物形态解剖时最常用的。其有效放大倍数可达1250倍,最高分辨率为 0.2μm。复式显微镜虽然有单筒、双筒等繁简不同的结构,但基本结构包括保证成像的光学系统和用于装置光学系统的机械部分。

(1) 机械部分

1) 镜座:显微镜的底座,用以支持镜体的平衡,装有反光镜或照明光源。

2) 镜柱:镜座上面直立的短柱,连接、支持镜臂及以上部分。

显微测量

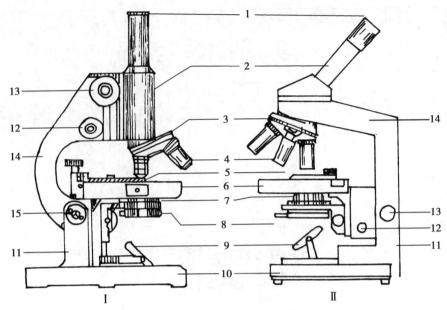

实训图 1-1　普通生物显微镜

1.目镜　2.镜筒　3.物镜转换器　4.物镜　5.标本助推器　6.载物台　7.聚光器　8.虹彩光圈　9.反光镜　10.镜座　11.镜柱　12.细调焦轮　13.粗调焦轮　14.镜臂　15.倾斜关节

3) 镜臂:弯曲如臂,下连镜柱,上连镜筒,是取放显微镜时手握的部位。直筒显微镜镜臂的下端与镜柱连接处有一活动关节,称倾斜关节,可使镜体在一定范围内后倾,方便使用(一般倾斜不超过 30°)。

4) 镜筒:显微镜上部圆形中空的长筒,其上端放置目镜,下端与物镜转换器相连。双筒斜式的镜筒,两筒距离可以根据两眼距离及视力来调节。镜筒一般长 160mm 或 170mm。镜筒的作用是保护成像光路与亮度。学生使用的多为单筒镜,示教观察使用的常为双筒镜。

5) 物镜转换器:装在镜筒下端的圆盘,可作圆周转动。盘上有 3~5 个安装物镜的螺旋口,在螺口上面可按顺序安装不同倍数的物镜。旋转转换器,物镜即可固定在使用的位置,保证目镜与物镜光线合轴。

6) 载物台(镜台):放置标本的平台,中央有一圆孔以通过光线。上有标本推进器,用以固定和前、后、左、右移动标本。推进器上装有游标尺,用以计算标本大小或标记被检标本的部位。

7) 调焦旋钮:为得到清晰的物像,调节物镜与标本之间的距离,使它与物镜工作距离相等,这种操作叫做调焦。镜臂两侧有粗、细调焦螺旋各一对,旋转时可使镜筒上升或下降。大的一对是粗调焦螺旋,每旋转一周,可使镜筒升降 10mm,用于低倍物镜检查标本时使用;小的是细调焦螺旋,每旋转一周,使镜筒升降 0.1mm,用于高倍物镜观察时使用,转动细调不可超过 180°。

8) 聚光器调节螺旋:安装在镜柱的左侧或右侧,旋转它时可以使聚光器上下移动,借以调节光线的强弱。

(2) 光学部分:由成像系统和照明系统组成。成像系统包括物镜和目镜。照明系统包括反光镜或电光源、聚光器。

1）物镜：物镜是决定显微镜性能如分辨率的最重要部件。物镜的作用是将标本第一次放大成倒像。一般显微镜有几个放大倍数不同的物镜，例如4×、10×为低倍物镜，40×为高倍物镜，这类物镜与标本之间不需要加任何液体介质进行观察的称为干燥物镜；而如100×的称为油浸物镜（使用时需在标本和物镜之间加入折射率大于1，而与玻片折射率相近的液体，如香柏油作为介质）。

在物镜上刻有"40/0.65 160/0.17"字样。40表示物镜放大倍数，0.65表示数字孔径(N.A)即镜口率，镜头倍数不同，镜口率也不同，如10×物镜镜口率为0.25，镜口率愈大工作距离(指物镜透镜表面与盖玻片表面之间距离)愈小，分辨能力越高。所谓分辨率是指显微镜能分辨两点之间最小的距离。分辨两点间的距离越小，分辨率越大。160表示镜筒长160mm，0.17表示要求盖玻片的厚度为0.17mm。

2）目镜：安装在镜筒上端，其作用是将物镜放大所成的像进一步放大，便于观察。其上刻有放大倍数如5×、10×等，可根据观察需要而选择使用。学生用显微镜在目镜内光栏上可用凡士林粘贴安装一段头发，在视野中则成一黑线，叫"指针"，可用它指示所观察部位。根据需要，目镜内也可安装目镜测微尺，用以测量所观察物体的大小。

显微镜放大倍数＝物镜放大倍数×目镜放大倍数

3）聚光器：装在载物台下方的聚光器架上，由聚光镜(几个凸透镜)和虹彩光圈(可变光栏)组成，它可以使散射光汇集成束、集中一点，以增强被检物体的照明。聚光器可上下调节，如用高倍物镜时，视野范围小，则需上升聚光器；用低倍物镜时，视野范围大，可下降聚光器。虹彩光圈装在聚光器内，拨动操作杆，可使光圈扩大或缩小，借以调节通光量。

4）反光镜：装在聚光器或光圈盘下方的镜座插孔中，它可以朝任一方向旋转以对准光源。其有平、凹两面，平面镜能反光；凹面镜兼有反光和聚光作用，一般在光线充足时使用平面镜，光线不足时使用凹面镜。有的显微镜使用电光源。

2. 光学显微镜的成像原理　显微镜的成像放大系统由物镜和目镜两组透镜组成。标本经物镜第一次放大在目镜焦点平面上形成倒置的实像，再经目镜第二次放大达到人的眼球，最后所看到的标本，成为一个方向相反倒置的虚像。因此使用显微镜时，标本移动的方向常和人眼所观察的物像相反。这样常使初学使用显微镜的人发生困难，需要经过一段时间的实践，才能操作自如。

3. 光学显微镜的使用方法及步骤　显微镜使用主要包括两个方面：一是光度调节，二是焦距调节。具体使用方法如下：

（1）取镜和放镜：从显微镜柜中按座号取出显微镜时，右手握住镜臂，左手平托镜座，保持镜体直立(特别不允许单手提着镜子走，防止目镜从镜筒中滑出)，放置在座位桌子左侧距桌边5~6cm处，以便于观察和防止显微镜掉落。要求桌子平稳，桌面清洁，避免直射阳光。然后用纱布揩拭镜身机械部分的灰尘，光学部分须用特制擦镜纸擦拭。

（2）对光：一般利用由窗口进入室内的散射光(应避免直射阳光)，或用日光灯作光源。对光时，先将低倍物镜转到中央，对准载物台的通光孔，然后用左眼(或双眼)从目镜向下观察，同时用手转动反光镜，使镜面向着光源，当光线从反光镜表面向上反射入镜筒时，在镜筒内就可看到一个圆形、明亮的视野，这时再利用聚光器或虹彩光圈调节光的强度，使视野内光线既均匀、明亮又不刺眼。

（3）低倍物镜使用：观察任何标本，都必须先用低倍物镜观察，因为低倍物镜视野

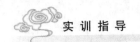

范围大,易于发现观察目标和确定观察部位。

1) 放置玻片标本:升高镜筒,把玻片标本放置于标本推进器内,使材料正对通光孔中心。

2) 调整焦距:两眼从侧面注视物镜,向顺时针方向转动粗调焦螺旋,使镜筒徐徐下降(或载物台徐徐上升)至物镜距玻片 5mm 处。接着用左眼或双目注视镜筒内,同时按反时针方向慢慢转动粗调焦螺旋使镜筒慢慢上升,直至看到清晰的物像为止(注意决不能在观察时下降镜筒,否则会压碎玻片,损坏镜头)。

如果一次调焦看不到物像,则应检查玻片是否放反了,或材料是否放在光轴线上,然后重新移正材料,再重复上述过程,直至物像出现和清晰为止。

为了使物像更加清晰,此时可稍微转动细调焦螺旋,到物像最清晰为止。

3) 低倍物镜观察:焦距调好后,根据需要,移动标本移动器向前后左右移动玻片,将观察部分移到最佳位置上,找好物像后,还可根据材料厚薄、颜色、成像反差强弱是否合适等再进行调节,如果视野太亮,可降低聚光器或缩小虹彩光圈,反之则升高聚光器或开大虹彩光圈。

(4) 高倍物镜观察:在低倍物镜观察基础上,需要观察细微结构或较小的物体,可使用高倍物镜观察。

1) 选好目标:由于高倍物镜视野范围较小,因此使用高倍物镜前应在低倍物镜下选好欲观察的目标,并移至视野中央,然后转动物镜转换器,换上高倍物镜,并使之合轴,即使其与镜筒成一直线。

使用高倍物镜时,因为物镜与标本之间距离很近,所以操作时要特别仔细,以防镜头碰击玻片。

2) 调整焦点:由低倍镜转入高倍镜后,因为显微镜的低倍镜和高倍镜的观察焦距在出厂时已调整好,一般只要稍许调节一下细调焦螺旋,就可获得最清晰的物像。

3) 调节光亮度:在换用高倍物镜时,视野变小变暗,所以要重新调节视野亮度,此时可升高聚光器或放大虹彩光圈。

(5) 油镜的使用:在使用油镜之前,也要先用低倍镜找到被检部分,变换成高倍镜调整焦点,并将被检查部分移到视野中央,然后再换用油镜。使用油镜时须先在盖玻片上滴加 1 滴香柏油才能使用。用油镜观察标本时,绝对不能使用粗调焦螺旋,只能使用细调焦螺旋调节焦点。如盖玻片过厚,必须换成薄片方可调焦,否则会压碎玻片而损坏镜头。油镜使用完毕后,应立即用擦镜纸蘸少许清洁剂[乙醚和无水乙醇(7∶3)的混合液]擦去镜头上的油迹。

(6) 调换玻片标本:观察完毕,如需换看另一玻片标本时,转动物镜转换器,将高倍物镜换成低倍物镜,取出玻片,换上新玻片标本,然后重新从低倍物镜开始观察。千万不要在高倍物镜下换片,以免损坏镜头。

(7) 显微镜使用后的整理:观察结束,将镜筒升高,取下玻片标本,转动物镜转换器,使物镜头转离通光孔,再下降镜筒到适当高度,并将标本推进器移到适当位置,反光镜还原与桌面垂直,分别用擦镜纸和纱布(或绸布)将显微镜擦净,按号放回显微镜柜内。

4. 保养和使用显微镜应注意的事项

(1) 显微镜是精密仪器,使用时一定要严格遵守操作规程。不许随便拆修,如某一部分发生故障时,应及时报告教师处理。

（2）要随时保持显微镜清洁,不用时及时收回镜箱或用塑料罩罩好。如有灰尘,机械部分用纱布块擦拭,光学部分用镜头毛刷拂去或用吹风球吹去灰尘,再用擦镜纸轻擦,或用脱脂棉棒蘸少许酒精乙醚混合液由透镜中心向外进行轻擦,切忌用手指、纱布等擦抹。

（3）观察临时装片,一定要加盖盖玻片,还须将玻片四周溢出水液擦干再进行观察,并且不能倾斜显微镜的活动关节,以免水、药液流出污染镜体,损坏镜头。不要让显微镜在阳光下曝晒。电光源在不进行观察时应及时关闭。

（4）使用4×物镜观察,视野内往往出现外界景物,此时可慢慢下降聚光器至景物消失,或配合使用凹面反光镜。

（5）观察显微镜时,坐姿要端正,双目张开,切勿紧闭一眼。用左眼观察,右眼作图,应反复训练。

（6）保养显微镜要求做到防潮、防尘、防热、防剧烈震动,保持镜体清洁、干燥和转动灵活。显微镜柜内应放干燥剂。不用镜头应用柔软清洁的纸包好,置于干燥器内保存,梅雨季节要注意检查和擦拭镜头。

（二）数码显微镜的构造与使用

数码显微镜又叫视频显微镜,它是将显微镜看到的实物图像通过数模转换,使其成像在显微镜自带的屏幕或计算机上。数码显微镜将光学显微镜技术、光电转换技术、液晶屏幕技术完美地结合,并配备了影像处理和测量软件,实现图像观察、数据测量、图片保存、处理、打印等功能。从而大大提高了工作效率。

1. 数码显微镜的优点

（1）用于计算机辅助教学。通过视频捕获卡直接将物象数码信号输入计算机,制作各种形式的多媒体课件,进行多媒体教学。

（2）提高教学效率。数码显微镜可以多人同时观看,相互间还可以边观测、边讨论,需要时可以打印输出。

（3）进一步放大了观察物像。普通光学显微镜只是在目镜里观察标本,而数码显微镜则在原光学显微镜放大的基础上进一步放大了标本,在显示屏上观察,特别是利用液晶投影放映,倍数更大,效果更佳。

（4）可避免个体之间观察结论的差异。普通的光学显微镜,只能解决个体观察的问题,这对于简单的单一组织切片标本还是可以的。但对于活体的或复杂的标本来说,由于各人观测的时间不同、视点不同,难免出现个体观察结论的差异。而数码显微镜就很容易地解决了这个问题。

（5）可减轻视力疲劳。大多数光学显微镜,只能用一只眼睛观察,即使双筒显微镜,观察时间长了,眼睛、颈部都容易疲劳。所以,特别不利于长时间观测。而数码显微镜,采用显示器(液晶投影)的观测方式,完全脱离常规的观测模式,解决了视力、颈部疲劳的问题。

（6）可进行局部放大。利用图形处理软件,可将一个装片或一个组织的不同视点,进行局部放大。还可进行连续移动观察,从而能全面地掌握所观察的组织的内外结构特征。也可形成视频文件,反复进行动态观察。

2. 数码显微镜的组成

（1）显微镜:XSP—16A型普通光学显微镜。

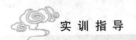

（2）摄像机：XB—2001 微型数码摄像机。

（3）接口卡子：接口卡子，一端应能卡住显微镜的目镜套筒，另一端应能固定在摄像机上。

（4）显示硬件：液晶显示器（或液晶投影）。

（5）记录硬件：计算机，2G 内存，500G 硬盘，视频捕捉卡等。

（6）数码显微镜软件：视频捕获和图形处理等软件。该数码显微图像处理系统所使用的图像软件系列，不仅提供对图像进行各种测量，并且还可以对选定目标进行过滤处理、分割及自动计数，能手动、自动拍照、录像，自动曝光和自动平衡。

3. 数码显微镜的组装

（1）装接口卡子：将接口卡子一端扣在摄像机固定螺丝上，并且拧紧螺丝；另一端应能卡在显微镜的目镜固定筒上，暂不固定，以备调试。

（2）连接电缆线：将摄像机的视频输出与计算机的视频采集卡输入连接。

（3）安装软件：按照软件安装程序，安装视频采集和图像处理等软件。

（4）接通电源：将摄像机、计算机和显示器（或液晶投影）的电源打开。使数码物象观察系统处在播出状态。

（5）调试显微镜：先找一个较清晰的标本，在显微镜的目镜里用肉眼观察，调试至影像清晰。

（6）调整摄像机焦距：手持摄像机支架使镜头对准显微镜和目镜，一边调试摄像机焦距，一边观察显示器（或液晶投影）上的影像。待清晰后，固定镜头筒子上的接口卡子，将摄像机与显微镜固定在一起。

4. 数码显微镜使用操作

（1）在使用 USB 数码显微镜之前，应该先安装好驱动，及相应的 V1.0U 图像观看软件。

（2）连接好数码显微镜与电脑，然后运行 Vibao1.0U 软件，选择"设备"然后选择"USB 点 2.0 v130 camera"菜单"动态视频"就可以成像了。

（3）在菜单"选项""Video capture pin..."里，输出大小可以选择想要的输出视频的大小。

（4）在菜单"选项""Video capture filter 视频 proc Amp"可以自行调节图像的亮度、对比度、饱和度。

（5）假如成像光线比较亮。可以先放一张白色的纸张，调节好焦距。在菜单"选项""Video capture filter Video Image"White Balance Auto 前面的勾去掉，Exposere time AUTO 和 Dark Area 前面的勾去掉。此成像模式为手动平横模式，成像系统会自动调光线。然后再把所要检测的物件放在载物台上。

（6）确定观察标本，将其送入载物台上，再调整游标，将载玻片移到适当位置。

（7）打开摄像机、计算机和显示器（液晶投影）的电源，调试好播出系统。

（8）适当调整显微镜的反光镜、光圈和焦距钮，显示器（液晶投影）上即可出现清晰的标本影像。

（9）需要观察细节，则在相关的图形处理软件环境下进行具体的操作。

（10）操作结束。

如果是数码互动教学图像系统，学生用显微镜与教师的计算机相连，可在教师计算机屏幕上进行同步显示,也可有选择性地显示任何一台学生显微镜的图像。同时该系统还可进一步将实时图像投影到大屏幕上,以使更多的学生对好的图像讲解共享。此外,该系统还具有视频的白平衡、除噪与单独调整、快速图像捕捉等功能。

(三)植物细胞基本结构的观察

1. 洋葱表皮细胞的结构 取洋葱鳞茎肉质鳞片叶,用镊子撕取内表皮一小块,用蒸馏水作临时装片标本(方法见附录二),然后置于载物台中央,先进行低倍物镜观察,可见洋葱表皮为一层细胞,注意细胞的形态构造和排列。细胞多为近长方形,形态相似。移动装片,选择几个较清楚的细胞置于视野中央,然后换用高倍物镜,观察一个典型的植物细胞的基本结构,识别以下各部分,着重观察细胞核与液泡。

(1)细胞壁:为植物细胞所特有,包围在原生质体最外面。由于细胞壁无色透明,故观察时上面和下面的壁不易看见,而只能看到侧壁。

(2)细胞质:为无色透明胶体,成熟细胞由于中央大液泡形成,细胞质被大液泡挤成一薄层,紧贴细胞壁,仅细胞两端较明显。如果是幼嫩细胞,细胞质被几个小液泡分隔。当缩小光圈使视野变暗时,在细胞质中可看到一些无色发亮的小颗粒,是白色体。

(3)细胞核:为一个近圆形小球体,它由更稠的原生质组成。在成熟细胞中,细胞核位于细胞边缘靠近细胞壁。幼嫩细胞的核位于细胞中央的细胞质中。轻轻调节细调焦螺旋,在细胞核中还可看到一至多个发亮的小颗粒,即核仁。一般细胞核都具有核膜、核仁和核质三部分。如果在撕取表皮时,扯破了细胞,核与质均外流,就看不到细胞核了。

(4)液泡:在成熟细胞的原生质体中,可见到一个或几个大液泡位于细胞中央,里面充满了细胞液,看起来比细胞质透明。

为更好的观察细胞的基本结构,在观察了上述洋葱表皮细胞之后,可取下装片,从盖玻片的一侧加入 1~2 滴碘 - 碘化钾试剂,从另一侧用吸水纸将清水吸去,使碘 - 碘化钾试剂浸透材料,过几分钟后再继续进行观察,此时细胞已被杀死,可见细胞质、细胞核、液泡形态更清晰,细胞质染成浅黄色,细胞核染成深黄色,而染色较浅的部位即为液泡。

2. 果肉离散细胞的结构 用镊子夹取成熟的番茄(或苹果)近果皮的果肉少许,用蒸馏水装片后再用解剖针将果肉细胞分散,盖上盖玻片,置低倍物镜下观察,可见许多圆形离散的细胞,由于细胞之间的胞间层已溶解,因而可以看到每个细胞的细胞壁,还可看到有色体(杂色体),它们在细胞质中为橙红色的圆形小颗粒。

3. 纹孔和胞间连丝 它们是细胞壁上的特殊结构,是相邻细胞物质和信息传递的通道。植物体内各种细胞之间(除死细胞外)均有纹孔和胞间连丝彼此连接,相互沟通,使植物体成为一个有机整体。

取柿胚乳细胞永久制片置低倍镜下观察,可见到无数多边形的细胞,有明显加厚的细胞壁(初生壁)和较小的细胞腔,其内原生质体往往被染成深色或在制片过程中已丢失,使细胞成为空腔。注意观察相邻两细胞加厚壁上有贯穿两细胞的细丝,即胞间连丝。

这种胚乳细胞是具有生活原生质体的"厚壁细胞",实际上它是一种特殊的贮藏组织,即半纤维素(一种多糖)用沉积方式贮藏在细胞壁上。当种子萌发时,半纤维素则酶解成简单的糖类供给胚的生长,因此它应该归属于薄壁组织。

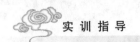

再取一小块新鲜红辣椒果皮,将内果皮朝上平放在载玻片上,用刀片刮去内面肥厚的果肉使之变得很薄,加碘液染色制成临时装片观察。在高倍镜下可见其表皮由不太规则的细胞群组成,细胞中有淡黄色的细胞质。细胞壁很厚着深黄色,壁上的小孔为纹孔,孔里有胞间连丝穿过。此实验也可用曙红染色观察。

复习思考题

1. 绘制洋葱鳞叶的内表皮细胞2~3个,并注明细胞的各部分名称。
2. 如何正确使用显微镜?
3. 植物细胞的基本结构是由哪几部分组成的?
4. 多细胞植物体的细胞是如何相互联系的?

实训二　植物细胞的质体、后含物及细胞壁特化的观察

【目的要求】

1. 质体、淀粉粒、草酸钙结晶、特化细胞壁的形状及类型。
2. 学习徒手切片、粉末装片及水合氯醛透化制片的方法。

【材料用品】

藓叶片、紫鸭跖草叶、胡萝卜根、红辣椒果实、马铃薯块茎、半夏粉末、大黄粉末、曼陀罗叶粉末、甘草粉末、黄柏粉末、黄柏栓皮、夹竹桃叶及幼茎、陆英嫩茎。

显微镜、擦镜纸、镊子、载玻片、盖玻片、剃刀或单面保安刀片、培养皿、吸水纸、纱布块、酒精灯、温台。碘-碘化钾溶液、苏丹Ⅲ酒精溶液、水合氯醛试剂、间苯三酚试剂、稀甘油、稀碘液、浓硫酸、蒸馏水。

【内容方法】

1. 质体的观察

(1) 白色体:用镊子撕取紫鸭跖草叶片下表皮一小块(0.5cm×0.5cm);或取叶片一小块,将背面朝上,向下作折叠,背面的下表皮连同叶肉被折断后,沿着尚相连的上表皮轻轻平移,拉断后的断口处带有膜质表皮,将其平展于载玻片上,用刀片切下少许,用蒸馏水进行临时装片。先在低倍镜下识别表皮细胞及保卫细胞、副卫细胞,再转换高倍物镜观察副卫细胞,并缩小光圈使视野变暗,可见其细胞核周围具有一些无色透明、圆球状颗粒即为白色体。在两个保卫细胞之间的空隙为气孔。

(2) 叶绿体:用镊子撕取叶的薄片(只有一层细胞),用蒸馏水临时装片,在低倍镜下观察,可见叶片为一层多边形或近圆形的细胞组成,细胞内充满了略呈椭圆形的绿色颗粒,即为叶绿体,而细胞质无色透明,细胞核被叶绿体掩盖难以观察到。或取任何绿色植物的叶片、幼嫩茎制成徒手切片,置镜下观察,可观察到叶肉细胞中有多数扁球形的颗粒呈绿色,此颗粒即是叶绿体。

（3）有色体（杂色体）：取胡萝卜根一小块，用徒手切片法制成临时装片，置镜下观察，在细胞的细胞质内可见许多橙黄色或橙红色呈棒状、块状或针状的结构，此即为有色体。也可以用镊子挑取红辣椒靠近果皮的果肉少许，置于载玻片上捣碎后，作临时装片观察，可见细胞内有许多棱形或圆形橙红色的小颗粒，即为有色体。

2. 淀粉粒的观察

（1）用镊子或刀片在马铃薯块茎切口上刮取少量白色浆液，用蒸馏水装片观察，在低倍镜下可见水溶液与多边形薄壁细胞中有许多卵圆形或椭圆形颗粒，即淀粉粒。转换高倍镜，并将光线适当调暗，可见淀粉粒有脐点和围绕它清晰的偏心层纹。

观察后，从载物台上取下制片，在盖玻片一侧滴入一小滴碘—碘化钾溶液，同时在另一侧用吸水纸吸取蒸馏水，再置显微镜下观察，淀粉呈蓝—紫色反应。

（2）取少量半夏粉末置于滴加 1~2 滴稀甘油的载玻片上，用解剖针充分搅匀后，加盖盖玻片制成粉末装片，置镜下观察。

3. 草酸钙结晶的观察

（1）取大黄根茎或曼陀罗叶粉末少许，置于滴加 1~2 滴水合氯醛的载玻片上。在酒精灯上文火慢慢加热进行透化，注意不要煮沸和蒸干，可添加新的试剂，并用滤纸吸去已带色的多余试剂，直至材料颜色变浅而透明时停止处理，加稀甘油 1 滴并盖上盖玻片，拭净其周围的试剂。置镜下观察，可见到许多大型、形如星状的草酸钙簇晶。

（2）取黄柏或甘草粉末少许，按上述方法制片，置镜下观察。在粉末中可见到一些方形、不规则形及斜方形等形状的草酸钙方晶。这些方晶常成行排列于纤维束旁边的薄壁细胞中，这种由一束纤维外侧包围着许多含有草酸钙方晶的薄壁细胞所组成的复合体称为晶鞘纤维。

（3）取半夏粉末少许，按上述方法透化后制片观察，可见散在或成束的草酸钙针晶。偶尔可见到类圆形黏液细胞中含有排列整齐的针晶束存在。也可撕取紫鸭跖草叶表皮作临时装片，在显微镜下观察，可见表皮细胞内有许多针状草酸钙结晶。

4. 特化细胞壁的观察与鉴别

（1）木质化细胞壁：取夹竹桃幼茎或陆英嫩茎制成徒手切片（横切面），加间苯三酚和浓硫酸各 1 滴，封片置镜下观察。可见夹竹桃幼茎横切面内，靠近髓外侧处被染成樱桃红色或紫红色。陆英嫩茎的棱角处被染成樱红色或紫红色。也可加碘—碘化钾试剂 1~2 滴，再加 66% 硫酸 1~2 滴，封片观察，可见到切片上被染成棕黄色的部分为木质化细胞壁，染成蓝色或蓝紫色的部分为纤维素细胞壁。

（2）木栓化细胞壁：取黄柏的栓皮做徒手切片（纵切面），选取较薄的组织切片置于载玻片上，滴加 1~2 滴苏丹Ⅲ试液，在酒精灯上轻轻加热后封片观察，可见到栓化细胞壁被染成橙红色。也可用五加皮、白鲜皮、黄柏皮等粉末直接滴加苏丹Ⅲ试液，经加热冷却后封片，置镜下观察，可见木栓化细胞均被染成橙红色，并可清楚地观察到木栓化细胞的形态特征。

（3）角质化细胞壁：取一小片夹竹桃叶片作徒手切片，滴加 1~2 滴苏丹Ⅲ试液，微热冷却后加 1 滴稀甘油封片，置镜下观察，可见到叶的上、下表皮外侧有一条紧紧与表皮细胞连在一起的橙红色亮带，即为角质层。

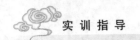
 复习思考题

1. 绘制马铃薯、半夏淀粉粒的形态图,并注明各部分名称。
2. 绘制几种特化的细胞或组织(木质化、木栓化、角质化)的简图。
3. 木质化、木栓化、角质化细胞壁的显微化学反应鉴别方法如何?

实训三　植物的组织细胞显微特征

【目的要求】

1. 掌握保护组织、机械组织的细胞形态和结构特征。
2. 熟悉分泌组织的细胞形态和结构特征。
3. 学习组织制片透化法。

【材料用品】

忍冬叶、天竺葵叶、菊叶或艾叶、桑叶、毛茛叶、薄荷叶、薄荷茎或紫苏叶、紫苏茎、菘蓝叶或曼陀罗叶、艾叶、黄柏、肉桂粉末、梨果实、鲜生姜、橘皮。蒲公英根的纵切永久制片。水合氯醛试剂、稀甘油、盐酸、间苯三酚试剂。

显微镜、投影显微镜、解剖用具、培养皿、酒精灯等。

【内容方法】

(一) 保护组织

1. 毛茸

(1) 非腺毛:(示教)用镊子撕取叶下表皮一小片,置载玻片上的蒸馏水滴中,展平,加盖玻片制成临时装片,镜检。

单细胞毛:取忍冬叶的下表皮临时制片,置显微镜下观察,可见由一个细胞组成的顶端尖锐的单细胞毛茸,其上具疣状突起。

多细胞毛:取天竺葵叶的下表皮临时制片,置显微镜下观察,可见在表皮细胞上有数个细胞组成的非腺毛。

丁字形毛:取菊叶或艾叶的下表皮临时制片,置显微镜下观察,可见毛茸顶部有一个横生的大细胞,柄部由2~3个细胞组成,并与顶生细胞相垂直呈丁字形。

(2) 腺毛:观察薄荷叶的下表皮临时水装片,其表皮上的毛茸有三种:

腺毛:腺毛较少,由单细胞的头和单细胞的柄组成。头细胞中常充满黄色挥发油。

腺鳞:腺鳞较多,腺头大而明显,扁圆球形,常由6~8个分泌细胞组成,排列在同一平面上,周围有角质层,与其腺头细胞之间贮有挥发油,腺柄极短,为单细胞。

非腺毛:非腺毛较大,顶端尖锐,多由3~8个细胞单列构成,以4个为其多见,也有单细胞的,细胞壁较厚。

2. 气孔

(1) 直轴式(横列型)气孔:取薄荷叶或紫苏叶下表皮制成临时水装片,镜检,可见气孔周围的两个副卫细胞的长轴与保卫细胞的长轴垂直。

(2) 不定式(无规则型)气孔:取毛茛叶或桑叶的下表皮制成临时水装片,镜检,可见气孔周围的副卫细胞数目不定,其大小基本相同,而形状与其他表皮细胞相似。

(3) 不等式(不等细胞型)气孔:取菘蓝叶或曼陀罗叶的下表皮制成临时水装片,镜检,可见气孔周围有 3~4 个副卫细胞,大小不等,其中一个明显较小。

(二) 机械组织

1. 厚角组织 取薄荷茎或紫苏茎,制成徒手横切片,镜检,注意在茎的棱角处的表皮下方有数层细胞,其细胞只在角隅处增厚,增厚部分色较暗,相邻细胞数目不同而呈三角形或多边形,即为厚角组织。

2. 厚壁组织

(1) 纤维、石细胞:取黄柏粉末少许,用水合氯醛透化后,制成临时(甘油)装片,镜检,可见纤维及晶鞘纤维常成束,多碎断,纤维长,有的边缘微波状,壁厚,胞腔线形。晶鞘纤维含有草酸钙方晶。石细胞类圆形或类多角形,多呈不规则分支状,壁厚,层纹极细密,孔沟多不明显。

(2) 取肉桂粉末少许,用水合氯醛透化后,制成临时(甘油)装片,镜检,可见纤维多单个散在,长梭形,平直或波状弯曲,壁极厚。石细胞类圆形、类方形或多角形,壁常三面增厚,一面菲薄,孔沟明显。

(3) 梨的石细胞:用刀片刮取梨果肉少许,制成临时装片,可见石细胞成团或散在,大小不一,形状有椭圆形、类圆形、长方形及不规则形,细胞壁很厚,有层纹或不明显,纹孔道分支或不分支。

(4) 分别取黄柏、肉桂粉末少许,置载玻片上,滴加间苯三酚试液和盐酸,加盖玻片后镜检,注意其中纤维和石细胞变为何种颜色。

(三) 分泌组织

1. 分泌细胞(油细胞) 取鲜姜作徒手切片,制成临时水装片,镜检,可见薄壁细胞之间,杂有许多类圆形的油细胞,胞腔内含淡绿黄色挥发油滴散在或成群。

2. 分泌腔(油室) 肉眼观察橘皮外表可见圆形或凹陷的小点即为分泌腔,因腔内贮挥发油称为油室。再观察橘皮的横切制片,镜检,可见果皮中有大小不等的圆形腔室即油室,在腔室周围可看到有部分破裂的分泌细胞。

3. 乳汁管 观察蒲公英根的纵切永久制片,镜检,可见在皮层薄壁细胞中有染色较深的长管形有节乳汁管。

复习思考题

1. 绘制忍冬叶、菊叶、薄荷叶的非腺毛、腺毛和气孔图,并注明各部位名称。

2. 绘制黄柏、肉桂纤维、石细胞图,并注明各部位名称。

3. 绘制鲜姜油细胞、橘皮油室图,并注明各部位名称。

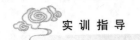

实训四　根的形态及初生、次生构造观察

【目的要求】

1. 掌握根的外形特征、根系的类型。
2. 熟悉双子叶植物根的初生构造及次生构造特点。
3. 了解根的异常构造、变态类型。

【材料用品】

桔梗或蒲公英、小麦或葱、何首乌、麦冬、菟丝子、吊兰或石斛、常春藤等植物的标本或药材;毛茛根的初生构造横切片、蚕豆根的次生构造横切片、何首乌块根或怀牛膝根、黄芩根或甘松根的横切片。

显微镜,解剖用具。

【内容方法】

(一) 观察根的外形特征

1. 直根系　观察桔梗或蒲公英的外形特征及根系。分辨出主根、侧根和纤维根。
2. 须根系　观察小麦或葱的外形特征及根系,注意有无主根和侧根的区别。

(二) 变态根的类型

1. 块根　观察何首乌、麦冬等植物的根,何首乌的主根、侧根的一部分膨大成块根,麦冬的不定根形成纺锤形的块根。
2. 寄生根　观察菟丝子伸入寄主植物体茎内形成的根。
3. 气生根　观察吊兰或石斛在空气中形成的不定根。
4. 攀缘根　观察常春藤的茎上产生的能攀附其他物体的不定根。

(三) 观察双子叶植物毛茛根的初生构造

取毛茛根的初生构造横切片,置显微镜下由外到内观察,可见下列结构:

1. 表皮　位于根的最外方,由一层排列紧密整齐的细胞组成。细胞壁不角质化,没有气孔,一部分细胞外壁突出形成根毛。
2. 皮层　位于表皮的内方,占根相当大的部分,由多层排列疏松的薄壁细胞组成。明显地分为三部分。

外皮层:为紧靠表皮下方的一列较小的排列紧密的薄壁细胞。

皮层薄壁组织:占皮层的绝大部分,细胞近圆形,排列比较疏松,含有较多的淀粉粒。

内皮层:位于皮层最内方的一层细胞,排列比较紧密,可见染成红色的凯氏点及没有增厚的通道细胞。

3. 维管柱　为内皮层以内的所有组织。占根中央的一小部分。可见到下列构造:

中柱鞘:由维管柱最外一层(也有的为二到多层)细胞组成,紧接内皮层。

维管束:由初生韧皮部和初生木质部相间排列而成,为辐射维管束。初生木质部为四原型。导管被染成红色,外方的口径较小(原生木质部),中央的口径较大(后生木质部)。

（四）观察双子叶植物蚕豆根的次生构造(示教)

观察蚕豆根的次生构造横切片,可见以下结构:

1. 周皮　由木栓层、木栓形成层和栓内层组成。

（1）木栓层:为 8~12 列排列整齐、紧密的扁长方形木栓细胞组成,常呈浅棕色。

（2）木栓形成层:由中柱鞘细胞恢复分裂能力形成,在片中不易分辨。

（3）栓内层:2~3 列呈切向延长的大型薄壁细胞,其中分布有不规则的长圆形油管。

2. 维管柱　维管柱为周皮以内的部分,包括维管束(外韧型,呈环状排列)髓和射线。

（五）根的异型构造(示教)

观察何首乌块根横切片,可见木栓层、皮层、韧皮部、形成层、木质部。其中在皮层内有数个大小不等的异型维管束呈环状排列,形成云锦状花纹。

观察怀牛膝块根横切片,其最外为木栓层,由 4~8 列扁平的木栓化细胞组成。木栓层内方为数层薄壁细胞。维管组织占根的大部分,分布有多数异型维管束,断续排列成 2~4 轮。根中央为正常维管束,二原型。

观察黄芩根和甘松根的横切片,在黄芩根中央木质部中有木栓化细胞环。甘松根中央的木质部,常有木栓环把它们分割成 2~5 束,每个束由数个同心性的木栓包围一部分木质部和韧皮部组成。

 复习思考题

1. 记录根的外形特征及变态根的类型。

2. 绘制毛茛根的初生构造简图。

实训五　茎的形态及初生构造观察

【目的要求】

1. 掌握茎的外形特征、茎及变态茎的类型。
2. 熟悉双子叶植物茎的初生构造特点。

【材料用品】

桑枝、薄荷、芦荟、忍冬、常春藤、爬山虎、栝楼、蛇莓、地锦等植物的地上部分;天冬、皂荚、钩藤、薯蓣、姜、马铃薯、荸荠、洋葱等植物的变态茎;向日葵茎初生构造横切片。

显微镜。

【内容方法】

（一）观察茎的外形特征、茎及变态茎的类型

1. 茎的外形特征　取桑枝观察节、节间、托叶痕、皮孔等部分。

2. 观察茎的类型

(1) 观察桑、薄荷、芦荟等植物茎的质地各属哪种类型?

(2) 观察薄荷、忍冬、常春藤、爬山虎、栝楼、蛇莓、地锦等植物茎的生长习性各属哪种类型?

3. 观察变态茎的类型

(1) 观察天冬、皂荚、栝楼、钩藤、薯蓣等植物地上变态茎的特征。

(2) 观察姜、马铃薯、荸荠、洋葱等植物地下变态茎的特征。

(二) 观察双子叶植物向日葵茎的初生构造

取向日葵幼茎横切片置显微镜下,先在低倍镜下由外向内观察,区分出表皮、皮层、维管束、髓射线和髓等各部分。然后转换高倍镜逐层观察:

1. 表皮　由一层排列整齐紧密的扁长方形细胞组成,外壁角质化,有时可见非腺毛。

2. 皮层　为表皮内方的多层薄壁细胞,具细胞间隙。靠近表皮的几层细胞较小,细胞在角隅处加厚,细胞内可见被染成绿色的类圆形叶绿体,为厚角组织。其内方为数层薄壁细胞,其中有小型分泌腔。

3. 内皮层　为皮层最内方的一层细胞,细胞无凯氏带分化,贮存有丰富的淀粉粒,称淀粉鞘(在永久制片中淀粉粒不清楚)。

4. 维管束　为数个大小不等的无限外韧维管束,成环状排列。外方为初生韧皮部,其外侧还有初生韧皮纤维,横切面呈多角形,壁明显加厚,但尚未木化,故被染成绿色;内方为初生木质部,导管横切面类圆形或多角形,常被染成红色;在初生韧皮部和初生木质部之间,有 2~3 列扁平长方形细胞,为束中形成层,细胞壁薄,排列紧密。

5. 髓射线　是两维管束之间的薄壁细胞,外连皮层,内接髓部。

6. 髓　是位于茎中央的薄壁细胞,细胞排列疏松。

 **复习思考题**

1. 记述所观察到的标本,说明属何种类型?

2. 绘制向日葵茎的构造简图,注明各部分。

实训六　茎的次生构造观察

【目的要求】

1. 掌握双子叶植物木质茎的次生构造特点。

2. 熟悉双子叶植物草质茎的次生构造特点。

3. 了解双子叶植物根状茎的构造特点。

4. 掌握单子叶植物茎的构造特点。

【材料用品】

椴树茎次生构造横切片、薄荷茎次生构造横切片、黄连根状茎横切片、玉米茎横切片。

显微镜。

【内容方法】

（一）观察双子叶植物椴树茎的次生构造

取椴树茎横切片，置显微镜下由外向内观察，可见下列部分：

1. 表皮　表皮为茎表面一列残存或枯萎的细胞，外壁具明显的角质层。

2. 周皮　包括木栓层、木栓形成层及栓内层。其表面有些部位向外突出形成皮孔。木栓层为几列木栓化细胞，呈黄褐色，细胞小而扁平，相叠排列，紧密而整齐。木栓形成层为一列小而扁平的薄壁细胞。栓内层（绿皮层）为多列较大的薄壁细胞，排列较整齐。

3. 皮层　由薄壁细胞组成，细胞大而排列不规则，并含有草酸钙簇晶。

4. 维管柱　维管柱为皮层以内的部分，包括维管束、髓和髓射线等部分。

（1）维管束：多个外韧型维管束排列成环状。

韧皮部：韧皮部束呈梯形，被漏斗状髓射线隔开，初生韧皮部不明显。次生韧皮部为韧皮部的主体部分，由筛管、伴胞、韧皮纤维和韧皮薄壁细胞组成。韧皮纤维束常被染成红色。筛管分子常较大，旁边有较小的细胞，即为伴胞。少数韧皮薄壁细胞含有簇晶，而靠近髓射线的韧皮薄壁细胞常含方晶。

形成层：形成层是由束中形成层和束间形成层衔接而成的圆环，为一列扁平长方形的薄壁细胞。

木质部：木质部常染成红色，由导管、管胞、木纤维和木薄壁细胞组成。次生木质部占茎的绝大部分，其中有由内侧小而排列紧密的细胞（秋材）和外侧大而排列疏松的细胞（春材）所构成的明显界限，呈同心环状，为年轮。初生木质部位于次生木质部内侧，细胞较小，排列紧密。

维管束中，从外到内贯穿有成行的薄壁细胞，即为维管射线。位于木质部的为木射线，位于韧皮部的为韧皮射线。

（2）髓射线：髓射线为径向排列的一至数列薄壁细胞，内连髓部，外接皮层，在韧皮部束之间展开成漏斗状，展开处的细胞常呈方形或长方形，较大而非径向排列，并含有草酸钙簇晶。

（3）髓：茎中心是由薄壁细胞所组成的髓，其中有分泌腔和簇晶存在。髓的周围有一圈排列紧密，较小而壁较厚的细胞，称环髓带。

（二）观察双子叶植物草质茎薄荷茎的构造

取薄荷茎横切片，置显微镜下由外向内观察，可见下列部分：

1. 表皮　由一层排列紧密的细胞组成，外壁角质化，并常见有毛茸等附属物。

2. 皮层　在表皮下方的薄壁细胞即是皮层，在棱角处近表皮有厚角组织。

3. 内皮层　皮层最内方的一层长方形细胞即是，但无凯氏点。

4. 形成层　为1~2层薄壁细胞组成，成环状。

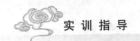

5. 维管束　多数无限外韧型维管束成环状排列,形成层的外方为韧皮部,内方为木质部,髓射线较宽。

6. 髓　位于茎中央,较发达。

(三) 观察双子植物黄连根状茎的构造

取黄连根状茎横切制片置显微镜下观察,由外向内可见下列部分:

1. 木栓层　为数列木栓细胞。有的外侧附有鳞叶组织。

2. 皮层　宽广,内有石细胞单个或成群散在。有的还可见根迹维管束斜向通过。

3. 维管束　为无限外韧型,环列,束间形成层不甚明显。韧皮部外侧有初生韧皮纤维束,其间夹有石细胞。木质部细胞均木化,包括导管、木纤维和木薄壁细胞。

4. 髓　由类圆形薄壁细胞组成。

(四) 观察单子叶植物玉米茎的构造

取玉米茎横切片置显微镜下观察。可见下列部分:

1. 表皮　为一列排列紧密、外壁角质化和硅质化的细胞。

2. 厚壁组织　为表皮内侧的几列厚壁纤维,纤维较细小,常呈多角形,排列紧密。

3. 基本组织　为厚壁组织以内的薄壁细胞,占茎的大部分,其边缘的细胞较小,愈向中心细胞愈大。

4. 维管束　维管束散生于基本组织中。呈卵圆形或椭圆形。茎的边缘部分,维管束较小,分布较密;愈向茎中心,维管束愈大,分布也较稀疏。每个维管束被厚壁组织所包围,形成维管束鞘;在鞘内,韧皮部位于外侧,木质部位于内侧,两者之间无形成层,为有限外韧型维管束。韧皮部由筛管和伴胞组成,外侧有帽状的机械组织。木质部由两个大的孔纹导管和1~3个直列的环纹或螺纹导管构成"V"字形,在"V"字形的尖端有一空腔,称胞间隙或气腔。

复习思考题

1. 绘制椴树茎构造简图。
2. 绘制薄荷茎构造简图。

实训七　叶的形态及结构

【目的要求】

1. 掌握叶的外部形态、内部结构。
2. 了解叶各部分的鉴别特征,叶脉类型,叶序及单、复叶的区别。

【材料用品】

董菜、黄杨、桃、棉花、天竺葵、白杨、柳、无花果、梨、豌豆、油菜、大蓟、丛枝蓼、百合、车前、鹅掌楸、松、芋、荷、葱、慈菇、大豆、七叶树、棕榈、蓖麻、女贞、枸杞、金荞麦、珊瑚树、大蒜、玉米、小麦、水稻、夹竹桃、金鱼藻、马齿苋、柚、刺槐及合欢等植物的带

叶枝条,事先做几套叶形、叶尖、叶基、叶缘、单复叶、叶脉类型的腊叶标本,可根据各地区或一年四季的变化,选取各种材料,只要满足本实验的观察要求即可。

棉花(或夹竹桃)、水稻(或玉米)等叶的横切片。新鲜蚕豆叶或女贞叶片。

双面刀片、载玻片、盖玻片、镊子、培养皿、显微镜等。

【内容方法】

1. 叶的组成　取棉花叶,基部为托叶,叶片与枝之间有叶柄相连,叶片呈掌状深裂,是完全叶。

在实验材料中,你见到了哪些类型的叶形?

在实验材料中选择观察叶尖、叶基、叶缘,它们各有什么特点?

2. 叶脉种类　取珊瑚树叶片,中间有一条明显的主脉,两侧有错综复杂的网状脉,为羽状网脉。观察棉花叶片,发现叶片基部即分出数条侧脉,直达叶片顶端,为掌状网脉。再观察小麦叶片,它的中间有一条主脉,两侧有多条与主脉平行的侧脉,侧脉之间又有平行的细脉相连,为平行脉。观察百合等植物叶片,其特点是叶脉呈弧状,为弧形脉。

观察其他的实验材料,判断它们属于哪种类型的叶脉。

3. 叶序类型　取杨树枝条,观察叶着生特点,可见它是作螺旋状排列的,每个节上只生一片叶,为互生叶。

观察女贞叶在枝条上的着生情况,每个节上有两片叶相对着生,为对生叶。

观察夹竹桃新枝或标本,可看到在枝条的每个节上,有三片叶着生,为轮生叶。观察车前草,它的叶丛生于基部,着生在短缩的枝条上,为叶丛生。

用准备实验的其他材料,各举一、二例,说明它们是属于哪种类型的叶序。

4. 单、复叶的区别　用实验材料分别观察三出复叶、掌状复叶、羽状复叶和单身复叶等,并注意区别单叶与复叶。

5. 双子叶植物叶的结构　取棉花等叶的横切片置于低倍镜下观察,首先区分出上下表皮、叶肉和叶脉,然后转高倍镜分别观察各部分的详细结构。

(1) 表皮:位于叶片背、腹面的最外层,由一层排列紧密的长方形细胞组成。细胞内无叶绿体,细胞外壁角质化。表皮细胞间有气孔,气孔与叶肉的气室相通。

(2) 叶肉:上下表皮之间,由栅栏组织和海绵组织组成。栅栏组织是由柱状细胞组成。细胞呈栅状排列且较紧密,每个细胞内含大量的叶绿体;海绵组织位于栅栏组织的下方,细胞壁薄,内含叶绿体较少,形状不规则,约有数层,排列疏松,细胞间隙多且大。

(3) 叶脉:是叶中的维管束,由木质部、形成层和韧皮部组成。木质部靠近栅栏组织一边。其上方有木纤维细胞,下方有导管和薄壁细胞。韧皮部有筛管、伴胞,但难以分辨,其下方也有些纤维细胞,外围有大小不一的薄壁细胞,有些薄壁细胞内还含有草酸钙结晶。小的叶脉则结构简单,甚至只有 1 个或 2 个管胞。

6. 禾本科植物叶片结构　取水稻、玉米叶片置低倍镜下观察。

(1) 上表皮:由一层细胞组成,其细胞有三种类型:①长方形细胞;②在维管束上方的小型细胞;③在大小维管束之间有数个大型薄壁的运动细胞。表面细胞的外壁硅质化,部分表面细胞具有刺毛和乳头状的硅质突起,下表皮由一层长方形细胞组成,

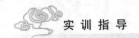

外壁也具硅质突起,气孔分布于上下表皮。

(2) 叶肉:与双子叶植物叶结构不同,无栅栏组织和海绵组织之分,统称为叶肉细胞,内含大量叶绿体。

(3) 维管束:平行排列,其上下方往往有厚壁组织。

复习思考题

1. 绘制一完全叶形态图。

2. 绘制棉花叶片横切面简图,并注明各部分名称。

实训八 花的形态及花序

【目的要求】

1. 掌握花的形态和基本结构。

2. 了解各种花序的特点。

3. 通过实验学会花的解剖,能用花程式记载花的结构。

【材料用品】

油菜、小麦、桃花、毛茛、槐花、蜀葵花、南瓜、水稻、大麦等植物的新鲜花或浸制花标本,荠菜、女贞、车前、马鞭草、柳、天南星、半夏、山楂、绣线菊、三加、五加、白芷、胡萝卜、无花果、附地菜、鸢尾、大叶黄杨、益母草、薄荷、泽漆、大戟、菊花、蒲公英等新鲜带花序植株或带花序标本。

镊子、解剖针、放大镜、刀片等。

【内容方法】

1. 油菜花的观察 用镊子取一朵油菜花,从花的外方向内依次观察,可见以下结构:

花萼:最外面的黄绿色的小片,排成一轮,各自分离。

花冠:在花萼的内方,由四片金黄色的花瓣组成,并排列成十字形,称十字形花冠。

雄蕊:在花冠内方,可见到六枚,排列成两轮,外轮两枚较短,内轮四枚较长,称四强雄蕊。白色的花丝顶端着生两个黄色囊状花药,内有大量花粉。用放大镜再仔细观察在四个长雄蕊基部之间,有四个淡绿色的球状体,这就是蜜腺,能分泌蜜汁,适应昆虫传粉。

雌蕊:中央部分,顶端半球形的结构,为柱头。基部膨大的部分为子房。连接柱头与子房的细颈状的部分,为花柱。用镊子从花中央将子房取出,用刀片将它切成横切面,用放大镜观察切面,有一隔膜(假隔膜)将子房分隔成左右两室,称为子房室,室内有绿色的颗粒,即胚珠,着生在假隔膜的边缘,作上下排列。

桃花、毛茛、槐花、蜀葵花、南瓜等植物的花,都可以用来观察其形态结构。根据各地的植物分布、季节变化、取材的难易,可加以选择。

2. 小麦花的观察　小麦的穗轴上有许多小穗,一个小穗里生有2~9朵花,其中只有2~3朵花发育。每个小穗里的花由两片颖覆盖着。用镊子取发育完全的花一朵,可以看到生有长芒(有芒品种)的外稃和不生长芒的内稃。在花未开之前,颖片有保护内部花蕊的作用。用解剖针剥开外稃,再用放大镜仔细观察,见到紧贴子房、透明发亮的两枚浆片,其发育长大的程度,决定了花的开放迟早。另有雄蕊三枚、雌蕊一枚,雌蕊顶上生有两个羽毛状的柱头。

水稻、大麦等花,与小麦花结构类似,可根据各地实验时间选择用材。

3. 花序的观察

(1) 无限花序:

总状花序:观察荠菜和女贞等的花序。

穗状花序:观察车前、马鞭草的花序等。

荑葇花序:观察柳等的花序。

肉穗花序:观察天南星、半夏等的花序。

伞房花序:观察山楂、绣线菊等的花序。

伞形花序:观察三加、五加、白芷、胡萝卜等的花序。

头状花序:观察菊花、蒲公英等的花序。

隐头花序:观察无花果等的花序。

(2) 有限花序:

单歧聚伞花序:观察附地菜、鸢尾等的花序。

二歧聚伞花序:观察大叶黄杨等的花序。

多歧聚伞花序:观察泽漆、大戟等的花序。

轮伞花序:观察益母草、薄荷等的花序。

复习思考题

1. 绘制出油菜花的形态图,并写出花程式。
2. 列出所观察植物花的特点及所属花序等。

实训九　果实、种子的形态与类型

【目的要求】

1. 掌握果实、种子的类型及其结构。
2. 熟悉单果、聚合果、聚花果的区别。

【材料用品】

桑椹、菠萝、无花果、苹果、梨、柑橘、李、桃、杏、葡萄、黄瓜、大豆、花生等果实标本或新鲜材料,蚕豆、蓖麻、大豆、花生、玉米、水稻及小麦种子。

刀片、解剖刀、镊子、显微镜、放大镜等。

【内容方法】

(一) 复果(聚花果)

观察桑椹、无花果或凤梨等实物标本。桑椹是由整个花序发育而成的复果,食用的多汁部分为花萼和花柄的变态。无花果是由整个隐头花序发育而成,食用部分为花序轴的变态,花序轴膨大肉质化,雌花和雄花着生于花序轴中央的下陷部位内,授粉后,雌蕊发育成多数小坚果,包藏于肉质化的花序轴中。凤梨的食用部分主要也是肉质化的花序轴。

(二) 聚合果

观察草莓和莲果实标本。草莓的食用肉质部分为花托的变态,其上长有多数小瘦果,是由各个离生的雌蕊发育而成。莲蓬的花托呈喷头状,其中镶嵌有多个由离生雌蕊发育成的果实,即为食用的莲子。

(三) 肉果

肉果为单果中的一类,成熟后果皮肉质化。

1. 梨果　如苹果、梨等,是由子房和花托等共同发育而成,为假果。用解剖刀横向切开一苹果,可食用的肉质部分包括有花托、外果皮和中果皮,而内果皮革质化。

2. 核果　如桃、李、杏、梅等,为真果。外果皮薄,中果皮厚并肉质化,为主要食用部分。内果皮石质化,形成一硬核,其中包含有种子。

3. 浆果　如葡萄、番茄等,为真果。外果皮薄,中果皮和内果皮肉质化多汁,为食用部分。

4. 瓠果　如黄瓜、西瓜等,由子房和花托共同发育而成,为假果。黄瓜的食用部分包括了花托、子房壁和胎座等,其幼嫩种子也可食用。西瓜的食用部分则是由胎座膨大肉质化发育而成。

5. 柑果　如柑橘等柑橘属植物的果实,为真果。外果皮稍厚,常密布油腺。中果皮疏松,有许多分支状维管束。内果皮向里包围成若干室,即为橘瓣。内果皮上着生许多多汁的囊状毛,即为食用部分。

(四) 干果

为单果中另一类,成熟后果皮干燥。

1. 裂果　成熟后果皮干燥开裂,主要有下列几种:

(1) 荚果:如大豆、豌豆等豆科植物的果实。由单心皮雌蕊发育而成,边缘胎座,胚珠不定数。荚果成熟时,沿背、腹缝线同时开裂。花生、槐的荚果成熟时不开裂。

(2) 角果:如芥菜、二月兰、油菜、萝卜等十字花科植物的果实。由二心皮合生的子房发育而成,中间有假隔膜,种子着生于假隔膜的两边。角果成熟时,果实沿腹缝线自下而上开裂。根据果实长宽比的不同,有长角果(如油菜、萝卜)和短角果(如芥菜)之分。

(3) 蒴果:如棉花、牵牛、车前、百合、罂粟等,为较常见的果实类型。由两个或两个以上心皮合生的子房发育而成。成熟时,果实以多种方式开裂,常见的是瓣裂,另有盖裂、孔裂和齿裂等不同方式。

(4) 蓇葖果:如八角、夹竹桃、玉兰等,果实由多个离生的单雌蕊发育而成,实际上为一聚合果,成熟时,每一果可沿背缝线或腹缝线开裂。

2. 闭果　成熟后果皮干燥而不开裂,主要有下列几种:

(1)瘦果:如向日葵、荞麦等。子房由一至三心皮合生而成,形成一子房室,其中仅着生一粒种子。成熟时果实不开裂,但果皮和种子易分离。

(2)颖果:如小麦、玉米、水稻等。子房由 2~3 心皮合生而成,一子房室,着生一粒种子。成熟时果皮和种子愈合在一起,不易区分和剥离。

(3)翅果:如榆树、元宝槭、白蜡树的果实。子房由二心皮或两个以上心皮合生而成,常为一室,内含一枚种子。其特点是果皮向外延伸成翅状,利于果实的传播。

(4)坚果:如板栗、栓皮栎的果实。子房由两个或多个心皮合生而成,常为一室,内含一枚种子。果皮坚硬,常有总苞(或壳斗)包围在果实之外。

(五)种子形态结构的观察

1. 蚕豆种子　取出一粒浸透的蚕豆,先观察它的外形。在一端有个黑色的痕迹,为种脐。用右手的大拇指和食指捏挤蚕豆的种皮,可见到在种脐的一旁有一个出水小孔,为种孔。当种子萌发时,胚根首先从这小孔里钻出。

用刀片将蚕豆沿种脐纵剖为二,正好把种子里的两片子叶左右分开,平展于实验桌上。可以看到,外面一层为种皮及两片肥大、白色的子叶。在两片子叶的连接处,即为胚轴,游离的一端呈圆锥状的结构是胚根,与此相反的一端即为胚芽,未见到胚乳。可见蚕豆是属于双子叶无胚乳种子。

2. 蓖麻种子　取蓖麻种子观察,可以看到其外表是坚硬而有花纹的壳,为种皮。种子的一端有海绵状隆起结构,为种阜。种子的一面中央有一纵线条纹,几乎与种子同长,为种脊。剥去坚硬的种皮,用刀片顺种脊方向将其纵切为二,仔细观察,看到白色肥厚部分是胚乳,中间有两片比纸还薄的子叶。在靠近种阜的一端,可清楚地见到胚根、胚轴和胚芽的结构。从这些结构特点可以判定,蓖麻种子是属于双子叶有胚乳种子。

3. 小麦籽粒　用镊子取小麦籽粒。它有背腹之分,腹面有一条纵沟,为腹沟。与此相反的一面为背面。背面的基部看到一个皱缩的部位,略有凹陷,这就是胚体的部位。在它相反的一端有许多短毛,称冠毛。沿腹沟用刀片纵切为二,很清楚地看到占籽粒极大部分、白色粉状的结构,是胚乳。

复习思考题

1. 绘制梨果横切面图。

2. 绘制蚕豆和蓖麻种子外形图。

实训十　孢子植物的观察

【目的要求】

1. 掌握藻类、菌类、地衣类、苔藓和蕨类植物的主要特征和它们的区别点。

2. 识别常见药用藻类、菌类、地衣、苔藓和蕨类植物。

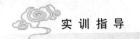

【材料用品】

水绵和衣藻新鲜标本或制片,海带及其孢子囊制片,裙带菜、紫菜、石花菜等藻类植物;冬虫夏草、银耳、茯苓、猴头菌、灵芝等真菌;葫芦藓、大金发藓等苔藓植物;垂穗石松、卷柏、木贼、肾蕨、紫萁、槲蕨、凤尾草、海金沙、野鸡尾、粗茎鳞毛蕨、石韦等蕨类植物的鲜标本或腊叶标本。

解剖镜、平台放大镜、显微镜、放大镜、解剖器材、吸水纸等。

【内容方法】

(一) 观察解剖下列药用植物

1. 水绵　手摸藻体有滑腻感。取少许丝状体置载玻片中央,加一滴水,用解剖针将丝状体分散,加上盖玻片,镜检,水绵为多个长筒状细胞连成的丝状体,绿色或黄绿色,每细胞内有1至数条带状叶绿体呈螺旋状环绕,叶绿体上有1列淀粉核,细胞中央有1个细胞核。

2. 衣藻　取在含氮的绿色池塘中采集的水,滴一两滴于载玻片上,盖上盖玻片镜检,衣藻为单细胞,很小,呈梨形、球形,细胞前端有2条鞭毛,鞭毛基部有2个伸缩泡(常不易见),伸缩泡附近有1个红色眼点,细胞壁内有1个杯状色素体,杯状色素体基部藏有1个蛋白核(造粉体),杯状色素体的杯腔细胞质中有1个细胞核(常不易见)。

3. 海带　植物体(孢子体)分三部分:呈假根状的固着器、柄、带片。孢子体的孢子囊群观察(示教);取带片制片(或徒手切片做水装片)镜检,可见"表皮""皮层""髓"三个部分,"表皮"上有许多呈棒状的单室孢子囊夹生在隔丝中。

4. 蘑菇、香菇、草菇或其他伞菌的子实体　分清菌盖、菌柄。菌盖下面有多数放射状细条称菌褶。注意菌柄上有无菌环和菌托。

5. 葫芦藓　植物体为配子体,有茎叶分化。茎直立,高1~3cm,下部具假根。雌雄同株(但不同枝),雄枝苞叶顶生,宽大,外翻,呈花朵状,内生精子器。雌枝生于雄苞下的短侧枝上,苞叶稍狭,包紧成芽状,内生颈卵器。受精卵在颈卵器内发育成胚,由胚长成孢子体,寄生在植物体(配子体)顶端。孢子体分孢蒴、蒴柄、基足三部分。如取下孢蒴置载玻片上,盖好盖玻片,轻轻压破孢蒴,镜检,可看到压出的许多孢子,但无弹丝。苞蒴外罩有具长喙的蒴帽,移去,即为蒴盖,蒴盖内可见两层蒴齿。

6. 槲蕨　注意根状茎特点,能育叶与不育叶的形状、颜色、质地有何区别。孢子囊群的着生位置、形状,有无囊群盖。

孢子囊及孢子形态　用镊子刮下能育叶背面的少许孢子囊于载玻片上,做成水装片镜检,看清孢子囊的形状及孢子囊环带的形状,然后取出载玻片放桌面上,用食指轻压盖玻片使孢子囊中的孢子散出,再置显微镜下观察孢子的形状,属何种类型的孢子。

(二) 观察辨认下列药用植物标本

1. 裙带菜　与海带相异处:带片两侧呈羽状深裂,中部有隆起的中肋。

2. 紫菜　藻体呈薄膜状,遇水后手摸有黏滑感,紫红或淡紫红色。

3. 石花菜　藻体扁平直立,丛生,紫红或红棕色,羽状分支4~5次,扁平。全藻入药。

4. 冬虫夏草　下端即所谓"虫"的部分,是充满菌丝而成僵死的幼虫体(内部成为菌核)。头部长出所谓"草"的部分,是菌柄和子座。头部膨大呈棒状的部分称子座,基部柄状,全体药用。

5. 灵芝 子实体木栓质,菌柄生于菌盖侧面,菌盖半圆形至肾形,上面红褐色,有光泽,具环状横纹,下面(管孔面)白色,有许多小孔,内藏担孢子。子实体药用。

6. 茯苓 菌核常为不规则块状,表面有瘤状皱褶,淡灰至黑褐色,断面白色。菌核药用。

7. 猴头菌 子实体类似猴头,块状,中上部着生白色肉刺,刺锥形下垂,似毛发。子实体药用。

8. 银耳 子实体纯白色、胶质,半透明,由许多薄而皱褶的菌片组成,呈菊花状或鸡冠状。子实体药用。

9. 大金发藓(土马骔) 株高 10~30cm,孢蒴呈四棱柱状。

10. 肾蕨(蜈蚣草、凤凰蛋) 根状茎有直立的主轴及其发出的长匍匐茎,注意匍匐茎的短枝上长出的圆形物是根的或是茎的变态。叶一回羽状,羽片无柄,以关节着生在叶轴上,孢子囊群着生于每组侧脉的上侧小脉顶端,注意有无囊群盖。

11. 垂穗石松 孢子囊穗短而下垂。全草药用。

12. 卷柏 主茎较长,根系密集成茎干状,小枝丛生在主茎顶端,干旱时内卷成球状,叶为明显的二型,侧叶二行较大,长卵圆形,中叶二行较小,孢子叶集生茎顶成孢子囊穗。全草药用。

13. 木贼 茎不分支或在基部有少数直立侧枝,直径可达 8mm。鞘齿早落,下部缩存;茎的脊棱上有小瘤 2 条。干燥地上部分入药。

14. 紫萁 根状茎短块状,叶二型,不育叶二回羽状,能育叶小羽片狭,卷缩成条形,沿主脉两侧背面密生孢子囊。

15. 凤尾草 根状茎短,密被线形棕色鳞片。叶簇生,二型,单数一回羽状,不育叶柄较短,能育叶柄长,两者的顶生羽片和侧生羽片基部均下延到叶轴上形成明显的翅。孢子囊群沿叶缘分布。全草药用。

16. 海金沙 草质藤本。叶柄具缠绕性,叶二型,不育羽片生于叶下部,二回羽状,能育羽片生于叶上部,形态与不育羽片相近,末回羽片边缘有突出的叶形齿,齿具二行孢子囊。孢子药用。

17. 野鸡尾 根状茎长而横走。叶远生,叶片卵形,常四回羽状分裂,孢子囊群线形,囊群盖由反折的叶缘特化形成。全草药用。

18. 粗茎鳞毛蕨 根状茎短。叶簇生,叶柄与根状茎具大鳞片,叶一回羽状,羽片镰状披针形。孢子囊群生于内藏小脉顶端,囊群盖大,圆盾形。带叶柄的根状茎药用。

19. 石韦 与有柄石韦近似,但本种的叶柄基部有关节,叶片干后不卷曲,孢子囊在能育叶背的侧脉间紧密而整齐排列,初为星状毛包被,熟时露出。叶入药。

复习思考题

1. 绘制水绵丝状体结构简图。

2. 列表记录实验观察的药用蕨类的名称、科名、孢子囊(群)着生的情况,药用部位。

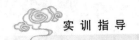

实训十一　裸子植物的观察

【目的要求】

1. 掌握裸子植物的主要特征及松科、柏科、麻黄科和代表种的特征。
2. 识别常见的药用裸子植物。

【材料用品】

马尾松(油松、湿地松)带花的枝条及松球果等新鲜标本、腊叶标本或浸制标本,侧柏带花枝条及松球果,苏铁、银杏、金钱松、华山松、罗汉松、篦子三尖杉、草麻黄、中麻黄、矮麻黄等腊叶标本。

解剖镜、平台放大镜、眼科镊、解剖针、解剖刀、植物志、图鉴等。

【内容方法】

(一) 观察解剖下列药用植物的花

1. 马尾松　取雄球花(小孢子叶球)置解剖镜或放大镜下观察外形,呈穗状,中间为主轴,由多数螺旋状排列的雄蕊(小孢子叶)组成。用镊子取一个雄蕊于载玻片上,置放大镜下,可见一双并列的长形花粉囊(小孢子囊),药隔扩大成鳞片状。用解剖针刺破花粉囊使花粉粒(小孢子)散出,将其余残片除去,做成水装片置低倍镜下观察,注意花粉粒的形状,有无气囊。

取雌球花(大孢子叶球)用放大镜观察外形,是由多数螺旋状排列的珠鳞(心皮、大孢子叶)组成。用刀片将雌球花纵切,注意珠鳞排列情况。剥开一片完整的珠鳞,可见到腹面基部着生 2 枚胚珠,背面基部托生一小片苞鳞,与珠鳞分离。

取成熟的马尾松球果观察,注意此时的珠鳞已长大木质化,称种鳞,近长方形,其顶端加厚成菱形,称鳞盾,横脊微隆起,鳞盾中央是鳞脐,微凹陷,无刺尖,腹面的胚珠发育成种子,种子一侧是否具翅。苞鳞常不易见。

2. 侧柏　取雄球花观察:卵圆形,长约 2mm,黄色。摘取雄蕊置放大镜下,可见有花药 2~6 枚,用镊子刺破花药,取出少许花粉粒做成水装片,置显微镜下观察,注意花粉粒形态,有气囊否。

取雌球花观察:近球形,蓝绿色,有 4 对交互对生的珠鳞,用镊子取位于中间的珠鳞 1 枚置放大镜下,可见腹面基部有 1~2 枚胚珠。

取成熟球果观察:卵圆形,开裂,注意种鳞几对,种鳞的背部近顶端是否有反曲的尖头。种子有无翅。

3. 草麻黄　取雄球花序观察:每雄球花序有苞片 2~5 对,每 1 苞片中有雄花 1 朵,每雄蕊基部周围有 2 裂的膜质假花被,雄蕊 8 个,花丝大部分合生。

取雌球花序观察:有苞片 4~5 对,注意最上 1 对苞片内各有 1 雌花,每雌花外有革质的假花被包围,胚珠具 1 层膜质珠被,珠被上端延长成珠孔管。种子成熟时,假花被发育成红色肉质的假种皮,珠被管发育成膜质的种皮。纵切观察假花被和种子。

（二）观察辨认下列药用植物标本

1. 马尾松　叶 2 针一束,细软,长 12~20cm,两面有不明显的气孔线(带),横切面有 4~8 个树脂道,边生。雄球花生于新枝基部,雌球花 2 个,生于新枝顶端。

2. 油松　与马尾松相异处,叶也 2 针一束,但粗壮坚硬,长 10~15cm,两面均具气孔线,树脂道 5~10 个,边生。种鳞近长圆状卵形,鳞盾扁菱形。横脊显著,鳞脐显著突起,有刺状尖头。

3. 湿地松　与马尾松相异处,叶 3 针一束或 2、3 针一束并存,坚硬,长 17~30cm,两面有明显气孔线,树脂道 2~11 个,多内生。种鳞的鳞盾近矩形,有锐横脊,鳞脐瘤状突起,有刺状尖头。

4. 华山松　与马尾松相异处,幼树树皮平滑,老时方块状开裂。叶 5 针 1 束,不下垂。球果大,长达 22cm,鳞脐位于鳞盾先端,无尖头。

5. 金钱松　枝有长、短之分。叶条形,或倒披针形,背面有 2 条气孔带,秋后金黄色,在长枝上螺旋状散生,在短枝上簇生。雄球花数个簇生在短枝顶端,雌球花单生直立。球果直立;苞鳞、种鳞熟时一起脱落。根皮或近根树皮药用,叫"土荆皮"。

6. 侧柏　小枝扁平,排成一平面,鳞叶对生,叶背中脉有槽,花单性同株。

7. 草麻黄　小灌木,小枝节间具细纵沟槽,叶退化成膜质鳞片状,下部合生,上部 2 裂。花单性异株。

8. 中麻黄　与草麻黄相异处,基部分枝多,小枝纵棱槽细浅。叶 3 裂与 2 裂并存。种子 3 粒或 2 粒。

9. 矮麻黄　与草麻黄相异处,植株矮小,高 5~22cm,茎不显著,小枝节间有较明显的纵槽纹。花雌雄同株。

10. 苏铁　植物体棕榈状,营养叶一回羽状深裂,裂片边缘向背面显著反卷。鳞叶小,密被粗糙毡毛。花单性异株;雄球花圆柱状,小孢子叶狭楔形,背面生多数花药(小孢子囊),大孢子叶卵形,密被褐色绒毛,边缘羽状分裂,叶柄上端两侧着生数个胚珠。种子熟后褐红色,核果状。

11. 银杏　有长、短枝之分,叶扇形,分叉脉序,在长枝上散生,在短枝上簇生。雌雄异株,雄球花呈荑黄花序状,雄蕊多数,花药通常 2;雌球花有长梗,在梗端分成二叉,叉顶珠座上裸生直生胚珠,常 1 枚发育成种子。种子核果状,外种皮肉质,中种皮骨质,内种皮红色膜质;胚乳丰富。

12. 篦子三尖杉　小枝有从叶基下延的条槽。叶条形,螺旋着生,排成二列,紧密,质硬,中部以上向上微弯,先端微急尖,基部截形或微心形,背部具 2 条白色气孔带。种子核果状。

复习思考题

1. 绘制马尾松(或油松、湿地松)大、小孢子叶形态图(注明各部分名称)。

2. 列表记录观察的裸子植物名称、科名、药用部位等。

实训十二 被子植物分类(一)
——蓼科、石竹科、毛茛科、木兰科、十字花科

【目的要求】

1. 掌握蓼科、石竹科、毛茛科、木兰科、十字花科的主要特征。
2. 识别实验中所用的药用植物,熟练使用被子植物分科检索表。

【材料用品】

石竹、瞿麦、虎杖、毛茛、白头翁、玉兰、菘蓝等具花果的新鲜材料或植物标本。
解剖镜、放大镜、解剖针、镊子、刀片、培养皿等。

【内容方法】

1. 虎杖 取带花果的植株观察:多年生粗壮草本。根及根状茎粗大。地上茎中空,散生红色或紫红色斑点。叶阔卵形,托叶鞘短筒状。花单性异株,圆锥花序;注意花着生的位置、性别、雄蕊的数目;横切子房或果实观察雌蕊的类型、心皮数、子房位置、子房室数、胎座的类型;柱头 3;瘦果。

2. 红蓼 观察叶鞘形状、花序类型、花被片数目、雄蕊数目、花柱分裂情况、果实类型及颜色。

3. 瞿麦 多年生草本。叶对生,披针形或条状披针形。聚伞花序顶生;花萼下有小苞片 4~6,卵形。注意花萼、花冠、雄蕊的数目。花冠先端分裂情况,子房位置,蒴果。

4. 石竹 观察与瞿麦有哪些主要区别。

5. 毛茛 多年生草本,全株具粗毛。叶片五角形,3 深裂,中裂片又 3 浅裂。顶生聚伞花序;取一朵花观察,注意花萼、花冠、雄蕊、雌蕊的数目,子房位置,聚合瘦果。

6. 白头翁 多年生草本,全株密生白色长柔毛。根圆锥形,外皮黄褐色,常有裂隙。叶基生,3 全裂,裂片再 3 裂,革质。花茎由叶丛抽出,顶生一花。取一朵花观察,注意花萼数目,有无花瓣,雄蕊、雌蕊的数目,子房位置,瘦果。

7. 玉兰 落叶乔木,叶倒卵形至倒卵状长圆形,叶面有光泽,叶背被柔毛;注意观察花被片数目、雄蕊和雌蕊的数目、子房位置、果实类型。

8. 厚朴或凹叶厚朴 观察其花被数目、雄蕊和雌蕊的数目、果实形状或类型。

9. 菘蓝 一年生至二年生草本。主根圆柱形。全株灰绿色。基生叶有柄,长圆状椭圆形;茎生叶较小,长圆状披针形,基部垂耳圆形,半抱茎。圆锥花序。注意观察花萼、花冠、雄蕊和雌蕊的数目、位置。横切子房或果实观察雌蕊的类型、心皮数、子房位置、子房室数,胎座的类型;角果。

10. 荠菜 注意观察花序类型、花萼、花冠、雄蕊的数目、子房位置及其类型。

11. 以上内容观察完毕,将所有实验材料利用被子植物分科检索表检索到科或属。

 复习思考题

1. 写出蓼科、石竹科、毛茛科、木兰科、十字花科的主要特征。
2. 写出以上各种植物的检索路线。

实训十三　被子植物分类(二)
——蔷薇科、豆科、芸香科、大戟科、伞形科

【目的要求】

1. 掌握蔷薇科、豆科、芸香科、大戟科、伞形科的主要特征。
2. 识别实验中所用的药用植物,熟练使用被子植物分科检索表。

【材料用品】

龙牙草、杏、决明、膜荚黄芪、橘、大戟、白芷、柴胡等具花果的新鲜材料或标本。
解剖镜、放大镜、解剖针、镊子、刀片、培养皿等。

【内容方法】

1. 龙牙草　多年生草本,全体密生长柔毛。奇数羽状复叶,小叶 5~7,小叶间杂有小型小叶,小叶椭圆状卵形或倒卵形,边缘有锯齿。圆锥花序顶生。取一朵花,注意观察花萼、花冠、雄蕊、雌蕊的数目、子房位置、心皮数、室数、果实类型。

2. 月季花　取一朵花,注意观察花萼、花冠、雄蕊、雌蕊的数目、子房位置、心皮数、室数、果实类型。

3. 杏　落叶小乔木。小枝浅红棕色,有光泽。单叶互生,叶卵形至近圆形,边缘有细钝锯齿;叶柄近顶端有 2 腺体。花单生枝顶,先叶开放。取一朵花,注意观察花萼、花冠、雄蕊的数目、子房位置、心皮数目、室数、果实类型。

4. 决明　一年生半灌木状草本。叶互生;偶数羽状复叶,小叶 6 枚,倒卵形或倒卵状长圆形。花成对腋生。取一朵花观察,注意花萼、花冠、雄蕊、雌蕊的数目、子房位置、心皮数目、果实类型。

5. 膜荚黄芪　多年生草本。单数羽状复叶,小叶 9~25,椭圆形或长卵形,两面有白色长柔毛。总状花序腋生;取一朵花,注意观察花萼、花冠、雄蕊、雌蕊的数目、子房位置、心皮数目、胎座类型、果实类型。

6. 橘　常绿小乔木或灌木,具枝刺。叶互生,革质,卵状披针形,单身复叶,叶翼不明显。取一朵花观察,注意花萼、花冠、雄蕊、雌蕊的数目,子房位置,将子房横切,观察胎座类型,种子的数目,果实类型。

7. 黄檗　落叶乔木,树皮木栓发达,内皮显黄色,奇数羽状复叶,对生。取一朵花,注意观察花萼、花冠、雄蕊、雌蕊的数目,子房位置,将子房横切,观察胎座类型,种子的数目,果实类型。

8. 大戟　多年生草本,全株含乳汁。茎上部分支被短柔毛;互生,长圆形至披针

形。杯状聚伞花序,总苞钟状。取一杯状聚伞花序,注意观察雄花的数目,花丝与花柄有无关节,雌蕊数目,子房位置,心皮数目,胚珠数,果实类型。

9. 柴胡 多年生草本。主根较粗,少有分支,黑褐色。茎多丛生,上部分支多,稍成"之"字形弯曲。茎中部叶倒披针形或披针形,全缘,具平行叶脉 7~9 条,注意观察花序类型,伞辐的数目。取一朵花,注意观察花萼、花冠、雄蕊、雌蕊的数目,子房位置,胚珠数目,果实类型。

10. 白芷 多年生高大草本。根长圆锥形。茎粗壮,叶鞘黯紫色。茎中部叶二至三回羽状分裂,最终裂片卵形至长卵形,基部下延成翅;上部叶简化成囊状叶鞘。注意观察花序类型,总苞片的数目,取一朵花,注意观察花萼、花冠、雄蕊、雌蕊的数目,子房位置,胚珠数目,果实类型。

11. 以上内容观察完毕,将所有实验材料利用被子植物分科检索表检索到科或属。

复习思考题

1. 写出蔷薇科、豆科、芸香科、大戟科、伞形科的主要特征。
2. 写出以上各种植物的检索路线。

实训十四 被子植物分类(三)
——唇形科、茄科、忍冬科、葫芦科、菊科

【目的要求】

1. 掌握唇形科、茄科、忍冬科、葫芦科、菊科的主要特征。
2. 识别实验中所用的药用植物,熟悉被子植物分科检索表的使用方法。

【材料用品】

益母草、丹参、薄荷、白花曼陀罗、酸浆、忍冬、南瓜、栝楼、向日葵、蒲公英、菊花、大蓟等具花果的新鲜材料或标本。

解剖镜、放大镜、解剖针、镊子、刀片、培养皿等。

【内容方法】

1. 益母草 草本,茎方形。注意基生叶、中部叶、顶生叶的形状(异形叶性)。判断花序的类型。取 1 朵小花解剖观察:注意花萼 5 裂,其中前两齿较长;花冠二唇形,粉红色至淡紫红色,上唇直立,全缘,下唇 3 裂;注意雄蕊几枚? 什么类型? 花柱如何着生? 子房上位,2 心皮合生,4 深裂成假四室;4 枚小坚果。

2. 丹参 观察丹参的形态特征,注意其花冠、雄蕊的特点。

3. 白花曼陀罗 观察叶序、叶片形状,叶基及叶缘的特征,花着生的位置。取一朵花解剖观察:花萼长筒状,5 裂;花冠漏斗状,白色,具 5 棱,顶端 5 裂;雄蕊 5,与花冠

裂片互生,花丝中部以下着生在花冠筒内,上部分离;注意子房位置,横切子房判断心皮数、子房室数及胎座类型。蒴果,表面疏生短刺,基部有随果增大的宿存萼。

4. 酸浆 叶卵形或长卵形,基部偏斜。萼宿存,膨大,红色。浆果。

5. 忍冬 取忍冬的植株观察,常绿灌木,单叶对生,卵形至卵状椭圆形;花成对腋生,初开时白色,后转为黄色,萼5裂;苞片呈叶状,卵形,二枚;注意雄蕊的数目及子房的位置;浆果。

6. 南瓜 取南瓜带花果的植株观察:一年生草质藤本,全株被粗毛;节间中空,有卷须;单叶互生,宽卵形或卵圆形,掌状5浅裂;注意花着生的位置、雄蕊的数目;横切子房或果实观察雌蕊的类型、心皮数、子房位置、子房室数,胎座的类型;柱头3;瓠果。

7. 栝楼 观察其形态特征,注意与南瓜的区别。

8. 向日葵 一年生高大草本。茎圆柱形,有发达的髓部。单叶,宽卵形或心状卵形,基部叶对生,上部叶互生。头状花序单生于茎顶或叶腋;外围有多层绿色总苞片。花序中的花有两种类型,边缘为舌状花,黄色,不结实;中央为两性管状花。取一朵管状花解剖观察,注意其花萼是否特化为冠毛? 雄蕊有几枚? 什么类型? 观察雌蕊(可用果实做辅助观察)的心皮数、子房室数、胚珠数、子房的位置等。瘦果。

9. 蒲公英 多年生草本,有乳汁。叶全部基生成莲座状,倒披针形或倒卵形,羽状深裂。头状花序单生,外有多列总苞片,花序中全部为舌状花。取一朵舌状花观察,其结构与向日葵有什么不同(花萼和花冠)? 雄蕊与雌蕊的构造与向日葵的管状花基本相同。

10. 观察大蓟的形态特征 注意其与向日葵和蒲公英在小花的形状、冠毛的有无、是否有乳汁等情况的区别,从而判断这三种植物各属何亚科。

11. 以上内容做完后,将所有实验材料利用被子植物分科检索表检索到科。

 复习思考题

1. 写出唇形科、葫芦科、菊科的主要特征。
2. 绘制观察解剖的唇形科、茄科植物花的纵剖图。
3. 写出益母草、白花曼陀罗、忍冬、栝楼的检索路线。

实训十五 被子植物分类(四)
——天南星科、百合科、薯蓣科、鸢尾科、姜科、兰科

【目的要求】

掌握天南星科、百合科的主要特征,熟悉各科花的解剖及记录方法,学习查阅检索表,识别各科的代表药用植物。

【材料用品】

半夏、天南星、百合、黄精、麦冬、薯蓣、射干、姜、白及等植物具花、果的新鲜标本、

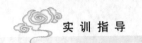

腊叶标本或浸制标本。

解剖镜、放大镜、眼科镊、解剖针、解剖刀、检索表、植物志、图鉴等。

【内容方法】

(一) 解剖观察下列药用植物的花

1. 半夏 注意其花细小,组成特殊的具佛焰苞的肉穗花序,注意其佛焰苞的特点,雌、雄花的性状及其在肉穗花序上的排列,注意观察花被之有无、雄蕊及子房的数量与着生情况。

2. 百合 注意观察花冠形状、花被片与雄蕊数目、子房室数与胎座类型。

3. 射干 注意观察雄蕊数目、子房上下位及柱头几裂。

4. 姜 注意观察子房几心皮组成几室,何种胎座。

5. 白及 注意观察、理解何为合蕊柱,花粉是否结合花粉块(新鲜的花能看到,浸泡的花难以分辨),心皮数目、胚珠数目及胎座类型如何。

(二) 观察辨认下列药用植物标本

1. 天南星 注意叶是掌状全裂还是掌状复叶,叶片几裂(枚),肉穗花序附属体为何形状,浆果为何颜色。

2. 半夏 一年生为单叶,成年植株为三出复叶。叶柄基部内侧有珠芽,花序下部为雌花,贴生于佛焰苞,中部为不育花,上部为雄花,顶端的附属体青紫色,伸于佛焰苞外呈鼠尾状。

3. 黄精 是否具根状茎? 为何种叶序? 注意叶条状披针形,先端卷曲。花序腋生,2~4 朵花排成伞形状,下垂,苞片膜质,位于花梗基部;花近白色。浆果成熟时黑色。

4. 麦冬 多年生草本。根状茎细长横走;块根纺锤形。叶基生,条形。总状花序短于叶;花淡紫色,子房半下位。浆果蓝黑色。

5. 薯蓣 草质藤本。根状茎直生,肥厚,圆柱状。基部叶互生,中部以上对生,叶腋常有小块茎(珠芽);叶三角形至三角状卵形,基部宽心形。

6. 白及 注意块茎呈三角状扁球形。叶 3~6 枚,带状披针形,基部鞘状抱茎。是否为顶生总状花序? 蒴果是否呈圆柱形? 是否有 6 条纵棱?

复习思考题

1. 写出天南星科、百合科的主要特征。

2. 绘制百合、白及花的结构图。

3. 写出薯蓣科、兰科植物的花程式。

4. 写出百合科、兰科的检索路线。

实训十六　未知植物粉末的鉴定

【实训目的】

1. 掌握未知植物粉末的鉴定程序和方法。学会书写鉴定报告。
2. 培养学生独立思考和实际操作能力。

【实训设备及材料】

放大镜、显微镜、紫外光灯、镊子、解剖针、盖玻片、载玻片、酒精灯、吸水纸、擦镜纸、斯氏液、水合氯醛、稀甘油、蒸馏水、苏丹Ⅲ试液、间苯三酚、浓盐酸、稀碘液、乙醇、氯仿、1%香草醛硫酸溶液、单味的植物未知粉末(已编号)。

【实训内容及步骤】

未知粉末的鉴定

1. 取样　学生抽取未知粉末。
2. 性状观察注意粉末颜色、气味及滑涩感,进行初步判断。
3. 显微鉴定
(1) 用斯氏液或稀甘油装片:注意观察淀粉粒的形态、大小。
(2) 用水合氯醛试液对粉末进行透化、再用稀甘油封片,置显微镜下观察:注意有无石细胞、晶体、纤维、毛茸、分泌细胞及其形态、类型和大小。
(3) 根据以上实训观察,分别选择苏丹Ⅲ试液、间苯三酚、稀碘液等试剂进行显微化学观察。
(4) 进行综合分析,得出初步或准确结论。
4. 综合各项鉴定结果,运用所学理论知识,进行判断分析,最后得出各种植物细胞准确结论。

【实训思考】

未知植物粉末的鉴定程序包括哪些步骤?

【实训报告】(略)

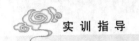

技能考核评价表

考核:随机安排药用植物粉末 3 种
考核时间:2 课时

序号	考核项目	技能要求	标准分	实得分
1	实训作风 (10分)	着装整洁(穿白大衣等)	2	
		卫生习惯好(洗手、擦拭操作台、玻片等)	3	
		安静、礼貌、团结、互助、求真	5	
2	实训准备 (10分)	讨论实验内容及操作,小组讨论组员分工	5	
		能正确选择所需的材料及设备	5	
3	实训操作 (50分)	能准确描述植物粉末细胞特征 1	10	
		能准确描述植物粉末细胞特征 2	10	
		能准确描述植物粉末细胞特征 3	10	
		能准确找到植物粉末的显微特征	10	
		能正确取、用显微镜	4	
		记录一种植物粉末的显微特征,绘图真实、美观、典型	6	
4	实训时间 (5分)	按时完成实训	5	
5	实训记录 (5分)	正确、及时、真实记录实验现象和数据	5	
6	清场 (5分)	按要求清洁仪器设备、试验台,摆放好所用的药品和器材	5	
7	实训报告 (15分)	书写工整	5	
		项目齐全、描述规范	5	
		结论正确,并能针对结果进行分析讨论	5	
		合计	100	

(郑小吉　饶 军)

附录一　临时装片标本的制作

　　临时装片是用新鲜的少量植物材料(如表皮或将植物体的幼嫩器官切成薄片等),放在载玻片上的水滴中,加盖盖玻片做成的玻片标本。其优点是可以保持材料的生活状态和天然色泽,一般多作为临时观察或用于某些化学试剂做组织化学反应。也可选择适宜染料染色,制成永久制片。临时装片的方法很多,实验室中常用的有:

　　1. 表皮撕片　是一种常用方法,特别适用于新鲜的叶类、草类药材的临时观察,也可用于一些干燥的叶类和草类等的药材经处理后的制片观察。如气孔器、表皮细胞及表皮上的毛茸等附属物的观察。

　　如洋葱表皮细胞的观察。首先在准备好的载玻片中央滴加1滴蒸馏水,用镊子撕取植物一小块表皮放置于载玻片上的水滴中,注意勿使材料重叠或皱缩,用盖玻片封片即可。

　　2. 粉末制片　是将干燥的药材粉碎后过60目筛,根据不同的要求而采用不同试剂处理后封片观察。常用的有:

　　(1) 水装片:取少量药材粉末放在载玻片中央,加水1滴,用解剖针拨匀并使它浸润粉末,再加1~2滴水后盖上盖玻片封片即可。

　　(2) 稀甘油装片:主要用于药材中有无淀粉粒及淀粉粒的形态鉴定等。取少量药材粉末放在载玻片中央,然后滴加1~2滴稀甘油,轻轻搅匀后用盖玻片封片置镜下观察。

　　(3) 稀碘液装片:常用来检测药材粉末是否有淀粉粒的存在。方法是取少量药材粉末放在载玻片中央,然后滴加一滴稀碘液,封片后置镜下观察。如果粉末中有淀粉粒存在,即可观察到被染成蓝黑色或蓝紫色的淀粉粒。

　　(4) 水合氯醛液装片:水合氯醛是一种常用的透化剂,能将粉末中的淀粉粒、蛋白质、挥发油、树脂等物质溶解,使观察的粉末更为清晰易辨。另外水合氯醛还能快速的透入组织中,使干燥的细胞组织膨胀。方法是取少量药材粉末放在载玻片中央,滴加2~3滴水合氯醛液,轻轻搅匀后于酒精灯上文火加热,注意不要使火太急,以免煮沸、烧干。等载玻片略为冷却后,再滴加1滴稀甘油,以免水合氯醛液干燥后析出结晶,影响观察,然后加上盖玻片,用吸水纸吸去多余的液体,置镜下观察。

　　3. 徒手切片　是在对某组织作临时观察时常用的一种方法。虽然切片常常厚薄不均、不完整,但因方法简单、省事、省时,只用一个刀片就可以操作。方法是先将材料切成长2~3cm的小块,直径一般不超过4~5mm。切片时左手拇指和食指夹住材料,材料上端突出1~2mm,两臂夹紧,用右手持刀片,切前刀片先在水中蘸一下,以免粘片,刀口向内,从外向内水平匀力运刀,将切下的材料放在水中。如果材料太软,可用胡萝卜或通草等夹住再切。将材料切出数个切片后,可在水中选用薄而完整的切片,放在载玻片上,根据需要加水、稀甘油或其他试剂封片。

4. 组织解离制片　当实验中需要观察完整的单个细胞形态时,需利用某些特殊的化学试剂对药材进行解离,将细胞的胞间层溶解,使细胞彼此分离,这种方法叫组织解离法,利用这种方法制片称解离制片。解离液的选择是根据要解离的药材来确定的,如果材料中木质化细胞少,可用 5% 氢氧化钾(钠)溶液;如果材料中木质化细胞较多,常选用硝铬酸(20% 硝酸和 20% 铬酸的等量混合液,此法会使木化细胞壁不再显示木化反应)或氯酸钾溶液(50% 的硝酸,另加少量的氯酸钾粉末并维持气泡稳定发生)。解离前,将材料切成火柴杆粗细,长约 1cm 的小条,放于试管中,加解离液,其量约为材料的 20 倍。然后在酒精灯上或电炉上加热,也可放在恒温箱中加热,加热时间可根据具体要求来确定。

临时装片标本的制作步骤一般如下:

1. 擦玻片　用干净纱布(或其他布块)擦载玻片时,左手拇指和食指夹住载玻片两侧,右手用纱布夹住玻片上下两面,朝一个方向揩擦干净为止。擦盖玻片时,右手大拇指和食指用布块夹住盖玻片,左手拿住盖玻片两侧并转动,擦时手指用力要轻而均匀、否则容易损坏玻片。

2. 滴液　用吸管吸取蒸馏水或其他溶液,滴一滴于载玻片中央。

3. 放置材料　将选取或处理后的材料放在载玻片中央。

4. 加盖玻片　用镊子夹住盖玻片一侧,使另一侧先接触载玻片液滴的边缘,再慢慢放下盖玻片以利排除空气、防止气泡产生。如果盖玻片下液体过多溢出盖玻片外,可用吸水纸从盖玻片一侧吸去溢出的液体。若液体未充满盖玻片则可从一侧再滴入一小滴,赶走气泡以便于观察。

5. 染色或药剂处理　可在盖玻片一侧适量加一滴染液或其他药剂,在相对一侧用吸水纸吸去多余染液以使药液渗入材料,切勿使镜头等污染。

6. 临时制片短期保存　可在临时制片材料上滴加一滴 10% 甘油水溶液,加盖玻片,平放于培养皿中、加盖以减少蒸发,可保持一周。

附录二 植物绘图的方法和要求

植物绘图是学习植物形态解剖和植物分类必须掌握的一项基本技能,通过绘图可以帮助理解植物体外部形态和内部结构的特征,能准确反应植物的某些典型细节和种间区别。常用绘图方法有徒手绘图法和显微描绘法两种。若按绘图工具则可分为铅笔绘图法、墨线绘图法和彩色绘图法等。绘制显微组织简图,要用国际通用的代表符号来表示(附图2-1)。

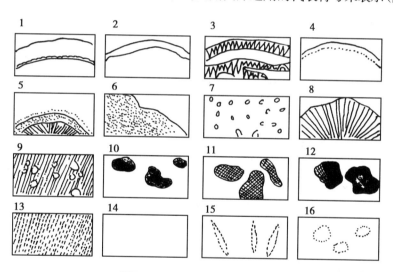

附图 2-1　植物组织简图表示法

1. 表皮(外方的一条弧线)　2. 后生表皮(内方的弧线)　3. 木栓皮　4. 外皮层(虚线)　5. 内皮层(虚线)　6. 韧皮层　7. 筛管群　8. 木质部　9. 木质部和导管　10. 石细胞群　11. 纤维束　12. 石细胞群及纤维混合束　13. 厚角组织　14. 薄壁组织　15. 裂隙　16. 分泌腔(或油室)

植物绘图不同于美术图,是对实物的形象记录,首先要求科学性和准确性,即所绘图大小比例要力求准确,形态逼真,结构清楚,不能作艺术上的随意夸张和任意涂影。因此在绘图前必须掌握植物学基本知识,认真观察清楚所绘对象,选择具有代表性的植物标本,以保证所绘形态结构的准确性。要正确绘出植物的立体结构图,还必须有一定的透视知识,如前大、后小、近明、远暗、透视方向一致、各透视线最终消失到一点等基础知识。通过版面和布局的构思,注意对比和统一,力求构图时突出重点、兼顾一般、布局合理,才能使绘出的图形达到科学性和艺术性的统一。

植物绘图是黑白点线图，采用圆点的疏密和粗细均匀的衬影线条描绘成图像。一切结构都要用线条表示，线条要粗细均匀、光滑清晰、明暗一致，接头处无分叉，切忌重复描绘，所有结构线条不能用尺、圆规、曲线板等工具代画，必须徒手作图以表示生物的自然形态。显示立体结构可用透视线条以及用圆点衬托明暗光线的方式，打圆点时笔要垂直，点要圆而细，由密到疏逐步过渡，忌用涂抹阴影的方法代替点线。应注意轻重适宜、有疏有密、层次分明，以统一体现整体和突出重点。

植物绘图一般是绘制墨线图，用具较为简单。笔：实验报告绘图只用铅笔，常用 2H~3H 硬性铅笔勾画图形的轮廓，用 HB 中性铅笔描绘物像；如为印刷或出版物绘图，则常用钢笔或专用绘图笔。纸：实验报告常用无格的实验报告纸；如为印刷或出版物绘图，则用专用绘图硫酸纸。其他用具有直尺、比例尺、绘图橡皮等。此外，如为了印刷或出版需用钢笔在硫酸纸上绘图，则需准备绘图专用黑墨水（最好带有蘸水器）、遮护板、双面刀片等。

1. 植物显微绘图的基本步骤要点　植物显微绘图是在显微镜中观察的基础上，绘制出植物细胞、组织和器官内部构造的特征，包括绘制组织详图和简图（通常结构简单的可绘详图，比较复杂的结构可绘简图，主要取决于目的和要求，有时两种图互相配合），器官内部构造图又分为横切面图、纵切面图和表面观图。

(1) 选择最典型的显微结构，仔细观察各部位的形状和结构以及其间的比例关系和较明显的立体结构。

(2) 确定图的合理布局，可根据绘图数量及图纸大小来安排图的位置及确定图的大小。在图的右侧要留出注字位置，下方留出书写图题的地方。在允许范围内应充分放大，以便能清楚地表示各部分的结构特点和相互关系。

(3) 先绘草图，用削尖的 HB 铅笔轻轻在图纸上勾画出图形轮廓，以便于修改。勾画草图时要注意图的轮廓和各部分比例是否与实物相符合。

(4) 草图经修改后，正式用 3H 硬铅笔，按顺手方向用线条一笔勾出细胞轮廓，线条要粗细均匀、光滑清晰、接头处无痕迹。

(5) 图内明暗和颜色深浅应用不同密度的小圆点来表示。

(6) 图注应先画引线再注文字。引线用直尺画实线，要求平行、细直、均匀，以免误指。注字要尽可能详细而简洁，一律用正楷书写，最好在图右侧排列整齐。图内的结构名称，可直接用文字写明，也可用数码代注，再在图下集中注明。

(7) 绘图和文字一律用黑色铅笔，不要用钢笔、有色水笔或圆珠笔绘图或书写。图纸上要保持整洁。

(8) 实验题目写在绘图报告纸上方，图题和所用材料名称和部位写在图下方，并注明放大倍数，如 10×40。

2. 植物形态图的绘制要求与步骤　原植物形态图包括植物全株图和器官形态图。首先要挑选完好有代表性的标本，绘图时，应结合标本的特点将构思、构图、统调、渐层、对称、对比、比例、虚实等原理灵活地运用到画图中，使画图达到科学性和艺术性地完美统一。具体的绘图方法有：勾绘轮廓法、蒙绘轮廓法、透光绘制法、按比例绘制法等。通常步骤如下：根据比例、确定位置；勾出轮廓；实描；衬影；注字。

附录三　野外实习指导

药用植物依存于生活环境,环境条件影响药用植物的生长、发育和繁殖,也影响它的外部形态、内部构造、生理、化学成分的合成和含量。通过野外实习这一教学的重要环节,可以使学生巩固、扩大和加深植物分类学的基础知识,进行一些基本技能训练,培养学生独立思考、分析问题和应用知识的能力。

【目的要求】

1. 学习种子植物标本的采集方法。

2. 识别本地区药用植物 200 种左右,提高鉴定植物的能力,进一步掌握被子植物重点科的特征。

3. 学习植物腊叶标本的制作方法。

4. 进一步熟悉植物形态学术语、工具书的使用和被子植物分科检索表的使用方法。

【实习安排】

1. 室外实习

(1) 内容:药用植物的识别和标本的采集。

(2) 地点:校园、公园、植物园或本地区药用植物资源较为丰富的地区。

2. 室内实习　腊叶标本的制作,采集记录的整理,检索表、工具书的使用。

【注意事项】

1. 室外和室内实习都以小组为单位进行,实验小组长必须负责各小组的各项实习工作。

2. 实习前必须认真预习教材相关部分的内容,准备好笔记本、分科检索表、钢笔、铅笔及采集、制作植物标本的相关用具。

3. 实习期间必须严格遵守纪律,不得迟到早退或脱离实验小组单独行动。

4. 不得在校园科研基地、公园、植物园采摘观赏植物、作物和保护植物作标本。其他地区也只能作必要的采集,不准乱丢植物枝叶,注意保护生态环境。

5. 注意安全,防止森林火灾,在深山密林中采集,最好有向导带路,按时保质完成实习的各项作业。

【实习内容】

一、植物腊叶标本的采集与制作

采集与制作植物标本是进行教学、科研、资源调查及学术交流等不可缺少的技能和环节。标本是辨认药用植物的第一手材料,也是永久性的查考资料,以供科研、教学的需要。

（一）标本的采集

1. 准备工作

（1）资料收集:采集前应确定采集的目的、地点和时间,收集了解有关采集地的自然环境及社会状况方面的资料,以便事先周密安排采集计划。

（2）采集用具:

标本夹:用木条订成 45cm×30cm 方格板两块,近长边的两端有两根短边的木条突出约 3cm,以利用绳索捆缚,夹上附有帆布条带。其用途是将吸水纸和标本置于其中压好,使标本逐渐干燥而又不致萎缩。

吸水纸:用吸水性强的草纸或旧报纸,折叠成大小不超过标本夹为宜。

采集箱:用白铁皮制成 50cm×25cm×20cm 的扁圆柱形小箱,一侧面中间开有 35cm×20cm 的活动门,并加锁扣,箱的两端配有环扣,以便安装帆布背带。此箱能防止标本因风吹日晒或受压变干、变形,在移植鲜活植物时也需使用此箱。采集箱也可用塑料袋(多采用 70cm×50cm)或塑料背包代替。

枝剪和高枝剪:用以剪枝条或剪高大树木上的枝条。

丁字小镐或手铲:用来挖掘草本植物的根。

手锯:用来采集木本植物标本。

号牌:用卡片纸或其他硬纸,剪成 4cm×3cm 的小纸片,一端穿孔,并穿上线,在采集标本时,编好采集号(按标本采集次序编号,并必须与采集记录本上登记的号数相一致)后系在标本上,具体式样如下:

采集记录本(签):是野外采集植物标本作原始记录专用的。每采一种植物都要详细填写一页(张)。其大小以 16cm×10cm 为宜,具体式样如下:

植物标本采集记录

采集日期＿＿＿＿＿＿＿＿＿＿　　采集号＿＿＿＿＿＿＿＿＿＿

产地＿＿＿＿＿＿＿＿＿＿＿＿＿＿＿＿＿＿＿＿＿＿＿＿＿＿＿

生长环境＿＿＿＿＿＿＿＿＿＿＿＿＿＿＿＿＿＿＿＿＿＿＿＿＿

海拔高度＿＿＿＿＿＿＿＿＿＿　　性状＿＿＿＿＿＿＿＿＿＿＿

体高＿＿＿＿＿＿＿＿＿＿＿＿　　胸径＿＿＿＿＿＿＿＿＿＿＿

根(地下茎)＿＿＿＿＿＿＿＿＿＿＿＿＿＿＿＿＿＿＿＿＿＿＿＿

茎＿＿＿＿＿＿＿＿＿＿＿＿＿＿＿＿＿＿＿＿＿＿＿＿＿＿＿＿

叶＿＿＿＿＿＿＿＿＿＿＿＿＿＿＿＿＿＿＿＿＿＿＿＿＿＿＿＿

花＿＿＿＿＿＿＿＿＿＿＿＿＿＿＿＿＿＿＿＿＿＿＿＿＿＿＿＿

果实＿＿＿＿＿＿＿＿＿＿＿＿＿＿＿＿＿＿＿＿＿＿＿＿＿＿＿

种子＿＿＿＿＿＿＿＿＿＿＿＿＿＿＿＿＿＿＿＿＿＿＿＿＿＿＿

土名＿＿＿＿＿＿＿＿＿＿＿＿＿　科名＿＿＿＿＿＿＿＿＿＿＿

学名＿＿＿＿＿＿＿＿＿＿＿＿＿＿＿＿＿＿＿＿＿＿＿＿＿＿＿

用途＿＿＿＿＿＿＿＿＿＿＿＿＿　采集者＿＿＿＿＿＿＿＿＿＿

附记(乳汁、气味等)＿＿＿＿＿＿＿＿＿＿＿＿＿＿＿＿＿＿＿

放大镜:用于观察植物标本的细微形态特征。

测高表(海拔仪):用以测量采集地海拔高度。

罗盘:用于观察方向、坡向、坡度。

钢卷尺:用于测量植物高度和胸径。

照相机及望远镜:拍摄植物全形、生态等照片,以补野外记录的不足;观察远处植物或高大树木顶端的特征。

小纸袋:收集、保存标本上落下的花、果实、种子、花粉和叶。

绳索:长约 4~5m 或更长些,应结实耐用且轻便利于携带。

此外,在采集前还应准备如塑料广口瓶、酒精、甲醛溶液、地图、雨衣、水壶、饭盒及上山用的采集服装、帽子、采集用的背包等。必要时准备高筒雨靴及裹腿护等。

2. 植物标本采集的方法

(1) 根据采集目的和要求,确定采集时间和地点:各种植物的生长发育时期有长有短,因此必须在不同季节,不同时间采集,才能得到各类不同时期的标本。另外,不同生态环境,生长着不同的植物,因此需根据采集标本的对象,来确定采集地点。

(2) 采集植物标本应注意的事项:

1) 根据采集目的,选择正常、无病虫害、具该种典型特征的植株作为采集对象。药用植物还要采集药用部分以有利药材鉴别。

2) 采集完整的、大小适宜的标本:除营养器官外,还必须具有花或果(裸子植物有球花、球果)。雌雄异株植物,应分别采取雌株和雄株,以便研究鉴定。标本的大小以台纸(40cm×30cm) 为标准。由于生长季节的关系,在一次采集中往往不能把植物的各部分器官都采到,这就需要加以补采。①木本植物剪取长 25~30cm 带花或果的枝条(中部偏上枝条为宜)。对先花后叶的植物,应在同一株上先采花,后采枝叶。有些植物,一年生新枝上的叶形或其他特征和老枝上的不同,因此幼叶、老叶都要采。如果药用部分为根或树皮,应取一小块树皮或根作为样品附在标本上。②采集草本植物,应采带根的全草,即要挖取地下部分如根茎、匍匐枝、块茎或根系等。③在剪取藤本植物作标本时,应注意表示它的藤本性状。④对寄生植物,需连同寄主一起采下,并将寄主或附生植物种类、形态,同寄生植物关系等记录在采集记录上。⑤水生草本植物,提出水面后很容易缠绕重叠,失去其原来形态。采此类标本时,可用硬纸板从水中将其托出,连同纸板一起压入标本夹内,这样可保持形态特征的完整性。

3) 采集标本份数:每种植物一般要采 5 份或更多,并给以同一编号,每个标本上都要系上号牌。其作用是除自己保存外,对一些疑难种类,可将其中同号的一份送研究机关,请代为鉴定。他们可根据号签告诉你鉴定结果。若遇稀少、经济价值很高的植物,还应多采几份,以便标本馆(室)之间互相交换。

4) 对人类有毒,易于过敏的植物,采集时要慎重。

5) 采集标本时应注意爱护资源,特别是稀有植物。

6) 必须及时认真作好野外采集记录,如植物产地、生长环境、性状,根、茎、叶、花、果的质地、气味、颜色,有无香气和乳汁、易脱落的毛茸、刺、腺体等,以及采集日期等都必须记录,它对于标本鉴定和研究有很大的帮助。野外采集时,调查和访问当地有关人员,如植物土名、利用情况、有毒植物的情况等也很重要,对这些访问资料也应认真记录和整理。

在野外采集标本时,应尽可能地随采、随记录和编号,以免过后忘记或错号等。野外采集号数要前后连贯、不要重号、漏号,同时同地采集的同种植物编为同一个号,同种植物在不同地点、不同时间采集,要另编一号。对有些雌雄异株的药用植物,要分开采集标本,分别编号,并注明两号关系。每份植物标本上都要有号牌,号牌上的采集号数要与记录本上的相一致。每号标本的份数也应在记录本上登记。每一种植物标本的记录要占有一号及记录本上的一页。并长期保存和备用。填写号牌和采集记录本均须用铅笔,不可用圆珠笔或钢笔,以免日久、遇水或消毒时褪色。

(二) 植物标本的压制和整理

植物标本压制和整理的目的是使标本在短期内干燥,使其形态与颜色得以固定。目前,植物腊叶标本的制作方法有压干法、微波法等。微波法是根据微波加热原理快速制作标本的新方法,较常规吸水纸压制法制作标本快、成本低。常规方法压制和整理标本需注意以下几点:

1. 妥善保存　采集的标本,除少量进行检索观察外,若需保存应立即进行压制,如时间过长,失去水分,叶、花卷缩,将无法保持原形,降低甚至丧失保存价值。

2. 初步整形　将采集的材料进行初步分类和整理,清洗或擦除标本材料上的污泥,使植株保持自然状态,疏去部分过多的枝叶,以免彼此重叠太厚,不易压平而生霉。但整形时要注意保留其分支及叶柄的一部分,以示原来状况,保持原有特征。如果叶片太大不能在夹板上压制,可沿中脉一侧剪去全叶 40%,保留叶尖,若是羽状复叶,可将叶轴一侧的小叶剪短,保留小叶基部和复叶顶端小叶。对景天科、天南星科等肉质植物,则先用开水杀死。对球茎、块茎、鳞茎等除用开水杀死外,还要切除一半,然后再压制,可促其干燥。

3. 压制　先将一标本夹平放,上置 5~6 层吸水草纸,将已整形的标本置于纸上,草本植物应连根压入。如果植株过长,可弯折成"V"或"N"形,也可选其形态上有代表性的部分,剪成上、中、下三段(上段带花、果,中段带叶,下段带根),分别压在标本夹内,但要注意编同一采集号,以备鉴定时查对。每份标本的叶片除大多数正面向上外、应有少数叶片使其背面向上用以显示背面的特征,叶片过多时可以选择性地去除一部分(去除叶片时,应保留叶柄等特征)。

每份标本上面盖 2~3 层草纸,再放另一份标本(草纸厚薄可根据标本含的水分多少而增减),当所有标本压完后,最上面一份标本,需盖上 5~6 层纸,再放上另一块标本夹,用麻绳将标本夹横木捆紧。捆标本时,注意四面平展,否则标本压得不整齐,还会损坏标本夹。将压有标本的标本夹,置于日光下或置于通风处。

在压标本时,各标本要按编号顺序排列,同时在标本夹上注明由几号到几号标本;采集日期和地点。这样既有利于将来查找,又可以及时发现在换纸过程中丢失的标本。

4. 换纸　标本压制头几天,每天应换 2~3 次干纸,视天气情况和标本性质,一周以后,一般 1~2 天换纸一次,直至标本完全干燥为止,以保持标本不发霉和减少变色。每次换出的潮湿纸应及时晒干或烘干,以供继续使用。

在第 1~2 次换纸时,对标本要进行整形,使枝、叶展开,不要重叠、折皱。落下的花、果和叶要用纸袋装起来,袋外写上该标本的采集号,和标本放在一起,以免翻压丢失,以后贴在台纸上。

在换纸时,植物根部或粗大部分要经常调换位置,不可集中一端或中央致使高低不均,使标本压不好。

5. 腊叶标本消毒和装订　野外采回的标本往往带有害虫或虫卵,或霉菌孢子。故在标本入柜之前,必须进行消毒。

(1) 消毒方法:标本在上台纸装订前要进行消毒,方法有三种:一种是把标本放进消毒室或消毒箱内,将敌敌畏或四氯化碳、二硫化碳混合液置于玻璃皿内,利用蒸气熏杀标本上的虫子和卵,约 3 天后即可取出上台纸;另一种是将已压干的标本置于 0.4% 升汞(氯化高汞)酒精溶液(95% 酒精 1000ml 加 4g 升汞)中浸泡 5 分钟左右(视茎叶花果的厚薄而定),然后取出放干纸中,并勤换纸至干,方能装订在台纸上(注意:升汞为剧毒药品,使用时须加以注意,在消毒过程中必须戴胶皮手套和口罩,结束后要及时洗手,以免中毒。药品使用后应专人保管,使用时必须有 2 人在场才能领取药品,避免因管理不当造成意外事故);第三种是低温消毒法,将压干的标本捆成一叠一叠,放到低温冷柜(-18℃~-30℃)的条件下,将标本冷冻 72 小时,即可起到杀菌消毒作用。

(2) 上台纸:压好的标本,为了长期保存和便于利用,应装订在台纸上。台纸一般用硬磅纸(白板纸),纸面最好为白色。台纸大小,一般长 40cm,宽 30cm,装订时按以下步骤进行:

1) 取一张台纸,平整放于桌面上,然后把选好已消毒的标本放在台纸适当的位置上,右下角和左上角都要留出贴定名标签和野外记录签的位置。在装订前,标本还需进行最后一次整形,将太长或过多的枝、叶、花果疏去。

2) 用针线将标本订在台纸上,先订粗大枝条,再订小枝和叶,较大的叶可在背面涂少量胶水(或白乳胶)贴紧。也可用小刀沿标本各部位适当位置切出数个纵向切口,再具有韧性的白纸条从切口穿入,从背面扣紧,并用胶水在背面贴牢。上台纸时最好不用浆糊,以避免生虫,损坏标本。

3) 凡在压制中脱落下来应保留的叶、花、果可按自然着生情况装订或用透明纸袋,贴于台纸一角。

4) 单独干制的地下部分或过大的果实也应装订在台纸上

5) 填写经正式鉴定的定名标签,贴在台纸右下角,定名签的大小以 10cm×8cm 为宜,式样如下:

```
                              定名签
                                                        植物
                    _____
          采集人_____      采集号_____
          中文名_____      科名_____
          学名_____
          产地_____
          用途_____
          鉴定人_____      日期_____
```

6) 按标本号复写一份采集记录,贴于台纸左上角。

这样才算完成一份完整的腊叶标本。

6. 腊叶标本的保存 凡经上台纸和装入纸袋的高等植物标本,经正式定名后,都应放入标本柜中保存。

(1) 标本柜以铁制的最好,可以防火,但价格贵,因此多采用木制标本柜。通常采用二节四间的标本柜,柜分上下二节,这样易于搬动。柜内可放樟脑防虫剂,以防虫蛀。

(2) 腊叶标本在标本柜内排列方式主要有以下几种:

1) 按系统排列:各科排列顺序可按现在一般较为完整的系统,如哈钦松系统、恩格勒系统等,目前一些较大的标本室都是采用此种排列方式。

2) 按地区排列:把同一地区采来的标本放在一起,这样对研究某地区植物或野生资源植物的调查比较方便。但在地区内仍要遵照系统或拉丁字母顺序排列。

3) 按拉丁文字母顺序排列:这种排列方式对熟悉拉丁学名的人,使用起来非常方便。

以上各种方式,可根据不同情况、不同需要来采用。

二、植物其他标本的制作

(一) 植物浸制标本

植物标本经过浸制,可使形态逼真,易于观察、鉴别,而且还可以保持其原来色泽。按其特点常可分为 4 种:①整体浸制标本:如有花植物、菌类、苔藓和藻类的植物体,均可制作成整体浸制标本。②解剖浸制标本:把植物体的特定部位解剖开,显示其内部构造。如花、果实的解剖。③个体发育的浸制标本:某种植物从生命开始到产生后代以至死亡的全部过程即为该植物的个体发育,如木贼、藻类生活史,均可制作成浸制标本。④比较用的浸制标本:如主根、侧根、水生根、气生根等的比较,可制成浸制标本。

(二) 植物干制标本

干制标本主要是较快地从植物体中去掉水分,以保持其本身的颜色或状态,其制作方法大致可分为三种:①烙干法:优点是能保持花的颜色不变,使其迅速干燥。②沙干法:优点是能保持植物各部体积的比例和姿态,可以制作成套的直观教具,或制作花、花序、整个植物体供陈列展览之用。③硅胶法:优点是能保持完整的或带有茎、叶、花部分器官的植物,经过脱水干燥后能成为保持原来生活姿态和色泽的立体植物标本。

【野外实习总结】

根据实习目的和要求写出实习总结。

附录四 被子植物门分科检索表

被子植物门分科检索表

1. 子叶 2 枚，极稀可为 1 枚或较多；茎具中央髓部；在多年生的木本植物且有年轮；叶片常有网状脉；花常为 5 出或 4 出数。(次 1 项见 277 页)······双子叶植物纲 Dicotyledoneae
  2. 花无真正的花冠(花被片逐渐变化，呈覆瓦状排列成 2 至数层的，也可在此检索)；有或无花萼，有时且可类似花冠。(次 2 项见 256 页)
   3. 花单性，雌雄同株或异株，其中雄花，或雌花和雄花均可成荑花序或类似荑葇状的花序。(次 3 项见 248 页)
    4. 无花萼，或在雄花中存在。
     5. 雌花以花梗着生于椭圆形膜质苞片的中脉上，心皮 1······漆树科 Anacardiaceae
        (九子母属 *Dobinea*)
     5. 雌花情形非如上述；心皮 2 或更多数。
      6. 多为木质藤本；叶为全缘单叶，具掌状脉；果实为浆果······胡椒科 Piperaceae
      6. 乔木或灌木；叶可呈各种型式，但常为羽状脉；果实不为浆果。
       7. 旱生性植物，有具节的分枝，和极退化的叶片，后者在每节上且连合成为具齿的鞘状物··············
          ······木麻黄科 Casuarinaceae
          (木麻黄属 *Casuarina*)
       7. 植物体为其他情形者。
        8. 果实为具多数种子的蒴果；种子有丝状毛茸······杨柳科 Salicaceae
        8. 果实为仅具 1 种子的小坚果、核果或核果状的坚果。
         9. 叶为羽状复叶；雄花有花被······胡桃科 Juglandaceae
         9. 叶为单叶(有时在杨梅科中可为羽状分裂)······杨梅科 Myricaceae
          10. 果实为小坚果；雄花有花被······桦木科 Betulaceae
    4. 有花萼，或在雄花中不存在。
     11. 子房下位。
      12. 叶对生，叶柄基部互相连合······金粟兰科 Chloranthaceae
      12. 叶互生。
       13. 叶为羽状复叶······胡桃科 Juglandaceae
       13. 叶为单叶。
        14. 果实为蒴果······金缕梅科 Hamamelidaceae
        14. 果实为坚果。
         15. 坚果封藏于一变大呈叶状的总苞中······桦木科 Betulaceae
         15. 坚果有一壳斗下托，或封藏在一多刺的果壳中······壳斗科 Fagaceae

247

11. 子房上位

　16. 植物体中具白色乳汁。

　　17. 子房 1 室；桑椹果···桑科 Moraceae

　　17. 子房 2~3 室；蒴果···大戟科 Euphorbiaceae

　16. 植物体中无乳汁，或在大戟科的重阳木属 Bischofia 中具红色液体。

　　18. 子房为单心皮所组成；雄蕊的花丝在花蕾中向内屈曲·····································荨麻科 Urticaceae

　　18. 子房为 2 枚以上的连合心皮所组成；雄蕊的花丝在花蕾中常直立（在大戟科的重阳木属
　　　　Bischofia 及巴豆属 Croton 中则向前屈曲）。

　　　19. 果实为 3 个（稀可 2~4 个）离果所成的蒴果；雄蕊 10 至多数，有时少于 10··················
　　　　　···大戟科 Euphorbiaceae

　　　19. 果实为其他情形；雄蕊少数至数个（大戟科的黄桐树属 Endospermum 为 6~10），或和花萼裂片
　　　　　同数且对生。

　　　　20. 雌雄同株的乔木或灌木。

　　　　　21. 子房 2 室；蒴果··金缕梅科 Hamamelidaceae

　　　　　21. 子房 1 室；坚果或核果··榆科 Ulmaceae

　　　　20. 雌雄异株的植物。

　　　　　22. 草本或草质藤本；叶为掌状分裂或为掌状复叶···································桑科 Moraceae

　　　　　22. 乔木或灌木；叶全缘，或在重阳木属为 3 小叶所为的复叶··················大戟科 Euphorbiaceae

3. 花两性或单性，但并不成为荑荑花序。

　23. 子房或子房室内有数个至多数胚珠。（次 23 项见 250 页）

　24. 寄生性草本，无绿色叶片···大花草科 Rafflesiaceae

　24. 非寄生性植物，有正常绿色叶片，或叶退化而以绿色茎代行叶的功用。

　　25. 子房下位或部分下位。（次 25 项见 249 页）

　　26. 雌雄同株或异株，如为两性花时，则成肉质穗状花序。

　　　27. 草本。

　　　　28. 植物体含多量液汁；单叶常不对称··秋海棠科 Begoniaceae
　　　　　　　　　　　　　　　　　　　　　　　　　　　　　　　　　　　　　（秋海棠属 Begonia）

　　　　28. 植物体不含多量液汁；羽状复叶··四数木科 Datiscaceae
　　　　　　　　　　　　　　　　　　　　　　　　　　　　　　　　　　　　　（野麻属 Datisca）

　　　27. 木本。

　　　　29. 花两性，成肉质穗状花序；叶全缘···金缕梅科 Hamamelidaceae
　　　　　　　　　　　　　　　　　　　　　　　　　　　　　　　　　　　　　（假马蹄荷属 Chunia）

　　　　29. 花单性，成穗状、总状或头状花序；叶缘有锯齿或具裂片。

　　　　　30. 花呈穗状或总状花序；子房 1 室···四数木科 Datiscaceae
　　　　　　　　　　　　　　　　　　　　　　　　　　　　　　　　　　　　　（四数木属 Tetram eles）

　　　　　30. 花呈头状花序；子房 2 室···金缕梅科 Hamamelidaceae
　　　　　　　　　　　　　　　　　　　　　　　　　　　　　　　　　　　　（枫香树亚科 Liquidambaroideae）

　　26. 花两性，但不成肉质穗状花序。

　　　31. 子房 1 室。

　　　　32. 无花被，雄蕊着生在子房上···三白草科 Saururaceae

　　　　32. 有花被；雄蕊着生在花被上。

　　　　　33. 茎肥厚，绿色，常具棘针；叶常退化；花被片和雄蕊都多数；浆果··········仙人掌科 Cactaceae

　　　　　33. 茎不呈上述形状；叶正常；花被片和雄蕊皆为五出或四出数，或雄蕊数为前者的 2 倍；蒴果········
　　　　　　　··虎耳草科 Saxifragaceae

　　　31. 子房 4 室或更多室。

　　　　34. 乔木；雄蕊为不定数···海桑科 Sonneratiaceae

34. 草本或灌木

   35. 雄蕊 4 ·· 柳叶菜科 Onagraceae

    （丁香蓼属 Ludwigia）

   35. 雄蕊 6 或 12 ··· 马兜铃科 Aristolochiaceae

25. 子房上位。

 36. 雄蕊或子房 2 个，或多数。

  37. 草本。

   38. 复叶或多少有些分裂，稀可为单叶（如驴蹄草属 Caltha），全缘或具齿裂；心皮多数至少数

    ··· 毛茛科 Ranunculaceae

   38. 单叶，叶缘有锯齿；心皮和花萼裂片同数 ······················ 虎耳草科 Saxifragaceae

    （扯根菜属 Penthorum）

  37. 木本。

   39. 花的各部为整齐的三出数 ····································· 木通科 Lardizabalaceae

   39. 花为其他情形。

    40. 雄蕊数个至多数，连合成单体 ··································· 梧桐科 Sterculiaceae

    （苹婆族 Sterculieae）

    40. 雄蕊多数，离生。

     41. 花两性；无花被 ····································· 昆栏树科 Trochodendraceae

     （昆栏树属 Trochodendron）

     41. 花雌雄异株，具 4 个小形萼片 ··········· 连香树科 Cercidiphyllaceae

     （连香树属 Cercidiphyllum）

 36. 雌蕊或子房单独 1 个。

  42. 雄蕊周位，即着生于萼筒或杯状花托上。

   43. 有不育雄蕊，且和 8~12 能育雄蕊互生 ·············· 大风子科 Flacourtiaceae

    （山羊角树属 Casearia）

   43. 无不育雄蕊。

    44. 多汁草本植物；花萼裂片呈覆瓦状排列，成花瓣状，宿存；蒴果盖裂 ········ 番杏科 Aizoaceae

    （海马齿属 Sesuvium）

    44. 植物体为其他情形；花萼裂片不成花瓣状。

     45. 叶为双数羽状复叶，互生；花萼裂片呈覆瓦状排列；果实为荚果；常绿乔木 ·····················

     ·· 豆科 Leguminosae

     （云实亚科 Caesalpinoideae）

     45. 叶为对生或轮生单叶；花萼裂片呈镊合状排列；非荚果。

      46. 雄蕊为不定数；子房 10 室或更多室；果实浆果状 ········· 海桑科 Sonneratiaceae

      46. 雄蕊 4~12（不超过花萼裂片的 2 倍）；子房 1 室至数室；果实蒴果状。

       47. 花杂性或雌雄异株，微小，呈穗状花序，再呈总状或圆锥状排列 ·····················

       ··· 隐翼科 Crypteroniaceae

       （隐翼属 Crypteronia）

       47. 花两性，中型，单生至排列成圆锥花序 ··········· 千屈菜科 Lythraceae

  42. 雄蕊下位，即着生于扁平或凸起的花托上。

   48. 木本；叶为单叶。

    49. 乔木或灌木；雄蕊常多数，离生；胚胎生于侧膜胎座或隔膜上 ········· 大风子科 Flacourtiaceae

    49. 木质藤本；雄蕊 4 或 5，基部连合成杯状或环状；胚珠基生（即位于子房室的基底）·····················

    ··· 苋科 Amaranthaceae

    （浆果苋属 Deeringia）

   48. 草本或亚灌木。

50. 植物体沉没水中,常为一具背腹面呈原叶体状的构造,像苔藓········ 河苔草科 Podostmaceae

50. 植物体非如上述情形

　51. 子房 3~5 室。

　　52. 食虫植物;叶互生;雌雄异株·· 猪笼草科 Nepenthaceae

　　　　　　　　　　　　　　　　　　　　　　　　　　　（猪笼草属 *Nepenthes*）

　　52. 非为食虫植物;叶对生或轮生;花两性 ···························· 番杏科 Aizoaceae

　　　　　　　　　　　　　　　　　　　　　　　　　　　（粟米草属 *Mollugo*）

　51. 子房 1~2 室

　　53. 叶为复叶或多少有些分裂···································· 毛茛科 Renunculaceae

　　53. 叶为单叶。

　　　54. 侧膜胎座。

　　　　55. 花无花被 ·· 三白草科 Saururaceae

　　　　55. 花具 4 离生萼片 ····································· 十字花科 Cruciferae

　　　54. 特立中央胎座。

　　　　56. 花序呈穗状、头状或圆锥状;萼片多小为干膜质 ············· 苋科 Amaranthaceae

　　　　56. 花序呈聚伞状;萼片草质································ 石竹科 Caryophyllaceae

23. 子房或其子房室内仅有 1 至数个胚珠。

57. 叶片中常有透明微点。

58. 叶为羽状复叶 ··· 芸香科 Rutaceae

58. 叶为单叶,全缘或有锯齿。

　59. 草本植物或有时在金粟兰科为木本植物;花无花被,常呈简单或复合的穗状花序,但在胡椒科
　　　齐头绒属 *Zippelia* 则成疏松总状花序。

　60. 子房下位;仅 1 室有 1 胚珠;叶对生,叶柄在基部连合 ··············· 金粟兰科 Chloranthaceae

　60. 子房上位;叶如为对生时,叶柄也不在基部连合。

　　61. 雌蕊由 3~6 近于离生心皮组成,每心皮各有 2~4 胚珠 ··········· 三白草科 Saururaceae

　　　　　　　　　　　　　　　　　　　　　　　　　　　（三白草属 *Saururus*）

　　61. 雌蕊由 1~4 合生心皮组成,仅 1 室,有 1 胚珠················· 胡椒科 Piperaceae

　　　　　　　　　　　　　　　　（齐头绒属 *Zippelia*,豆瓣绿属 *Peperomia*）

　59. 乔木或灌木;花具一层花被;花序有各种类型,但不为穗状。

　　62. 花萼裂片常 3 片,呈镊合状排列;子房为 1 心皮所成,成熟时肉质,常以 2 瓣裂开;雌雄异株

　　　　··· 肉豆蔻科 Myristicaceae

　　62. 花萼裂片 4~6 片,呈覆瓦状排列;子房为 2~4 合生心皮所成。

　　　63. 花两性;果实仅 1 室,蒴果状,2~3 瓣裂开 ··············· 大风子科 Flacourtiaceae

　　　　　　　　　　　　　　　　　　　　　　　　　　　（山羊角树属 *Casearia*）

　　　63. 花单性,雌雄异株;果实 2~4 室,肉质或革质,很晚才裂开 ············ 大戟科 Euphorbiaceae

　　　　　　　　　　　　　　　　　　　　　　　　　　　（白树属 *Celonium*）

57. 叶片中无透明微点。

64. 雄蕊连为单体,至少在雄花中有此现象。花丝互相连合成筒状或一中柱。

　65. 肉质寄生草本植物,具退化呈鳞片的叶片,无叶绿素·············· 蛇菰科 Balanophoraceae

　65. 植物体非为寄生性,有绿叶。

　　66. 雌雄同株,雄花呈球型头状花序,雌花以 2 个同生于 1 个有 2 室而具有钩状芒刺的果壳中

　　　　··· 菊科 Compositae

　　　　　　　　　　　　　　　　　　　　　　　　　　　（苍耳属 *Xanthium*）

　　66. 花两性,如为单性时,雄花及雌花也无上述情形。

　　　67. 草本植物;花两性。

　　　　68. 叶互生 ·· 藜科 Chenopodiaceae

68. 叶对生。
  69. 花显著,有连合成花萼状的总苞 ························· 紫茉莉科 Nyctaginaceae
  69. 花微小,无上述情形的总苞 ································· 苋科 Amaranthaceae
 67. 乔木或灌木,稀可为草本;花单性或杂性;叶互生。
 70. 萼片呈覆瓦状排列,至少在雄花中如此 ············· 大戟科 Euphordiaceae
 70. 萼片呈镊合状排列。
  71. 雌雄异株;花萼常具 3 裂片;雌蕊为 1 心皮所成,成熟时肉质,且常以 2 瓣裂开 ················
   ··· 肉豆蔻科 Myristicaceae
  71. 花单性或雄花和两性花同株;花萼具 4~5 裂片或裂齿;雌蕊为 3~6 近于离生的心皮所成,
   各心皮于成熟时为革质或木质,呈蓇葖果状而不裂开 ·············梧桐科 Sterculiaceae
   (苹婆族 Sterculieae)

64. 雌蕊各自分离,有时仅为 1 个,或花丝成为分枝的簇丛(如大戟科的蓖麻属 Ricinus)。
 72. 每花有雌蕊 2 个至多数,近于或完全离生;或花的界限不明显时,则雌蕊多数,呈 1 球形头状
  花序。
  73. 花托下陷,呈杯状或坛状。
   74. 灌木;叶对生;花被片在坛状花托的外侧排列成数层 ············· 腊梅科 Calycanthaceae
   74. 草本或灌木;叶互生;花被片在杯或坛状花托的边缘排成一轮 ············· 蔷薇科 Rosaceae
  73. 花托扁平或隆起,有时可延长。
   75. 乔木、灌木或木质藤本。
    76. 花有花被 ································· 木兰科 Magnoliaceae
    76. 花无花被。
     77. 落叶灌木或小乔木;叶卵形,具羽状脉和锯齿缘;无托叶;花两性或杂性,在叶腋中丛生;
     翅果无毛,有柄 ······························昆栏树科 Trochodendraceae
     (领春木属 Euptelea)
     77. 落叶乔木,叶广阔,掌状分裂叶缘有缺刻或大锯齿;有托叶围茎成鞘,易脱落;花单性,雌
     雄同株,分别聚成球形头状花序;小坚果,围以长柔毛而无柄 ·········悬铃木科 Platanaceae
     (悬铃木属 Platanus)
   75. 草本或稀为亚灌木,有时为攀缘性。
    78. 胚珠倒生或直生。
     79. 叶片多少有些分裂或为复叶;无托叶或极微小;有花被(花萼);胚珠倒生;花单生或呈各
     种类型的花序 ································· 毛茛科 Ranunculaceae
     79. 叶为全缘单叶;有叶托;无花被;胚珠直生;花成穗形总状花序 ········ 三白草科 Saururaceae
    78. 胚珠常弯生;叶为全缘单生。
     80. 直立草本;叶互生,非肉质 ································· 商陆科 Phytolaccaceae
     80. 平卧草本;叶对生或近轮生,肉质 ························· 番杏科 Aizoaceae
     (针晶粟草属 Gisekia)
72. 每花仅有 1 个复合或单雌蕊,心皮有时于成熟后各自分离。
 81. 子房下位或半下位。(次 81 项见 252 页)
  82. 草本。
   83. 水生或小形沼泽植物。
    84. 花柱 2 个或更多;叶片(尤其沉没水中的)常成羽状细裂或为复叶 ················
     ································· 小二仙草科 Haloragidaceae
    84. 花柱 1 个,叶为线形全缘单叶 ························· 杉叶藻科 Hippuridaceae
   83. 陆生草本。
    85. 寄生性肉质草本,无绿叶。
     86. 花单性,雌花常无花被;无珠被及种皮 ············ 蛇菰科 Balanophoraceae

86. 花杂性,有一层花被,两性花有 1 雄蕊;有珠被及种皮 ·················· 锁阳科 Cynomoriaceae
(锁阳属 *Cynomorium*)

85. 非寄生性植物,或于百蕊草属 *Thesium* 为半寄生性,但均有绿叶。

  87. 叶对生,其形宽广而有锯齿缘 ····················· 金粟兰科 Chloranthaceae

  87. 叶互生。

    88. 平铺草本(限于我国植物),叶片宽,三角形,多少有些肉质 ·············· 番杏科 Aizoaceae
(番杏属 *Tetragonia*)

    88. 直立草本,叶片窄而细长 ····················· 檀香科 Santalaceae
(百蕊草属 *Thesium*)

82. 灌木或乔木。

 89. 子房 3~10 室。

  90. 坚果 1~2 个,同生在一个且可裂为 4 瓣的壳斗里 ·············· 壳斗科 Fagaceae
(水青冈属 *Fagus*)

  90. 核果,并不生在壳斗里。

    91. 雌雄异株,呈顶生的圆锥花序,后者并不为叶状苞片所托·············· 山茱萸科 Cornaceae
(鞘柄木属 *Torriceae*)

    91. 花杂性,形成球形的头状花序,后者为 2~3 白色叶状苞片所托·············· 珙桐科 Nyssaceae
(珙桐属 *Dauidia*)

 89. 子房 1 或 2 室,或在铁青树科的青皮木属 *Schoepfia* 中,子房的基部可为 3 室。

  92. 花柱 2 个。

    93. 蒴果,2 瓣裂开 ····················· 金缕梅科 Hamamelidaceae

    93. 果实呈核果状,或为蒴果状的瘦果,不裂开 ····················· 鼠李科 Rhamnaceae

  92. 花柱 1 个或无花柱。

    94. 叶片下面多少有些具皮屑状或鳞片状的附属物 ····················· 胡颓子科 Elaeagmaceae

    94. 叶片下面无皮屑状或鳞片状的附属物。

     95. 叶缘有锯齿或圆锯齿,稀可在荨麻科的紫麻属 *Oreacnide* 中有全缘者。

      96. 叶对生,具羽状脉;雌花裸露,有雄蕊 1~3 个····················· 金粟兰科 Chloranthaceae

      96. 叶互生,大都于叶基具三出脉;雄花具花被及雄蕊 4 个(稀可 3 或 5 个)·····················
····················· 荨麻科 Urticaceae

     95. 叶全缘,互生或对生。

      97. 植物体寄生在乔木的树干或枝条上;果实呈浆果状 ····················· 桑寄生科 Loranthaceae

      97. 植物体大都陆生,或有时可为寄生性;果实呈坚果或核果状,胚珠 1~5 个。

       98. 花多为单性;胚珠垂悬于基底胎座上 ····················· 檀香科 Santalaceae

       98. 花两性或单性;胚珠垂悬于子房室的顶端或中央胎座的顶端

        99. 雄蕊 10 个,为花萼裂片的 2 倍数 ····················· 使君子科 Combretaceae
(诃子属 *Terminalia*)

        99. 雄蕊 4 或 5 个,和花萼裂片同数且对生 ····················· 铁青树科 Olacaceae

81. 子房上位,如有花萼时,和它相分离,或在紫茉莉科及胡颓子科中,当果实成熟时,子房为宿存
萼筒所包围。

100. 托叶鞘围抱茎的各节;草本,稀可为灌木 ····················· 蓼科 Polygonaceae

100. 无托叶鞘,在悬铃木科有托叶鞘但易脱落。

 101. 草本,或有时在藜科及紫茉莉科中为亚灌木。(次 101 项见 253 页)

  102. 无花被。

   103. 花两性或单性;子房 1 室,内仅有 1 个基生胚珠。

    104. 叶基生,由 3 小叶而成;穗状花序在一个细长基生无叶的花梗上 ·····················
····················· 小檗科 Berberidaceae

（裸花草属 *Achlys*）

104. 叶茎生,单叶;穗状花序顶生或腋生,但常和叶相对生 ·················· 胡椒科 Piperaceae

（胡椒属 *Piper*）

103. 花单性;子房 3 或 2 室。

105. 水生或微小的沼泽植物,无乳汁;子房 2 室,每室内含 2 个胚珠 ··········
·· 水马齿科 Callitrchaceae

（水马齿属 *Callitriche*）

105. 陆生植物;有乳汁;子房 3 室,每室内仅含 1 个胚珠 ·················· 大戟科 Euphordiaceae

102. 有花被,当花为单性时,特别是雄花是如此。

106. 花萼呈花瓣状,且成管状。

107. 花有总苞,有时这总苞类似花萼 ·················· 紫茉莉科 Nyctaginaceae

107. 花无总苞。

108. 胚珠 1 个,在子房的近顶端处 ·················· 瑞香科 Thymelaeaceae

108. 胚珠多数,生在特立中央胎座上 ·················· 报春花科 Primulaceae

（海乳草属 *Glaux*）

106. 花萼非如上述情形。

109. 雄蕊周位,即位于花被上。

110. 叶互生,羽状复叶而有草质的托叶;花无膜质苞片;瘦果·················· 蔷薇科 Rosaceae

（地榆族 Sanguisorbieae）

110. 叶对生,或在蓼科的冰岛蓼属 *Koenigia* 为互生,单叶无草质托叶;花有膜质苞片。

111. 花被片和雄蕊各为 5 或 4 个,对生;囊果;托叶膜质 ·········· 石竹科 Caryophyllaceae

111. 花被片和雄蕊各为 3 个,互生;坚果;无托叶 ·················· 蓼科 Polygonaceae

（冰岛蓼属 *Koenigia*）

109. 雄蕊下位,即位于子房下。

112. 花柱或其分枝为 2 或数个,内侧常为柱头面。

113. 子房常为数个或多数心皮连合而成 ·················· 商陆科 Phytolaccaceae

113. 子房常为 2 或 3(或 5)心皮连和而成。

114. 子房 3 室,稀可 2 或 4 室 ·················· 大戟科 Euphordiaceae

114. 子房 1 或 2 室。

115. 叶为掌状复叶或具掌状脉而有宿存托叶·················· 桑科 Moraceae

（大麻亚科 Cannaboideae）

115. 叶具羽状脉,或稀可为掌状脉而无托叶,叶可在藜科中叶退化成鳞片或为肉质而
形如圆筒。

116. 花有草质而带绿色或灰绿色的花被及苞片 ·················· 藜科 Chenopobiaceae

116. 花有干膜质而常有色泽的花被及苞片 ·················· 苋科 Amaranthaceae

112. 花柱 1 个,常顶端有柱头,也可无花柱。

117. 花两性。

118. 雌蕊为单心皮;花萼有 2 膜质且宿存的萼片而成;雄蕊 2 个····毛茛科 Ranunculaceae

（星叶草属 *Circaeaster*）

118. 雌蕊由 2 合生心皮而成。

119. 萼片 2 片,雄蕊多数 ·················· 罂粟科 Papaveraceae

（博落回属 *Macleaya*）

119. 萼片 4 片,雄蕊 2 或 4 ·················· 十字花科 Cruciferae

（独行菜属 *Lepidium*）

117. 花单性。

120. 沉没于淡水中的水生植物;叶细裂成丝状 ·················· 金鱼藻科 Ceratopyllaceae

253

（金鱼藻属 *Ceratopyllum*）

　　120. 陆生植物;叶为其他情形。
　　　121. 叶含多量水分;托叶连接叶柄的基部;雄花的花被 2 片;雄蕊多数···················
　　　　···假牛繁缕科 Theligonaceae
　　　　　　　　　　　　　　　　　　　　　　　　　　（假牛繁缕属 *Theligonum*）

　　　121. 叶不含多量水分;如有托叶时,也不连接叶柄的基部;雄花的花被片和雄蕊各为 4
　　　　　或 5 个,两者相对生 ··荨麻科 Urticaceae
　101. 木本植物或亚灌木。
　　122. 耐寒旱性的灌木,或在藜科的琐琐属 *Holoxyion* 为乔木;叶微小,细长或呈鳞片状,也可
　　　　有时(如藜科)为肉质而成圆筒形或半圆筒形。
　　　123. 雌雄异株或花杂性;花萼为三出数,萼片微呈花瓣状,和雄蕊同数且互生;花柱 1,极
　　　　　短,常有 6~9 放射状且有齿裂的柱头;核果;胚体近直;常绿而基部偃卧的灌木;叶互
　　　　　生,无托叶 ··岩高兰科 Empetraceae
　　　　　　　　　　　　　　　　　　　　　　　　　　　（岩高兰属 *Empetrum*）

　　　123. 花两性或单性,花萼为五出数,稀可三出或四出数,萼片或花萼裂片草质或革质,和雄
　　　　　蕊同数且对生,或在藜可中雄蕊由于退化而数较少,甚或 1 个;花柱或花柱分枝 2 或 3
　　　　　个,内侧常为柱头面;胞果或坚果;胚体弯曲如环或弯曲成螺旋形。
　　　　124. 花无膜质苞片;雄蕊下位;叶互生或对生;无托叶;枝条常具关节 ······················
　　　　　···藜科 Chenopodiaceae
　　　　124. 花有膜质苞片;雄蕊周位;叶对生,基部常互相连和;有膜质托叶;枝条不具关节·······
　　　　　···石竹科 Caryophyllaceae
　122. 不是上述的植物;叶片矩圆形或披针形或宽广至圆形。
　　125. 果实及子房均为 2 至数室,或在大风子科中为不完全的 2 至数室
　　126. 花常为两性。
　　　127. 萼片 4 或 5 片,稀可 3 片,呈覆瓦状排列。
　　　128. 雄蕊 4 个,4 室的蒴果 ···木兰科 Magnoliaceae
　　　　　　　　　　　　　　　　　　　　　　　　　　（水青树属 *Tetracentron*）

　　　128. 雄蕊多数,浆果状的核果 ·································大风子科 Flacouriticeae
　　127. 萼片多 5 片,呈镊合状排列。
　　　129. 雄蕊为不定数;具刺的蒴果 ·································杜英科 Elaeocarpaceae
　　　　　　　　　　　　　　　　　　　　　　　　　　　（猴欢喜属 *Sloanea*）

　　　129. 雄蕊和萼片同数;核果或坚果。
　　　130. 雄蕊和萼片对生,各为 3~6 片 ·······························铁青树科 Olacaceae
　　　130. 雄蕊和萼片互生,各为 4 或 5 ·······························鼠李科 Rhamnaceae
　126. 花单性(雌雄同株或异株)或杂性。
　　131. 果实各种;种子无胚乳或有少量胚乳。
　　　132. 雄蕊常 8 个;果实坚果状或为有翅的蒴果;羽状复叶或单叶 ·························
　　　　　···无患子科 Sapindaceae
　　　132. 雄蕊 5 或 4 个,且和萼片互生;核果有 2~4 个小核;单叶 ·········鼠李科 Rhamnaceae
　　　　　　　　　　　　　　　　　　　　　　　　　　　（鼠李属 *Rhamnus*）

　　131. 果实多呈蒴果状,无翅;种子常有胚乳。
　　　133. 果实为具 2 室的蒴果,有木质或革质的外种皮及角质的内果皮 ·························
　　　　　···金缕梅科 Hamamelidaceae
　　　133. 果实纵为蒴果时,也不像上述情形。
　　　134. 胚珠具腹脊;果实有各种类型,但多为胞间裂开的蒴果······· 大戟科 Euphorbiaceae
　　　134. 胚珠具背脊;果实为胞背裂开的蒴果,或有时呈核果状············黄杨科 Buxaceae

125. 果实及子房均为 1 或 2 室,稀可在无患子科的荔枝属 *Litchi* 及韶子属 *Nephelium* 中为 3 室,或在卫矛科的十齿花属 *Dipentodon* 及铁青树科的铁青树属 *Olax* 中,子房的下部为 3 室,而上部为 1 室。

  135. 花萼具显著的萼筒,且常呈花瓣状。

    136. 叶无毛或下面有柔毛;萼筒整个脱落 ┄┄┄┄┄┄┄┄┄ 瑞香科 Thymelaeaceae

    136. 叶下面具银白色或棕色的鳞片;萼筒或其下部永久宿存,当果实成熟时,变为肉质而紧密包着子房 ┄┄┄┄┄┄┄┄┄ 胡颓子科 Elaeagnaceae

  135. 花萼不是像上述情形,或无花被。

    137. 花药以 2 或 4 舌瓣裂开 ┄┄┄┄┄┄┄┄┄┄┄┄┄ 樟科 Lauraceae

    137. 花药不以舌瓣裂开。

     138. 叶对生。

      139. 果实为有双翅或呈圆形的翅果 ┄┄┄┄┄┄┄┄┄ 槭树科 Aceraceae

      139. 果实为有单翅而呈细长形兼矩圆形的翅果 ┄┄┄┄┄ 木犀科 Oleaceae

     138. 叶互生。

      140. 叶为羽状复叶。

       141. 叶为二回羽状复叶,或退化仅具叶状柄(特称为叶状叶柄 Phyllodia)┄┄┄┄┄┄┄┄┄┄┄┄┄┄┄┄┄┄┄┄┄┄┄┄┄┄ 豆科 Leguminosae
(金合欢属 *Acacia*)

       141. 叶为一回羽状复叶。

        142. 小叶边缘有锯齿;果实有翅。 ┄┄┄┄┄┄┄ 马尾树科 Rhoipteleaceae
(马尾树属 *Rhoiptelea*)

        142. 小叶全缘;果实无翅。

         143. 花两性或杂性 ┄┄┄┄┄┄┄┄┄┄ 无患子科 Sapindaceae

         143. 雌雄异株 ┄┄┄┄┄┄┄┄┄┄┄ 漆树科 Anacardiaceae
(黄连木属 *Pistacia*)

      140. 叶为单叶。

       144. 花均无花被。

        145. 多为木质藤本;叶全缘;花两性或杂性,成紧密的穗状花序 ┄┄┄┄┄┄┄┄┄┄┄┄┄┄┄┄┄┄┄┄┄┄┄┄┄┄ 胡椒科 Piperaceae
(胡椒属 *Piper*)

        145. 乔木;叶缘有锯齿或缺刻;花单性。

         146. 叶宽广,具掌状脉及掌状分裂,叶缘具缺刻或大锯齿;有托叶,围茎成鞘,但易脱落;雌雄同株,雌花和雄花分别成球形的头状花序;雌蕊为单心皮而成;小坚果为倒圆锥形而有棱角,无翅也无梗,但围以长柔毛 ┄┄┄┄┄┄┄┄┄┄┄┄┄┄┄┄┄┄┄┄┄┄┄┄┄┄┄┄┄┄┄ 悬铃木科 Platanaceae
(悬铃木属 *Platanus*)

         146. 叶椭圆形至卵形,具羽状脉及锯齿缘;无托叶;雌雄异株,雄花聚成疏松有苞片的簇丛,雌花单生于苞片的腋内;雌蕊为 2 心皮而成;小坚果扁平,具翅且有柄,但无毛 ┄┄┄┄┄┄┄┄┄┄┄┄┄┄┄┄┄ 杜仲科 Eucmmiaceae
(杜仲属 *Eucommia*)

       144. 花常有花萼,尤其在雄花。

        147. 植物体内有乳汁 ┄┄┄┄┄┄┄┄┄┄┄┄┄┄ 桑科 Moraceae

        147. 植物体内无乳汁

         148. 花柱或其分枝 2 或数个,但在大戟科的核实树属 *Drypetes* 中侧柱头几无柄,呈盾状或肾状形。

          149. 雌雄异株或有时为同株;叶全缘或具波状齿。

150. 矮小灌木或亚灌木;果实干燥,包藏于具有长柔毛而互相联合成双角的2苞片中,胚体弯曲如环 …………………………………… 藜科 Chenopodiaceae

150. 乔木或灌木;果实呈核果状,常为1室含1种子,不包藏于苞片内;胚体近直 …………………………………………………… 大戟科 Euphorbiaceae

149. 花两性或单性;叶缘多有锯齿或具齿裂,稀可全缘。

151. 雄蕊多数 ………………………………………………… 大风子科 Flacourtaceae

151. 雄蕊10或较少。

152. 子房2室,每室有1个至数个胚珠;果实为木质蒴果 …………………………………………………………………… 金缕梅科 Hamamelidaceae

152. 子房1室,仅含1胚珠;果实不是木质蒴果 ……………… 榆科 Ulmaceae

148. 花柱1个,也可有时(如荨麻属)不存,而柱头呈画笔状。

153. 叶缘有锯齿,子房为1心皮而成。

154. 花两性 …………………………………………………… 山龙眼科 Proteaceae

154. 雌雄异株或同株。

155. 花生于当年新枝上;雄蕊多数 …………………… 蔷薇科 Rosaceae
(假稠李属 *Maddenia*)

155. 花生于老枝上;雄蕊和萼片同数 ……………………… 荨麻科 Urticaceae

153. 叶全缘或边缘有锯齿;子房为2个以上连合心皮所成。

156. 果实呈核果状,内有1种子;无托叶。

157. 子房具2或2个胚珠;果实于成熟后由萼筒包围 ……铁青树科 Olaceaceae

157. 子房仅具1个胚珠;果实和花萼相分离,或仅果实基部有花萼衬托之 …………………………………………………………… 山柚子科 Opiliaceae

156. 果实呈蒴果状或浆果状,内含1个至数个种子。

158. 花下位,雌雄异株,稀可杂性,雄蕊多数;果实呈浆果状;无托叶 ………………………………………………………………… 大风子科 Flacourtiaceae
(柞木属 *Xylosma*)

158. 花周位,两性;雄蕊5~12个,果实呈蒴果状;有托叶,但易脱落。

159. 花为腋生的簇丛或头状花序;萼片4~6片 …… 大风子科 Flacourtiaceae
(山羊角树属 *Cacearia*)

159. 花为腋生的伞形花序;萼片10~14片 …………… 卫矛科 Celastraceae
(十齿花属 *Dipentodon*)

2. 花具花萼也具花冠,或有两层以上的花被片,有时花冠可为蜜腺叶所代替。

160. 花冠常为离生的花瓣所组成。(次160项见271页)

161. 成熟雄蕊(或单体雄蕊的花药)多在10个以上,通常多数,或其数超过花瓣的2倍。(次161项见261页)

162. 花萼和1个或更多的雌蕊多少有些互相愈合,即子房下位或半下位。(次162项见258页)

163. 水生草本植物;子房多室 …………………………………… 睡莲科 Nymphaeaceae

163. 陆生植物;子房1至数室,也可心皮为1至数个,或在海桑科中为多室。

164. 植物体具肥厚的肉质茎,多有翅,常无真正的叶 ………… 仙人掌科 Cactaceae

164. 植物体为普通形态,不呈仙人掌状,有真正的叶片。

165. 草本植物或稀可为亚灌木。

166. 花单性。

167. 雌雄同株;花鲜艳,多呈腋生聚伞花序;子房2~4室 ……秋海棠科 Begoniaceae
(秋海棠属 *Begonia*)

167. 雌雄异株;花小而不显著,成腋生穗状或总状花序 …………… 四数木科 Datiscaceae

166. 花常两性。

168. 叶基生或茎生,呈心形,或在阿伯麻属 *Apama* 为长形;不为肉质;花为三出数······
············马兜铃科 Aristolochiaceae
（细辛族 Asareae）

168. 叶茎生,不呈心形,多少有些肉质,或为圆柱形;花不是三出数。

169. 花萼裂片常为 5,叶状;蒴果 5 室或更多室,在顶端呈放射状裂开········番杏科 Aizoaceae

169. 花萼裂片 2;蒴果 1 室,盖裂············马齿苋科 Portulacaceae
（马齿苋属 *Portulaca*）

165. 乔木或灌木(但在虎耳草科的银梅草属 *Deinanthe* 及草绣球属 *Cardiandra* 为亚灌木,黄山梅属 *Kitengeshoma* 为多年生高大草本),有时以生气小根而攀缘。

170. 叶通常对生(虎耳草科的绣球属 *Cardiandra* 为例外),或在石榴科的石榴属 *Punica* 中有时可互生。

171. 叶缘常有锯齿或全缘;花序(除山梅花属 *Philadelpheae* 外),常有不孕的边缘花······
·············虎耳草科 Saxifraceae

171. 叶全缘;花序无不孕花。

172. 叶为脱落性;花萼呈朱红色············石榴科 Punicaceae
（石榴属 *Punica*）

172. 叶为常绿性;花萼不呈朱红色。

173. 叶片中有腺体微点;胚珠常多数············桃金娘科 Myrtaceae

173. 叶片中无微点。

174. 胚珠在每子房室中为多数············海桑科 Sonneratiaceae

174. 胚珠在每子房室中仅 2 个,稀可较多············红树科 Rhizophoraceae

170. 叶互生。

175. 花瓣细长形兼长方形,最后向外翻转············八角枫科 Alangiaceae
（八角枫属 *Alangium*）

175. 花瓣不成细长形,或纵为细长形室,也不向外翻转。

176. 叶无托叶。

177. 叶全缘;果实肉质或木质············玉蕊科 Lecythibaceae
（玉蕊属 *Barringtonia*）

177. 叶缘多少有些锯齿或齿裂;果实呈核果状,其形歪斜············山矾科 Symplocaceae
（山矾属 *Symplocos*）

176. 叶有托叶。

178. 花瓣呈旋转状排列;花药隔向上延伸;花萼裂片中 2 个或更多个在果实上变大而呈翅状 ············龙脑香科 Dipterocarpaceae

178. 花瓣呈覆瓦状或旋转状排列(如蔷薇科的火棘属 *Pyracantha*);花药隔并不向上延伸;花萼裂片也无上述变大情形。

179. 子房 1 室,内具 2~6 侧膜胎座,各有 1 个至多数胚珠;果实为革质蒴果,顶端以 2~6片裂开············大风子科 Flacourtiaceae
（天料木属 *Homalium*）

179. 子房 2~5 室,内具中轴胎座,或其心皮在腹面互相分离而具边缘胎座。

180. 花呈伞状、圆锥、伞形或总状等花序,稀可单生;子房 2~5 室,或心皮 2~5 个,下位,每室或每心皮有胚珠 1~2 个,稀可有时为 3 至 10 个或为多数;果实为肉质或木质假果;种子无翅············蔷薇科 Rosaceae
（梨亚科 Pomoideae）

180. 花成头状或肉穗花序;子房 2 室,半下位,每室有胚珠 2~6 个;果为木质蒴果;种子有或无翅············金缕梅科 Hamamelidaceae
（马蹄荷亚科 Bucklandioideae）

162. 花萼和 1 个或更多的雌蕊互相分离，及子房上位。

181. 花为周位花。

182. 萼片和花瓣相似，覆瓦状排列成数层，着生于坛状花托的外侧 ·············· 腊梅科 Calycanthaceae

（洋腊梅属 *Calycanthus*）

182. 萼片和花瓣有分化，在萼筒或花托的边缘排列成 2 层。

183. 叶对生或轮生，有时上部者可互生，但均为全缘单叶；花瓣常于蕾中呈皱折状。

184. 花瓣无爪，形小，或细长；浆果 ·············· 海桑科 Sonneratiaceae

184. 花瓣有细爪，边缘具腐蚀状的波纹或具流苏；蒴果 ·············· 千屈菜科 Lythraceae

183. 叶互生，单叶或复叶；花瓣不呈皱折状。

185. 花瓣宿存；雄蕊的下部连成一管 ·············· 亚麻科 Linaceae

（粘木属 *Lxonanthes*）

185. 花瓣脱落性；雌雄互相分离。

186. 草本植物，具二出数的花朵；萼片 2 片，早落性；花瓣 4 个 ·············· 罂粟科 Papaveraceae

（花菱草属 *Eschscholzia*）

186. 木本或草本植物，具五出或四出数的花朵。

187. 花瓣镊合状排列；果实为荚果；叶多为二回羽状复叶，有时叶片退化，而叶柄发育为叶状柄；心皮 1 个 ·············· 豆科 Leguminosae

（含羞草亚科 Minosoideae）

187. 花瓣覆瓦状排列；果实为核果，蓇葖果或瘦果；叶为单叶或复叶；心皮 1 个至多数 ··········
·············· 蔷薇科 Rosaceae

181. 花为下位花，或至少在果实时花托扁平或隆起。

188. 雌蕊少数至多数，互相分离或微有连合。（次 188 项见 259 页）

189. 水生植物。

190. 叶片呈盾状，全缘 ·············· 睡莲科 Nymphaeaceae

190. 叶片不呈盾状，多少有些分裂或为复叶 ·············· 毛茛科 Ranunculaceae

189. 陆生植物。

191. 茎为攀缘性。

192. 草质藤本。

193. 花显著，为两性花 ·············· 毛茛科 Ranunculaceae

193. 花小形，为单性，雌雄异株 ·············· 防己科 Menispermaceae

192. 木质藤本或为蔓生灌木。

194. 叶对生，复叶由 3 小叶所成，或顶端小叶形成卷须 ·············· 毛茛科 Ranunculaceae

（锡兰莲属 *Narauelia*）

194. 叶互生，单叶。

195. 花单性。

196. 心皮多数，结果时聚生成一球状的肉质体或散布于极延长的花托上 ·············
·············· 木兰科 Magnoliaceae

（五味子亚科 Schisandroideae）

196. 心皮 3~6，果为核果或核果状 ·············· 防己科 Menispermaceae

195. 花两性或杂性；心皮数个，果为蓇葖果 ·············· 五桠果科 Dilleniaceae

（锡叶藤属 *Tetracera*）

191. 茎直立，不为攀缘性。

197. 雄蕊的花丝连成单体 ·············· 锦葵科 Malvaceae

197. 雄蕊的花丝互相分离。

198. 草本植物，稀可为亚灌木；叶片多少有些分裂或为复叶。

199. 叶无托叶；种子有胚乳 ·············· 毛茛科 Ranunculaceae

199. 叶多有托叶;种子无胚乳 ··· 蔷薇科 Rosaceae

198. 木本植物;叶片全缘或边缘有锯齿,也稀有分裂者。

200. 萼片和花瓣均为镊合状排列;胚乳有嚼痕 ····················· 番荔枝科 Annonaceae

200. 萼片和花瓣均为覆瓦状排列;胚乳无嚼痕。

201. 萼片及花瓣相同,三出数,排列成 3 层或多层,均可脱落 ············ 木兰科 Magnoliaceae

201. 萼片及花瓣甚有分化,多有五出数,排列成 2 层,萼片宿存。

202. 心皮 3 个至多数;花柱互相分离胚珠为不定数 ············ 五桠果科 Dilleniaceae

202. 心皮 3 至 10 个;花柱完全合生胚珠单生 ··············· 金莲木科 Ochnaceae

（金莲木属 *Ochna*）

188. 雌蕊 1 个,但花柱或柱头为 1 至多数。

203. 叶片中具透明微点。

204. 叶互生,羽状复叶或退化为仅有 1 顶生小叶 ····························· 芸香科 Rutaceae

204. 叶对生,单叶 ·· 藤黄科 Guttiferae

203. 叶片中无透明微点。

205. 子房单纯,具 1 子房室。

206. 乔木或灌木;花瓣呈镊合状排列;果实为荚果 ················· 豆科 Legumincsae

（含羞草亚科 Mimosoideae）

206. 草本植物;花瓣呈覆瓦状排列,果实不是荚果。

207. 花为五出数;菁葖果 ··· 毛茛科 Ranunculaceae

207. 花为三出数;浆果 ··· 小檗科 Berberidaceae

205. 子房为复合性。

208. 子房 1 室,或在马齿苋科的土人参属 *Talinum* 中子房基部为 3 室。

209. 特立中央胎座。

210. 草本;叶互生或对生;子房的基部 3 室,有多数胚珠 ··················· 马齿苋科 Portulacaceae

（土人参属 *Talinum*）

210. 灌木;叶对生;子房 1 室,内有成为 3 对的 6 个胚珠 ············ 红树科 Rhizophoraceae

（秋茄树属 *Kandelia*）

209. 侧膜胎座。

211. 灌木或小乔木(在半日花科中常为亚灌木或草本植物),子房并不存在或极短;果实为蒴果或浆果。

212. 叶对生;萼片不相等,外面 2 片较小,或有时退化,内面 3 片呈旋转状排列 ····················

·· 半日花科 Cistaceae

（半日花属 *Helianthemum*）

212. 叶常互生,萼片相等,呈覆瓦状或镊合状排列。

213. 植物体内含有色泽的汁液;叶具掌状脉,全缘;萼片 5 片,互相分离,基部有腺体;种皮肉质,红色 ·· 红木科 Bixaceae

（红木属 *Bixa*）

213. 植物体内不含有色泽的汁液;叶具羽状脉或掌状脉;叶缘有锯齿或全缘;萼片 3~8 片,离生或合生;种皮坚硬,干燥 ································ 大风子科 Flacourtiaceae

211. 草本植物,如为木本植物时,则具有显著的子房柄;果实为浆果或核果。

214. 植物体内含乳汁;萼片 2~3 ··· 罂粟科 Papaveraceae

214. 植物体内不含乳汁;萼片 4~8。

215. 叶为单叶或掌状复叶;花瓣完整;长角果 ············· 白花菜科 Capparidaceae

215. 叶为单叶,或为羽状复叶或分裂;花瓣具缺刻或细裂;蒴果近于顶端裂开 ·················

·· 木犀草科 Resedaceae

208. 子房 2 室至多室,或为不完全的 2 至多室。

216. 草本植物,具多少有些呈花瓣状的萼片。

  217. 水生植物,花瓣为多数雄蕊或鳞片状的蜜腺叶所代替··············睡莲科 Nymphaeaceae
                                               (萍蓬草属 *Nuphar*)

  217. 陆生植物;花瓣不为蜜腺叶所代替。

    218. 一年生本草植物;叶呈羽状细裂;花两性··············毛茛科 Ranunculaceae
                                          (黑种草属 *Nigella*)

    218. 多年生本草植物叶全缘而呈掌状分裂;雌雄同株··············大戟科 Euphorbiaceae
                                          (麻风树属 *Jatropha*)

216. 木本植物,或陆生本草植物,常不具呈花瓣状的萼片。

  219. 萼片与蕾内呈镊合状排列。

    220. 雄蕊互相分离或连成数束。

      221. 花药 1 室;或数室;叶为掌状复叶或单叶,全缘,具羽状脉··········木棉科 Bombacaceae
      221. 花药 2 室;叶为单叶,叶缘有锯齿或全缘。

        222. 花药以顶端 2 孔裂开··············杜英科 Elaecearpaceae
        222. 花药纵长裂开··············椴树科 Tiliaceae

    220. 雄蕊连为单体,至少内层者如此,并且多少有些连成管状。

      223. 花单性;萼片 2 或 3 片··············大戟科 Euphorbiaceae
                                (油桐属 *Aleurites*)

      223. 花常两性;萼片多 5 片,稀可较少。

        224. 花药 2 室或更多室。

          225. 无副萼;多有不育雄蕊;花药 2 室;叶为单叶或掌状分裂········梧桐科 Sterculiaceae
          225. 有副萼;无不育雄蕊;花药数室;叶为单叶,全缘且具羽状脉··············
                                    木棉科 Bombacaceae
                                  (榴莲属 *Durio*)

        224. 花药 1 室。

          226. 花粉粒表面平滑;叶为掌状复叶··············木棉科 Bombacaceae
                                (木棉属 *Gossampinus*)

          226. 花粉粒表面有刺;叶有各种情形··············锦葵科 Malvaceae

  219. 萼片于蕾内呈覆瓦状或旋转状排列,或有时(如大戟科的巴豆 属 *Croton*)近于呈镊合状排列。

    227. 雌雄同株或稀可异株;果实为蒴果,由 2~4 个各自裂为 2 片的离果所成··············
                                      大戟科 Euphorbiaceae

    227. 花常两性,或在猕猴桃科的猕猴桃属 *Actinidi a* 中为杂性或雌雄异株;果实为其他情形。

      228. 萼片在果实时增大且呈翅状;雄蕊具伸长的花药隔··········龙脑香科 Dipterocaypaceae
      228. 萼片及雄蕊两者不为上述情况

        229. 雄蕊排列成 2 层,外层 10 个和花瓣对生,内层 5 个和萼片对生··············
                                蒺藜科 Zygophyllaceae
                                (骆驼蓬属 *Pcganum*)

        229. 雄蕊的排列为其他情形。

          230. 食虫的草本植物;叶基生,呈管状,其上再具有小叶片·····瓶子草科 Sarraceniaceae
          230. 不是食虫植物;叶茎生或基生,但不呈管状。

            231. 植物体呈耐寒旱状;叶为全缘单叶。

              232. 叶对生或上部者互生;萼片 5 片,互不相等,外面 2 片较小或有时退化,内面 3 片较大,成旋转状排列,宿存;花瓣早落··············半日花科 Cistaceae
              232. 叶互生;萼片 5 片,大小相等;花瓣宿存;在内侧基部各有 2 舌状物··············

………………………………………………………………………………………柽柳科 Tamaricaceae

    （琵琶柴属 Reaumuria）

    231. 植物体不是耐寒旱状；叶常互生；萼片 2~5 片，彼此相等；呈覆瓦状或稀可呈镊合状排列。

      233. 草本或木本植物；花为四出数，或其萼片多为 2 片且早落。

        234. 植物体内含乳汁；无或有极短子房柄；种子有丰富胚乳·罂粟科 Papaveraceae

        234. 植物体不内含乳汁；有细长的子房柄；种子有或无少量胚乳 …………………

          ………………………………………………………………白花菜科 Capparidaceae

      233. 木本植物；花常为五出数，萼片宿存或脱落。

        235. 果实为具 5 个棱角的蒴果，分成 5 个骨质各含 1 或 2 种子的心皮后，再各沿其缝线而 2 瓣裂开 ……………………………………蔷薇科 Rosaceae

          （白鹃梅属 Exochorda）

        235. 果实不为蒴果，如为蒴果时则为胞背裂开。

          236. 蔓生或攀缘的灌木；雄蕊互相分离；子房 5 室或更多；浆果，常可食 …………

            ………………………………………………………………猕猴桃科 Actindiaceae

          236. 直立乔木或灌木；雄蕊至少在外层者连为单体，或连成 3~5 束而着生于花瓣的基部；子房 5~3 室。

            237. 花药能转动，以顶端孔裂开；浆果；胚乳颇丰富……猕猴桃科 Actinidiaceae

              （水冬哥属 Saurauia）

            237. 花药能或不能转动，常纵长裂开；果实有各种情形；胚乳通常量微小 ………

              ………………………………………………………………山茶科 Theaceae

161. 成熟雄蕊 10 个或较少，如多于 10 个时，其数并不超过花瓣的 2 倍。

 238. 成熟雄蕊和花瓣同数，且和它对生。（次 238 项见 262 页）

  239. 雌蕊 3 个至多数，离生。

    240. 直立草本或亚灌木；花两性，五出数 …………………………蔷薇科 Rosaceae

      （地蔷薇属 Chamaerhodos）

    240. 木质或草本藤本；花单性，常为三出数。

      241. 叶常为单叶；花小形；核果；心皮 3~6 个，呈星状排列，各含 1 胚珠…… 防己科 Menispermaceae

      241. 叶为掌状复叶或由 3 小叶组成；花中型；浆果；心皮 3 个至多数，轮状或螺旋状排列，各含 1 个或多数胚珠 ……………………………木通科 Lardizabalaceae

 239. 雌蕊 1 个。

  242. 子房 2 至数室。

    243. 花萼裂齿不明显或微小；以卷须缠绕他物的灌木或草本植物……………葡萄科 Vitaceae

    243. 花萼具 4~5 裂片；乔木、灌木或草本植物，有时虽也可为缠绕性，但无卷须。

      244. 雄蕊连成单体。

        245. 叶为单叶；每子房室内含胚珠 2~6 个（或在可可树亚族 Theobromineae 中为多数）…………

          …………………………………………………………梧桐科 Sterculiaceae

        245. 叶为掌状复叶，每子房室内含胚珠多数 ……………木棉科 Bombacaceae

          （吉贝属 Ceiba）

      244. 雄蕊互相分离，或稀可在其下部连成一管。

        246. 叶无托叶；萼片各不相等，呈覆瓦状排列；花瓣不相等，在内层的 2 片常很小 ………………

          …………………………………………………………清风藤科 Sabiaceae

        246. 叶常有托叶；萼片同大，呈镊合状排列；花瓣均大小同形。

          247. 叶为单叶 ………………………………………鼠李科 Rramnaceae

          247. 叶为 1~3 回羽状复叶 ……………………………葡萄科 Vitaceae

           （火筒树属 Leea）

242. 子房 1 室(在马齿苋科的土人参属 *Talinum* 及铁青树科的铁青树属 *Olax* 中则子房的下部多少有些成为 3 室)。

  248. 子房下位或半下位。

    249. 叶互生,边缘常有锯齿;蒴果 ·················大风子科 Flacourtiaceae
                      (天料木属 *Homalium*)

    249. 叶多对生或轮生,全缘;浆果或核果 ···············桑寄生科 Loranthaceae
  248. 子房上位。

    250. 花药以舌瓣裂开 ·····································小檗科 Berberdaceae
    250. 花药不以舌瓣裂开。

      251. 缠绕草本;胚珠 1 个;叶肥厚,肉质 ·················落葵科 Basellaceae
                      (落葵属 *Basella*)

      251. 直立草本,或有时为木本;胚珠 1 个至多数。

        252. 雄蕊连成单体;胚珠 2 个 ·················梧桐科 Sterculiaceae
                      (蛇婆子属 *Walthenia*)

        252. 雄蕊互相分离,胚珠 1 个至多数。

          253. 花瓣 6~9;雌蕊单纯 ·······················小檗科 Berberdaceae
          253. 花瓣 4~8;雌蕊复合。

            254. 常为草本;花萼有 2 个分裂萼片。

              255. 花瓣 4 片;侧膜胎座 ·················罂粟科 Papaveraceae
                      (角茴香属 *Hypecoum*)

              255. 花瓣常 5 片;基部胎座 ·············马齿苋科 Portulacaceae
            254. 乔木或灌木,常蔓生;花萼呈倒圆锥形或杯形。

              256. 通常雌雄同株;花萼裂片 4~5;花瓣呈覆瓦状排列;无不育雄蕊;胚珠有 2 层珠被
                ·······································紫金牛科 Myrsinaceae
                      (信筒子属 *Embelia*)

              256. 花两性;花萼于开花时微小,而不具明显的齿裂;花瓣多为镊合状排列;有不育雄蕊(有时代以蜜腺);胚珠无珠被。

                257. 花萼于果时增大;子房的下部为 3 室,上部为 1 室,内含 3 个胚珠 ······
                  ·······························铁青树科 Olacaceae
                      (铁青树属 *Olax*)

                257. 花萼于果时不增大;子房 1 室,内仅含 1 个胚珠 ·········山柚子科 Opiliaceae
238. 成熟雄蕊和花瓣不同数,如同数时则雄蕊和它互生。

  258. 雌雄异株;雄蕊 8 个,不相同,其中 5 个较长,有伸出花外的花丝,且和花瓣相互生,另 3 个则较短而藏于花内;灌木或灌木状草本;互生或对生单叶;心皮单生;雌花无花被,无梗,贴生于宽圆形的叶状包片上 ····················漆树科 Anacardoaceae
                      (九子不离母属 *Dobinea*)

  258. 花两性或单性,纵为雌雄异株时,其雄花中叶也无上述情形的雄蕊。

    259. 花萼或其筒部和子房多少有些连合。(次 259 项见 264 页)

      260. 每子房室内含胚珠或种子 2 个至多数。(次 260 项见 263 页)

        261. 花药以顶端孔裂开;草本或木本植物;叶对生或轮生,大都于叶片基部具 3~9 脉······
        ·····································野牡丹科 Melastomaceae

        261. 花药纵长裂开。

          262. 草本或亚灌木;有时为攀缘性。

            263. 具卷须的攀缘草本;花单性 ·················葫芦科 Cucurbitaceae
            263. 无卷须的植物;花常两性。

              264. 萼片或花萼裂片 2 片;植物体多少肉质而多水分 ···········马齿苋科 Portulacaceae

(马齿苋属 *Portulaca*)

264. 萼片或花萼裂片 4~5 片;植物体常不为肉质。

 265. 花萼裂片呈覆瓦状或镊合状排列;花柱 2 个或更多;种子具胚乳 ················· ··· 虎耳草科 Saxifragaceae

 265. 花萼裂片呈镊合状排列;花柱 1 个,具 2~4 裂,或为 1 呈头状的柱头种子无胚乳 ······· ··· 柳叶菜科 Onagraceae

262. 乔木或灌木,有时为攀缘性。

 266. 叶互生。

  267. 花数朵至多数成头状花序;常绿乔木;叶革质,全缘或具浅裂 ···························· ·· 金缕梅科 Hamamelidaceae

  267. 花呈总状或圆锥花序。

   268. 灌木;叶为掌状分裂,基部具 3~5 脉;子房 1 室,有多数胚珠;浆果 ············ ·· 虎耳草科 Saxifragaceae

(茶藨子属 *Ribes*)

   268. 乔木或灌木,叶缘有锯齿或细锯齿,有时全缘,具羽状脉;子房 3~5 室,每室内含 2 至 数个胚珠,或在山茉莉属 *Huodendron* 为多数;干燥或木质核果,或蒴果,有时具棱角 或有翅 ·· 野茉莉科 Styracaceae

 266. 叶常对生(使君子科的榄李树属 *Lumnitzera* 例外,同科的风车子属 *Combretum* 也可有时 为互生,或互生和对生共存于一枝上)。

  269. 胚珠多数,除冠盖藤属 *Pileostegia* 自子房室顶端垂悬外,均位于侧膜或中轴胎座上;浆 果或蒴果;叶缘有锯齿或全缘,但均无托叶;种子含胚乳 ············ 虎耳草科 Saxifragaceae

  269. 胚珠 2 个至数个,近于子房顶端垂悬;叶全缘或有圆锯齿;果实多不裂开,内有种子 1 至数个。

   270. 乔木或灌木,常为蔓生,无托叶,不为形成海岸林的组成分子(榄李树属 *Lumnitzera* 例 外);种子无胚乳,落地后始萌芽 ······························· 使君子科 Combretaceae

   270. 常绿灌木或小乔木,具托叶;多为形成海岸林的主要组成分子,种子常有胚乳,在落 地前即萌芽(胎生) ··· 红树科 Rhizophoraceae

260. 每子房室内仅含胚珠或种子 1 个。

 271. 果实裂开为 2 个干燥的离果,并共同悬于一果梗上,花序常为伞形花序(在变豆菜属 *Sanicula* 及鸭儿芹属 *Cryptotaenia* 中为不规则的花序,在刺芫荽属 *Eryngium* 中则为头状花 序) ·· 伞形科 Umbelliferae

 271. 果实不裂开或裂开而不是上述情形的;花序可为各种型式。

  272. 草本植物。

   273. 花柱或柱头 2~4 个;种子具胚乳;果实为小坚果或核果,具棱角或有翅 ···················· ··· 小二仙草科 Haloragidaceae

   273. 花柱 1 个,具有 1 头状或呈 2 裂瓣的柱头;种子无胚乳。

    274. 陆生草本植物,具对生叶;花为二出数;果实为一具钩状刺毛的坚果 ················ ··· 柳叶菜科 Onagraceae

(露珠草属 *Circaea*)

    274. 水生草本植物,有聚生而漂浮水面的叶片;花为四出数;果实为具 2~4 翅的坚果(栽培 种果实可无显著的翅) ··· 菱科 Trapaceae

(菱属 *Trapa*)

  272. 木本植物。

   275. 果实干燥或为蒴果状。

    276. 子房 2 室;花柱 2 个 ·························· 金缕梅科 Hamamelidaceae

    276. 子房 1 室;花柱 1 个。

277. 花序伞房状或圆锥状 ·· 莲叶桐科 Hernandiaceae

277. 花序头状 ··· 珙桐科 Nyssaceae

(旱莲木属 Camptotheca)

275. 果实核果状或浆果状。

278. 叶互生或对生;花瓣呈镊合状排列;花序有各种型式,但稀为伞状或头状,有时且可生于叶片上。

279. 花瓣 3~5 片,卵形或披针形;花药短 ······························· 山茱萸科 Cornaceae

279. 花瓣 4~10 片,狭窄形并向外翻转;花药细长 ····················· 八角枫科 Alangiaceae

(八角枫属 Alangium)

278. 叶互生;花瓣呈覆瓦状或镊合状排列;花序常为伞状或呈头状。

280. 子房 1 室;花柱 1 个;花杂性兼雌雄异株,雌花单生或以少数朵至数朵聚生,雌花多数,腋生为有花梗的簇丛 ·· 珙桐科 Nyssaceae

(蓝果树属 Nyssa)

280. 子房 2 室或更多室;花柱 2~5 个如子房为 1 室而具 1 花柱时(例如马蹄参属 Diplopanax)则花两性,形成顶生类似穗状的花序 ······················· 五加科 Araliaceae

259. 花萼和子房相分离。

281. 叶片中有透明微点。

282. 花整齐,稀可两侧对称;果实不为荚果 ······························· 芸香科 Rutaceae

282. 花整齐或不整齐;果实为荚果 ······································· 豆科 Leguminosae

281. 叶片中无透明微点。

283. 雌蕊 2 个或更多,互相分离或仅有局部的连合;也可子房分离而花柱连合成 1 个。(283 项见 265 页)

284. 多水分的草本;具肉质的茎及叶 ····································· 景天科 Crassulaceae

284. 植物体为其他情形。

285. 花为周位花。

286. 花的各部分呈螺旋状排列,萼片逐渐变为花瓣,雄蕊 5 或 6 个,雌蕊多数 ·················· 腊梅科 Calyeanthaceae

(腊梅属 Chimonanthus)

286. 花的各部分呈轮状排列,萼片和花瓣甚有分化。

287. 雌蕊 2~4 个,各有多数胚珠;种子有胚乳;无托叶 ·············· 虎耳草科 Saxifragaceae

287. 雌蕊 2 个至多数,各有 1 至数个胚珠;种子无胚乳有或无托叶 ········· 蔷薇科 Rosaceae

285. 花为下位花,或在悬铃木科中微呈周位。

288. 草本或亚灌木。

289. 各子房的花柱互相分离。

290. 叶常互生或基生,多少有些分裂;花瓣脱落性,较萼片为大,或于天葵属 Semiaquilegia 稍小于成花瓣状的萼片 ····················· 毛茛科 Ranunculaceae

290. 叶对生或轮生,为全缘单叶;花瓣宿存性,较萼片小 ················ 马桑科 Coriariaceae

(马桑属 Coriaria)

289. 各子房合具 1 共同的花柱或柱头;叶为羽状复叶;花为五出数;花萼宿存;花中有和花瓣互生的腺体;雄蕊 10 个 ··························· 牻牛儿苗科 Geraniaceae

(熏倒牛属 Biebersteinia)

288. 乔木、灌木或木本的攀缘植物。

291. 叶为单叶。(次 291 项见 265 页)

292. 叶对生或轮生 ··· 马桑科 Coriariaceae

(马桑属 Coriaria)

292. 叶互生。

293. 叶为脱落性,具掌状脉;叶柄基部扩张成帽状以覆盖腋芽·悬铃木科 Platanaceae
(悬铃木属 *Platanus*)

293. 叶为常绿性或脱落性,具羽状脉。

294. 雌蕊 7 个至多数(稀可少至 5 个);直立或缠绕性灌木;花两性或单性·············
···木兰科 Magnoliaceae

294. 雄蕊 4~6 个;乔木或灌木;花两性。

295. 子房 5 或 6 个,以 1 共同的花柱而连和,各子房均可成熟为核果·············
···金莲木科 Ochnaceae
(赛金莲木属 *Ouratia*)

295. 子房 4~6 个,各具 1 花柱,仅有 1 子房可成熟为核果·············
···漆树科 Anacardiaceae
(山檨仔属 *Buchanania*)

291. 叶为复叶。

296. 叶对生··省沽油科 Staphyleaceae
296. 叶互生。

297. 木质藤本;叶为掌状复叶或三出复叶···············木通科 Lardizabalaceae
297. 乔木或灌木(有时在牛栓藤科中有缠绕性者);叶为羽状复叶。

298. 果实为 1 含多种子的浆果,状似猫屎················木通科 Lardizabalaceae
(猫儿屎属 *Decaisnea*)

298. 果实为其他情形。

299. 果实为蓇葖果·································牛栓藤科 Connaraceae

299. 果实为离果,或在臭椿属 *Ailanthus* 中为翅果·········苦木科 Simaroubaceae

283. 雌蕊 1 个,或至少其子房为 1 个。

300. 雌蕊或子房确是单纯的,仅 1 室。

301. 果实为核果或浆果。

302. 花为三出数,稀可二出数;花药以舌瓣裂开 ·············樟科 Lauraceae

302. 花为五出或四处数;花药纵长裂开。

303. 落叶具刺灌木;雄蕊 10 个,周位,均可发育···········蔷薇科 Rosaceae
(扁核木属 *Prinsepia*)

303. 常绿乔木;雄蕊 1~5 个,下位,常仅其中 1 或 2 个可发育 ·········漆树科 Anacardiaceae
(杧果属 *Mangifera*)

301. 果实为蓇葖果或荚果。

304. 果实为蓇葖果。

305. 落叶灌木;叶为单叶;蓇葖果内含 2 至数个种子 ·················蔷薇科 Rosaceae
(绣线菊亚科 Spiraeoideae)

305. 常为木质藤本;叶多为单数复叶或具 3 小叶,有时因退化而只有 1 小叶;蓇葖果内仅
含 1 个种子 ····································牛栓藤科 Connaraceae

304. 果实为荚果 ·································豆科 Leguminosae

300. 雌蕊或子房并非单纯者,有 1 个以上的子房室或花柱、柱头、胎座等部分。

306. 子房 1 室或因有 1 假隔膜的发育而成 2 室,有时下部 2~5 室,上部 1 室(次 306 项见 267 页)

307. 花下位,花瓣 4 片,稀可更多。

308. 萼片 2 片····································罂粟科 Papaveraceae
308. 萼片 4~8 片。

309. 子房柄常细长,呈线状································白花菜科 Capparidaceae
309. 子房柄极短或不存在。

310. 子房为 2 个心皮连合组成,常具 2 子房室及 1 假隔膜 ·········十字花科 Cruciferae

310. 子房为 3~6 个心皮连合组成,仅 1 子房室。

311. 叶对生,微小,为耐寒旱性;花为辐射对称;花瓣完整,具瓣爪,其内侧有舌状的鳞片附属物·····················瓣鳞花科 Frankeniaceae

(瓣鳞花属 *Frankenia*)

311. 叶互生,显著,非为耐寒旱性;花为两侧对称;花瓣常分裂,但其内侧并无舌状的鳞片附属物···木犀草科 Resedaceae

307. 花周位或下位,花瓣 3~5 片,稀可 2 片或更多。

312. 每子房内仅有胚珠 1 个。

313. 乔木,或稀为灌木;叶常为羽状复叶。

314. 叶常为羽状复叶,具托叶及小托叶····················省沽油科 Staphyleaceae

(银鹊树属 *Tapiscia*)

314. 叶为羽状复叶或单叶,无托叶及小托叶····················漆树科 Anacardiaceae

313. 木本或草本;叶为单叶。

315. 通常均为木本,稀可在樟科的无根藤属 *Cassytha* 则为缠绕性寄生草本;叶常互生,无膜质托叶。

316. 乔木或灌木;无托叶;花为三出数或二出数,萼片和花瓣同形,稀可花瓣较大;花药以舌瓣裂开;浆果或核果························樟科 Lauraceae

316. 蔓生性的灌木,茎为合轴型,具钩状得分枝;托叶小而早落;花为五出数,萼片和花瓣不同形,前者且于结实时增大成翅状;花药纵长裂开;坚果···钩枝藤科 Ancistrocladaceae

(钩枝藤属 *Ancistrocladus*)

315. 草本或亚灌木;叶互生或对生,具膜质托叶 ····················蓼科 Polygonaceae

312. 每子房室内有胚珠 2 个至多数。

317. 乔木、灌木或木质藤本。(次 317 项见 267 页)

318. 花瓣及雄蕊均着生于花萼上····················千屈菜科 Lythraceae

318. 花瓣及雄蕊均着生于花托上(或于西番莲科中雄蕊着生于子房柄上)。

319. 核果或翅果,仅有 1 种子。

320. 花萼具显著的 4 或 5 裂片或裂齿,微小而不能长大·········茶茱萸科 Icacinaceae

320. 花萼呈截平头或具不明显的萼齿,微小,但能在果实上增大···铁青树科 Olacaceae

(铁青树属 *Olax*)

319. 蒴果或浆果,内有 2 个至多数种子。

321. 花两侧对称。

322. 叶为 2~3 回羽状复叶;雄蕊 5 个····················辣木科 Moringaceae

(辣木属 *Moringa*)

322. 叶为全缘的单叶;雄蕊 8 个····················远志科 Polygalaceae

321. 花辐射对称;叶为单叶或掌状分裂。

323. 花瓣具有直立而常彼此衔接的瓣爪····················海桐花科 Pittosporaceae

(海桐花属 *Pittosporum*)

323. 花瓣不具细长的瓣爪。

324. 植物体为耐寒旱性,有鳞片状或细长形的叶片;花无小苞片···柽柳科 Tamaricaceae

324. 植物体为非耐寒旱性,具有较关宽大的叶片。

325. 花两性。

326. 花萼和花瓣不甚分化,且前者较大····················大风子科 Flacourtiaceae

(红子木属 *Erythrospermum*)

326. 花萼和花瓣很有分化,前者很小 ································· 堇菜科 Violaceae

（雷诺木属 *Rinorea*）

325. 雌雄异株或花杂性。

327. 乔木;花的每一花瓣基部各具位于内方的一鳞片;无子房柄 ·················

·················· 大风子科 Flacourtiaceae

（大风子属 *Hydnocarpus*）

327. 多为具卷须而攀缘的灌木;花常具一为 5 鳞片所成的副冠,各鳞片和萼

片对生;有子房柄 ··················· 西番莲科 Passifloraceae

（蒴莲属 *Adenia*）

317. 草本或亚灌木。

328. 胎座位于子房室的中央或基底。

329. 花瓣着生于花萼的喉部 ···················· 千屈菜科 Lythraceae

329. 花瓣着生于花托上。

330. 萼片 2 片;叶互生,稀可对生 ···················石竹科 Portulacaceae

330. 萼片 5 或 4 片;叶对生 ·······················石竹科 Caryophllaceae

328. 胎座为侧膜胎座。

331. 食虫植物,具生有腺体刚毛的叶片 ···················· 茅膏菜科 Droseraceae

331. 非为食虫植物,也无生有腺体毛茸的叶片。

332. 花两侧对称。

333. 花有一位于前方的距状物;蒴果 3 瓣裂开 ··········· 堇菜科 Violaceae

333. 花有一位于后方的大型花盘;蒴果仅于顶端裂开 ··········· 木犀草科 Resedaceae

332. 花整齐或近于整齐。

334. 植物体为耐寒旱性;花瓣内侧各有 1 舌状的鳞片 ········瓣鳞花科 Frankeniaceae

（瓣鳞花属 *Frankenia*）

334. 植物体非为耐寒旱性;花瓣内侧无鳞片的舌状附属物。

335. 花中有副冠及子房柄 ···················· 西番莲科 Passifloraceae

（西番莲属 *Passiflora*）

335. 花中无副冠及子房柄 ···················· 虎耳草科 Saxifragaceae

306. 子房 2 室或更多室。

336. 花瓣形状彼此极不相等。

337. 子房室内有数个至多数胚珠。

338. 子房 2 室 ·······················虎耳草科 Saxifragaceae

338. 子房 5 室 ·······················凤仙花科 Balsaminaceae

337. 每子房室内仅有 1 个胚珠。

339. 子房 3 室;雄蕊离生;叶盾状,叶缘具棱角或波纹 ··········· 旱金莲科 Tropaeolaceae

（旱金莲属 *Tropaeolum*）

339. 子房 2 室(稀可 1 或 3 室);雄蕊连合为一单体;叶不呈盾状,全缘 ·············

·················· 远志科 Polygalaceae

336. 花瓣形状彼此相等或微有不等,且有时花也可为两侧对称。

340. 雄蕊数和花瓣既不相等,也不是它的倍数。

341. 叶对生。

342. 雄蕊 4~10 个,常 8 个。

343. 蒴果 ·······················七叶树科 Hippocastaanaceae

343. 翅果 ·······················槭树科 Aceraceae

342. 雄蕊 2 或 3 个,也稀可 4 或 5 个。

344. 萼片及花瓣均为五出数;雄蕊多为 3 个 ··········· 翅子藤科 Hippocrateaceae

344. 萼片及花瓣常均为四出数;雄蕊 2 个,稀可 3 个 ·················· 木犀科 Oleaceae
341. 叶互生。
  345. 叶为单叶,多全缘,或在油桐属 *Vernicia* 中可具 3~7 裂片;花单性 ··············
                                           大戟科 Euphorbiaceae
  345. 叶为单叶或复叶;花两性或杂性。
    346. 萼片为镊合状排列;雄蕊连成单体 ·············· 梧桐科 Sterculiaceae
    346. 萼片为覆瓦状排列;雄蕊离生。
      347. 子房 4 或 5 室,每子房室内有 8~12 胚珠;种子具翅 ·············· 楝科 Meliaceae
                                       (香椿属 *Toona*)
      347. 子房常 3 室,每子房室内有 1 至数个胚珠;种子无翅。
        348. 花小型或中型,下位,萼片互相分离或微有连合 ·········· 无患子科 Sspindaceae
        348. 花大型,美丽,周位,萼片互相连合成一钟形的花萼 ··············
                           钟萼木科 Bretschneideraceae
                           (钟萼木属 *Bretschneidera*)

340. 雄蕊数或花瓣数相等,或是它的倍数。
  349. 每子房室内有胚珠或种子 3 个至多数。(次 349 项见 369 页)
  350. 叶为复叶。
    351. 雄蕊连合为单体 ··············· 酢浆草科 Oxalidaceae
    351. 雄蕊彼此互相分离。
      352. 叶互生。
        353. 叶为 2~3 回的三出数,或为掌状叶 ·············· 虎耳草科 Saxifragaceae
                       (落新妇亚族 Astilbinae)
        353. 叶为 1 回羽状复叶 ·············· 楝科 Meliaceae
                       (香椿属 *Toona*)
      352. 叶对生。
        354. 叶为双数羽状复叶 ·············· 蒺藜科 Zygophyllaceae
        354. 叶为单数羽状复叶 ·············· 省沽油科 Staphyleaceae
  350. 叶为单叶。
    355. 草本或亚灌木。
      356. 花周位;花托多少有些中空。
        357. 雄蕊着生于杯状花托的边缘 ·············· 虎耳草科 Saxifragaceae
        357. 雄蕊着生于杯状或管状花萼(或即花托)的内侧 ·········· 千屈菜科 Lythraceae
      356. 花下位;花托常扁平。
        358. 叶对生或轮生,常全缘。
          359. 水生或沼泽草本,有时(例如田繁缕属 *Bergia*)为亚灌木有托叶 ··············
                          沟繁缕科 Elatinaceae
          359. 陆生草本;无托叶 ·············· 石竹科 Caryophllaceae
        358. 叶互生或基生;稀可对生,边缘有锯齿,或叶退化为无绿色组织的鳞片。
          360. 草本或亚灌木有托叶;萼片呈镊合状排列,脱落性 ·············· 椴树科 Tiliaceae
                   (黄麻属 *Corchorus*,田麻属 *Corchoropsis*)
          360. 多年生常绿草本,或为死物寄生植物而无绿色组织;无托叶;叶片呈覆瓦状
            排列,宿存性 ·············· 鹿蹄草科 Pyrolaceae
    355. 木本植物。
      361. 花瓣常有彼此衔接或其边缘互相依附的柄状瓣爪 ········ 海桐花科 pittosporaceae
                       (海桐花属 *Pittoporum*)
      361. 花瓣无瓣爪,或仅具互相分离的细长柄瓣爪。

362. 花托空凹;萼片呈镊合状或覆瓦状排列。

　363. 叶互生,边缘有锯齿,常绿性··················虎耳草科 Saxifragaceae
　　　　　　　　　　　　　　　　　　　　　　　　　　（鼠刺属 *Itea*）

　363. 叶对生或互生,全缘,脱落性。

　　364. 子房 2~6 室;仅具一花柱;胚珠多数,着生于中轴胎座上 ·············
　　　　···千屈菜科 Lythraceae

　　364. 子房 2 室,具 2 花柱;胚珠数个,垂悬于中轴胎座上 ···············
　　　　··金缕梅科 Hamamelidaceae
　　　　　　　　　　　　　　　　　　　　　　　　　（双花木属 *Disanthus*）

362. 花托扁平或微凸起;萼片呈覆瓦状或于杜英科中呈镊合状排列。

　365. 花为四出数;果实呈浆果状或核果状;花药纵长裂开或顶端舌瓣裂开。

　　366. 穗状花序腋生于当年新枝上;花瓣先端具齿裂·········杜英科 Elaeocarpaceae
　　　　　　　　　　　　　　　　　　　　　　　　　（杜英属 *Elaeocarpus*）

　　366. 穗状花序腋生于昔年老枝上;花瓣完整·················旌节花科 Stachyuraceae
　　　　　　　　　　　　　　　　　　　　　　　　　（旌节花属 *Stachyurus*）

　365. 花为五出数;果实呈蒴果状;花药顶端孔裂。

　　367. 花粉粒单纯;子房 3 室·····························山柳科 Clethraceae
　　　　　　　　　　　　　　　　　　　　　　　　　（山柳属 *Clethra*）

　　367. 花粉粒复合,成为四合体;子房 5 室·············杜鹃花科 Ericaceae

349. 每子房室内有胚珠或种子 1 或 2 个。

　368. 草本植物,有时基部呈灌木状。

　369. 花单性、杂性,或雌雄异株。

　　370. 具卷须的藤本;叶为二回三出复叶·················无患子科 Sapindaceae
　　　　　　　　　　　　　　　　　　　　　　　　（倒地铃属 *Cardiospermum*）

　　370. 直立草本或亚灌木;叶为单叶·····················大戟科 Euphorbiaceae

　369. 花两性。

　　371. 萼片呈镊合状排列;果实有刺·····················椴树科 Tiliaceae
　　　　　　　　　　　　　　　　　　　　　　　　（刺蒴麻属 *Triumfetta*）

　　371. 萼片呈覆瓦状排列;果实无刺。

　　　372. 雄蕊彼此分离;花柱互相连合·················牻牛儿苗科 Geraniaceae

　　　372. 雄蕊互相连合;花柱彼此分离·················亚麻科 Linaceae

　368. 木本植物

　373. 叶肉质,通常仅为 1 对小叶所组成的复叶·············蒺藜科 Zygophyllaceae

　373. 叶为其他情形。

　　374. 叶对生,果实为 1、2 或 3 个翅果所组成。

　　　375. 花瓣细裂或齿裂;每果实有 3 个翅果·············金虎尾科 Malpighiaceae

　　　375. 花瓣全缘;每果实具 2 个或连合为 1 个的翅果·············槭树科 Aceraceae

　　374. 叶互生,如为对生时,则果实不为翅果。

　　　376. 叶为复叶,或稀可为单叶而有具翅的果实。

　　　　377. 雄蕊连为单体。

　　　　　378. 萼片及花瓣均为三出数;花药 6 个,花丝生于雄蕊管的口部 ·············
　　　　　　　··橄榄科 Burseraceae

　　　　　378. 萼片及花瓣均为四出数至六出数;花药 8~12 个,无花丝,直接着生于雄蕊
　　　　　　　管的喉部或裂齿之间 ·····························楝科 Meliaceae

　　　　377. 雄蕊各自分开。

　　　　　379. 叶为单叶;果实为一具 3 翅而其内仅有 1 个种子的小坚果 ·············

卫矛科 Celastraceae

　　　　　　　　　　　　　　　　　　　　　　　　（雷公藤属 *Tripterygium*）

　　379. 叶为复叶;果实无翅。

　　　380. 花柱 3~5 个;叶常互生,脱落性 ·············· 漆树科 Anacardiaceae

　　　380. 花柱 1 个;叶互生或对生。

　　　　381. 叶为羽状复叶,互生,常绿性或脱落性;果实有各种类型 ············

　　　　　　　　　　　　　　　　　　　　　　　　无患子科 Sapindaceae

　　　　381. 叶为掌状复叶,对生,脱落性;果实为蒴果······ 七叶树科 Hipocastanaceae

376. 叶为单叶;果实无翅。

　　382. 雄蕊连成单体,或如为 2 轮时,不至少其内轮者如此,有时其花药无花丝(例

　　　　如大戟科的三宝木属 *Trigonastemon*)。

　　　383. 花两性;萼片或花萼裂片 2~6 片,呈镊合状或覆瓦状排列 ··············

　　　　　　　　　　　　　　　　　　　　　　　　大戟科 Euphorbiaceae

　　　383. 花两性;萼片 5 片,呈覆瓦状排列。

　　　　384. 果实呈蒴果状;子房 3~5 室,各室均可成熟 ··········· 亚麻科 Linaceae

　　　　384. 果实呈核果状;子房 3 室,大都其中的 2 室为不孕性,仅另 1 室可成熟而

　　　　　　有 1 或 2 个胚珠·············· 古柯科 Erythroxylaceae

　　　　　　　　　　　　　　　　　　　　　　　（古柯属 *Erythroxylum*）

　　382. 雄蕊各自分离,有时在毒鼠子科中和花瓣相连合而形成 1 管状物。

　　385. 果呈蒴果状。

　　　386. 叶互生或稀可对生;花下位。

　　　　387. 叶脱落性或常绿性;花单性或两性;子房 3 室,稀可 2 或 4 室,有时可多

　　　　　　至 15 室(例如算盘子属 *Glochidion*)·············· 大戟科 Euphorbiaceae

　　　　387. 叶常绿性;花两性;子房 5 室·············· 五列木科 Pentaphylacaceae

　　　　　　　　　　　　　　　　　　　　　　　（五列木属 *Pentaphylax*）

　　　386. 叶对生或互生;花周位·············· 卫矛科 Celastraceae

　　385. 果呈核果状 ,有时木质化,或呈浆果状。

　　388. 种子无胚乳,胚体肥大而多肉质。

　　　389. 雄蕊 10 个 ·············· 蒺藜科 Zygophyllaceae

　　　389. 雄蕊 4 或 5 个。

　　　　390. 叶互生;花瓣 5 片,各 2 裂或成 2 部分 ········毒鼠子科 Dichapetalaceae

　　　　　　　　　　　　　　　　　　　　　　　（毒鼠子属 *Dichapetalum*）

　　　　390. 叶对生;花瓣 4 片,均完整 ·············· 刺茉莉科 Salvadoraceae

　　　　　　　　　　　　　　　　　　　　　　　（刺茉莉属 *Azima*）

　　388. 种子有胚乳,胚乳有时很小。

　　　391. 植物体为耐寒旱性;花单性,三出或二出数 ········· 岩高兰科 Empetraceae

　　　　　　　　　　　　　　　　　　　　　　　（岩高兰属 *Empetrum*）

　　　391. 植物体为普通形状;花两性或单性,五出或四出数。

　　　　392. 花瓣呈镊合状排列。

　　　　　393. 雄蕊和花瓣同数 ·············· 茶茱萸科 Icacinaceae

　　　　　393. 雄蕊为花瓣的倍数。

　　　　　　394. 枝条无刺,而有对生的叶片 ·············红树科 Rhizophoraceae

　　　　　　　　　　　　　　　　　　　　　　　（红树族 Gynotrocheae）

　　　　　　394. 枝条有刺,而有互生的叶片 ·············铁青树科 Olacaceae

　　　　　　　　　　　　　　　　　　　　　　　（海檀木属 *Ximenia*）

　　　　392. 花瓣呈覆瓦状排列,或在大戟科的小束花属 *Microdesmis* 中为扭转兼

覆瓦状排列。

　　395. 花单性,雌雄异株;花瓣较小于萼片‥‥‥‥‥‥‥‥‥大戟科 Euphorbiaceae

　　　　　　　　　　　　　　　　　　　　　　　　　　（小盘木属 *Microdesmis*）

　　395. 花两性或单性,花瓣较大于萼片。

　　　396. 落叶攀缘灌木;雄蕊 10 个;子房 5 室,每室内有胚珠 2 个‥‥‥‥‥‥

　　　　　　　　　　　　　　　　‥‥‥‥‥‥‥‥‥‥‥‥猕猴桃科 Actindiaceae

　　　　　　　　　　　　　　　　　　　　　　　　　（藤山柳属 *Clematoclethra*）

　　　396. 多为常绿乔木或灌木;雄蕊 4 个或 5 个。

　　　　397. 花下位,雌雄异株或杂性,无花盘‥‥‥‥‥‥冬青科 Aquifoliaceae

　　　　　　　　　　　　　　　　　　　　　　　　　　　　　（冬青属 *Ilex*）

　　　　397. 花周位,两性或杂性;有花盘‥‥‥‥‥‥‥‥‥卫矛科 Celastraceae

　　　　　　　　　　　　　　　　　　　　　　　（异卫矛亚科 Cassinioideae）

160. 花冠为多少有些连合的花瓣所组成。

　398. 成熟雄蕊或单体雄蕊的花药数多于花冠裂片。（次 398 项见 272 页）

　399. 心皮 1 个至数个,互相分离或大致分离。

　　400. 叶为单叶或有时可为羽状分裂,对生,肉质‥‥‥‥‥‥‥景天科 Crassulaceae

　　400. 叶为二回羽状复叶,互生,不呈肉质‥‥‥‥‥‥‥‥‥豆科 Leguminosae

　　　　　　　　　　　　　　　　　　　　　　　　（含羞草亚科 Mimosoideae）

　399. 心皮 2 个或更多,连合成一复合性子房。

　　401. 雌雄同株或异株,有时为杂性。

　　　402. 子房 1 室;无分枝而呈棕榈状的小乔木‥‥‥‥‥‥番木瓜科 Caricaceae

　　　　　　　　　　　　　　　　　　　　　　　　　　　（番木瓜属 *Carica*）

　　　402. 子房 2 室至多室;具分枝的乔木或灌木。

　　　　403. 雄蕊连成单体,或至少内层者如此,蒴果‥‥‥‥‥大戟科 Euphorbiaceae

　　　　　　　　　　　　　　　　　　　　　　　　　　（麻疯树科 Jatropha）

　　　　403. 雄蕊各自分离;浆果‥‥‥‥‥‥‥‥‥‥‥‥‥‥柿树科 Ebenaceae

　　401. 花两性。

　　　404. 花瓣连成一盖状物,或花萼裂片均可合成为 1 或数层的盖状物。

　　　　405. 叶为单叶,具有透明微点‥‥‥‥‥‥‥‥‥‥‥桃金娘科 Myrtaceae

　　　　405. 叶为掌状复叶,无透明微点‥‥‥‥‥‥‥‥‥‥五加科 Araliaceae

　　　　　　　　　　　　　　　　　　　　　　　　　（多蕊木属 *Tupidanthus*）

　　　404. 花瓣及花萼裂片均不连成盖状物。

　　　　406. 每子房室中有 3 个至多数胚珠。

　　　　　407. 雄蕊 5~10 个或其数不超过花冠裂片的 2 倍,稀可在野茉莉科的银钟花属 *Halesia* 其数可达 16 个,而为花冠裂片的 4 倍。

　　　　　　408. 雄蕊连成单体或其花丝于基部互相连合;花药纵裂;花粉粒单生。

　　　　　　　409. 叶为复叶;子房上位;花柱 5 个‥‥‥‥‥‥酢浆草科 Oxalidaceae

　　　　　　　409. 叶为单叶;子房下位或半下位;花柱 1 个;乔木或灌木,常有星状毛

　　　　　　　　‥‥‥‥‥‥‥‥‥‥‥‥‥‥‥‥‥‥‥野茉莉科 Styracaceae

　　　　　　408. 雄蕊各自分离;花药顶端孔裂;花粉粒四合形‥‥‥杜鹃花科 Ericaceae

　　　　　407. 雄蕊为不定数。

　　　　　　410. 萼片和花瓣常各为多数,而无显著的区分;子房下位;植物体肉质,绿色,常具棘针。而其叶退化‥‥‥‥‥‥‥‥‥‥‥‥‥‥‥‥‥‥仙人掌科 Cactaceae

　　　　　　410. 萼片和花瓣常各为 5 片,而有显著的区分,子房上位。

　　　　　　　411. 萼片呈镊合状排列;雄蕊连成单体‥‥‥‥‥锦葵科 Malvaceae

　　　　　　　411. 萼片呈显著的覆瓦状排列。

412. 雄蕊连成 5 束,且每束着生于 1 花瓣的基部;花药顶端孔裂开;浆果··············
·· 猕猴桃科 Actindiaceae
(水冬哥属 Saurauia)

412. 雄蕊的基部连成单体;花药纵长裂开;蒴果···············山茶科 Theaceae
(紫茎木属 Stewartia)

406. 每子房室中常仅有 1 个或 2 个胚珠。
413. 花萼中的 2 片或更多片于结实时能长大成翅状·················龙脑香科 Dipterocarpaceae
413. 花萼片上无上述变大的情形。
414. 植物体常有星状毛茸················野茉莉科 Styracaceae
414. 植物体无星状毛茸。
415. 子房下位或半下位;果实歪斜················山矾科 Symplocaceae
(山矾属 Symplocos)

415. 子房上位。
416. 雄蕊互相连合为单体;果实成熟时分裂为离果················锦葵科 Malvaceae
416. 雄蕊各自分离;果实不是离果。
417. 子房 1 室或 2 室;蒴果················瑞香科 Thymelaeaceae
(沉香属 Aquilaria)

417. 子房 6~8 室;浆果················山榄科 Sapotaceae
(紫荆木属 Madhuca)

398. 成熟雄蕊并不多于花冠裂片或有时因花丝得分裂则可过之。
418. 雄蕊和花冠裂片为同数且对生。
419. 植物体内有乳汁················山榄科 Sapotaceae
419. 植物体内不含乳汁。
420. 果实内有数个至多数种子。
421. 乔木或灌木;果实呈浆果状或核果状················紫金牛科 Myrsinaceae
421. 草本;果实成蒴果状················报春花科 Primulaceae
420. 果实内仅有 1 个种子。
422. 子房下位或半下位。
423. 乔木或攀缘性灌木;叶互生················铁青树科 Olacaceae
423. 常为半寄生性灌木;叶对生················桑寄生科 Loranthaceae
422. 子房上位。
424. 花两性。
425. 攀缘性草本;萼片 2;果为肉质宿存花萼所包围················落葵科 Basellaceae
(落葵属 Basella)

425. 直立草本或亚灌木,有时为攀缘性;萼片或萼裂片 5;果为蒴果或瘦果,不为花萼所包围
·· 蓝雪科 Plumbaginaceae

424. 花单性,雌雄异株;攀缘性灌木。
426. 雄蕊连成单体;雌蕊单纯性················防己科 Menispermaceae
(锡生藤亚族 Cissampelinae)

426. 雄蕊各自分离;雌蕊复合性················茶茱萸科 Icacinaceae
(微花藤属 Iodes)

418. 雄蕊和花冠裂片为同数且互生,或雄蕊数较花冠裂片为小。
427. 子房下位。(次 427 项见 273 页)
428. 植物体常以卷须而攀缘或蔓生;胚珠及种子皆为水平生于侧膜胎座上················
·· 葫芦科 Cucurbitaceae

428. 植物体直立,如为攀缘时也无卷须;胚珠及种子并不为水平生长。

429. 雄蕊互相连合。

　430. 花整齐或两侧对称,呈头状花序,或在苍耳属 *Xanthium* 中,雌花序为一仅含 2 花的果壳,其外生有钩状刺毛;子房 1 室,内仅有 1 个胚珠 ················菊科 Compositae

　430. 花多两侧对称,单生或成 总 状 或 伞 房 花 序;子房 2 或 3 室,内有多数胚珠。

　　431. 花冠裂片呈镊合状排列;雄蕊 5 个,具分离的花丝及联合的花药····桔梗科 Campanulaceae

　　（半边莲亚科 Lobelioideae）

　　431. 花冠裂片呈覆瓦状排列;雄蕊 2 个,具连合的花丝及分离的花药····花柱草科 Stylidiaceae

　　（花柱草属 *Stylidium*）

429. 雄蕊各自分离。

　432. 雄蕊和花冠相分离或近于分离。

　　433. 花药顶端孔裂开;花粉粒连合成四合体;灌木和亚灌木 ····················杜鹃花科 Ericaceae

　　（乌饭树亚科 Vaccinioideae）

　　433. 花药纵长裂开,花粉粒单纯;多为草本。

　　　434. 花冠整齐;子房 2~5 室,内有多数胚珠 ···················桔梗科 Campanulaceae

　　　434. 花冠不整齐;子房 1~2 室,每子房内仅有 1 或 2 个胚珠 ········草海桐科 Goodeniaceae

　432. 雄蕊着生于花冠上。

　　435. 雄蕊 4 或 5 个,和花冠裂片同数。

　　　436. 叶互生;每子房内有多数胚珠 ···················桔梗科 Campanulaceae

　　　436. 叶对生或轮生;每子房内有 1 个至多数胚珠。

　　　　437. 叶轮生,如为对生时,则有托叶存在 ····················茜草科 Rubiaceae

　　　　437. 叶对生,无托叶或稀可有明显的托叶。

　　　　　438. 花序多为聚伞花序 ························忍冬科 Caprifoliaceae

　　　　　438. 花序为头状花序 ························川续断科 Dipsacaceae

　　435. 雄蕊 1~4 个,其数较花冠裂片为少。

　　　439. 子房 1 室。

　　　　440. 胚珠多数,生于侧膜胎座上 ···················苦苣苔科 Gesneriaceae

　　　　440. 胚珠 1 个悬生于子房的顶端 ···················川续断科 Dipsacaceae

　　　439. 子房 2 室或更多室,具中轴胎座。

　　　　441. 子房 2~4 室,所有的子房室均可成熟;水生草本 ···········胡麻科 Pedaliaceae

　　　　（茶菱属 *Trapella*）

　　　　441. 子房 3 或 4 室,仅其中 1 或 2 室可成熟。

　　　　　442. 落叶或常绿的灌木;叶片常全缘或边缘有锯齿 ········忍冬科 Caprifoliaceae

　　　　　442. 陆生草本;叶片常有很多的分裂 ···········败酱科 Valerianaceae

427. 子房上位。

　443. 子房深裂为 2~4 部分;花柱或数花柱均自子房裂片之间伸出。

　　444. 花冠两侧对称或稀可整齐;叶对生 ···························唇形科 Labiatae

　　444. 花冠整齐;叶互生。

　　　445. 花柱 2 个;多年生匍匐性小草本;叶片呈圆肾形····旋花科 Convolvulaceae

　　　（马蹄金属 *Dichondra*）

　　　445. 花柱 1 个 ····································紫草科 Boraginaceae

　443. 子房完整或微有分裂,或为 2 个分离的心皮所组成;花柱自子房的顶端伸出。

　　446. 雄蕊的花丝分裂。

　　　447. 雄蕊 2 个,各分为 3 裂 ···························罂粟科 Papaveraceae

　　　（紫堇亚科 Fumarioideae）

　　　447. 雄蕊 5 个,各分为 2 裂 ···························五福花科 Adoxaceae

　　　（五福花属 *Adoxa*）

446. 雄蕊的花丝单纯。
 448. 花冠不整齐,常多少有些呈二唇状。
  449. 成熟雄蕊 5 个。
   450. 雄蕊和花冠离生 ·· 杜鹃花科 Ericaceae
   450. 雄蕊着生于花冠上 ··· 紫草科 Boraginaceae
  449. 成熟雄蕊 2 或 4 个,退化雌蕊有时也可存在。
   451. 每子房室内仅含 1 或 2 个胚珠(如为后一情形时,也可在次 451 项检索)。
    452. 叶对生或轮生;雄蕊 4 个,稀可 2 个;胚珠直立,稀可垂悬。
     453. 子房 2~4 室,共有 2 个或更多的胚珠·················· 马鞭草科 Verbenaceae
     453. 子房 1 室,仅含 1 个胚珠················ 透骨草科 Phrymataceae
      (透骨草属 Phryma)
    452. 叶互生或基生;雄蕊 2 或 4 个,胚珠悬垂;子房 2 室,每子房室内仅有 1 个胚珠 ··········
     ··· 玄参科 Scrophulariaceae
   451. 每子房室内有 2 个至多数胚珠。
    454. 子房 1 室具侧膜胎座或中央胎座(有时可因侧膜胎座的深入而为 2 室)。
     455. 草本或木本植物,不为寄生性,也非食虫性。
      456. 多为乔木或木质藤本;叶为单叶或复叶,对生或轮生,稀可互生,种子有翅,但无胚
      乳 ·· 紫葳科 Bignoniaceae
      456. 多为草本;叶为单叶,基生或对生;种子无翅,有或无胚乳······· 苦苣苔科 Gesneriaceae
     455. 草本植物,为寄生性或食虫性。
      457. 植物体寄生于其他植物的根部,而无绿叶存在;雄蕊 4 个;侧膜胎座 ·····················
      ··· 列当科 Orobanchaceae
      457. 植物体为食虫性,有绿叶存在;雄蕊 2 个;特立中央胎座;多为水生或沼泽植物,且
      有具距的花冠 ··· 狸藻科 Lentibulariaceae
    454. 子房 2~4 室,具中轴胎座,或于角胡麻科中为子房 1 室而具侧膜胎座。
     458. 植物体常具分泌黏液的腺体毛茸;种子无胚乳或具一薄层胚乳。
      459. 子房最后成为 4 室;蒴果的果皮质薄而不延伸为长喙;油料植物 ·····························
      ··· 胡麻科 Pedaliaceae
       (胡麻属 Sesamum)
      459. 子房 1 室;蒴果的内质皮坚硬而成木质,延伸为钩状长喙;栽培花卉 ·······················
      ·· 角胡麻科 Martyniaceae
       (角胡麻属 Pooboscidea)
     458. 植物体不具上述的毛茸;子房 2 室。
      460. 叶对生;种子无胚乳,位于胎座的钩状突起上 ··············· 爵床科 Acanthaceae
      460. 叶互生或对生;种子有胚乳,位于中轴胎座上。
       461. 花冠裂片具深缺刻,成熟雄蕊 2 个 ······················· 茄科 Solanaceae
        (蝴蝶花属 Sohizanthus)
       461. 花冠裂片全缘或仅其先端具一凹陷;成熟雄蕊 2 或 4 个 ·····························
       ··· 玄参科 Scrophulariaceae
 448. 花冠整齐,或近于整齐。
  462. 雄蕊数较花冠裂片为少。
   463. 子房 2~4 室,每室内仅含 1 或 2 个胚珠。
    464. 雄蕊 2 个 ·· 木犀科 Oleaceae
    464. 雄蕊 4 个。
     465. 叶互生,有透明腺体微点存在 ······················· 苦槛蓝科 Myoporaceae
     465. 叶对生,无透明微点 ·································· 马鞭草科 Verbenaceae

463. 子房 1 或 2 室,每室内有数个至多数胚珠。

　466. 雄蕊 2 个,每子房室内有 4~10 个胚珠悬挂于室的顶端··············木犀科 Oleaceae
　　　　　　　　　　　　　　　　　　　　　　　　　　　　　　（连翘属 Forsythia）

　466. 雄蕊 4 个或 2 个,每子房室内有多数胚珠着生于中轴或侧膜胎座上。

　　467. 子房 1 室,内具分歧的侧膜胎座,或因胎座深入而使子房成 2 室··············
　　　　　　　　　　　　　　　　　　　　　　　　　　　　苦苣苔科 Gesneriaceae

　　467. 子房为完全的 2 室,内具中轴胎座。

　　　468. 花冠于蕾中常折叠;子房 2 心皮的位置偏斜·············· 茄科 Solanaceae

　　　468. 花冠于蕾中不折叠;而呈覆瓦状排列;子房的 2 心皮位于前后方 ··········
　　　　　　　　　　　　　　　　　　　　　　　　　玄参科 Scrophulariaceae

462. 雄蕊和花冠裂片同数。

　469. 子房 2 个,或为 1 个而成熟后呈双角状。

　　470. 雄蕊各自分离;花粉粒也彼此分离 ·············· 夹竹桃科 Apocynaceae

　　470. 雄蕊互相连合;花粉粒连成花粉块 ·············· 萝藦科 Asclepiadaceae

　469. 子房 1 个,不呈双角状。

　　471. 子房 1 室或因 2 侧膜胎座的深入而成 2 室。

　　472. 子房为 1 心皮所成。

　　　473. 花显著,呈漏斗形而簇生;果实为 1 瘦果,有棱或有翅··········紫茉莉科 Nyctaginaceae
　　　　　　　　　　　　　　　　　　　　　　　　　　　（紫茉莉属 Mirabilis）

　　　473. 花小形而形成球形的头状花序;果实为 1 荚果,成熟后则裂为仅含 1 种子的节荚······
　　　　　　　　　　　　　　　　　　　　　　　　　　 豆科 Leguminosae
　　　　　　　　　　　　　　　　　　　　　　　　　　（含羞草属 Mimosa）

　　472. 子房为 2 个以上连合心皮所成。

　　　474. 乔木或攀缘性灌木,稀可为一攀缘性草本,而体内具有乳汁(例如心翼果属
　　　　　Cardiopteris);果实呈核果状(但心翼果属则为干燥的翅果),内有 1 种子 ··········
　　　　　　　　　　　　　　　　　　　　　　　　　　 茶茱萸科 Icacinaceae

　　　474. 草本或亚灌木,或于旋花科的麻辣仔藤属 Erycibe 中为攀缘灌木;果实呈蒴果状(麻
　　　　　辣仔藤属中呈浆果状)内有 2 个或更多的种子。

　　　　475. 花冠裂片呈覆瓦状排列。

　　　　　476. 叶茎生,羽状分裂或为羽状复叶(限于我国植物如此)··············
　　　　　　　　　　　　　　　　　　　　　　　田基麻科 Hydrophyllaceae
　　　　　　　　　　　　　　　　　　　　　　　（水叶族 Hydrophylleae）

　　　　　476. 叶基生,单叶,边缘具齿裂··············苦苣苔科 Gesneriaceae
　　　　　　　　　　　　　　　　（苦苣苔属 Gonandron,黔苣苔属 Tengia）

　　　　475. 花冠裂片常呈旋转状或内折的镊合状排列。

　　　　　477. 攀缘性灌木果实呈浆果状,内有少数种子··············旋花科 Convolvulaceae
　　　　　　　　　　　　　　　　　　　　　　　　　（麻辣仔藤属 Erycibe）

　　　　　477. 直立陆生或漂浮水面的草本;果实呈蒴果状,内有少数至多数种子··············
　　　　　　　　　　　　　　　　　　　　　　　　龙胆科 Gentianaceae

　　471. 子房 2~10 室。

　　　478. 无绿叶而为缠绕性的寄生植物··············旋花科 Convolvulaceae
　　　　　　　　　　　　　　　　　　　　　　　（菟丝子亚科 Cuscutoideae）

　　　478. 不是上述的无叶寄生植物。

　　　　479. 叶常对生,且多在两叶之间具有托叶所成的连接线或附属物······马钱科 Loganiaceae

　　　　479. 叶常互生,或有时基生,如为对生时,其两叶之间也无托叶所成的连系物,有时其叶
　　　　　　也可轮生。

480. 雄蕊和花冠离生或近于离生。

 481. 灌木或亚灌木；花药顶端孔裂；花粉粒为四合体；子房常 5 室 …… 杜鹃花科 Ericaceae

 481. 一年或多年生草本，常为缠绕性；花药纵长裂开；花粉粒单纯；子房常 3~5 室 ……………………………………………………………………………………… 桔梗科 Campanulaceae

480. 雄蕊着生于花冠的筒部。

 482. 雄蕊 4 个，稀可在冬青科为 5 个或更多。

  483. 无主茎的草本，具有少数至多数花朵所形成的穗状花序生于一基生花葶上 ………………………………………………………………………………………………… 车前科 Plantaginaceae

（车前属 *Plantago*）

  483. 乔木、灌木，或具有主茎的草本。

   484. 叶互生，多常绿 …………………………………………………… 冬青科 Aquifoliaceae

（冬青属 *Ilex*）

   484. 叶对生或轮生。

    485. 子房 2 室，每室内有多数胚珠 ……………… 玄参科 Scrophulariaceae

    485. 子房 2 室至多室，每室内有 1 个或 2 个胚珠 ……… 马鞭草科 Verbenaceae

482. 雄蕊常 5 个，稀可更多。

 486. 每子房室内仅有 1 个或 2 个胚珠。

  487. 子房 2 或 3 室；胚珠自子房室近顶端垂悬；木本植物；叶全缘。

   488. 每花瓣 2 裂或 2 分；花柱 1 个；子房无柄，2 或 3 室，每室内各 2 个胚珠；核果；有托叶 …………………………………………… 毒鼠子科 Dichapetalaceae

（毒鼠子属 *Dichapetalum*）

   488. 每花瓣均完整；花柱 2 个；子房具柄，2 室，每室内仅有 1 个胚珠；翅果；无托叶 ……………………………………………………………………… 茶茱萸科 Icacinaceae

  487. 子房 1~4 室；胚珠在子房室基底或中轴的基部直立或上举；无托叶；花柱 1 个，稀可 2 个，有时在紫草科的破布木属 *Cordia* 中其先端可成两次的 2 分。

   489. 果实为核果；花冠有明显的裂片，并在蕾中呈覆瓦状或旋转状排列；叶全缘或有锯齿；通常均为直立木本或草本，多粗壮或具刺毛 …… 紫草科 Boraginaceae

   489. 果实为蒴果；花瓣完整或具裂片；叶全缘或具裂片，但无锯齿缘。

    490. 通常为缠绕性稀可为直立草本，或为半木质的攀缘植物至大型木质藤本（例如盾苞藤属 *Neuropeltis*）；萼片多互相分离；花冠常完整而几无裂片，于蕾中呈旋转状排列，也可有时深裂而其裂片成内折的镊合状排列（例如盾苞藤属）……………………………………………………… 旋花科 Convolvnlaceae

    490. 通常均为直立；萼片连合成钟形或筒状；花冠有明显的裂片，位于花蕾中也成旋转状排列 ………………………………………… 花葱科 Polemoniaceae

 486. 每子房室内有多数胚珠，或在花葱科中有时为 1 至数个；多无托叶。

  491. 高山区生长的耐寒旱性低矮多年生草本或丛生亚灌木；叶多小型，常绿，紧密排列成覆瓦状或莲花座式；花无花盘；花单生至聚集成几为头状花序；花冠裂片成覆瓦状排列；子房 3 室；花柱 1 个；柱头 3 裂；蒴果室背开裂 …………………………………………………………………………………………………… 岩梅科 Diapensiaceae

  491. 草本或木本，不为耐寒旱性；叶常为大型或中型，脱落性，疏松排列而各自展开；花多有位于子房下方的花盘。

   492. 花冠不于蕾中折叠，其裂片呈旋转状排列，或在田基麻科中为覆瓦状排列。

    493. 叶为单叶，或在花葱属 *Polemonium* 为羽状分裂或为羽状复叶；子房 3 室（稀可 2 室）；花柱 1 个；柱头 3 裂；蒴果多室背开裂 ……… 花葱科 Polemoniaceae

493. 叶为单叶,且在田基麻属 *Hydrolea* 为全缘;子房 2 室;花柱 2 个柱头呈头状;
蒴果室间开裂 ·· 田基麻科 Hydrophyllaceae
（田基麻属 *Hydroleeae*）

492. 花冠裂片呈镊合状或覆瓦状排列;或其花冠于蕾中折叠,且呈旋转状排列;
花萼常宿存;子房 2 室;或在茄科中为假 3 室至假 5 室;花柱 1 个柱头完整
或 2 裂。

494. 花冠多于蕾中折叠,其裂片呈覆瓦状排列;或在曼陀罗属 *Datura* 成旋转状
排列,稀可在枸杞属 *Lycium* 和颠茄属 *Atropa* 等属中,并不于蕾中折叠,而
呈覆瓦状排列,雄蕊的花丝无毛;浆果,或为纵裂或横裂的蒴果 ············
·· 茄科 Solanaceae

494. 花冠不于蕾中折叠,其裂片呈覆瓦状排列;雄蕊的花丝具毛茸(尤以后方
的 3 个如此)。

495. 室间开裂的蒴果·································· 玄参科 Scrophulariaceae
（毛蕊花属 *Verbascum*）

495. 浆果,有刺灌木 ·· 茄科 Solanaceae
（枸杞属 *Lycium*）

1. 子叶 1 个;茎无这样髓部,也无呈年轮状的生长;叶多具平行叶脉;花为三出数,有时为四出数,但极少为
五出数 ·· 单子叶植物纲 Monocotyledoneae

496. 木本植物,或其叶于芽中呈折迭状。

497. 灌木或乔木;叶细长或呈剑状,在芽中不呈折叠状 ·············· 露兜树科 Pandanaceae

497. 木本或草本;叶甚宽,常为羽状或扇形的分裂,在芽中呈折叠状而有强韧的平行脉或射出脉。

498. 植物体多甚高大,呈棕榈状,具简单或分枝少的主干;花为圆锥或穗状花序,托以佛焰状苞片 ······
··· 棕榈科 Palmae

498. 植物体常为无主茎的多年生草本,具常深裂为 2 片的叶片;花为紧密的穗状花序···············
··· 环花科 Cyclanthaceae
（巴拿马草属 *Carludovica*）

496. 草本植物或稀可木质茎,但其叶于芽中从不成折叠状。

499. 无花被或在服子菜科中很小(次 499 项见 278 页)。

500. 花包藏于或附托以呈覆瓦状排列的壳状鳞片(特称为颖)中,由多花至 1 花形成小穗(自形态学观
点而言,此小穗实即简单的穗状花序)。

501. 秆多少有些呈三棱形,实心;茎生叶呈三行排列;叶鞘封闭;花药以基底附着花丝;果实为瘦果或
囊果·· 莎草科 Cyperaceae

501. 秆常呈圆筒形;中空;茎生叶呈两行排列;叶鞘常在一侧纵裂开;花药以其中部附着花丝;果实通
常为颖果··· 禾本科 Gramineae

500. 花虽有时排列为具总苞的头状花序,但并不包藏于呈壳状的鳞片中。

502. 植物体微小,无真正的叶片,仅具无茎而漂浮水面或沉没水中的叶状体 ········· 浮萍科 Lemnaceae

502. 植物体常具茎,也具叶,其叶有时呈鳞片状。

503. 水生植物,具沉没水中或漂浮水面的叶片。

504. 花单性,不排列成穗状花序。

505. 叶互生;花成球形的头状花序·································· 黑三棱科 Sparganiaceae
（黑三棱属 *Sparganium*）

505. 叶多对生或轮生;花单生,或在叶腋间形成具伞花序。

506. 多年生草本;雌蕊为 1 个或更多而互相分离的心皮所成;胚珠自子房室顶端垂悬················
·· 眼子菜科 Potamogetonaceae
（角果藻族 *Zannichellieae*）

506. 一年生草本;雌蕊 1 个,具 2~4 柱头;胚珠直立于子房室的基底············ 茨藻科 Najadaceae

（茨藻属 *Najas*）

504. 花两性或单性,排列成简单或分歧的穗状花序。

　507. 花排列于 1 扁平穗轴的一侧。

　　508. 海水植物;穗状花序不分歧,但其雌雄同株或异株的单性花;雄蕊 1 个,具无花丝而为 1 室的花药;雌蕊 1 个,具 2 柱头;胚珠 1 个,垂悬与子房室的顶端 ·················

　　　···眼子菜科 Potamogetonaceae

　　　　　　　　　　　　　　　　　　　　　　　　　　　　　　　（大叶藻属 *Zostera*）

　　508. 淡水植物;穗状花序常分为二歧而具两性花;雄蕊 6 个或更多,具极细长的花丝和 2 室的花药;雌蕊为 3~6 个离生心皮所成;胚珠在每室内 2 个或更多,基生

　　　···水蕹科 Aponogetonaceae

　　　　　　　　　　　　　　　　　　　　　　　　　　　　　　（水蕹属 *Aponogeton*）

　507. 花排列于穗轴的周围,多为两性花;胚珠常仅 1 个·············眼子菜科 Potamogetonaceae

503. 陆生或沼泽植物,常有位于空气中的叶片。

　509. 叶有柄,全缘或有各种类型的分裂,具网状脉;花形成一肉穗花序,后者常有一大型而常具色彩的佛焰苞片;花两性···天南星科 Araceae

　509. 叶无柄,细长形、剑形或退化为鳞片状,其叶片常具平行脉。

　　510. 花形成紧密的穗状花序,或在帚灯草科为疏松的圆锥花序。

　　　511. 陆生或沼泽植物;花序为由位于苞腋间的小穗所组成的疏散圆锥花序;雌雄异株;叶多呈鞘状···帚灯草科 Restionaceae

　　　　　　　　　　　　　　　　　　　　　　　　　　　　（薄果草属 *Leptocarpus*）

　　　511. 水生或沼泽植物;花序为紧密的穗状花序。

　　　　512. 穗状花序位于一呈二棱形的基生花葶的一侧,而另一侧则延伸为叶状的佛焰苞片;花两性···天南星科 Araceae

　　　　　　　　　　　　　　　　　　　　　　　　　　　　（石菖蒲属 *Acorus*）

　　　　512. 穗状花序位于一圆柱形花梗的顶端,形如蜡烛而无佛焰苞;雌雄同株·····香蒲科 Typhaceae

　　510. 花序有各种形式。

　　　513. 花单性,成头状花序。

　　　　514. 头状花序单生于基生无叶的花葶顶端;叶狭窄,呈禾草状,有时叶为膜质 ·············

　　　　　···谷精草科 Eriocaulaceae

　　　　　　　　　　　　　　　　　　　　　　　　　　　　　（谷精草属 *Eriocaulon*）

　　　　514. 头状花序散生于具叶的主茎或枝条的上部,雄性者在下;叶细长,呈扁三棱形,直立或漂浮水面,基部呈鞘状···黑三棱科 Sparganiaceae

　　　　　　　　　　　　　　　　　　　　　　　　　　　　　（黑三棱属 *Sparganium*）

　　　513. 花常两性。

　　　　515. 花序呈穗状或头状,包藏于 2 个互生的叶状苞片中;无花被;叶小,细长形或呈丝状;雄蕊 1 或 2 个;子房上位,1~3 室,每子房室内仅有 1 个垂悬胚珠······ 刺鳞草科 Centrolepidaceae

　　　　515. 花序不包藏于叶状的苞片中;有花被。

　　　　　516. 子房 3~6 个,至少在成熟时互相分离·························水麦冬科 Juncaginaceae

　　　　　　　　　　　　　　　　　　　　　　　　　　　　（水麦冬属 *Triglochin*）

　　　　　516. 子房 1 个,由 3 心皮连合所组成·······························灯心草科 Juncaceae

499. 有花被,常显著,且呈花瓣状。

　517. 雄蕊 3 个至多数,互相分离。

　　518. 死物寄生性植物,具呈鳞片状而无绿色叶片。

　　　519. 花两性,具 2 层花被片;心皮 3 个,各有多数胚珠 ·····················百合科 Liliaceae

　　　　　　　　　　　　　　　　　　　　　　　　　　　　　（无叶莲属 *Petrosavia*）

　　　519. 花单性或稀可杂性,具一层花被片;心皮数个,各仅有 1 个胚珠·················霉草科 Triuridaceae

（喜阴草属 *Sciaphila*）

518. 不是死物寄生性植物,常为水生或沼泽植物,具有发育正常的绿叶。

520. 花被裂片彼此相同;叶细长,基部具鞘··········水麦冬科 Juncaginaceae

（芝菜属 *Scheuchzeria*）

520. 花被裂片分化为萼片和花瓣 2 轮。

521. 叶(限于我国植物)呈细长形,直立;花单生或成伞形花序,蓇葖果··········花蔺科 Butomaceae

（花蔺属 *Butomus*）

521. 叶呈细长兼披针形至卵圆形,常为箭镞状长柄;花常轮生,呈总状或圆锥花序;瘦果··········

··········泽泻科 Alismataceae

517. 雌蕊 1 个,复合性或于百合科的岩菖蒲属 *Tofieldia* 中其心皮近于分离。

522. 子房上位,或花被和子房相分离。

523. 花两侧对称;雄蕊 1 个位于前方,即着生于远轴的 1 个花被片的基部··········田葱科 Philybraceae

（田葱属 *Philydrum*）

523. 花辐射对称;稀可两侧对称;雄蕊 3 个或更多。

524. 花被分化为花萼和花冠 2 轮,后者于百合科的重楼族中,有时为细长形或线形的花瓣所组成,
稀可缺如。(次 524 项见　　页)

525. 花形成紧密而具鳞片的头状花序;雄蕊 3 个;子房 1 室··········黄眼草科 Xyridaceae

（黄眼草属 *Xyris*）

525. 花不形成头状花序;雄蕊数在 3 个以上。

526. 叶互生,基部具鞘,平行脉;花为腋生或顶生的聚伞花序;雄蕊 6 个,或因退化而数较少··········

··········鸭趾草科 Commelinaceae

526. 叶以 3 个或更多生于茎的顶端而成一轮,网状脉而于基部具 3~5 脉;花单独顶生;雄蕊 6
个、8 个、或 10 个·········· 百合科 Liliaceae

（重楼族 Parideae）

524. 花被裂片彼此相同或近于相同,或于百合科的白丝草属 *Chiographis* 中则极不相同,又在同科
的油点草属 *Tricyrtis* 中其外层 3 个花被裂片的基部呈囊状。

527. 花小型,花被裂片绿色或棕色。

528. 花位于一穗形总状花序上;蒴果自一宿存的中轴上裂为 3~6 瓣,每果瓣内仅有 1 个种子
··········水麦冬科 Juncaginaceae

（水麦冬属 *Triglochin*）

528. 花位于各种形式的花序上;蒴果室背开裂为 3 瓣,内有多数至 3 个种子··········

··········灯心草科 Juncaceae

527. 花大型或中型,或有时为小型,花被裂片多少有些具鲜明的色彩。

529. 叶(限于我国植物)的顶端变为卷须,并有闭合的叶鞘;胚珠在每室内仅为 1 个;花排列为
顶生的圆锥花序··········须叶藤科 Flagellariaceae

（须叶藤属 *Flagellaria*）

529. 叶的顶端不变为卷须;胚珠在每子房室内为多数,稀可仅为 1 个或 2 个。

530. 直立或漂浮的水生植物;雄蕊 6 个,彼此不相同,或有时有不育者雨久花科 Pontederiaceae

530. 陆生植物;雄蕊 6 个,4 个或 2 个,彼此相同。

531. 花为四出数,叶(限于我国植物)对生或轮生,具有显著的纵脉及密生的横脉··········

··········百部科 Stemonaceae

（百部属 *Stemona*）

531. 花为三出数或四出数;叶常基生或互生·········· 百合科 Liliaceae

522. 子房下位,或花被多少有些和子房相愈合。

532. 花两侧对称或为不对称形。(次 532 项见 280 页)

533. 花被片均成花瓣状;雄蕊和花柱多少有些互相连合·········· 兰科 Orchidaceae

533. 花被片并不是均成花瓣状；其外层者形如萼片；雄蕊和花柱相分离。

534. 后方的 1 个雄蕊常为不育性，其余 5 个则均发育而具花药。

535. 叶和苞片排列成螺旋状；花常因退化而为单性；浆果；花管呈管状，其一侧不久即裂开‥‥‥‥‥‥‥‥‥‥‥‥‥‥‥‥‥‥‥‥‥‥‥‥‥‥‥‥‥‥‥‥‥‥‥‥芭蕉科 Musaceae
（芭蕉属 Musa）

535. 叶和苞片排列成 2 行；花两性；蒴果。

536. 萼片互相分离或至多可和花冠相连合；居中的 1 花瓣并不成为唇瓣‥‥‥芭蕉科 Musaceae
（鹤望兰属 Strelitzia）

536. 萼片互相连合成管状；居中（位于远轴方向）的 1 花瓣为大形而成唇瓣‥‥芭蕉科 Musaceae
（兰花蕉属 Orchidantha）

534. 后方的 1 个雄蕊发育而具花药，其余 5 个则退化，或变形为花瓣状。

537. 花药 2 室；萼片互相连合为一萼筒，有时成佛焰苞状‥‥‥‥‥‥‥姜科 Zingiberaceae

537. 花药 1 室；萼片互相分离或至多彼此相衔接。

538. 子房 3 室，每子房室内有多数胚珠位于中轴胎座上；各不育雄蕊呈花瓣状，互相与基部简短连合‥‥‥‥‥‥‥‥‥‥‥‥‥‥‥‥‥‥‥‥‥‥‥‥‥‥‥‥‥‥‥‥美人蕉科 Cannaceae
（美人蕉属 Canna）

538. 子房 3 室或因退化而成 1 室，每子房室内仅含 1 个基生胚珠；各不育雄蕊也呈花瓣状，多少有些互相连合‥‥‥‥‥‥‥‥‥‥‥‥‥‥‥‥‥‥‥‥‥‥‥‥竹芋科 Marantaceae

532. 花常辐射对称，也即花整齐或近于整齐。

539. 水生草本，植物体部分或全部沉没水中‥‥‥‥‥‥‥‥‥‥‥水鳖科 Hydrocharitaceae

539. 陆生草本。

540. 植物体为攀缘性；叶片宽广，具网状脉（还有数主脉）和叶柄‥‥‥‥‥‥薯蓣科 Dioscoreaceae

540. 植物体不为攀缘性；叶具平行脉。

541. 雄蕊 3 个。

542. 叶 2 行排列，两侧扁平而无背腹面之分，由下望上重叠跨覆；雄蕊和花被的外层裂片相对生‥‥‥‥‥‥‥‥‥‥‥‥‥‥‥‥‥‥‥‥‥‥‥‥‥‥‥‥‥‥‥‥‥鸢尾科 Iridaceae

542. 叶不为 2 行排列，茎生叶呈鳞片状；雄蕊和花被的内层裂片相对生‥‥‥‥‥‥‥‥‥‥‥‥‥‥‥‥‥‥‥‥‥‥‥‥‥‥‥‥‥‥‥‥‥‥‥‥水玉簪科 Burmanniaceae

541. 雄蕊 6 个。

543. 果实为浆果或蒴果。而花被残留物多少和它相合生，或果实为一聚花果；花被的内层裂片各于其基部有 2 舌状物；叶呈带形，边缘有刺齿或全缘‥‥‥‥凤梨科 Bromeliaceae

543. 果实为蒴果或浆果，仅为 1 花所成；花被裂片无附属物。

544. 子房 1 室，内有多数胚珠位于侧膜胎座上；花序为伞形，具长丝状的总苞片‥‥‥‥‥‥‥‥‥‥‥‥‥‥‥‥‥‥‥‥‥‥‥‥‥‥‥‥‥‥‥‥‥‥蒟蒻薯科 Taccaceae

544. 子房 3 室，内有多数至少数胚珠位于中轴胎座上。

545. 子房部分下位‥‥‥‥‥‥‥‥‥‥‥‥‥‥‥‥‥‥‥‥‥‥百合科 Liliaceae
（肺筋草属 Aletris，沿阶草属 Ophiopogon，球子草属 Peliosanthes）

545. 子房完全下位‥‥‥‥‥‥‥‥‥‥‥‥‥‥‥‥‥‥‥‥‥‥石蒜科 Amaryllidaceae

（吴春德　林伟波）

主要参考书目

1. 姚振生 . 药用植物学 . 北京:中国中医药出版社,2003.

2. 郑汉臣 . 药用植物学 . 北京:人民卫生出版社,1999.

3. 周云龙 . 植物生物学 . 北京:高等教育出版社,1999.

4. 黄宝康 . 药用植物学 . 北京:人民卫生出版社,2016.

5. 中国科学院植物研究所 . 中国高等植物图鉴 . 北京:科学出版社,1972.

6. 国家中医药管理局《中华本草》编委会 . 中华本草 . 上海:上海科学技术出版社,1999.

7. 中国科学院植物志编辑委员会 . 中国植物志 . 北京:科学出版社,1988.

8. 杜勤 . 药用植物学 . 北京:中国医药科技出版社,2011.

9. 郑小吉 . 天然药物学基础 . 北京:人民卫生出版社,2015.

10. 郑汉臣 . 药用植物学与生药学 . 北京:人民卫生出版社,2004.

11. 何凤仙 . 植物学实验 . 北京:高等教育出版社,2000.

12. 姚振生 . 药用植物学实验指导 . 北京:中国中医药出版社,2003.

13. 王德群,谈献和 . 药用植物学 . 北京:科学出版社,2011.

14. 张浩 . 药用植物学 . 北京:人民卫生出版社,2012.

15. 孙启时 . 药用植物学 . 北京:人民卫生出版社,2008.

药用植物名索引

复习思考题答案要点和模拟试卷

《药用植物学》教学大纲

常用药用植物彩色图谱选

图1 彩绒革盖菌 *Coriolus versicolor*

图2 赤芝 *Ganoderma lucidum*

图3 猴头菇 *Hericium erinaceus*

图4 地钱 *Marchantia polymorpha*

图 5　大金发藓 *Polytrichum commune*

图 6　垂穗石松 *Palhinhaea cernua*

图 7　卷柏 *Selaginella tamariscina*

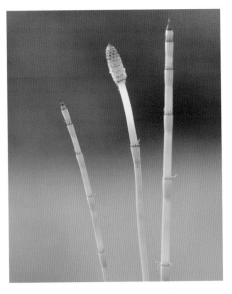

图 8　节节草 *Equisetum ramosissimum*

图 9　紫萁 *Osmunda japonica*

图 10　海金沙 *Lygodium japonicum*

图 11　金毛狗脊 *Cibotium barometz*

图 12　井栏边草 *Pteris multifida*

图 13　贯众 *Cyrtomium fortune*

图 14　石韦 *Pyrrosia lingua*

图 15　槲蕨 *Drynaria fortune*　　　　　　　图 16　银杏 *Ginkgo biloba*

图 17　侧柏 *Platycladus orientalis*　　　　　图 18　榧树 *Torreya grandis*

图 19　南方红豆杉 *Taxus chinensis* var.*mairei*　　图 20　三尖杉 *Cephalotaxus fortunei*

图 21 草麻黄 *Ephedra sinica*

图 22 木贼麻黄 *Ephedra equisetina*

图 23 蕺菜 *Houttuynia cordata*

图 24 三白草 *Saururus chinensis*

图 25 桑 *Morus alba*

图 26 大麻 *Cannabis sativa*

图 27　辽细辛 *Asarum heterotropoides* var. *mand-shuricum*

图 28　细辛 *Asarum sieboldii*

图 29　马兜铃 *Aristolochia debilis*

图 30　波叶大黄 *Rheum undulatum*

图 31　何首乌 *Fallopia multiflorum*

图 32　巴天酸模 *Rumex patientia*

图 33　红蓼 *Polygonum orientale*

图 34　金荞麦 *Fagopyrum dibotrys*

图 35 牛膝 *Achyranthes bidentata*

图 36 青葙 *Celosia argentea*

图 37 鸡冠花 *Celosia cristata*

图 38 瞿麦 *Dianthus superbus*

图 39 莲 *Nelumbo nucifera*

图 40 芡实 *Euryale ferox*

图 41　北乌头 *Aconitum kusnezoffii*　　图 42　黄连 *Coptis chinensis*

图 43　威灵仙 *Clematis chinensis*　　　图 44　白头翁 *Pulsatilla chinensis*

图 45　猫爪草 *Ranunculus ternatus*　　图 46　芍药 *Paeonia lactiflora*　　图 47　牡丹 *Paeonia suffruticosa*

图 48　豪猪刺 *Berberis julianae*

图 49　三枝九叶草 *Epimedium sagittatum*

图 50　阔叶十大功劳 *Mahonia bealei*

图 51　八角莲 *Dysosma versipellis*

图 52　木防己 *Cocculus orbiculatus*

图 53　蝙蝠葛 *Menispermum dauricum*

图 54　玉兰 *Magnolia denudate*

图 55　凹叶厚朴 *Magnolia officinalis* subsp.*biloba*

图 56　八角 *Illicium verum*

图 57　五味子 *Schisandra chinensis*

图 58　肉桂 *Cinnamomum cassia*

图 59　乌药 *Lindera aggregate*

图 60 罂粟 *Papaver somniferum*

图 61 白屈菜 *Chelidonium majus*

图 62 夏天无 *Corydalis decu-mbens*

图 63 菘蓝 *Isatis indigotica*

图 64 葶苈 *Draba nemorosa*

图 65 垂盆草 *Sedum sarmen-tosum*

图 66 费菜 *Sedum aizoon*

图 67 杜仲 *Eucommia ulmoides*

图 68　龙芽草 *Agrimonia pilosa*

图 69　地榆 *Sanguisorba officinalis*

图 70　山里红 *Crataegus pinnatifida var.major*

图 71　皱皮木瓜(贴梗海棠) *Chaenomeles speciosa*

图 72 枇杷 *Eriobotrya japonica*

图 73 决明 *Cassia tora*

图 74 皂荚 *Gleditsia sinensis*

图 75 黄耆 (黄芪) *Astragalus membranaceus*

图 76 甘草 *Glycyrrhiza uralensis*

图 77 苦参 *Sophora flavescens*

图 78　美丽崖豆藤(牛大力)*Millettia speciosa Champ*

图 79　野葛 *Pueraria lobata*

图 80　茶枝柑 *Citrus reticulata* cv. *Chachiensis*

图 81　酸橙 *Citrus aurantium*

图 82　吴茱萸 *Evodia rutaecarpa*

图 83　黄檗 *Phellodendron amurense*

图 84　枳 *Poncirus trifoliate*

图 85　佛手 *Citrus medica* var. *sarcodactylis*

图 86　川楝 *Melia toosendan*

图 87　远志 *Polygala tenuifolia*

图 88　瓜子金 *Polygala japonica*

图 89　大戟 *Euphorbia pekinensis*

图 90　巴豆 *Croton tiglium*

图 91　续随子 *Euphorbia lathylris*

图 92　白蔹 *Ampelopsis japonica*

图 93　三叶崖爬藤 *Tetrastigma hemsleyanum*

图 94　苘麻 *Abutilon theophrasti*

图 95　人参 *Panax ginseng*

图 96　通脱木 *Tetrapanax papyr-ifer*

图 97　当归 *Angelica sinensis*

图 98　柴胡 *Bupleurum chinense*

图 99　紫花前胡 *Peucedanum decursivum*

图 100　防风 *Saposhnikovia divaricata*

图102　过路黄 *Lysimachia christinae*

图101　辽藁本 *Ligusticum jeholense*

图103　连翘 *Forsythia suspense*

图104　女贞 *Ligustrum lucidum*　　图105　龙胆 *Gentiana scabra*　　图106　罗布麻 *Apocynum venetum*

图 107　长春花 *Catharanthus roseus*

图 108　柳叶白前 *Cynanchum slauntonii*

图 109　圆叶牵牛 *Pharbitis purpurea*

图 110　菟丝子 *Cuscuta chinensis*

图 111　单叶蔓荆 *Vitex trifolia* **Linn var. *simplicifolia***

图 112　海州常山 *Clerodendrum trichotomum*

图 113　薄荷 *Mentha haplocalyx*

图 114　益母草 *Leonurus arte-misia*

图 115　黄芩 *Scutellaria baicalensis*

图 116　藿香 *Agastache rugosa*

图 117　夏枯草 *Prunella vulgaris*

图 118　紫苏 *Perilla frutescens*

图 119　宁夏枸杞 *Lycium bar-barum*

图 120　洋金花 *Datura metel*

图 121　牛茄子(颠茄)*Solanum surattense*

图 122　玄参 *Scrophularia ningpoensis*

图 123　地黄 *Rehmannia glutinosa*

图 124　马蓝 *Strobilanthes cusia*

图 125　九头狮子草 *Peristrophe japonica*

图 126　水蓑衣 *Hygrophila sali-cifolia*

图 127　栀子 *Gardenia jasminoides*

图 128　茜草 *Rubia cordifolia*

图 129　钩藤 *Uncaria rhynchophylla*

图 130　忍冬 *Lonicera japonica*

图 131　接骨草 *Sambucus chinensis*

图 132　接骨木 *Sambucus williamsii*

图 133　攀倒甑 *Patrinia villosa*

图 134　败酱 *Patrinia scabiosaefolia*

图 135　栝楼 *Trichosanthes kirilowii*

图 136　绞股蓝 *Gynostemma pentaphyllum*

图 137　桔梗 *Platycodon grandiflorus*

图 138　党参 *Codonopsis pilosula*　　图 139　轮叶沙参 *Adenophora tetraphylla*　　图 140　半边莲 *Lobelia chinensis*

图 141　野菊 *Dendranthema indicum*　　图 142　红花 *Carthamus tinctorius*　　图 143　白术 *Atractylodes macrocephala*

图 144　牛蒡 *Arctium lappa*

图 145　蓝刺头 *Echinops latifolius*

图 146　蓟 *Cirsium japonicum*

图 147　水飞蓟 *Silybum marianum*

图 148　紫菀 *Aster tataricus*

图 149　奇蒿（刘寄奴）*Artemisia anomala*

图 150　苍耳 *Xanthium sibiricum*

图 151　千里光 *Senecio scandens*

图 152　蒲公英 *Taraxacum mongolicum*

图 153　泽泻 *Alisma orientalis*

图 154　慈 菇 *Sagittaria trifolia var. Sinensis*

图 155　薏苡 *Coix lacryma-jobi*

图 156　淡竹叶 *Lophatherum gracile*

图 157　白茅 *Imperata cylindrical*

图 158　莎草 *Cyperus rotundus*

图 159　天南星 *Arisaema hetero-phyllum*

图 160　半夏 *Pinellia ternata*

图 161　掌叶半夏 *Pinellia peda-tisecta*

图 162　独角莲 *Typhonium gigan-teum*

图 163　百部 *Stemona japonica*

图 164　百合 *Lilium brownii var. viridulum*

图 165　多花黄精 *Polygonatum cyrtonema*

图 166　知母 *Anemarrhena asphodeloides*

图 167　麦冬 *Ophiopogon japonicas*

图 168　海南龙血树 *Dracaena cambodiana*

图 169 石蒜 *Lycoris radiate*

图 170 薯蓣 *Dioscorea opposita*

图 171 穿龙薯蓣 *Dioscorea nipponica*

图 172 黄独 *Dioscorea bulbifera*

图 173　射干 *Belamcanda chinensis*　　　　　　图 174　番红花 *Crocus sativus*

图 175　阳春砂 *Amomum villosum*　　　　　　图 176　草豆蔻 *Alpinia katsumadai*

图 177　铁皮石斛 *Dendrobium officinale* **Kimura et Migo**

图 178　天麻 *Gastrodia elata*

图 179　白及 *Bletilla striata*

图 180　金钗石斛 *Dendrobium nobile*

（饶　军）